高等学校计算机专业系列教材

计算机体系结构

刘超 主编
郑燚 周新 江爱文 曲彦文 副主编

清华大学出版社
北京

内 容 简 介

本书以程序控制单处理器计算机为主体，围绕并行处理技术，阐述计算机体系结构的概念理论、分析设计方法和属性优选技术，分析提高信息加工、存储和传输等并行性的处理技术及其应用实现的组织方法、结构模型和对性能提高的度量评测，讨论细粒度高度并行处理机的组织模型、结构特点和性能评测。本书共7章，分为3部分，第1章为总论基础部分，第2～5章为技术方法部分，第6～7章为高性能结构部分。

本书以高等院校应用型本科人才培养的目标要求为宗旨，在总结长期教学经验和参考国内外经典教材的基础上，依据计算机体系结构研究任务（软硬件功能分配和硬件功能实现的最佳方法）来组织内容，面向PBL（基于问题学习）线上线下混合式教学模式来编写。本书结构逻辑清晰、内容研读性强、语言精练易懂，可以作为高等院校计算机类各专业本科生"计算机系统结构"课程的教材，也可以作为有关专业研究生和相关领域科技人员的参考书。

本书封面贴有清华大学出版社防伪标签，无标签者不得销售。
版权所有，侵权必究。举报：010-62782989，beiqinquan@tup.tsinghua.edu.cn。

图书在版编目(CIP)数据

计算机体系结构/刘超主编. —北京：清华大学出版社，2021.9 (2025.2重印)
高等学校计算机专业系列教材
ISBN 978-7-302-58755-2

Ⅰ. ①计… Ⅱ. ①刘… Ⅲ. ①计算机体系结构—高等学校—教材 Ⅳ. ①TP303

中国版本图书馆CIP数据核字(2021)第144060号

责任编辑：龙启铭
封面设计：何凤霞
责任校对：刘玉霞
责任印制：刘　菲

出版发行：清华大学出版社
网　　址：https://www.tup.com.cn，https://www.wqxuetang.com
地　　址：北京清华大学学研大厦A座　　　邮　　编：100084
社 总 机：010-83470000　　　　　　　　　邮　　购：010-62786544
投稿与读者服务：010-62776969，c-service@tup.tsinghua.edu.cn
质量反馈：010-62772015，zhiliang@tup.tsinghua.edu.cn
课件下载：https://www.tup.com.cn，010-83470236

印 装 者：三河市君旺印务有限公司
经　　销：全国新华书店
开　　本：185mm×260mm　　　印　　张：23.75　　　字　　数：552千字
版　　次：2021年10月第1版　　　　　　　　印　　次：2025年 2 月第2次印刷
定　　价：69.00元

产品编号：086699-01

前言

"数字逻辑电路""计算机组成原理""计算机体系结构"和"嵌入式计算机及其接口技术"是计算机类专业本科生"硬件一条线"的课程,其中"计算机体系结构"属于专业课。但是,"计算机体系结构"并不是纯硬件课程,它是唯一一门把软硬件知识融合在一起的课程,以帮助理解计算机类核心课程的学习目的及其相应知识属于计算机工作过程中的哪一个环节,由此才能将各课程知识融会贯通,构建起完整的计算机系统。如通过 2.1 节的学习,可以使学生认识到:存储器的结构实现与复合类型数据的结构模型存在差异,因而难以甚至无法由 0 和 1(即硬件)直接表示,只有通过软件映像方法来组织存储,所以"数据结构"课程就是讨论复合数据的组织存储及其查找方法,其作用如同图书馆管理员的工作。因此,在掌握计算机的结构原理与工作机制及其设计实现技术的基础上,学习软硬件功能分配和硬件功能实现的最佳方法是计算机设计实现及其应用能力建构的必备知识。

"高级计算机体系结构"是计算机科学与技术一级学科和计算机体系结构二级学科的硕士研究生的基础课程,它与本科段的学习内容完全不同。计算机经过 70 多年的发展,体系结构已复杂多样,技术知识体系已很庞大。本科段以单处理机并行处理技术为主线,讲述计算机体系结构的基本概念、硬件功能实现的通用成熟的并行处理方法(含信息加工流水线技术、信息存储层次与并行技术以及信息传输互联网络技术)和单处理机组织结构。硕士研究生段则以多处理机体系结构为主线,讲述并行计算机体系结构的基本概念、组织结构及其相应的特殊专用技术,如性能评价方法、Cache 之间一致性实现方法以及通信延迟处理方法等。

本教材共 7 章,分为 3 部分。第 1 章为总论基础部分,讨论计算机体系结构与并行处理、计算模型与数据驱动等系列概念,介绍计算机体系结构的分类与实现并行处理的历程,分析冯·诺依曼计算机体系结构存在的问题及其改进与发展技术途径,阐述计算机体系结构设计的原理准则、策略途径和分析方法。第 2~5 章为技术方法部分,其中第 2 章从软硬件功能分配出发,讨论计算机体系结构属性(含数据表示、指令系统、存储部件管理、总线和输入输出控制等)的优化或选择技术;第 3 章以用于信息加工的处理机流水线为基础,介绍流水线的基本概念,阐述流水线处理机实现的基本结构,分析线性流水线的性能与非线性流水线的调度策略,讨论流水线相关及其处理方法;第 4 章介绍存储系统的概念及其组织结构,讨论 Cache 存储体系的结构原理和组织实现技术,分析提高Cache存储体系性能的方法,阐述并行存储器种类及其结构原理;第5章介绍互连网络的基本概念,讨论常用互连函数、静态互连网络及其结构特性、动态互连网络及其组成逻辑,分析常用多级交叉开关的结构特点与寻径控制,阐述互连网络信息传递的控制方法。第6章和第7章为性能结构部分,其中第6章介绍指令级高度并行处理机的系列概念,分析指令调度及其实现途径和策略方法,讨论4种指令级高度并行处理机的结构组织及其性能;第7章阐述3种数据操作级高度并行处理机的组织结构、工作机理和性能特点,介绍各种数据操作级高度并行处理机的典型结构,讨论提高向量处理机性能的方法和适用于阵列处理机的几个算法。特别地,每章附有大量的复习题和练习题,其中复习题即是复习要点,用于帮助学生检查自己对基本知识掌握是否全面,以便于查漏补缺;练习题用于检查学生对基本知识理解的状态,以便于提高基本知识的应用能力。

本书的最大特点是研读性强。为了使教材适应当前提倡的以学生为中心的教学理论,与线上线下混合教学模式相匹配,依据基于问题学习(PBL)的教学方法,通过场景或知识关联、模拟类比等途径,在每一节开始处配置"问题小贴士",提出本节需要讨论的知识和解决的问题,有利于激发学生进行自主研究性学习。

在本书出版过程中,得到清华大学出版社、江西师范大学计算机信息工程学院与教务处的大力支持与帮助。清华大学出版社的编辑付出了大量辛勤劳动,特别是龙启铭编辑提出了许多宝贵建议。在本书编写过程中,许多从事一线教学的同仁给出了不少建设性意见。本书还直接或间接引用了许多专家学者的文献著作(已在参考文献中列出),在此一并表示衷心感谢与敬意。

限于编者的知识、经验与能力水平,书中难免存在错误与疏漏,敬请同行专家学者和广大读者批评指正。

编 者

2021年7月

目录

第1章 计算机体系结构导论 /1

- 1.1 计算机体系结构及其系列概念 ………………………… 1
  - 1.1.1 影响计算机(硬件)性能的根本因素 ………… 1
  - 1.1.2 广义计算机语言与虚拟计算机 ……………… 2
  - 1.1.3 计算机体系结构及其范畴 …………………… 4
  - 1.1.4 计算机组成与计算机实现 …………………… 6
  - 1.1.5 软件移植与软件兼容 ………………………… 7
  - 1.1.6 计算机体系结构的特性 ……………………… 10
- 1.2 计算机体系结构的改进和演变 ………………………… 11
  - 1.2.1 计算模型及其数据驱动原理 ………………… 11
  - 1.2.2 计算机体系结构原型及其改进 ……………… 13
  - 1.2.3 计算机体系结构演变的影响因素 …………… 15
  - 1.2.4 计算机体系结构的演变 ……………………… 17
- 1.3 计算机体系结构的并行性及其发展 …………………… 19
  - 1.3.1 并行计算机与并行性 ………………………… 19
  - 1.3.2 并行性实现等级划分 ………………………… 21
  - 1.3.3 提高计算机并行性的技术途径 ……………… 22
  - 1.3.4 多处理机与多计算机 ………………………… 23
  - 1.3.5 计算机实现并行处理的历程 ………………… 24
  - 1.3.6 计算机体系结构分类 ………………………… 26
- 1.4 计算机体系结构设计基础 ……………………………… 28
  - 1.4.1 体系结构设计的原理准则 …………………… 29
  - 1.4.2 体系结构设计的策略途径 …………………… 31
  - 1.4.3 体系结构设计的量化分析 …………………… 32
  - 1.4.4 计算机评价及其量化计算 …………………… 33
  - 1.4.5 基准测试程序及其测试统计 ………………… 35
- 复习题 ……………………………………………………………… 39
- 练习题 ……………………………………………………………… 40

第 2 章 计算机体系结构属性优选 /44

2.1 数据表示及其表示格式 ... 44
2.1.1 数据表示及其选取原则 ... 44
2.1.2 标志符数据表示 ... 47
2.1.3 描述符数据表示 ... 50
2.1.4 浮点数尾数基值与格式参数 ... 51
2.1.5 原子类型数据字位数 ... 54

2.2 指令系统功能配置及其支持 ... 55
2.2.1 指令系统构建的基本原则 ... 56
2.2.2 指令系统功能配置分类 ... 57
2.2.3 复杂指令系统功能配置及其特点 ... 59
2.2.4 精简指令系统功能配置及其特点 ... 60
2.2.5 RISC 实现的关键技术 ... 61

2.3 指令字格式及其优化设计 ... 64
2.3.1 指令字格式优化的目标与策略 ... 65
2.3.2 CPU 存储特性及其分类 ... 66
2.3.3 指令字长度结构及其分类 ... 67
2.3.4 地址码长度的缩短 ... 70
2.3.5 操作码的编码 ... 71
2.3.6 控制指令字中有关信息的表示 ... 75

2.4 存储部件的结构配置 ... 79
2.4.1 存储部件的编址 ... 79
2.4.2 主存储器的数据存放 ... 81
2.4.3 操作数寻址 ... 83
2.4.4 程序定位 ... 85
2.4.5 主存储器保护 ... 87

2.5 输入输出与系统总线的结构配置 ... 89
2.5.1 输入输出的操作控制 ... 89
2.5.2 中断实现功能的软硬件分配 ... 91
2.5.3 系统总线的定时与仲裁 ... 94

复习题 ... 97
练习题 ... 100

第 3 章 信息加工的流水线技术 /104

3.1 流水线及其特点与分类 ... 104
3.1.1 指令序列处理及其流水线概念 ... 104
3.1.2 流水线的表示 ... 106

3.1.3 流水线的分类 …………………………………………… 108
　　　3.1.4 流水线的特点 …………………………………………… 111
　3.2 流水线处理机的实现结构 ……………………………………… 112
　　　3.2.1 重叠处理的实现结构及其访问冲突 …………………… 113
　　　3.2.2 先行控制及其实现结构 ………………………………… 114
　　　3.2.3 不同级别的流水线结构 ………………………………… 117
　　　3.2.4 流水线结构中存在的问题 ……………………………… 118
　3.3 线性流水线性能及其最佳段数选取 …………………………… 119
　　　3.3.1 线性流水线的性能指标 ………………………………… 119
　　　3.3.2 流水线最佳段数的选取 ………………………………… 123
　　　3.3.3 流水线瓶颈段的处置 …………………………………… 124
　　　3.3.4 条件转移对流水线效率的影响 ………………………… 125
　3.4 指令流水线相关及其处理 ……………………………………… 129
　　　3.4.1 流水线相关及其分类与处理策略 ……………………… 129
　　　3.4.2 资源相关及其处理 ……………………………………… 131
　　　3.4.3 操作数相关及其处理 …………………………………… 133
　　　3.4.4 变址相关及其处理 ……………………………………… 137
　　　3.4.5 条件转移相关及其处理 ………………………………… 137
　　　3.4.6 中断转移相关及其处理 ………………………………… 145
　3.5 非线性流水线的任务调度 ……………………………………… 147
　　　3.5.1 任务调度及其时间间隔 ………………………………… 147
　　　3.5.2 任务调度属性及其生成 ………………………………… 150
　　　3.5.3 最小启动循环调度策略的生成与实现 ………………… 152
　　　3.5.4 非线性流水线的优化调度 ……………………………… 154
　　　3.5.5 多功能非线性流水线的调度 …………………………… 156
　复习题 ………………………………………………………………… 159
　练习题 ………………………………………………………………… 160

第 4 章　信息存储的层次与并行技术　　/166

　4.1 存储系统及其存储层次技术 …………………………………… 166
　　　4.1.1 存储系统及其组织原理 ………………………………… 166
　　　4.1.2 存储系统的性能指标 …………………………………… 169
　　　4.1.3 三层二级存储系统 ……………………………………… 170
　　　4.1.4 Cache 存储体系概述 …………………………………… 173
　4.2 并行存储器及其并行访问技术 ………………………………… 177
　　　4.2.1 并行存储器及其带宽扩展 ……………………………… 177
　　　4.2.2 双端口存储器 …………………………………………… 178
　　　4.2.3 相联存储器 ……………………………………………… 179

    4.2.4 单体多字存储器 …………………………………………… 182
    4.2.5 多体多字存储器 …………………………………………… 183
  4.3 Cache 存储体系功能操作的实现 …………………………………… 189
    4.3.1 物理地址 Cache 的地址变换 ……………………………… 189
    4.3.2 虚拟地址 Cache 的地址变换 ……………………………… 198
    4.3.3 Cache 块替换算法 ………………………………………… 200
    4.3.4 Cache 数据一致性及其维护 ……………………………… 203
  4.4 提高 Cache 存储体系性能的方法 …………………………………… 208
    4.4.1 Cache 未命中的类型 ……………………………………… 208
    4.4.2 降低 Cache 未命中率的方法 ……………………………… 209
    4.4.3 减少 Cache 未命中开销的方法 …………………………… 215
    4.4.4 减少 Cache 命中时间的方法 ……………………………… 218
    4.4.5 提高 Cache 性能的方法比较 ……………………………… 219
 复习题 …………………………………………………………………………… 220
 练习题 …………………………………………………………………………… 222

第 5 章 信息传输的互连网络技术 /229

  5.1 系统域互连网络概述 ………………………………………………… 229
    5.1.1 互连网络及其属性 ………………………………………… 229
    5.1.2 互连网络的组成 …………………………………………… 231
    5.1.3 互连网络的描述方法 ……………………………………… 232
    5.1.4 常用互连函数 ……………………………………………… 233
    5.1.5 互连网络的结构特性与传输性能参数 …………………… 238
  5.2 静态互连网络 ………………………………………………………… 240
    5.2.1 静态互连网络及其选用要求 ……………………………… 240
    5.2.2 静态互连网络的结构特性 ………………………………… 241
    5.2.3 静态互连网络的结构特性比较 …………………………… 244
  5.3 动态互连网络 ………………………………………………………… 245
    5.3.1 动态互连网络与总线 ……………………………………… 246
    5.3.2 交叉开关互连网络 ………………………………………… 246
    5.3.3 多级交叉开关互连网络 …………………………………… 247
    5.3.4 动态互连网络性能比较 …………………………………… 250
  5.4 常用多级交叉开关互连网络 ………………………………………… 251
    5.4.1 Ω 多级交叉开关网络 ……………………………………… 251
    5.4.2 STARAN 多级交叉开关网络 ……………………………… 252
    5.4.3 间接方体多级交叉开关网络 ……………………………… 256
    5.4.4 δ 多级交叉开关网络 ……………………………………… 257
    5.4.5 DM 多级交叉开关网络 …………………………………… 259

5.4.6　3级Clos交叉开关网络 ················· 260
　　　5.4.7　Benes多级交叉开关网络 ················· 262
　5.5　系统域互连网络消息传递 ················· 265
　　　5.5.1　消息及其传递格式 ················· 266
　　　5.5.2　消息包传递方式 ················· 266
　　　5.5.3　路由选择与虚拟通道 ················· 268
　　　5.5.4　路由选择算法及其分类 ················· 270
　　　5.5.5　算术寻径算法 ················· 270
　　　5.5.6　死锁及其解除和避免方法 ················· 272
　　　5.5.7　流量控制及其控制策略 ················· 277
　　　5.5.8　选播和广播路径选择 ················· 279
　复习题 ················· 281
　练习题 ················· 283

第6章　指令级高度并行处理机　　/288

　6.1　指令级高度并行及其静态指令调度 ················· 288
　　　6.1.1　标量处理机及其指令级高度并行 ················· 288
　　　6.1.2　指令发射与指令调度 ················· 289
　　　6.1.3　软件静态指令调度 ················· 290
　6.2　硬件动态指令调度 ················· 293
　　　6.2.1　动态指令调度概述 ················· 294
　　　6.2.2　CDC记分牌指令调度方法 ················· 295
　　　6.2.3　Tomasulo指令调度方法 ················· 301
　6.3　基于动态指令调度的多发射处理机 ················· 307
　　　6.3.1　超标量处理机 ················· 307
　　　6.3.2　超流水线处理机 ················· 311
　　　6.3.3　超标量超流水线处理机 ················· 313
　　　6.3.4　4种流水线处理机的性能比较 ················· 316
　6.4　基于静态指令调度的多发射处理机 ················· 317
　　　6.4.1　超长指令字处理机及其结构原理 ················· 318
　　　6.4.2　超长指令字处理与超标量处理的比较 ················· 319
　　　6.4.3　超长指令字处理机实例——Cydra 5处理器 ················· 320
　复习题 ················· 321
　练习题 ················· 322

第7章　数据操作级高度并行处理机　　/325

　7.1　向量处理机 ················· 325
　　　7.1.1　向量处理机与向量处理方式 ················· 325

7.1.2　向量处理机的指令集 ································· 327
　　7.1.3　向量处理机的组织结构 ······························· 330
　　7.1.4　提高向量处理机性能的常用技术 ······················· 332
　　7.1.5　向量处理机的性能参数 ······························· 336
　　7.1.6　向量处理机实例 ····································· 338
7.2　阵列处理机 ·· 346
　　7.2.1　阵列处理机及其体系结构 ····························· 346
　　7.2.2　阵列处理机的特点与 PE 结构 ························· 348
　　7.2.3　阵列处理机并行算法举例 ····························· 349
　　7.2.4　阵列处理机实例 ····································· 351
7.3　脉动阵列处理机 ·· 358
　　7.3.1　脉动阵列处理机及其特点 ····························· 358
　　7.3.2　特定脉动阵列处理机 ································· 361
　　7.3.3　通用脉动阵列处理机 ································· 363
复习题 ··· 364
练习题 ··· 365

参考文献　　/369

第 1 章 计算机体系结构导论

计算机体系结构与并行处理技术相辅相成而融于一体,并行处理技术依赖于计算机体系结构来实现,计算机体系结构演变又依赖于新并行处理技术。本章讨论计算机体系结构与多处理机、并行性与并行处理以及计算模型与数据驱动等系列概念,介绍影响计算机体系结构演变的因素、计算机体系结构与多处理机的分类和计算机实现并行处理的历程,分析冯·诺依曼计算机体系结构存在的问题及其改进,以及计算机体系结构的主要特性与发展技术途径,阐述计算机体系结构设计的原理准则、策略途径和分析方法。

1.1 计算机体系结构及其系列概念

【问题小贴士】 ①对于一辆汽车,任何使用者所看到的功能及其实现操作都是一样的;对于一台计算机(系统),不同使用者所看到的功能及其实现操作是一样的吗?以应用软件的开发者与使用者为例进行比较,对此应该引入哪些概念去理解呢?②建筑物设计可以分为规划设计、土建设计和施工设计三个层次,计算机(硬件)设计分为哪些层次呢?每个层次需要赋予哪些属性或完成哪些工作呢?③使用 PC 开发的软件可以在 ARM 机上运行吗?如果不可以,那么用什么方法来实现呢?这样对计算机软件和硬件有什么要求呢?

1.1.1 影响计算机(硬件)性能的根本因素

计算机在 70 多年的发展历程中,可分为两个发展时期。前 30 多年为器件更新换代期,以逻辑器件设计为主体,通过器件个体性能的改善来提高计算机整体性能。后 30 多年为器件组织改进期,以逻辑器件组织为主体,通过器件组合性能的改善来提高计算机整体性能。当然,器件更新一定会促进器件组织的改进;器件组织一定程度上又依赖于器件更新。所以,影响计算机(硬件)性能提高的根本因素为器件更新与器件组织。

1. 器件更新是计算机(硬件)换代的基本标志

自 1946 年第一台电子计算机问世以来,以器件更新为标志,计算机经历了电子管、晶体管、中小规模集成电路和大规模乃至超大规模集成电路等四代演变过程。由于器件的发展及其个体性能提高,使得计算机在体积、重量、速度、可靠性和稳定性等方面得到极大改善,价格也不断降低。器件是推动计算机发展的物质基础,器件设计制造的发展为计算机发展提供了必不可少的技术保障。

2. 器件组织是现代计算机(硬件)分类的基本依据

计算机的分类方法很多,但普遍认可的是 1989 年由美国电气与电子工程协会(IEEE)提出的按性能与价格划分,由此把计算机分为巨型机、大型机、中型机、小型机和微型机 5 种,但该分类方法已不能正确地反映当前计算机的性能与应用的发展。究其原因主要有:

(1) 类型之间的界限越来越模糊,例如在巨型机与大型机之间出现了小巨型机,在小型机与微型机之间出现了工作站等。

(2) 类型归属是动态变化的,10 年前归属于巨型机的,10 年后则可能归属于小型机。

(3) 现代计算机的核心基本相同,无论是高端的超级计算机还是低端的微型计算机,核心均是微处理器。

(4) 没有真正体现计算机的本质特征,如现在计算机均面向网络,但又看不出它们有什么区别。

根据器件组织的复杂程度来对现代计算机(硬件)进行分类更为科学合理,一般分为嵌入式计算机、桌面计算机、服务器和超级计算机 4 种,这些现代计算机的主要特征如表 1-1 所示。从表 1-1 可以看出,该分类不仅可以体现计算机性能、价格与应用的区别,还使类型之间的界限清晰、归属稳定。

表 1-1　4 种现代计算机的主要特征

主要特征	嵌入式计算机	桌面计算机	服务器	超级计算机
应用范围	智能仪器、测控装置	面向个人	大规模信息处理	科学计算
对应关系	微型机应用微型化	小型机、微型机	大型机、中型机	巨型机
微处理器数目	1～2 个	1～4 个	几个～几十个	几十个以上
整机价格	差异很大	500～5000 美元	5000～500 万美元	1000 万～1 亿美元
微处理器价格	5～100 美元	50～500 美元	200～10000 美元	200～10000 美元
设计实现关键	性能专用、价格、实时性、可靠性	性能通用、性价比、图形等多媒体	吞吐量、可靠性、可扩性、可测性	性能专用、吞吐量、浮点计算

综合来看,如何有效组织器件来最大限度地发挥器件功效,以及如何开展计算及其执行来为有效组织器件提供理论基础与技术保障,是提高计算机性能的重要途径。恩斯洛(P.H.Enslow)曾经对 1965—1975 年的情况进行分析和比较,他发现器件更新使器件延迟时间降低至原来的十分之一,但计算机处理指令的时间却降低至原来的百分之一。可见,在这 10 年间,计算机性能提高的幅度比器件性能提高的幅度大得多,这显然是有效组织器件的贡献。

1.1.2　广义计算机语言与虚拟计算机

1. 计算机语言及其广义性

计算机(硬件)的功能是信息处理,信息处理的粒度有粗细之分。一段程序或一个批命令文件为粗粒度的信息处理,程序是机器指令序列,它可以采用控制流程来表示。一条指令则是细粒度的信息处理,指令是微指令序列,它也可以采用控制流程来表示。控制流程的描述方式有图形描述和字符描述。所谓计算机语言是指用于描述控制流程的、有一定规则的字符集合。

任何一个信息处理均实现了一项逻辑功能,而任何一项逻辑功能既可以由软件(即程序)实现,也可以由硬件(即逻辑电路)实现,还可以由软硬件协同组合实现。也就是说,由计算机语言描述的控制流程所包含的系列任务可以有软件、硬件和软硬件结合三条途径来实现。而任何一个信息处理均是面向某一层级的,且通常粗粒度的信息处理则面向软件层,细粒度的信息处理则面向硬件层,如一段程序的信息处理面向软件开发,一条指令的信息处理则面向硬件设计。可见,不同层级有不同的计算机语言,它并不专属于软件,如高级程序设计语言专属于软件,微程序设计语言则专属于硬件,而汇编程序设计语言属于软硬件,这就是计算机语言的广义性。

2. 物理计算机与虚拟计算机

一台完整的计算机(系统)是由硬件(机器)和软件(程序)两部分组成的,只有硬件和软件融于一体,计算机(硬件)才能高效率工作。但硬件机器也可以脱离程序软件独立运行工作,只不过效率极低。所以,通常把由纯硬件机器组成的计算机称为物理计算机,而把硬件机器与程序软件融于一体的、由软件扩展硬件功能的计算机称为虚拟计算机。特别地,虚拟计算机并不一定包含软件,某些层级的虚拟计算机可以由固件实现,但固件具有软件的功能特性;同样,物理计算机也不一定仅具有硬件,也可由固件来扩展硬件功能,但固件具有硬件的形态。

软件程序是利用程序设计语言描述的,必须编译或翻译成计算机硬件能直接识别的二进制代码,所以编译或翻译软件是虚拟计算机不可缺少的部分。从计算机语言的广义性来看,虚拟计算机是指仅对某一层级的计算机用户而存在的计算机,它由对应的广义计算机语言体现其功能,并为广义计算机语言提供解释。

3. 计算机系统的层次性

依据虚拟计算机的概念,不同层级用户看到的计算机系统的功能、结构等外特性均不同,即计算机系统具有层次性,如图 1-1 所示。从图 1-1 中可以看出,计算机系统一般包含 M0~M6 七个层级,且低二级 M0、M1 为物理机,高五级 M2~M6 为虚拟机。

微操作级 M0 用于实现具有微命令功能的硬件内核,解释微指令生成微操作序列,它仅需要很少的逻辑电路。微指令级 M1 用于实现具有微指令功能的微程序控制器,解释机器指令生成微指令序列。M0 和 M1 组合在一起实现中央处理机功能。

机器语言级 M2 是面向机器语言程序员并用于处理指令序列的虚拟计算机,它逐条解释机器指令,实现指令序列所指示的功能。操作系统级 M3 是面向系统软件操作员并用于处理键盘命令及其批处理的虚拟计算机,它通过运行程序,实现键盘命令及其批处理所指示的功能。汇编语言级 M4 是面向汇编语言程序员并通过汇编软件将汇编程序翻译成 M2 级指令序列的虚拟计算机,它通过运行程序,实现汇编程序所指示的功能。高级语言级 M5 是面向高级语言程序员并通过编译软件将高级语言程序翻译成 M2 级指令序列的虚拟计算机,它通过运行程序,实现高级语言程序所指示的功能。应用程序级 M6 是面向应用软件操作员并用于处理操作命令的虚拟计算机,它通过信息处理,实现人们所期望

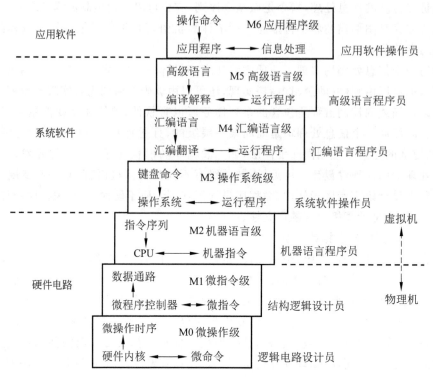

图 1-1 计算机系统的层次性

的功能。

另外,从技术范围来看,M0~M2 级属于硬件电路范围,M3~M5 级属于系统软件范围,M6 级属于应用软件范围。特别地,层级之间存在交叉,如 M2 级涉及汇编语言程序设计,M3 级处于硬件向软件过渡;另外在特殊计算机系统中,有些层级可能不存在。

4. 透明性(Transparency)

由于计算机系统的层级很多,层级之间的功能与结构差异较大,技术范围也不同,因此对于任一计算机用户来说,由于精力有限,不可能掌握计算机系统每个层级的实现技术原理和应用操作方法。具体来说,用户仅需要通过某层级的广义计算机语言来掌握对应物理或虚拟计算机的功能结构,而不必关注下一层是如何工作的,以及功能是如何实现的,这就是透明性的概念。所谓透明性,是指在计算机技术中一种本来存在的功能结构及其实现与应用方法,但从某种层级看它们似乎不存在。

1.1.3 计算机体系结构及其范畴

1. 什么是计算机体系结构

"计算机体系结构"来源于英文 Computer Architecture,也可翻译为"计算机系统结构"。Architecture 这个词原来用于建筑领域,本义为"建筑学"或"建筑物的设计或式样",意指一个建筑物的外貌。"计算机体系结构"一词于 20 世纪 60 年代被引入计算机领域,70 年代开始广泛采用,并已成为一门学科名称。但是,由于计算机软硬件界面是动态变化的,所以至今有各种各样的理解。

"计算机体系结构"这个概念是由 G.M.Amdahl 等人于 1964 年提出的,当时意指程序员看到的计算机属性,即程序员为编写出可以在计算机上正确运行的程序所必须掌握的计算机功能特性与概念结构。但从计算机系统的层次性来看,不同层级的计算机程序员所看到的计算机属性显然不同,即各层级的计算机均存在对应的体系结构,而且低层级的计算机属性对高层级程序员是透明的。例如,高级语言程序员所看到的计算机属性是编译软件、操作系统、数据库管理系统和网络软件等;汇编语言程序员所看到的计算机属性是通用寄存器和中断机构等,并且他们所看到的计算机属性对于高级语言程序员来说是透明的。实际上,Amdahl 等人提出的程序员是指机器语言程序员和编译软件开发者,计算机属性是物理机的功能特性与概念结构,是计算机的外特性。因此,计算机体系结构可以定义为:机器语言程序员所必须掌握的计算机的功能特性与概念结构。

2. 计算机体系结构的范畴

由于软件与硬件在逻辑功能实现上是等效的,软件可以对硬件功能进行扩充与完善,所以由计算机系统的功能目标不可能直接确定计算机(硬件)属性,而必须在确定软件与硬件的功能界面或对软件与硬件的功能进行分配的基础上,明确哪些功能目标由软件实现,哪些功能目标由硬件实现,由此才能确定计算机属性(计算机体系结构)。对于机器语言程序员,必须掌握的计算机(硬件)属性(功能特性与概念结构)包含以下 9 项(即计算机体系结构的范畴)。

(1) 数据表示。包括数据类型及其编码方法与表示格式等。

(2) 指令系统。包括机器指令集(如指令的功能操作、处理控制机制、编码方法与表示格式等)、指令格式优化设计以及指令之间的排序方式。

(3) 寻址方式。包括各种存储部件的寻址方式、它们的表示与变换方法以及有效地址长度等。

(4) 寄存器组织。包括寄存器类型如操作数寄存器、变址寄存器、控制寄存器和专用寄存器等,以及各种寄存器的定义、数量、长度与使用约定等。

(5) 主存储器组织。包括编址单位、编址方式、存储容量、可编址空间、程序装入定位和存储层次等。

(6) 中断机构。包括中断类型、中断分级、中断请求、中断响应、中断源识别和中断处理等。

(7) 机器状态。包括状态类型(如管态、目态等)、状态定义及其相互间的切换。

(8) 输入输出组织。包括响应定时方式、数据传送方式与格式、操作控制方式、一次性传送数据量、传送结束与出错标志等。

(9) 信息保护。包括信息保护方式和硬件对信息保护的支持等。

但"计算机体系结构"作为一门学科,不可能仅研究"软硬件功能分配"这么一个狭小问题。Amdahl 等人对计算机体系结构定义的核心是指令系统及执行模型,可见计算机属性的实现方法才是计算机体系结构研究的主要问题。所以,计算机体系结构的研究任务为:软硬件功能分配和硬件功能实现的最佳方法途径。可见,计算机体系结构是软件与硬件的界面。对于某种体系结构,硬件设计者根据速度、性能与价格,采用相应的组成逻辑与物理实现,建立对应的物理计算机;软件设计者则脱离相应的物理计算机来编制系统软件，建立对应的虚拟计算机。

按计算机系体结构的定义，指令系统兼容就可以保证程序正确运行。但由于程序运行依赖于程序库、操作系统、输入输出端口等体系结构定义没有涉及的因素；另外系列机改进，如24位地址的IBM360改进为31位地址的370xA等，使得指令系统兼容但程序无法正确运行。因此，计算机体系结构定义的属性不是固定不变的，而是随着新器件的出现，计算机体系结构将发生巨大变化，其定义将更加宽泛。

1.1.4 计算机组成与计算机实现

计算机（硬件）设计如同建筑物一样，也包含三个层次，即体系结构设计、组成逻辑设计和物理实现设计。

1. 计算机组成逻辑设计

在计算机体系结构设计之后，则可以进行组成设计与逻辑设计。组成设计的任务是研究信息（含数据、地址和控制等）流的组成及其关联性，建立信息流路径；逻辑设计的任务是配置并设计逻辑部件，以建立相应信息流的通路。所以，计算机组成逻辑是指依据计算机体系结构，按照期望的性价比，配置设计逻辑部件，并最佳地把它们与选用设备组成计算机。对机器语言程序员来说，计算机组成是透明的，它的属性主要包括以下8项。

(1) 信息通路宽度。即地址总线与数据总线一次并行传送的二进制位数。

(2) 部件共享程度。共享程度高，部件数少，成本低，操作速度受限；共享程度低，成本高，并行性高，操作速度快。

(3) 专用部件设置。如是否设置浮点运算器、字符处理部件、地址加法器等，专用部件设置与速度、利用率和成本等有关。

(4) 部件并行性。如运算部件是采用串行的还是重叠或流水等。

(5) 缓冲排队技术。即部件之间是否设置缓冲器来弥补速度上的差异，缓冲量是多少以及缓冲排队算法等。

(6) 控制机构组成。如控制部件是硬联逻辑的还是微程序的等。

(7) 可靠性技术。即采用哪些技术来提高可靠性等。

(8) 性能优化技术。即采用哪些技术来进行性能优化等。

2. 计算机物理实现设计

计算机物理实现是指计算机组成逻辑的物理实现，设计任务主要包括以下5项。

(1) 确定处理机、主存储器等部件的物理结构与特性，并选择厂家型号。

(2) 确定器件、模块、插件的物理性能，如电参数、传输速度、动态范围和集成度等，并选择厂家型号。

(3) 划分与连接器件、模块、插件和底板等。

(4) 确定专用器件的设计及其微组装技术。

(5) 确定制造技术、电源技术、冷却技术和装配技术以及制造工艺等。

3. 体系结构设计、组成逻辑设计与物理实现设计的比较

1) 概念不同

体系结构、组成逻辑与物理实现是计算机（硬件）设计过程中三个不同层次的工作概念,且各自的目标、任务和实现的属性也不同。例如,计算机指令集是否包含乘法指令归属于体系结构;乘法指令是由专用阵列乘法器实现还是采用加法移位法实现以及相应的逻辑电路设计归属于组成逻辑;乘法实现逻辑电路的信号参数与物理连接等则归属于物理实现。另外,对于计算机指令集,其包含哪些指令,指令之间是采用串行执行还是并行执行归属于体系结构;指令处理需要配置哪些部件,部件之间如何连接以及部件逻辑电路等则归属于组成逻辑;部件逻辑电路的信号参数与物理连接、器件设计及装配技术则归属于物理实现。

2) 界限模糊

(1) 体系结构、组成逻辑与物理实现的任务和实现属性随计算机不同而变化。对于某些计算机来说,归属于体系结构的任务与属性在其他计算机中则可能归属于组成逻辑,组成逻辑与物理实现之间也可能如此。例如,高速缓冲存储器是由组成逻辑设计提出来的,早期归属于组成逻辑,但后来被引入体系结构,归属于体系结构。另外,对于高速缓冲存储层次,其管理全部由硬件实现,对系统程序员是透明的;但有的计算机为提高其效率,设置相关管理指令,使操作系统可以参与高速缓冲存储层次的管理,因此对系统程序员不透明。

(2) 体系结构、组成逻辑与物理实现的任务和实现属性无统一定义。有人认为计算机实现应包括逻辑实现与物理实现,还有人认为计算机体系结构中的硬件功能实现的最佳方法途径应包括逻辑实现。

3) 相互关联

体系结构决定组成逻辑,但同一体系结构可以采用不同的组成逻辑,例如指令之间顺序执行且采用组合逻辑控制部件,控制部件可以是定长或不定长机器周期的组成逻辑,CPU 则可以是单总线或双总线的组成逻辑。同样,组成逻辑决定物理实现,但同一组成逻辑可以有多种不同的物理实现,例如主存器件可以用双极型的,也可以用 MOS 型的。反之,组成逻辑也可能影响体系结构,例如通过改变控制存储器中的微程序,则可以改变指令集及其指令格式。组成逻辑受限于物理实现,物理实现技术不同,组成逻辑也可能发生改变,例如在主存带宽一定时,若采用双端口存储器,主存储器可以为单字的,否则必须为多字的。再者,集成电路、半导体 DRAM 和网络等实现技术还极大影响着现代计算机体系结构的变化。

1.1.5 软件移植与软件兼容

目前,已积累了许多成熟可靠的软件,人们希望这些软件可以在不同体系结构的物理机上运行且结果一致。从计算机体系结构概念可知:目标代码与体系结构是一一对应的,为使某一体系结构物理机的软件运行于不同体系结构的物理机,最直接的途径是重新生成软件的目标代码或建立新体系结构的物理机。随着软件规模不断扩大、复杂性不断增强,开发成本越来越高、可靠性保证越来越困难,所以软件开发者一般愿意重新生成软件目标代码,当然也难以在短时间内建立新体系结构的物理机。为此,通过软件移植与软件兼容的途径,可以有效地实现同一软件运行于不同体系结构的物理机上,且软件移植由软件实现,软件兼容由硬件实现。

1. 软件移植及其实现方法

软件移植是指软件(目标代码)可以不加修改或仅需少量修改即可运行于不同体系结构的物理机上且结果一致。目前,主要通过通用程序设计语言、强力逼近和通用计算机语言等三种方法实现软件移植。

(1) 通用程序设计语言方法。通用程序设计语言方法是指所有程序员均采用通用程序设计语言进行程序设计,且对不同体系结构的物理机均建立由该语言所定义的虚拟机,即为每种物理机均配置通用程序设计语言的编译或解释程序,其软件移植技术途径如图1-2所示。但至今还未研制出一种通用程序设计语言,原因在于程序设计语言与数据格式、机器字长、存储层次、操作系统和指令集等有关,且千差万别,难以统一。

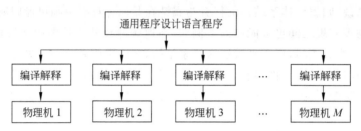

图 1-2　通用程序设计语言的技术途径

(2) 强力逼近方法。强力逼近方法是指对不同体系结构的物理机均建立所有程序设计语言的虚拟机,即为每种物理机均配置所有程序设计语言的编译或解释程序,其软件移植技术途径如图1-3所示。若有 L 种语言、M 种物理机,则需要 $L \times M$ 个编译或解释程序,由于新的程序设计语言与体系结构不断涌现,编译或解释程序数不胜数,使得强力逼近难以完全实现。

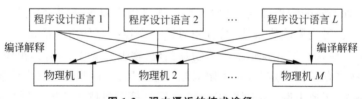

图 1-3　强力逼近的技术途径

(3) 通用计算机语言方法。通用计算机语言方法是指建立由通用计算机语言所定义的虚拟机,即为每种物理机均配置通用计算机语言的编译或解释程序,且又为所有程序设计语言配置编译或解释程序,把不同的程序设计语言程序转换为通用计算机语言程序,其软件移植技术途径如图1-4所示。若有 L 种语言、M 种物理机,则需要 $L+M$ 个编译或解释程序,比强力逼近少得多,使得通用计算机语言方法可行实用。

2. 软件兼容及其实现方法

软件兼容是指同一个软件(目标代码)可以不加修改地运行于体系结构相同而组成逻辑不同的物理机上,且可以获得一致结果。若为实现软件兼容而使体系结构不变,无疑阻碍了计算机体系结构发展。实际上,为适应性能提高和应用领域扩大,应允许体系结构有所变化,但这种变化仅是为提高物理机与系统软件性能所必需的,尽可能不影响软件兼

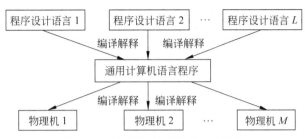

图 1-4 通用计算机语言的技术途径

容。为此便放松软件兼容要求,按档次把软件兼容分为向上兼容和向下兼容,按时间分为向前兼容和向后兼容,如图 1-5 所示。所谓向上兼容是指低档次物理机的目标代码可以不加修改地运行于高档次物理机上,而向下兼容是指高档次物理机的目标代码可以不加修改地运行于低档次物理机上;所谓向后兼容是指某时期投入市场物理机的目标代码可以不加修改地运行于其后投入市场的物理机上,而向前兼容是指某时期投入市场物理机的目标代码可以不加修改地运行于之前投入市场的物理机上。

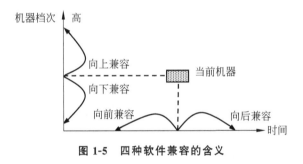

图 1-5 四种软件兼容的含义

显然,从计算机体系结构的发展来看,对于软件兼容的实现,仅需要满足向上兼容而不需要满足向下兼容,同样仅需要满足向后兼容而不需要满足向前兼容。目前,软件兼容的实现主要有系列化和仿真两种方法。

1) 系列化方法

系列化方法是指按向上兼容或向后兼容的要求,对某种计算机体系结构进行适度改进,构建更高档次或后续的物理机。这样原计算机体系结构物理机的目标代码可以不加修改地运行于更高档次或后续物理机上。如 80386 及后续机型,其 EAX 通用寄存器为 32 位,但也可以按 8086 通用寄存器 AX(16 位)使用;80386 及后续机型增设了许多指令(如位扫描指令),但它包含了 8086 的所有指令及其操作功能。

2) 仿真方法

系列化方法实现的是体系结构相同的物理机之间的软件兼容,那么体系结构不同物理机之间的软件兼容如何实现呢?按软件兼容的含义,则必须由一种体系结构下的组成逻辑与物理实现来建立另一种计算机体系结构,使得另一种体系结构的目标代码可以不加修改地运行于该物理机上。显然,若物理机采用组合逻辑控制器,不可能使其识别并处理另一体系结构的机器指令。所以,物理机必须采用微程序控制器,这样可以通过修改微程序,使微程序不仅可以解释原机器指令,还可以解释另一种体系结构的机器指令。所谓仿真方法是指在一种微程序控制的物理机上,通过修改微程序,使微程序可以解释并执行另一体系结构物理机的目标代码。

1.1.6 计算机体系结构的特性

计算机经过 70 多年的发展,体系结构发生翻天覆地的变化,形成了等级性、系列性和仿真性三个方面的特性。

1. 等级性

随着计算机技术的不断发展,计算机的品种越来越多,而不同计算机的性能与价格差异很大。为了可以粗略地区分不同计算机的性能与价格,便引入等级性的概念,根据性能和价格把计算机分为巨型机、大型机、中型机、小型机、微型机和嵌入式计算机 6 个等级。任何一个等级的计算机均在不断地改进,从而使得性能不断提高且价格不断降低,比如 10 年前的一台中型机的性能甚至比不上当今一台微型机的性能。因此,若按性能来度量计算机等级,那么一台计算机的等级将随时间而不断下移,各等级计算机的性能、价格随时间变化趋势如图 1-6 所示,其中虚线称为等性能线。但不可能把 10 年前称为中型机的计算机在 10 年后称为微型机,因此在各等级计算机性能随时间不断下移的过程中,认为其价格在一段时期内基本维持不变。

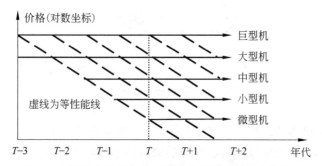

图 1-6 不同等级计算机的性能和价格随时间的变化趋势

各等级计算机的性能随时间下移,其本质是低等级计算机引用甚至照搬高等级计算机的体系结构与组成逻辑,这正是微型机与嵌入式计算机的设计原则:充分发挥器件技术的进步,以尽可能低的价格实现高等级计算机的体系结构与组成逻辑,从而推动计算机工业的发展和普及应用计算机。目前,体系结构和组成逻辑下移的速度越来越快,例如超高速缓冲存储器和虚拟存储器从大型机下移到小型机所花的时间不到 6 年,而巨型阵列机问世不到 7 年,小型机上就出现了可扩充的高速阵列处理部件。

2. 系列性

通过系列化方法,可以在相同体系结构的物理机之间实现软件的向上兼容或向后兼容,这样便使得计算机体系结构具有系列性,也就引入了系列机的概念。所谓系列机是指由同一个厂家设计制造的体系结构相同、组成逻辑与物理实现不同的一系列型号不同的物理机。例如,IBM 公司在推出 IBM370 后,相继推出了 370/115、125、135、145、158、168

等一系列不同型号的机器;DEC 公司先后推出 VAX-11/780、750、730、725、MICRO-VAX、785 等一系列不同型号的机器;另外,还有 Intel 公司的 80x86、Pentiun 系列以及 Motorola 公司的 680x0、88000 系列等。根据系列化方法实现软件兼容的基本要求和后续推出的物理机档次一般高,系列机的构建要求为:必须保证软件向后兼容,力争做到向上兼容。

另外,把不同厂家设计制造的体系结构相同但组成逻辑与物理实现不同的物理机称为兼容机。兼容机与系列机的构建要求是一致的,可以对原体系结构进行适度扩充,使之具有更强功能,如长城 0520 与 IBM PC 兼容,但长城 0520 具有汉字处理功能。

3. 仿真性

通过仿真方法,可以实现不同体系结构的物理机之间的软件兼容,这样便使得计算机体系结构具有仿真性。但仿真性的实现极其困难,当体系结构特别是 I/O 结构差别较大时,几乎无法实现。

1.2 计算机体系结构的改进和演变

【问题小贴士】 ①任何数值运算均规定了运算规则(如同号乘为正,实数加小数点对齐等),按某运算规则进行运算就可以得到该运算的结果数值;计算机开展计算(广义)是否也需要规定计算规则,怎么解释? ②利用图 1-7 所示的计算机体系结构,从逻辑上解释计算机工作原理是如何实现的? ③计算机体系结构原型存在许多问题,在工作原理上存在问题吗?如果存在,请指出问题以及改进的方法。

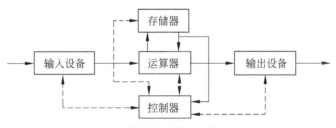

图 1-7 冯·诺依曼计算机的体系结构原型

1.2.1 计算模型及其数据驱动原理

1. 计算模型及其基本内容

计算模型是完成计算任务所必须遵循的基于形式化描述的基本规则,对所有计算方法进行高度概括与抽象是计算模型建立的基础。计算模型是软件与硬件之间的桥梁,使软件开发设计者与硬件开发设计者彼此相互独立。硬件开发设计者依据计算模型,全心投入硬件的体系结构设计、组成逻辑设计及其物理实现设计,而无须考虑运行的软件;应用软件开发设计者依据计算模型,全心投入数学建模、算法设计和程序设计,而无须考虑所使用的硬件设计。当然,系统软件开发设计者则需要考虑所使用的硬件结构属性,而无须顾及硬件逻辑性与物理性。

工作单元(对计算机来说即是指令)之间存在处理次序和数据依赖这两种关联性。工作单元之间处理次序的控制机制则称为工作驱动,而工作单元之间数据依赖的控制机制则称为数据传递,工作驱动与数据传递是计算模型的两项基本内容。数据传递是指依据数据依赖关联性,实现一个工作单元向另一工作单元传送数据,数据传递方式有共享存储和专用存储两种。工作驱动是指依据处理次序关联性,实现一个工作单元结束向另一工作单元开始转换,目前工作驱动方式有程序驱动和非程序驱动两种。工作驱动方式是计算模型的核心,计算机的驱动方式不同,工作原理则不一样,因此它是区分传统计算机与新型计算机的关键。

由于(传统)计算机采用"程序驱动"计算规则,所以称为程序驱动或程序控制计算机,其体系结构原型由美籍匈牙利数学家、计算机之父冯·诺依曼(John von Neumann)构建,所以又称为冯·诺依曼计算机。非程序驱动目前主要有数据驱动、需求驱动和模式匹配驱动三种方式,这样也就产生了数据流计算机、归约计算机和智能计算机三种新型计算机,其中数据驱动计算模型及其相应的数据流计算机体系结构的研究较为完善。

2. 数据驱动原理

数据驱动是指只要指令(即工作单元)序列中任一条指令所需的操作数齐备,就可以立即进行处理,即指令不是按指令序列由控制器控制其顺序处理,而是在数据可用性控制下并行处理的。通常把采用数据驱动的计算机称为数据流计算机,它可以充分支持指令级并行性的实现。只要有足够多的处理单元,相互间不存在数据依赖的指令都可以并行处理,指令序列中指令的处理次序由指令间的数据依赖关系决定。数据流计算机采用专用存储的数据传递方式,每个操作数经过指令使用一次后就消失,变成结果数据供下一条指令使用。显然,数据流计算机与程序控制计算机相比具有以下4个特性。

(1) 异步性。对于序列指令,只要指令所需要的数据都到达,指令就可以独立处理,指令之间不存在任何依赖关系,操作结果不受指令排列次序的影响。

(2) 并行性。可以同时并行处理多条指令,而且这种并行性通常是隐含的,指令处理主要受指令之间的数据相关性限制。

(3) 函数性。存储单元的数据不被指令所共享,从而不会产生诸如改变存储单元内容这样的副作用。另外,既没有变量的概念,也不设置状态来控制指令的处理顺序,即操作结果不改变机器状态。所以,任何指令均是纯函数的,可以直接支持函数语言,不仅有利于开发程序中各级的并行性,而且有利于改善软件环境,缩短软件的开发时间。

(4) 局部性。指令操作结果直接作为操作数传送给所需要的指令,指令处理是局部的。指令操作结果并不单独存储,也不会产生长远影响。

数据驱动原理由美国MIT实验室的Jack Dernis及助手于1972年提出,至今已经有40多年,且数据流计算机的结构模型也较完善,但距离实用推广还有一定差距,原因在于它还存在许多问题,如需要指令表示的信息较多(操作码及其若干源操作数、结果操作数及其若干传送地址)导致字长很长、操作数流动量大与带宽有限带来缓冲延时长、指令处理并行性高与处理单元有限使得排队开销大等,另外还完全放弃程序控制计算机体系结构,无法实现任务级、进程级等高级别的并行性和有效利用已有的研究成果等。

1.2.2 计算机体系结构原型及其改进

1. 计算机工作原理及其结构原型

虽然计算机历经了 70 多年发展,逻辑器件与体系结构发生了惊人的变化,但是其工作原理则没有任何变化。计算机的工作原理包含三个方面。

(1) 按程序中指令的排列顺序自动转换工作单元来驱动程序运行,计算机则可完成程序所描述的计算任务,这是图灵机的思想,可称之为"顺序驱动"。

(2) 在启动计算机计算之前,应把根据计算任务由人工编制的程序及其所需原始数据存入计算机中,使程序和原始数据与计算机融为一体,这是冯·诺依曼"存储程序"的设计理念。

(3) 以布尔代数为基础,将包含系列运算的计算任务所对应的程序采用二进制编码的指令来描述时,则可由指令来控制逻辑电路,实现对信息的处理,可称为"指令控制"。

概括地说,计算机的工作原理为"存储程序、顺序驱动、指令控制",它是科学家历经上百年集体智慧的结晶。根据该工作原理设计实现的计算机通常称为"程序控制计算机"或"冯·诺依曼计算机"。美籍匈牙利数学家冯·诺依曼等人于 1946 年提出了现代计算机体系结构雏形,如图 1-7 所示。图中实线为数据线,用于传送指令、信息和地址编码;虚线为控制线,用于传送控制与状态信号。冯·诺依曼体系结构的计算机由运算器、控制器、存储器、输入设备和输出设备 5 种功能部件组成,且以运算器为中心。虽然计算机已发展成为一个庞大家族,机种型号繁杂,硬件配置多样,性能应用各异,但它们不仅工作原理相同,而且就其体系结构而言,都是冯·诺依曼体系结构的改进与变形。

2. 计算机体系结构原型的主要问题

随着计算机研究的不断深入、技术的不断发展以及应用的不断扩大,人们逐步认识到冯·诺依曼体系结构的局限性,综合来看,它存在的问题主要表现在如下 7 个方面。

(1) 低速输入/输出与高速运算串行操作。由于以运算器为中心,I/O 设备与存储器之间的数据传送需要经过运算器,使得低速的输入/输出和高速的运算不得不相互等待,串行进行。

(2) 控制器负担过重。由于采用集中控制,各功能部件(含 I/O 设备)的所有操作及其相互之间的信息交换均由控制器统一发送命令来控制,使得计算机速度与功能部件的利用率受到严重限制。

(3) 难以最大限度地利用指令之间的并行性。由于采用"存储程序、顺序驱动"原理,指令处理顺序严格按程序中指令的排列次序进行(分支由转移指令软件实现);当程序中前后指令之间存在数据关联时,编程排列指令次序是必需的,但程序中前后指令之间不存在数据关联时,则强加了一个"顺序关联";在不考虑指令处理资源限制的情况下,使得可以并行处理的指令却必须串行处理,无法最大限度地发挥计算机的并行处理能力。

(4) 硬件可以直接处理的数据类型越多,指令系统越庞大复杂,编译负担越重。由于机器指令(二进制编码的)操作数不带数据类型标志而由操作码指定(机器指令格式上分为操作码和操作数两部分),数据运算操作是由其类型决定的,虽然操作数的编码与格式极其简单,但当增加一种硬件可以直接处理数据类型时,就需要增加许多指令(一种运算增加一条),从而使得指令系统日益庞大和复杂。另外,在高级语言中,操作符与数据类型无关,操作数类型由数据类型说明语句指定,这又导致机器指令与高级语言之间存在语义差距,这种语义差距只有通过编译程序来弥补,从而加重了编译的负担。

(5) 指令与数据等同存储于同一个存储器中会带来许多不利。由于指令与数据均采用二进制编码且混存于同一个存储器中,这样虽然可以节省硬件且简化存储管理,但给许多问题的解决带来不便,如程序运行时指令可能被当作数据而被修改,程序的调试与排错将变得复杂,并且程序的可再入性与递归调用的实现难度也会增大,不利于指令与数据并行存取等。

(6) 存储器难以甚至无法直接存储栈、树、图和多维数组等非线性、多维或离散数据类型的数据。由于存储器的存储单元是按顺序线性编址的方式来组织,存储单元的二进制位数固定并且地址唯一定义,这样虽然具有结构简单、价格便宜等优点,但与应用中经常需要的栈、树、图和多维数组等非线性、多维或离散数据类型的数据结构相矛盾。

(7) 体系结构难以优化。由于软件与硬件截然分开,硬件逻辑固定、功能不变,完全依赖编制软件来适应不同应用,使得无法更加合理地进行软硬件功能分配。当求解的问题与应用需要变化时,会导致性价比明显下降。

3. 计算机体系结构原型的改进

虽然至今绝大多数计算机仍源于冯·诺依曼体系结构,但随着计算机应用领域的扩大,以及高级语言和操作系统的出现,多数功能交于软件实现所引起的矛盾将愈来愈多。因此,70多年来计算机体系结构不断改进,有些体系结构还与冯·诺依曼体系结构差异很大。计算机体系结构原型的改进主要包括以下8个方面。

(1) 将以运算器为中心改为以主存储器为中心。通过该改进,让I/O设备与存储器之间可以进行数据传送,使得输入/输出与运算操作以及输入/输出之间均可以并行进行,还使得构建适应于并行算法的分布式处理体系结构成为可能,为分布式多处理机的实现奠定基础。

(2) 将采用集中控制改为采用分散控制。通过该改进,把I/O设备的输入/输出操作控制从控制器中分离出去,由I/O接口电路实现,从而可以充分提高功能部件的利用率和计算机的性能。

(3) 将程序控制驱动改为激发控制驱动。通过该改进,便出现了与冯·诺依曼体系结构原理完全不同的新型计算机,如数据流计算机和智能计算机(抛弃精确数值运算而依靠知识推理来处理非数值信息),使得指令处理完全不需要程序计数器来控制,且与指令在程序中出现的位置无关,从而实现指令之间的异步处理。

(4) 将操作数不带数据类型标志改为带数据类型标志。通过该改进,便增设了许多高级数据表示,使得同一机器指令具有对多种数据类型进行运算操作的通用性,简化指令系统,减小高级语言与机器语言之间的语义差距,从而有效支持精简指令系统与高级语言等计算机的实现。

(5) 将软硬件截然分开改为将软硬件融于一体。通过该改进,便出现了可编程逻辑器件与固件,使得硬件电路逻辑具有可编程性,控制部件则具有微程序控制性,可以选择与改变指令系统和电路逻辑,从而有效支持动态自适应可重构计算机的实现。

(6) 存储器组成多样化与复杂化,以避免存储器存在的缺陷。对于指令和数据等的混存问题,处理方式是将指令和数据分别存储于两个独立编址且可同时访问的不同存储器中,或采用在指令处理过程中不允许修改的工作方式。对于存储器线性直接寻址问题,则采用存储器同时具有按字、字节和位的多种编址,或采用具有高级寻址能力的数据表示。引入堆栈,以支持高级语言的过程调用、递归实现和表达式求值等。

(7) 为实现特定计算任务或算法,出现了各种不同的计算机。专用计算机是面向特定计算任务或算法的,它一直是计算机体系结构研究的主要方向之一。例如,为了适应生产现场控制,而出现了过程控制或嵌入式计算机;为了实现功能分布,而出现了外围处理机与通信处理机;为了提高对向量与矩阵的处理速度,而出现了向量计算机与阵列处理机;为了实现任务与进程的并行,而出现了多处理器计算机。

(8) 为解决原型结构存在的其他缺陷,采用了许多技术措施。例如,增加寻址方式,以方便对复杂数据结构的访问;采用流水线技术,以加快指令与操作的执行速度;为了增加存储器带宽,采用并行存储器或按内容访问的相联存储器、增设高速缓冲存储器或通用寄存器;引入虚拟存储器,以方便高级语言编程等。

4. 现代计算机体系结构的特点

通过对冯·诺依曼体系结构的不断改进,现代计算机体系结构发生了巨大变化,并形成了以下 5 个方面的主要特点。

(1) 软硬件功能分配更加科学合理。通过软硬件功能界面的优化设计,使计算机性价比达到最佳状态。

(2) 计算过程的并行处理能力强。通过采用各种并行处理技术,在微操作级、操作级、指令级、线程级和进程级等不同级别上,采用硬件支持并行性的实现,使计算速度得到极大提高。

(3) 存储器的组织结构基本可以满足需要。采用预取缓冲技术、层次与并行组织技术、相联存储技术以及存储保护技术等,通过存储管理部件的支持实现,使存储器具有价格低、速度快和容量大的特点。

(4) 高性能的微处理器得以实现。采用流水线技术、线程并行技术、多核技术、精简指令技术以及 Cache 技术等组织设计微处理器,极大地提高了微处理器性能。

(5) 多处理机组织结构占据统治地位。进入 21 世纪以来,以高性能的微处理器为基础组成的计算机取代了基于逻辑电路或门阵列的大、中、小型计算机。

1.2.3 计算机体系结构演变的影响因素

影响计算机体系结构演变的因素很多,其中主要因素有器件、应用(含算法)、软件、并行处理技术和价格 5 个方面。反过来,计算机体系结构的演变又会对器件、应用、软件、并行处理技术和价格的变化提出新要求,促使其有更大发展。

1. 器件对计算机体系结构的影响

器件是促使计算机体系结构演变的最活跃因素。一方面,器件性价比提高,会促使新结构、新组成、新技术从理论变为现实。如果没有高速廉价的半导体存储器,早在20世纪60年代初就提出的"存储系统"将无法实现;没有现场型PROM器件,早在20世纪50年代初就提出的微程序技术将无法应用。超大规模集成电路(VLSI)器件的出现以及芯片逐步代替计算机组成中的功能部件,促使体系结构性能从大型机向小型机乃至微型机转移,如Cache出现在PC中并集成到微处理芯片内。超强功能的CPU芯片的出现促使开发多处理器计算机,实现大规模并行处理,如高性能微处理器芯片MIPS R4000、POWEP PC和IBM RS6000等。另一方面,器件的性能与使用方法的改变也促使体系结构及组成设计方法发生改变。在VLSI芯片的通用片→现场片→半用户片→用户片的发展过程中,硬件设计由采用传统的化简逻辑设计方法,让位于采用微汇编、微高级语言和硬件描述语言等编程软方法。通用片逻辑器件功能固定、价格高,促使计算机设计尽量采用现场片存储器件,使用户可以根据需要改变器件功能,如用微程序控制器取代组合逻辑控制器,使用PROM和FPLA(现场可编辑逻辑阵列)实现某些运算等。用户片是专门按用户要求生产的VLSI器件,为了既满足用户可编程的需要,又满足器件厂家希望通用性强、销售量大的要求,发展了门阵列、门-触发器阵列等半用户片。设计一般先用通用片或现场片实现,等机器成熟取得用户信任后再改用半用户片或全用户片。随着VLSI价格的逐步下降,人们开始较多地直接采用半用户片进行预设计,定型后再采用全用户片。

2. 应用(含算法)对计算机体系结构的影响

应用需求是促使计算机体系结构演变的根本动力。不同应用对计算机体系结构提出了不同要求,如果现有计算机不能满足应用需求,则需要设计或采用新的计算机体系结构来保证计算效率,因为计算效率是衡量计算机应用的关键。若一台高性能计算机体系结构同时满足各个领域的应用需求,那么当它处理某个具体应用时,计算效率必然不高甚至低下,缘由在于很多功能没有使用。针对某个领域设计一台专用计算机则更具吸引力,这样不仅效率高,且价格较低。所以,体系结构设计者必须在专用体系结构与通用体系结构两者之间寻找具有竞争价格优势与高效率的设计方案,以使专用体系结构的高效率与通用体系结构的广泛市场形成均势。

3. 软件对计算机体系结构的影响

软件是促使计算机体系结构演变的直接因素。计算机(系统)是软件与硬件的有机结合体,大部分系统软件与硬件之间相互依赖、相互支持且相互渗透,其中操作系统和语言处理系统与计算机体系结构的关系最为密切。随着计算机应用的不断发展,操作系统必须适应不同的应用要求,从而出现各具特色的操作系统,与之相适应的计算机体系结构也就各有侧重。例如,网络操作系统的功能之一是提供计算机之间的通信与资源共享,这就要求各台计算机的体系结构必须配置通信接口部件,以实现网络通信协议的物理层和数据链路层;分时操作系统主要用于多用户交互式使用,这就要求计算机的体系结构必须速度快、容量大,具备定时部件和完善的中断系统与通道结构。另外,随着程序设计语言、编译技术和计算机体系结构的发展,对于同一功能的软件,具有不同体系结构的计算机采用不同的程序设计语言开发了不同类型的程序,相互之间不能互用,导致人力资源的重复使用。为了实现软件兼容,则要求计算机体系结构具有系列性和仿真性;为了实现软件移植,则要求语言标准化,也要求计算机在语言处理上具有相同的属性。

4. 并行处理技术对计算机体系结构的影响

并行处理技术是促使计算机体系结构演变的关键因素。实现并行处理的技术不同，也就形成了不同的计算机体系结构。时间重叠流水线并行处理技术的应用就产生了流水线计算机；重复设置处理部件并行处理技术的应用就产生了阵列计算机；资源共享并行处理技术的应用就产生了多处理机。计算机体系结构从低级向高级发展的过程也就是并行处理技术不断发展的过程。最早的计算机并行方式是位并行，1953 年完成了具有位并行运算的第一台商业计算机 IBM701，同一时期也出现了 CPU 与 I/O 设备在一定程度上的并行。到 20 世纪 60 年代，并行性进一步发展，研制出了流水线单处理机，如 1964 年完成的 CDC6600，设有乘、除、加、移位和布尔运算等操作的 10 个独立的处理部件，它们可以被多个外围处理机分时复用；1967 年的 IBM360/91 机器指令的取指、译码和地址计算均采用流水线方式重叠进行。在 1970—1980 年这段时间里，大规模集成电路的快速发展导致生产出向量计算机和阵列计算机等多种多样的并行处理计算机，如 1976 年研制的 Crsy-1 就是比较成功的向量流水线计算机，运算速度可达每秒一亿三千万次浮点运算。20 世纪 80 年代以来，计算机体系结构又有了突破性的进展，最具代表性的是精简指令系统计算机(RISC)和数据流计算机等。

5. 价格对计算机体系结构的影响

价格是促使计算机体系结构演变的市场因素。性价比是用户判断产品设备优劣的最基本指标，所以要较全面地评价计算机体系结构，既要考虑性能，也要考虑价格。如把计算机性能提高 10%，价格也增加 10%，性价比保持不变，市场可以接受；如把计算机价格增加 10%，性能提高 20%，性价比就会提高，备受市场欢迎；如把计算机价格增加 10%，性能仅提高 5%，性价比降低，市场将难以接受。但少数特殊用户为实现特定目的，会不计单位计算成本的增加。所以，从价格出发改进计算机体系结构有两条基本途径：一是计算机性能或价格较小地改变（"小"的范围在 10 倍左右），可以得到更高的性价比；二是为特殊应用而使计算机性能绝对提高，适度增加价格。特别地，当性能与价格差异很大时，性价比则可能没有实际意义。

1.2.4 计算机体系结构的演变

1. 计算机体系结构的生命周期

任何一种计算机体系结构从诞生、发展、成熟到消亡，均存在生命周期，且与硬件、系统软件及应用软件的发展密切相关。一种新体系结构的诞生往往以硬件为标志，而它的发展和成熟则是以配套的系统软件和应用软件为标志。当体系结构不能够满足应用需要时，就会消亡而诞生新的体系结构。计算机发展的历史表明：从硬件成熟到系统软件成熟需要 5～7 年的时间；从系统软件成熟到应用软件成熟，也需要 5～7 年的时间；再过 5～7 年的时间，这种体系结构如不能成为主流，就会被新体系结构所替代。也就是说，一种计算机体系结构从产生到消亡，需要 15～20 年的时间，其生命周期如图 1-8 所示。

典型例子是 Intel 公司的 80x86 系列微处理器中的 32 位体系结构。1985 年第一个 32 位微处理器 80386 投入市场时，并没有相应的 32 位的操作系统，人们仅将它当成一个高速的 8086 使用。直到 1992 年出现 32 位的 Windows 3.1 时，32 位的 80x86 处理器才

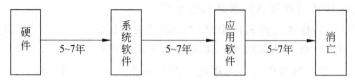

图 1-8　计算机体系结构的生命周期

有了广泛使用的 32 位操作系统和开发环境,而相应的应用软件一直到 1997 年才广泛上市。21 世纪初期,64 位的微处理器开始进入主流体系结构。

2. 计算机体系结构的演变过程

计算机是经过一系列历史演变过程的产物。在 20 世纪 80 年代以前,逻辑器件尤其是集成电路器件的更新决定计算机体系结构的演变。计算机发展初期,都是面向某一类数学计算的巨型或大型的专用计算机。20 世纪 60 年代出现了功能较齐全、价格较昂贵的大型通用计算机,以及字长较短(16 位)、存储容量较小、指令系统较简单并且应用范围较广的小型通用计算机。20 世纪 70 年代则有了速度快、主存容量大、价格昂贵的巨型专用计算机——向量处理机和阵列处理机,还有性能与大型计算机相当的超级小型通用计算机和价格低廉、通用性强的微型计算机。20 世纪 80 年代根据用户市场需求,推出了小巨型计算机和具有较强图形处理功能的高档个人计算机(图形工作站),还有小规模多处理机(2~16 个处理器)。期间,数据位和指令并行也得到极大提高,其中数据位由初期的 1 位到 20 世纪 60 年代的 4 位、20 世纪 70 年代的 8 位和 20 世纪 80 年代的 16 位和 32 位,再到后期指令与操作流水、多道程序、多功能部件以及精简指令系统等指令级并行技术应用,从而把单处理机的性能推到极致。

在 20 世纪 80 年代以后,器件与部件的组织优化技术决定了计算机体系结构的演变。由于单处理机的性能增长已显饱和,多处理机和并行计算机(超级计算机)成为研究主流。它们研究的关键是功能部件的组织与优化(通信、同步与协作)、虫蚀寻径(Wormhole)技术的提出、更符合实际的多种并行计算模型以及不同规模和不同拓扑结构的多种并行计算结构。由此使计算机的主要技术指标有了显著的提升,如运算速度达万亿次,存储容量达万亿字节,I/O 吞吐率达万亿字节。综合起来,计算机体系结构演变过程历经五代,各代特征具体如表 1-2 所示。

表 1-2　计算机体系结构演变过程的特征

年　代	器　件	体系结构技术	软件技术	典型机器
第一代 (1945—1954 年)	电子管、继电器和绝缘导线	程序控制 I/O、定点数据表示	机器语言和汇编语言	普林斯顿 ISA、ENIAC、IBM701
第二代 (1955—1964 年)	晶体管、磁芯和印刷电路	浮点数据表示、寻址技术、中断和 I/O 处理机	高级语言、编译和批处理监控程序	UnivacLARC、CDC-1604、IBM7030

续表

年　代	器　件	体系结构技术	软件技术	典型机器
第三代 (1965—1974年)	SSI 和 MSI、多层印刷电路和微程序	流水线、高速缓存、先行处理和系列机	多道程序和分时操作系统	IBM360/370、DEC PDP-8
第四代 (1975—1990年)	SI、VLSI 和半导体存储器	向量处理、分布式存储器和指令级并行技术	并行和分布式处理	Cray-1、IBM3090、DEC VAX9000
第五代 (1991年至今)	高性能微处理器和大规模、高密度电路	线程级并行技术、SMP、MP、MPP 和网络	可扩展的并行和分布式处理	SGI Cray T3E、IBMx-Server、SUN E10000

第一代计算机(1945—1954年)将电子管和继电器用绝缘导线互连在一起,CPU 采用程序计数器与累加器顺序开展定点运算;采用机器语言或汇编语言,利用程序控制 I/O。第二代计算机(1955—1964年)采用分立式晶体管和铁氧体磁芯存储器,并利用印刷电路互连;出现了变址寄存器、浮点运算、多路存储与 I/O 处理机、高级语言编译程序、子程序库和批处理监控程序。第三代计算机(1965—1974年)采用小规模或中规模集成电路、多层印刷电路、流水线、高速缓存和先行处理技术,实现了微程序控制、多道程序设计和分时操作系统。第四代计算机(1975—1990年)采用大规模或超大规模集成电路和半导体存储器,出现了共享存储器、分布式存储器和向量并行处理,开发了用于并行处理的多处理机操作系统、专用语言及其编译器以及用于并行处理或分布式处理的软件工具和环境。第五代计算机(1991年至今)采用 VLSI 工艺,具有更完善的高密度、高速度的处理机和存储器芯片,实现了大规模并行处理,并且采用可扩展和容许时延的体系结构。

另外,随着时间的推移,逻辑设计方法也在不断地改变。早期逻辑设计极其重要,以尽量降低硬件价格为宗旨;目前结构化设计极其重要,以应尽量选择通用标准芯片为宗旨。第一代计算机几乎全部由硬件开发人员设计,第二、三、四代计算机则由应用、软件、硬件和器件开发人员共同设计,目前的计算机除器件设计外均由软件开发人员设计。

1.3　计算机体系结构的并行性及其发展

【问题小贴士】 ①在数学表达式$(A+B)\times(C-D)$的计算中,哪些运算可以并行进行?这种并行性属于哪种形式,可以通过程序设计实现吗?②对于①中的并行运算,从处理数据串并来看属于哪个级别的并行性?在计算机上实现时,可以采用哪种并行处理的度量标准来度量?③你现在编写程序的依据是串行算法还是并行算法,为什么?④通过时间重叠、资源重复和资源共享三条技术途径,分别对应形成了多处理机中的哪一种?⑤计算机局域网是多计算机还是多处理机?属于哪种多机耦合,为什么?⑥Flynn分类法与冯氏分类法都是按并行性来对计算机体系结构进行分类的,为什么它们的分类不同?

1.3.1　并行计算机与并行性

1. 并行性及其基本形式

一个计算任务(信息处理过程)通常包含许多运算或操作,为了缩短计算时间与提高计算效率,需要挖掘出其中可以并行执行的运算或操作,以使运算或操作并行执行,实现计算任务的并行处理。显然,计算任务能否并行处理,取决于其所包含的运算或操作是否可以并行执行。如果运算或操作可以并行执行,则认为计算任务具有并行性,否则就没有并行性。所谓并行性是指计算任务中具有可以并行执行运算或操作的特性。

并行性包括同时性和并发性两种基本形式。同时性是指两个(或两个以上)运算或操作可以在同一时间执行,即一个运算或操作的执行时间完全被另一个所重叠或包含。并发性是指两个(或两个以上)运算或操作可以在同一时间间隔内执行,即一个运算或操作的执行时间仅有部分与另一个重叠。

2. 并行处理(并行性)及其度量标准

当计算任务存在并行性时,必须利用某种工具或手段来实现。所以并行处理是指信息处理过程中挖掘并实现并行性的技术手段。目前,计算任务往往是由计算机实现的,这就要求计算机具有并行处理能力,通过挖掘程序(即计算任务)中的并行性,提高计算机(系统)的性能。计算机并行处理能力(并行性实现程度)目前还没有统一的度量标准,比较公认的度量标准主要有以下 4 种。

(1) 指令级并行度(ILP)。指令级并行度是指计算机每个时钟周期处理指令的条数,一般 ILP≤1;若 ILP>1,则需要特殊并行处理技术来支持。

(2) 线程级并行度(TLP)。线程级并行度是指计算机可以并行执行线程的粒度大小,粒度越大,并行度越高。线程级并行性的实现需要专门的并行处理技术来支持。

(3) 数据级并行度(DLP)。数据级并行度是指计算机数据处理的字并数或数据流通路的条数;数据通路越多,并行度越高。

(4) 多机级耦合度。多机级耦合度是指计算机之间的数据或功能的关联程度,用于体现任务或作业之间的并行处理;关联度越大,并行度越高。

3. 并行算法及其适应性

算法即计算方法,是指完成某种或某类计算任务的过程和步骤。通常依据算法是否存在并行性,把算法可分为串行算法和并行算法。如果算法存在并行性,就称之为并行算法,否则为串行算法。由于并行程度有高低之分,并行运算或操作也会存在差异,使得同一计算任务可能存在多种本质不同的并行算法。

串行计算是一个具有普遍适应性的计算规则,串行算法与串行计算机体系结构均是根据该规则而开发设计的,所以串行算法与串行计算机体系结构是相对独立的。在某台串行计算机上是最优的算法,在另一台串行计算机上往往也是最优的。冯·诺依曼计算机采用"程序顺序驱动、共享存储传递"的计算规则,其体系结构是串行的,而通常学习研究的是串行算法,所以软件开发设计者可以脱离计算机(硬件)进行算法研究。

并行处理的实现需要有相应算法的支持。所谓并行算法是指实现并行处理的算法。并行计算比串行计算复杂得多,目前还没有一个具有普遍适应性的计算规则。因此并行算法的开发设计依赖于并行计算机体系结构,而并行计算机体系结构的开发设计又依赖于并行算法。所以,并行算法与并行计算机体系结构密切相关、相互适应而构成一个整体。也就是说,一台计算机具有高性能是相对于某种或某类算法而言的,而算法优劣是相对于某种或某类计算机体系结构而言。如阵列处理机的计算性能对于阵列类型的数据处理是很高效的,但对于原子类型的数据处理却体现不出来;对于标量连续累加,超流水线处理机的计算效率很高,而向量处理机的计算效率不高,向量计算则反之。所以,体系结构开发设计者应针对某些应用领域,在分析一类算法(不是一个算法)的基础上,构造适应该类算法的并行计算机体系结构。并行算法开发设计者则依据某种并行计算机体系结构,构造出适应于该体系结构的算法。由此使得专用计算机和通用计算机一直是计算机体系结构研究的两个方向,这也就是同一问题的求解算法(除研究透彻的外)存在许多开发设计的原因。

4. 并行计算机及其种类

改善计算机体系结构的基本思想是:通过提高计算机的并行处理能力,来提高计算机性能。当计算机并行处理能力提高到一定程度并且并行性提高到一定级别(如任务并行、数据字并行等)时,便形成新的体系结构,进入并行处理领域。所以,把具有并行处理能力的计算机称为并行计算机。从结构特性来看,并行计算机目前主要可分为三种,且对应三种不同的实现方式。

(1) 流水线计算机。实现部件重叠时间并行,实现方式为单指令流单数据流(SISD)。
(2) 阵列计算机。实现资源重复空间并行,实现方式为单指令流多数据流(SIMD)。
(3) 多处理机。实现资源共享异步并行,实现方式为多指令流多数据流(MIMD)。

1.3.2 并行性实现等级划分

根据并行处理的运算或操作的粒度大小不同,可以把并行处理实现的并行性分为不同等级。而从运行程序、处理数据和信息加工等不同的角度来看,运算或操作的含义有所不同,并行处理等级的划分也就有所不同。

1. 从程序执行层次来划分

从程序执行层次来看,并行处理由低到高可以分为指令内部并行、指令之间并行、线程之间并行、进程之间并行和作业之间并行5个等级。

(1) 指令内部并行。指令内部并行是指指令处理过程所包含操作之间的并行,它主要取决于计算机的组成逻辑。
(2) 指令之间并行。指令之间并行是指多条指令并行处理,它主要取决于指令之间的关联性和计算机的体系结构。
(3) 线程之间并行。线程之间并行是指多个线程并行运行,它主要取决于编译技术和计算机的体系结构。
(4) 进程之间并行。进程之间并行是指多个进程(程序段)并行运行,它主要取决于编译技术和计算任务的可分解程度。
(5) 作业之间并行。作业之间并行是指多个作业或多道程序并行运行,它主要取决于操作系统是否可以将有限的硬软件资源在一定时间内进行有效分配。

对于程序执行层次的并行处理等级,由高到低由硬件实现的比例增大,即并行处理实现也是一个软硬件功能分配问题。随着硬件成本的不断下降,硬件实现的比例逐步增大。过去在单处理机中,作业级的并行处理主要通过操作系统的进程管理、作业管理以及并行程序设计等软件方法实现。现在在多处理机中,已有实现作业调度的硬件,作业级并行处理更多采用硬件方法来实现。

2. 从处理数据串并来划分

从处理数据串并来看,并行处理由低到高可以分为位串字串、位并字串、位片串字并和全并行 4 个等级。

(1) 位串字串。位串字串是指对一个字的二进制数逐位处理,早期的串行单处理机即是位串字串的,对数据来说,完全没有并行。

(2) 位并字串。位并字串是指对一个字的二进制数位同时处理,传统的单处理机即是位并字串的,对数据来说,具有简单并行。

(3) 位片串字并。位片串字并是指对多个字的二进制数部分位(称位片)同时处理,对数据来说,由此进入并行处理范畴。

(4) 全并行。全并行是指对多个字的二进制数位同时处理,对数据来说,具有高度并行。

3. 从信息加工过程来划分

从信息加工过程来看,并行处理由低到高可以分为存储器操作并行、处理器操作并行、处理器加工并行和处理器功能并行 4 个等级。

(1) 存储器操作并行。存储器操作并行是指存储器采用单体多字或多体多字的读写方式,在一个存取周期内访问多个字,或采用位片串字并或全并行操作方式,在一个存取周期内对多字进行比较、检索、更新或变换等操作。并行存储器是典型的存储器操作并行。

(2) 处理器操作并行。处理器操作并行是指处理器采用时间重叠以流水线方式对指令操作(如取指令、分析指令和执行指令等)或数据加工操作(如求阶差、尾数加、判零和规格化等)进行处理。流水线处理机是典型的处理器操作并行。

(3) 处理器加工并行。处理器加工并行是指处理器通过重复设置加工单元,对指令所要求加工的多个数据并行加工。阵列处理机是典型的处理器加工并行。

(4) 处理器功能并行。处理器功能并行是指指令级以上的高级并行,包括线程、进程或作业等并行。多处理机是典型的处理器功能并行。

1.3.3 提高计算机并行性的技术途径

为了提高计算机的并行性或并行处理能力,一般可以通过时间重叠、资源重复和资源共享这三条技术途径实现。

1. 时间重叠

时间重叠(Time Interleaving)是指让多个处理过程在时间上错开,轮流重叠地使用同一套硬件资源的各个部分,通过提高硬件利用率来提高处理速度。例如,对指令内部各操作步骤采用重叠流水线处理方式,若一条指令的解释处理可分为取指令、分析和执行三个操作,并分别使用相应的取指令、分析和执行部件来实现。设每个操作的实现时间皆为 Δt,那么第 k 条指令、第 $k+1$ 条指令和第 $k+2$ 条指令就可以在时间上重叠起来,3 条指令彼此在时间上错开,以流水线方式进行解释处理。当然,时间重叠并没有缩短指令的处理时间,却加快了程序的运行速度。时间重叠通过时间因素来实现并行性,一般不需要增加硬件就可以提高计算机性能。

2. 资源重复

资源重复(Resource Replication)是指通过重复设置硬件资源,使多个处理过程使用不同的硬件资源,在提高计算机可靠性的同时也提高处理速度。例如,设置 N 个完全相同的执行部件(PE),让它们受同一个控制单元(CU)控制,控制单元每处理一条指令时就可以同时让各个执行部件对各自分配到的数据进行同一种运算。当然,资源重复也没有缩短运算的处理时间,却加快了指令的处理速度。早期由于受到硬件价格的限制,资源重复以提高可靠性为主,现在利用资源重复是为了提高计算机性能。资源重复通过空间因素来实现并行性,一般需要增加硬件才能提高计算机性能。时间重叠以并发性形式体现并行性,而资源重复则以同时性体现并行性。

3. 资源共享

资源共享(Resource Sharing)是指利用软件方法让多个处理过程按一定时间顺序轮流地使用同一套软硬件资源,通过提高计算机资源利用率来提高处理速度。例如,分时操作系统就是使多道程序共享 CPU、主存和外围设备等。当然,资源共享不仅仅限于共享硬件资源,软件资源和信息资源也可以共享。

1.3.4 多处理机与多计算机

1. 多处理机与多计算机及其差异

多计算机(Multicomputer)是由多台独立计算机组成的计算机,多处理机(Multiprocessor)是由多个处理器组成的计算机,通常把多处理机和多计算机统称为多机系统。多计算机和多处理机的差别主要体现在以下 4 个方面。

(1) 操作系统方面。多计算机的各个计算机分别配有自己的操作系统,各自的资缘由各自独立的操作系统控制分配;多处理机仅配有一个操作系统,各自的资缘由该操作系统统一控制分配。

(2) 存储器方面。多计算机的各个计算机分别拥有自己的主存储器,各自运行完全独立的程序;多处理机的各个处理器共享同一主存储器,各自可以运行独立程序,也可以共同运行同一程序。

(3) 信息交换方面。多计算机的各计算机之间通过通道或通信线路进行通信,以文件或数据集的形式实现交换;多处理机由于共享主存储器,各处理器之间可以用文件或数据集的形式实现交换,也可以用单个数据的形式实现交换。

(4) 并行性级别方面。多计算机通过批量数据交互,实现作业级并行;多处理机可以实现作业级并行,也可以实现同一作业中的指令级并行,甚至可以实现同时处理多条指令,以对同一数组各元素进行全并行处理。

早期的多处理机采用各处理器直接共享主存储器,因此它与多计算机在并行处理的功能和结构上都有着明显的不同。现在,许多多处理机除了共享主存储器之外,每个处理器都带有自己的局部存储器,本身也构成一台计算机,所以与多计算机在结构上的差别不明显,但在操作系统和并行性级别方面的差别还是明显的。

2. 多机耦合度及其类型

耦合度用来反映多机系统中各单元(计算机或处理器)之间物理连接的紧密程度和交

互作用的强弱。多机耦合一般可以分为最低耦合、松散耦合和紧密耦合三种类型。

（1）最低耦合。最低耦合是指各单元之间没有物理连接，也无共享的联机硬件资源，只是通过中间存储介质（如磁盘、磁带等）为交互作用提供支持。采用最低耦合将计算机组织在一起的多机系统称为最低耦合多机系统。在互联网出现之前，所有用户的计算机即组成一个多机系统。

（2）松散耦合。松散耦合是指多台计算机通过通道或通信线路实现互连，共享某些如磁盘、磁带等外围设备，以较低频带在文件或数据集层级相互作用。采用松散耦合将多台计算机组织在一起的多机系统称为松散耦合多机系统，它一般是多计算机。松散耦合多机系统具有异步工作、结构灵活、容易扩展等特点，且有两种组织形式：一种是实现功能专用化的多台计算机通过通道和共享外围设备相连，每台计算机处理的结果以文件或数据集形式传送到共享外围设备上，以供其他计算机继续处理；另一种是各台计算机通过通信线路连接成计算机网络，获得更大地域内的资源共享。

（3）紧密耦合。紧密耦合是指多个处理器之间通过总线或高速开关互连，共享主存储器，以较高频带在单个数据层级相互作用。采用紧密耦合将多个处理器组织在一起的多机系统称为紧密耦合多机系统，它一般是多处理机。紧密耦合多机系统在统一的操作系统管理下，可以获得各处理器的高效率和负载均衡。

3. 多处理机分类

多处理机的分类角度有很多，但最基本的是按组织形式来分类，由此可将多处理机分为异构多处理机、同构多处理机和分布式多处理机三种。

（1）异构多处理机（Heterogeneous Multiprocessor）。异构多处理机又称非对称型多处理机，是指由多个不同类型并且担负不同功能的处理器组成的多处理机。

（2）同构多处理机（Homogeneous Multiprocessor）。同构多处理机又称对称型多处理机，是指由多个相同类型并且完成同样功能的处理器组成的多处理机。

（3）分布式多处理机（Distributed Multiprocessor）。分布式多处理机是指有大量分散、重复的处理器资源（一般是具有独立功能的单处理机）相互连接在一起，在操作系统的统一控制下，各处理器协调工作但最少依赖于它处资源的多处理机。

1.3.5 计算机实现并行处理的历程

1. 并行性实现的基本思想

提高计算机并行处理能力的基本思想为：通过时间重叠、资源重复和资源共享等技术途径，在不同并行性等级上实现并行性，改善计算机体系结构，提高并行处理能力。计算机并行性实现包含基于并行性等级、硬件资源和技术途径，来提高计算机并行处理能力，其历程如图1-9所示。

（1）基于并行性等级。从执行程序、处理数据和信息加工等方面，通过提高并行性等级来提高计算机并行处理能力，使计算机由低性能向高性能发展。

（2）基于硬件资源。如果局限于单处理机，则仅能在处理机的功能部件上实现低级别的并行性。如果希望实现高级别并行性（如进程与作业的并行），则必须摆脱单处理机的束缚，开发不同耦合度的多计算机，以使计算机达到更高级别的并行处理水平。

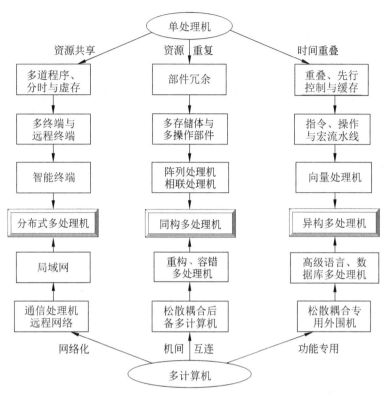

图 1-9　计算机并行处理能力的发展历程

（3）基于技术途径。从单处理机和多计算机二极出发，通过时间重叠、资源重复和资源共享三条技术途径，采取不同技术措施，实现三种不同类型的多处理机（异构、同构和分布式）。

2. 单处理机并行处理的实现历程

从时间重叠技术途径来看，在单处理机并行处理能力的发展过程中，处理机起主导作用。功能专用化是时间重叠实现的基础，通过不断对功能部件进行分离与细化以及平衡频带，尤其注重克服信息流通的"瓶颈"来发展高度并行的计算机。例如，为解决慢速 I/O 设备对快速中央处理器带来的负担和频带不匹配，增设 I/O 通道甚至 I/O 处理机；面对指令处理，采用重叠、先行控制等方式来分离处理器；为使主存储器和中央处理器的频带匹配，则采用并行主存储器、设置指令与数据缓冲寄存器以及增添高速缓冲存储器等。当时间重叠全面应用于处理机层次时，则形成了流水线处理机和向量处理机，进入了并行处理领域。若进一步应用于处理机之间，便出现了全新的体系结构——异构多处理机。如把语言编译过程分为扫描、分析和生成等，分别设立专门的处理机，并与执行机器语言的通用处理机相连，进行流水线处理。

从资源重复技术途径来看，在单处理机并行处理能力的发展过程中，最初将位串行改为字并行，并设置多操作部件与多体存储器，继而出现了相联处理机和阵列处理机等，进入了并行处理领域。进一步应用于处理机之间，便出现了全新的体系结构——同构多处理机。同构多处理机可以是基于处理机级的冗余容错多处理机,让部分处理机备用,以随时代替出故障的处理机的工作,从而提高可靠性。还可以是可变结构或可重构的多处理机,当某处理机出现故障时,则将其"切"掉,重新组织,降低规格继续运行。

从资源共享技术途径来看,在单处理机并行处理能力的发展过程中,最初采用多道程序与分时操作,按类似思想则出现了虚拟存储器和虚拟处理机。随着远程终端、计算机网络和微型机的发展,真实处理机代替虚拟处理机,由此便出现了智能终端,进入了并行处理领域。以集中为特征发展为以分散为特征,应用于处理机之间,便出现了全新的体系结构——分布式多处理机。如以近距离、宽频带、快响应为特点的计算机局域网做支撑,构建起来的机群则是分布式多处理机,它有效地缩短了计算机网络与并行处理计算机之间的差距。

3. 多计算机并行处理的实现历程

由于单处理机规模日益庞大,把部分辅助功能由小规模处理机完成,使其功能专用化而构成松散耦合的多计算机,如早期将 I/O 功能分离出来,使通道向专用外围处理机转变,各处理机之间按时间重叠方式工作。后来又把高级语言编译、程序检查与调试以及数据库管理等也分离出来,由专用处理机完成,并作为选配件与主计算机相连。为了有效地提高工作效率,逐步强化处理机之间的耦合度,则发展成为异构多处理机。

为了提高可靠性,由单处理机的部件级冗余上升为处理机冗余,设置多台同类型的计算机并松散耦合构成容错多计算机。后续提高计算机间互连网络的灵活性,使之具有进程或作业级并行处理能力,便成为紧密耦合的可重构多计算机。为使并行处理任务可以在处理机之间随机地进行调度分配,各处理机必须具有同等功能,这就是同构多处理机。

在地域上分散的多台计算机之间要实现资源共享,根本的措施是网络化。但是网络的信息传输速率较低,相对于并行处理的要求仍有较大的差距。随着计算机局域网的发展,其数据传输速率已接近或达到多处理机的数据传输速率,使得多计算机向分布式多处理机发展,它是分散计算资源从而实现并行处理的有效结构形式。

1.3.6 计算机体系结构分类

在"计算机组成原理"课程中,从计算机的外在特性出发,对计算机进行了多种分类,如按性能与价格可分为巨型机、大型机、中型机、小型机、微型机和嵌入式计算机等;按用途可分为科学计算型、事务处理型、实时控制型和家用型等;按处理机个数可分为单处理机和多处理机。计算机最基本的内在特性是并行处理能力,而它是由体系结构决定的。因此,从并行处理能力出发,按并行性来对计算机体系结构进行分类,主要有 Flynn 分类法和冯氏分类法两种。

1. Flynn 分类法(多倍性分类法)

计算机的基本功能是通过运行指令序列来对数据序列进行加工,这样在程序运行过程中,各部件之间便存在指令和数据流动,由此形成了指令流和数据流。指令流(Instruction Stream)是处理器处理的指令序列;数据流(Data Stream)则是根据指令操作需要依次存取的数据序列。指令流和数据流均是面向程序运行的动态概念,它不同于面向程序存储的静态指令序列,也不同于面向数据存储的静态分配序列。多倍性

(Multiplicity)是指在处理机最受限制的部件上可以同时由该部件处理的指令或数据的最大个数。显然,多倍性可以有效地反映指令或数据的并行性。

1966 年 Michael J.Flynn 按指令流和数据流的多倍性及其不同组织形式,将计算机体系结构分为单指令流单数据流、单指令流多数据流、多指令流单数据流和多指令流多数据流 4 种类型。Flynn 分类法反映了大多数计算机的工作方式、结构特点和并行性,但有的计算机按 Flynn 分类法无法归属于哪一类,如对于流水线处理机归属于哪一类有不同看法。

(1) 单指令流单数据流(Single Instruction stream Single Data stream,SISD)。SISD 是指控制部件(CU)一次仅能对一条指令译码,也仅对一个执行部件(PU)分配数据,概念模型如图 1-10 所示(图中 IS、SI、DS 和 MM 分别表示指令流、控制信号序列、数据流和存储模块)。SISD 体系结构以流水线处理机为代表,它可以是单存储体,也可以是多存储体,但同时仅读写一个数据。

(2) 单指令流多数据流(Single Instruction stream Multiple Data stream,SIMD)。SIMD 是指在同一控制部件的管理控制下,多个执行部件(PU)均接收到控制部件发送来的同一组控制信号序列,但操作对象来自于不同数据流的数据,概念模型如图 1-11 所示。SIMD 体系结构以阵列处理机为代表,当共享存储器时是一个多存储体存储器。

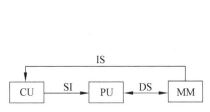

图 1-10　SISD 计算机体系结构概念模型

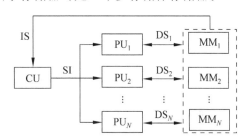

图 1-11　SIMD 计算机体系结构概念模型

(3) 多指令流单数据流(Multiple Instruction stream Single Data stream,MISD)。MISD 是指多个执行部件各自有相应的控制部件,并接收不同指令的控制信号序列,但操作对象为同一数据流的数据或其派生的数据(如中间结果),概念模型如图 1-12 所示。MISD 体系结构无实用价值,目前也没有相应的实际处理机。

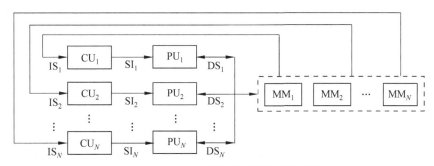

图 1-12　MISD 计算机体系结构概念模型

(4) 多指令流多数据流(Multiple Instruction stream Multiple Data stream, MIMD)。MIMD 是指包含多个各自有相应控制部件(CU)的执行部件(PU),并接收不同指令的控制信号序列,而且操作对象来自于不同数据流的数据,概念模型如图 1-13 所示。大多数多处理机都是 MIMD 结构。该结构的 N 个处理机之间存在相互作用,而数据流的来源有两种情况:一是如果 N 个数据流来源于共享的同一数据空间,则处理机之间相互作用程度很高,为紧密耦合;二是如果 N 个数据流来源于共享的不同数据空间,则可以认为是 N 个 SISD 的集合,为松散耦合。

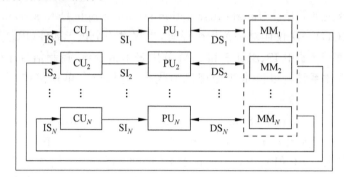

图 1-13　MIMD 计算机体系结构概念模型

2. 冯氏分类法(最大并行度分类法)

最大并行度(Max Degree of Parallelism)是指计算机在单位时间内可以处理的二进制位数的最大值。显然,最大并行度是字宽(字数 N)与位宽(位数 M)的乘积,它可以有效地反映数据的并行性。美籍华人冯泽云于 1972 年按最大并行度将计算机体系结构分为位串字串、位并字串、位片串字并和位并字并 4 种类型。

(1) 字串位串(Word Serial and Bit Serial, WSBS): $N=1, M=1$,第一代纯串行计算机属于该类体系结构。

(2) 字串位并(Word Serial and Bit Parallel, WSBP): $N=1, M>1$,大多数标量计算机均属于该类体系结构。

(3) 字并位(片)串(Word Parallel and Bit Serial, WPBS): $N>1, M=1$,早期的并行单处理机属于该类体系结构。

(4) 字并位并(Word Parallel and Bit Parallel, WPBP): $N>1, M>1$,目前的阵列处理机和大部分多处理机等属于该类体系结构。

1.4　计算机体系结构设计基础

【问题小贴士】　①如果由你负责开发一个嵌入式系统(含软硬件),开发研究的基础工作包含哪些任务?应该采用哪项基本策略和哪条基本途径来开展软硬件功能分配工作?②对于①中嵌入式系统的开发,硬件部分的硬件组打算通过改进某嵌入式硬件来实现,并且经开发组人员讨论研究,提出了两种改进方案,你怎样决策采用哪个改进方案?③当嵌入式系统开发结束后,你准备怎样评价硬件部分和整体(含软硬件)研究开发的效果?上述问题的解决涉及许多变换计算,还需要通过练习来掌握直至熟悉。

1.4.1 体系结构设计的原理准则

1. 体系结构设计的定量原理

1) 大概率事件优先原理

大概率事件优先原理的含义为:对于大概率事件或最常见事件,应赋予其优先处理权和资源使用权,以获得全局最优结果。大概率事件优先原理是计算机体系结构设计中最常用的原理。

在计算机设计的任何阶段,当存在权衡取舍时,必须侧重大概率事件,让其优先处理,且对资源分配同样适应;改进大概率事件的性能,可以明显地提高计算机性能。另外,大概率事件往往比小概率事件简单、速度快,且容易优化实现。例如,CPU在进行加法运算时,运算无溢出是大概率事件,有溢出是小概率事件,此时应该针对无溢出进行CPU优化设计,加快无溢出时的计算速度。虽然有溢出时运算速度会减慢,但由于溢出事件发生概率很小,总体来讲,CPU性能还是提高了。

2) 存储访问局部性原理

存储访问局部性原理的含义为:存储访问存在时间局部性和空间局部性。时间局部性是指正在被访问的代码也就是近期将被访问的代码;空间局部性是指近期将被访问的代码同正在被访问的代码在存储空间上是邻近的。存储访问局部性原理是存储系统组织管理和缓冲预取实现的理论基础,根据程序运行的最近情况,可以较精确地预测出最近的将来要用到哪些指令和数据。

存储访问空间局部性是基于顺序驱动原理和存储空间分配规则建立的,即程序指令序列在存储器中的存储单元地址不是随机分配的,而是相对簇聚连续的。当按程序指令序列的顺序处理指令时,时间上邻近处理的指令在存储空间中的地址往往也是邻近的。存储访问时间局部性是基于10%~90%统计规律建立的,即90%的程序运行时间用于仅占10%的程序代码上,而10%的程序运行时间用于占90%的程序代码上。所以对于一段程序代码,10%的程序代码是循环反复运行的,时间上邻近处理的指令往往是同一条指令。

特别地,复合类型数据各元素存储单元地址通常是簇聚连续的,原子类型数据存储单元地址是随机离散的,所以数据存储访问也具有局部性,但弱于程序。

3) 精简指令原理

精简指令原理的含义为:指令使用频率差异很大,权衡取舍指令数以及赋予指令功能是软硬件功能分配的根本。精简指令原理是精简指令系统的设计基础。

精简指令原理是基于20%~80%统计规律建立的,即20%的指令使用频率较高,使用量往往占整个程序代码的80%;而80%的指令使用频率较低,使用量往往占整个程序代码的20%。指令功能越强,实现越复杂且代价越高,而使用频率往往越低,如乘法指令与加法指令相比就是如此。

2. 体系结构设计的基本任务

在计算机体系结构的设计过程中,存在许多需要权衡取舍的任务,但最基本的权衡任务为计算机系统(含软硬件)功能与软硬件功能分配。

(1) 计算机系统功能是体系结构设计的基础。计算机系统功能选取具体应该从应用领域、软件、软件兼容、标准和技术发展 5 个方面来权衡取舍。计算机系统是专用的还是通用的,专用于哪些应用?应用软件是否基于某指令系统?如果是,计算机就应该实现对应的指令系统。体系结构对系统软件提供哪些支持(如存储管理、存储保护等),支持程度如何?软件兼容是有层次的,高级语言层由编译器实现,目标代码层则对体系结构限制很大。需要哪些方面的标准及采取哪种标准?如浮点数格式标准有 IEEE、DEC、IBM 等,I/O 总线标准格式有 PCI、SCSI 等。体系结构应该经得住软硬件技术的发展与应用的变化,才能有较长的生命周期。如 1976 年诞生的 Apple 机,生命周期不到 10 年;而 1981 年诞生的 IBM PC 机,生命周期则长达几十年。究其原因是 IBM PC 机的体系结构体现了软硬件在计算机发展中具有同等地位,而 Apple 机的设计认为计算机发展主要依赖于硬件。

(2) 软硬件功能分配是体系结构设计的关键。衡量体系结构设计是否最优的基本标准是价格与性能,有些性能对于某应用领域很重要,如事务处理中的可靠性和容错能力、检测控制中的响应时间与精度等。而软件和硬件在逻辑功能实现上是等效的,但各有优缺点。软件实现的优点是设计容易、改进简单、成本较低,缺点是速度较慢;硬件实现的优点是速度快、性能高,缺点是灵活性差。所以,将计算机系统功能合理地分配于软件和硬件,才可能获得最佳性价比。软件与硬件取舍平衡的基本依据是"大概率事件优先原理",即若某种功能发生频率很高,就用硬件方法实现。如用于科学计算的计算机,浮点运算的频率很高,需要设置相应的浮点运算指令;商用计算机字符串操作的频率很高,则需要设置相应的字符串操作指令。

3. 软硬件取舍的基本准则

软硬件功能分配的本质就是软件与硬件的权衡取舍,软硬件取舍一般应遵循性价比高、充分利用组成实现技术和软硬件相互支持三项基本准则。

(1) 性价比高的准则。一般来说,提高硬件功能的比例可以提高速度并且减少程序存储空间,但会增加硬件成本、降低硬件利用率及其灵活性与适应性。而提高软件功能的比例可以降低硬件成本并提高其灵活性与适应性,但会使速度下降、增加软件费用与程序存储空间。因此,软硬件取舍决定性价比。

(2) 充分利用组成实现技术的准则。软硬件取舍应避免过多或不合理地限制各种组成与实现技术的采用与发展,尽量做到既能在低档机上应用且简单、便宜的组成实现,又能在高档机上应用但复杂、昂贵的组成实现,充分发挥组成实现技术的功用,这样体系结构才有生命力。

(3) 软硬件相互支持的准则。软硬件取舍应充分考虑到硬件为操作系统、编译软件和高级语言程序设计提供更多、更好的支持,缩短高级语言与机器语言、操作系统和程序设计环境与体系结构等之间的语义差距。另外,还应考虑到软件对语义差距的填补作用。

1.4.2 体系结构设计的策略途径

1. 体系结构设计的基本策略

计算机系统具有多级层次性,至于从哪一层级开始来设计计算机体系结构,便形成了由下往上、由上往下和由中间开始三种基本策略。

(1) 由下往上设计策略。由下往上的设计策略是根据硬件,特别是器件技术,先规范计算机体系结构,把硬件内核及微程序控制物理机设计出来,再按操作系统级、汇编语言级和高级语言级的顺序逐级向上设计虚拟机,最后设计满足用户需求的用户级虚拟机。早期由于硬件成本高且技术低,极其注重硬件结构,软件技术处于被动地位,所以一般采用这种从实现到应用的设计策略。显然,该设计策略容易使软件与硬件脱节,体系结构难以及时改进,软件难以得到硬件支持而变得繁杂、效率低。

(2) 由上往下设计策略。由上往下的设计策略是根据用户需求,先提出用户级虚拟机的基本特征、数据类型和基本命令等;再按高级语言级、汇编语言级和操作系统级的顺序逐级向下设计虚拟机,由此规范计算机体系结构;最后设计微程序控制物理机及其硬件内核。目前在设计专用的嵌入式系统时,由于硬件成本低且具有可编程性,所以可以采用这种从应用到实现的设计策略。显然,该设计策略也容易使软硬件脱节,体系结构难以进行大的改进。

(3) 由中间开始设计策略。由中间开始的设计策略是根据用户需求与性价比,对机器语言级与操作系统级之间的界面进行软硬件功能分配及其功能描述,规范计算机体系结构。以此为基础,软件设计者逐级往上设计直至用户级虚拟机;硬件设计者逐级往下设计直至硬件内核。这种软硬件协同的设计策略容易实现综合权衡和软硬件取舍,提高计算机系统效率,缩短设计周期,在计算机体系结构设计中占据主导地位。但该设计策略对设计人员及其设计开发环境要求较高,如设计人员必须具备软硬件知识等。

2. 体系结构设计的基本途径

计算机体系结构具有等级性,选择从哪一等级出发来设计计算机体系结构,便形成了最佳性价比、最低价格和最高性能三条基本途径。

(1) 最佳性价比。在本等级范围内以合理的价格获得尽可能高的性能,逐渐向高档次计算机发展,称为最佳性价比设计。这种设计主要面向大、中型计算机用户的需要,设计性价比更高的中型机或超小型机。

(2) 最低价格。仅期望保持一定的使用性能而力争最低价格,从而低档向下分化出新的低等级计算机体系结构,称为最低价格设计。最低价格设计主要面向市场应用普及,从而设计数量众多的小型机和微型机。

(3) 最高性能。以获取最高性能为主要目标而不惜增加价格,从而高档向上产生新的高等级计算机体系结构,称为最高性能设计。最高性能设计主要面向技术竞争和少数用户的特殊需要,从而设计性能极高的大型机或巨型机。

从计算机体系结构等级性的变化趋势来看,高档机的性能随时间推移而不断下移到低档机上,其实质是按最低价格设计途径,把高档机的体系结构引入其至照搬到低档机上,以充分利用组成实现和元器件技术的进步,而不用花费很多精力研究开发新的体系结构,从而有利于计算机工业的发展以及计算机的普及应用。

1.4.3 体系结构设计的量化分析

1. Amdahl 定理

1) 系统加速比

计算机体系结构设计不可能从零开始,一般都是通过改进某计算机体系结构来形成相对新的体系结构。计算机体系结构改进后的性能提高程度往往采用系统加速比来度量,系统加速比的定义为:改进后的(计算机)整体性能与改进前的整体性能之比。计算机最核心的性能参数是速度,所以系统加速比又可以定义为:改进后的整体速度与改进前的整体速度之比。当计算机运行程序时,整体速度与程序运行时间成反比,因此,系统加速比还可以定义为:改进前执行任务的总时间与改进后执行任务的总时间之比。所以,若对计算机体系结构进行改进,可以获得的系统加速比的表达式为:

$$\begin{aligned}系统加速比(S_n) &= 改进后的整体性能 \div 改进前的整体性能 \\ &= 改进后的整体速度 \div 改进前的整体速度 \\ &= 改进前的执行总时间(T_0) \div 改进后的执行总时间(T_n)\end{aligned} \quad (1\text{-}1)$$

2) Amdahl 定理

在改进计算机体系结构时,由于计算机包含许多部件,通常仅对其中的某个或某几个部件进行改进,那么应该选哪个或哪几个部件呢?改进后计算机性能会提高多少?运用大概率事件优先原理等不可能完整具体地解决该问题,而 Amdahl 定律为该问题提供了完整、具体的解决方法。

Amdahl 定理是指某部件性能提高对计算机整体性能提高的贡献,受限于该部件在计算机中的重要性,部件越重要,贡献越大。而部件在计算机中的重要性可以采用执行某计算任务时在该部件上的执行时间占总执行时间的百分比来进行量化度量,百分比越高,度量值越大,部件越重要。可见,Amdahl 定律有两个功用:一是为改进部件的选择提供了量化依据,即在改进体系结构时应该选择重要性度量值(性能限制)最大的部件来改进;二是为由于某部分改进而获得系统加速比的计算提供了可实现的计算方法,即有:

$$S_n = \frac{1}{(1-F_e) + F_e/S_e} \quad (1\text{-}2)$$

其中:F_e 为改进前在执行某任务的总时间中在被改进部分上的执行时间所占的百分比,$F_e < 1$,体现被改进部分的重要性;S_e 为被改进部分在改进后比改进前性能提高的倍数,$S_e > 1$,体现被改进部分的改进程度。$(1-F_e)$ 为没有被改进的部分,当 $F_e = 0$ 即没有任何改进时,S_n 为 1,体现整体性能提高程度受被改进部分的重要性限制;当 $S_e \to \infty$ 时,$S_n = 1/(1-F_e)$,即整体性能获得的极限值也取决于 F_e 值。显然,Amdahl 定理还表达了性能改善的递减规则,即如果仅对部分进行改进,则改进越多,所得到整体性能的提升就越有限。

由 Amdahl 定理可知,系统加速比与 F_e 和 S_e 因素有关,且有:

$$T_n = T_0(1-F_e) + T_0 \frac{F_e}{S_e} = T_0\left(1-F_e + \frac{F_e}{S_e}\right) \quad (1\text{-}3)$$

根据系统加速比并变换式(1-3)则可得式(1-2)。

2. CPU 性能分析

Amdahl 定理通过计算系统加速比来认识计算机体系结构改进的效果,为计算机体系结构设计提供研究方向。但系统加速比计算依赖于改进部分的比例 F_e,该参数一般难以获取。CPU 运行程序的时间是度量计算机性能的核心因素,所以可直接通过比较改进前后 CPU 运行程序的时间,来认识计算机体系结构改进的效果。

通常,计算机的时钟频率(f,MHz)或时钟周期(t,ns)是固定不变的,显然,CPU 运行程序的时间可以采用时钟周期数来表示,即有:

$$T_{CPU} = N_c \times t = N_c / f \tag{1-4}$$

其中:T_{CPU} 为 CPU 运行程序的时间;N_c 为 CPU 运行程序所需要的时钟周期数。

CPU 运行程序的时钟周期数取决于运行程序所包含的指令数和指令处理的平均时钟周期数,所以 CPU 运行程序的时间可以采用指令处理的平均时钟周期数来表示,即有:

$$T_{CPU} = I_c \times CPI \times t = I_c \times CPI / f \tag{1-5}$$

$$CPI = N_c / I_c \tag{1-6}$$

其中:I_c 为运行程序所包含的指令数;CPI 为指令处理的平均时钟周期数。

实际上,往往同一指令在程序中会被多次使用,在程序运行过程中还会多次处理,这时则有:

$$N_c = \sum_{i=1}^{n} (CPI_i \times I_i) \tag{1-7}$$

$$CPI = \sum_{i=1}^{n} (CPI_i \times I_i) / I_c = \sum_{i=1}^{n} (CPI_i \times I_i / I_c) \tag{1-8}$$

$$T_{CPU} = \sum_{i=1}^{n} (CPI_i \times I_i) \times t \tag{1-9}$$

其中:I_i 为指令 i 在程序运行过程中的执行次数;CPI_i 为指令 i 处理所需的时钟周期数;n 为程序中使用的指令种类数。

从式(1-5)可以看出,CPU 运行程序的时间与三个因素有关:一是时钟频率,主要取决于器件技术;二是指令处理的平均时钟周期数,主要取决于指令集及其执行方式;三是运行程序所包含的指令数,取决于指令集和编译技术。可见,CPU 运行程序的时间主要依赖于体系结构。

1.4.4 计算机评价及其量化计算

1. 计算机评价及其衡量指标

计算机评价是指依据衡量指标对计算机的优劣做出判断。计算机的衡量指标较多,如性能、基本字长、存储容量、主频、对编程的支持程度、可连接的外围设备量、成本价格、功耗和体积等,但其中最重要的衡量指标是性能和成本。性能越高并且成本越低,则评价越好。所以,最简单有效的评价方法通常采用"性能与成本之比",即选用性价比来评价计算机的优劣。

2. 计算机性能的度量标准

计算机性能高低与观测角度有关。用户关注的是响应时间,即程序运行从开始到结束之间的时间,所以,从用户角度来看,计算机性能是指运行单个程序所花费的时间,时间越短,性能越高。运营管理者关注的是任务流量,即单位时间内所能完成的任务数。所以从运营管理者角度来看,计算机性能是指单位时间内运行的程序量,程序量越多,性能越高。通常采用运营管理者认为的计算机性能,又称为计算机速度,它包含两个因素:程序运行时间和程序量。

程序运行时间是指计算机的响应时间,是程序运行过程的全部时间,包括磁盘访问时间、存储访问时间、操作系统开销和 I/O 等待时间等,而不是 CPU 运行程序的时间。CPU 运行程序的时间不包括 I/O 等待时间,它又可以分为用户 CPU 时间和系统 CPU 时间,前者是 CPU 花费在用户程序上的时间,后者则是 CPU 花费在操作系统上的时间。因此,计算机性能评价中的程序运行时间为用户 CPU 时间,通常把它称为 CPU 运行程序的时间,使之与 CPU 性能分析一致。而程序量一般采用指令条数和浮点运算次数来描述,所以计算机性能的度量标准包括每秒百万条指令数(Million Instructions Per Second,MIPS)和每秒百万次浮点运算次数(Million Floating Point Operations Per Second,MFLOPS)。

1) 每秒百万条指令数(MIPS)

对于给定的程序,MIPS 定义为:

$$\text{MIPS} = I_c/(T_{cpu} \times 10^6) = f(\text{CPI} \times 10^6) \tag{1-10}$$

$$T_{cpu} = I_c/(\text{MIPS} \times 10^6) \tag{1-11}$$

从式(1-11)可以看出,计算机的 MIPS 越大,CPU 运行程序的时间越短,速度越快,性能越高。但采用 MIPS 评价计算机性能也有不足之处:一是 MIPS 依赖于指令系统,由 MIPS 来评价不同指令系统的计算机性能会导致不准确;二是 MIPS 与具体程序有关,同一台计算机的程序不同会导致 MIPS 也不同;三是不适用于评价向量计算机。

2) 每秒百万次浮点运算次数(MFLOPS)

浮点运算远慢于整数运算,对于同一程序,由软件实现浮点运算的计算机的 MIPS 比由硬件实现浮点运算的计算机的 MIPS 大很多,为此又提出把 MFLOPS 也作为计算机性能度量标准。对于给定的程序,MFLOPS 定义为:

$$\text{MFLOPS} = I_{fn}/(T_{CPU} \times 10^6) \tag{1-12}$$

$$T_{CPU} = I_{fn}/(\text{MFLOPS} \times 10^6) \tag{1-13}$$

其中,I_{fn} 为程序中的浮点运算次数。

从式(1-13)可以看出,计算机的 MFLOPS 越大,CPU 运行程序的时间越短,速度越快,性能越高。不过采用 MFLOPS 评价计算机性能也有不足之处:一是 MFLOPS 基于操作而非指令(对标量处理机来讲,一次浮点运算相当于 2~5 条指令),同一程序在不同计算机上处理的指令可能不同,但执行的浮点运算完全相同,所以可以用来评价和比较两种不同的计算机,当然比较结果也并非一定可靠,因为不同计算机的浮点运算集是不同的;二是 MFLOPS 依赖于计算机和程序,所以它只能评价计算机浮点运算的性能,而不是计算机的整体性能,例如对于编译程序,不管计算机性能高低,MFLOPS 都不高。

3. 计算机成本及其构成

计算机成本与计算机性能一样，如果观测角度不同，那么理解也不同。从用户角度来看，计算机成本是指购买计算机的全部支出费用，即市场价格；从厂家角度来看，计算机成本是指设计、生产和营销过程中的全部支出费用，即出厂价格。通常，把用户角度的成本称为价格，而把厂家角度的成本称为成本，所以成本与价格是不同的概念。由于不同时期货币价值不一样，直接用货币表示成本或价格不太准确，所以也可能采用可以反映成本或价格高低的一些参数来表示，如芯片面积、芯片引脚数、插座数、插座线数和功耗等物理参数。

计算机成本一般包括原料费用、直接费用和厂家毛利等，直接费用一般为原料费用的20%~40%，厂家毛利一般占成本的20%~25%。计算机价格包括成本和零售利润，零售利润一般为计算机成本的40%~50%。

1.4.5 基准测试程序及其测试统计

1. 基准测试程序及其类型

程序运行时间（通常特指响应时间）是衡量计算机系统（软硬件整体）性能的主要参数，而程序与计算机系统之间具有很强的适应性，即若程序适应于计算机系统，则程序执行时间比其他计算机系统要短；若程序不适应于计算机系统，则程序运行时间比其他计算机系统要长。为此，便对一些程序进行规范，这些程序在不同计算机系统上的程序运行时间具有可比性，可以用来衡量计算机系统性能，把这些程序称为基准测试程序。常用的基准测试程序分为4类，按测试可靠性由高至低的顺序分别为实际应用测试程序、核心测试程序、小测试程序和综合测试程序。

(1) 实际应用测试程序。实际应用测试程序与用户真实程序相近，通过实际应用测试程序运行及其程序运行时间，即使用户对计算机系统一窍不通，也可能对其性能有较深入的了解。对不同应用的真实程序，可以选择不同的实际应用测试程序来测定程序运行时间，如 C 编译程序、Tex 正文处理软件和 CAD 工具 Spice 等。

(2) 核心测试程序。核心测试程序是从真实程序中抽取少量关键循环程序段，其在真实程序中直接影响真实程序的响应时间。当然，任何用户都不可能为真实程序建立一个核心测试程序，同实际应用测试程序一样，也可以选择不同的核心测试程序来测定程序运行时间，如 livermore Loops 和 Linpack 等。

(3) 小测试程序。小测试程序是指程序代码在100行以下并且运行结果可以预知的针对特定要求的测试程序。小测试程序具有短小、易输入、通用等特点，适用于最基本的性能测试，用户可以自己编写，如 Sieve of Erastosthenes、puzzle 和 Quicksort 等程序。

(4) 综合测试程序。综合测试程序类似于核心测试程序，它是在统计的基础上考虑各种操作与程序的比例并由专门机构编写的测试程序，如 Whetstone 和 Dhrystone 程序。

2. 程序运行时间的统计

由于每种测试程序都存在一定的局限性，目前日渐普及的测试程序构建方法就是从各种测试程序中选择一组各方面均具有代表性的测试程序，组成一个通用测试程序集，称之为测试程序组件。当采用含有 n 个测试程序的组件来测定程序运行时间时，需要运用相关统计方法,对 n 个程序运行时间进行处理之后才能用来衡量计算机系统性能。

(1) 算术平均法。它是指采用各测试程序运行时间的算术平均值,称为算术平均程序运行时间 T_Z,即有:

$$T_Z = \Big(\sum_{i=1}^{n} T_i\Big)/n \tag{1-14}$$

其中:T_i 为第 i 个测试程序的运行时间。

(2) 加权算术平均法。它是指采用各测试程序运行时间的加权算术平均值,称为加权算术平均程序运行时间 T_Z,即有:

$$T_Z = \Big(\sum_{i=1}^{n} w_i \times T_i\Big)/n \tag{1-15}$$

其中:W_i 为第 i 个测试程序在 n 个测试程序中所占的比重,且 $\sum_{i=1}^{n} w_i = 1$。

(3) 调和平均法。它是指采用各测试程序运行时间的调和平均值,称为调和平均程序运行时间 T_Z,即有:

$$T_Z = n/\Big(\sum_{i=1}^{n} T_i\Big) \tag{1-16}$$

例 1.1 假设某程序中对浮点数求平方根的 FPSQR 操作的执行时间占整个程序运行时间的 20%,而所有浮点运算 FP 指令的执行时间占整个程序运行时间的 50%。现有两条技术途径来提高计算机性能:一是增设 FPSQR 操作硬件,使 FPSQR 操作的速度提高 10 倍;二是改进 FP 指令硬件,加速所有浮点运算指令,使浮点运算指令的速度提高 2 倍。请选择一条技术途径来提高计算机性能。

解:由题意可知:$F_{e1}=0.2, S_{e1}=10; F_{e2}=0.5, S_{e2}=2$。
由 Amdahl 定理的系统加速比计算式(1-2)则有:

$$S_{nFPSQR} = 1/(1-0.2+0.2/10) \approx 1.22$$
$$S_{nFP} = 1/(1-0.5+0.5/2) \approx 1.33$$

由于 $S_{nFP} > S_{nFPSQR}$,即改进 FP 指令硬件可以使计算机性能获得更大提高,所以应该选择改进 FP 指令硬件这条技术途径。

例 1.2 假设计算机某部件改进后的速度提高 10 倍,改进后计算机运行某程序,被改进部件的执行时间占计算机总执行时间的 50%。问改进后计算机获得的系统加速比是多少?若改进前计算机运行同一程序,则待改进部件的执行时间占计算机总执行时间的百分比是多少?

解:假设计算机某部件改进前后运行某程序的总执行时间分别为 T_0 和 T_n,由 Amdahl 定理的系统加速比计算式(1-3)则有:

$$T_n = [(1-F_e) + F_e/S_e] \times T_0 = (1-F_e) \times T_0 + F_e/S_e \times T_0$$

根据题意有:

$$50\% T_n = (F_e \times T_0)/10 \quad 即 \quad F_e = 5 \times T_n/T_0 = 5 \times S_n$$
$$50\% T_n = (1-F_e) \times T_0 \quad 即 \quad F_e = 1 - 0.5 \times T_n/T_0 = 1 - 0.5 \times S_n$$

上两式联立求解可得:

$$S_n = T_0/T_n = 5.5$$

将 $S_n = T_0/T_n = 5.5$ 代入 $F_e = 5 \times T_n/T_0$,可得:

$$F_e = 91\%$$

例 1.3 如果某计算机浮点运算 FP 指令占全部指令的比例为 25%,其中对浮点数求平方根的 FPSQR 指令占全部指令的比例为 2%,FP 指令的 CPI 为 4,其中 FPSQR 指令的 CPI 为 20,其他指令的平均 CPI 为 1.33。现有两种改进设想:一是把 FPSQR 指令的 CPI 减至 2,二是把所有 FP 指令的 CPI 减至 2,试计算两种设想对计算机性能的提高程度。

解:衡量改进体系结构使计算机性能提高程度的指标有两个:指令处理平均时钟周期数 CPI 和系统加速比 S_n。

(1) 计算两种设想改进后的 CPI。

根据题意和 CPI 的统计式(1-8),则改进前 CPI 为:

$$\text{CPI} = \sum_{i=1}^{n}(\text{CPI}_i \times I_i/I_c) = (4 \times 25\%) + (1.33 \times 75\%) = 2$$

改进设想 A 即由 $\text{CPI}_{\text{FPSQR}} = 20$ 降至 $\text{CPI}'_{\text{FPSQR}} = 2$,则改进后 CPI_A 为:

$$\text{CPI}_A = \text{CPI} - (\text{CPI}_{\text{FPSQR}} - \text{CPI}'_{\text{FPSQR}}) \times 2\% = 2 - (20 - 2) \times 2\% = 1.64$$

改进设想 B 即由 $\text{CPI}_{\text{FP}} = 4$ 降至 $\text{CPI}'_{\text{FP}} = 2$,则改进后 CPI_B 为:

$$\text{CPI}_B = \text{CPI} - (\text{CPI}_{\text{FP}} - \text{CPI}'_{\text{FP}}) \times 25\% = 2 - (4 - 2) \times 25\% = 1.50$$

计算机的 CPI 越小,其性能越高。由于 $\text{CPI}_A > \text{CPI}_B$,所以设想 B 对性能的提高程度要优于设想 A。

(2) 计算两种设想所改进的系统加速比 S_n。

根据系统加速比定义式(1-1)以及程序执行时间与指令处理平均时钟周期数的关系式(1-9),则有:

$$S_{nA} = \text{改进前运行总时间}(T_0)/\text{设想 A 改进后的运行总时间}(T_n)$$
$$= (I_c \times t \times \text{CPI})/(I_c \times t \times \text{CPI}_A) = \text{CPI}/\text{CPI}_A = 1.22$$

同理 $S_{nB} = \text{CPI}/\text{CPI}_B = 2/1.5 = 1.33$

改进 S_n 越大,计算机性能提高程度越明显。由于 $S_{nA} < S_{nB}$,同样设想 B 对性能的提高程度要优于设想 A。

例 1.4 有 A、B 两台计算机转移指令的处理时间均为 2 个时钟周期,所有其他指令的处理时间均为 1 个时钟周期。若 A 计算机的条件转移操作通过两条指令(比较指令与不含比较功能的测试转移指令)实现,B 计算机的条件转移操作则通过一条含比较功能的条件转移指令实现。由于 B 计算机的条件转移指令包含比较功能,则其时钟周期 T_B 比 A 计算机的时钟周期 T_A 长,且设 $T_B = 1.25 T_A$。对于某程序,若在 A 计算机中测试转移指令占总指令数的 20%,试比较 A、B 两台计算机的性能。

解:由题意可知,某程序在 A 计算机中的测试转移指令占总指令数的 20%,那么比较指令也占总指令数的 20%。而 B 计算机的条件转移指令包含比较功能,所以对于同一程序,B 计算机的总指令数是 A 计算机的 80%,即 $IC_B = 0.8 \times IC_A$,且条件转移指令占总指令数的比例为:$0.2/0.8 \times 100\% = 25\%$。

根据 CPI 的统计式(1-8),则有:
$$CPI_A = 0.2 \times 2 + 0.8 \times 1 = 1.2, \quad CPI_B = 0.25 \times 2 + 0.75 \times 1 = 1.25$$
根据程序运行时间与指令处理平均时钟周期数的关系式(1-9),则有:
$$T_{ACPU} = IC_A \times CPI_A \times T_A = 1.2 IC_A \times T_A$$
$$T_{BCPU} = IC_B \times CPI_B \times T_B = 1.25 \times 0.8 IC_A \times 1.25 T_A = 1.25 IC_A \times T_A$$

由于 $T_{ACPU} < T_{BCPU}$,所以 A 计算机速度快、性能高。可见,将一条复杂指令简化为两条简单指令,还可以提高运算速度。

例 1.5 由一台 40MHz 的处理机运行标准测试程序,该程序含有的各类指令数及其指令处理所需的时钟周期数如表 1-3 所示,试求 CPI、MIPS 和 T_{CPU}。

表 1-3 测试程序所含指令数与指令运行所需的时钟周期数

指令类型	指令数	指令处理的时钟周期数
整数运算	45000	1
数据传送	32000	2
浮点运算	15000	2
控制传送	8000	2

解:根据题意和 CPI 的统计式(1-8),则有:
$$CPI = (45000 \times 1 + 32000 \times 2 + 15000 \times 2 + 8000 \times 2)/$$
$$(45000 + 32000 + 15000 + 8000)$$
$$= 1.55(周期/指令)$$

根据 MIPS 与 CPI 关系式(1-10),则有:
$$MIPS = f/(CPI \times 10^6) = 40 \times 10^6/(1.55 \times 10^6)$$
$$= 25.81(百万条指令/s)$$

根据 T_{CPU} 的计算式(1-4),则有:
$$T = (45000 \times 1 + 32000 \times 2 + 15000 \times 2 + 8000 \times 2)/40 \times 10^6$$
$$= 3.875 \times 10^{-3}(s)$$

例 1.6 若 4 个程序在 A、B、C 三台计算机上的运行时间(s)如表 1-4 所示,假设每个程序均包含 100×10^6 条指令需要处理,计算这 3 台计算机运行每个程序的 MIPS 和运行 4 个程序的运行时间的算术平均值。

表 1-4 4 个程序在 A、B、C 三台计算机上的运行时间

程 序	计算机 A	计算机 B	计算机 C
程序 1	1	10	20
程序 2	1000	100	20
程序 3	500	1000	50
程序 4	100	800	100

解：(1) 根据题意和 MIPS 的定义式(1-10)，则有：
$$MIPS = I_c/(T_{CPU} \times 10^6) = 100 \times 10^6/(T_{CPU} \times 10^6) = 100/T_{CPU}$$
根据表 1-4 中列出的 T_{CPU}，可计算出相应的 MIPS，如表 1-5 所示。

表 1-5 4 个程序在 A、B、C 三台计算机上的 MIPS

程　　序	计算机 A	计算机 B	计算机 C
程序 1	100	10	5
程序 2	0.1	1	5
程序 3	0.2	0.1	2
程序 4	1	0.125	1

(2) 根据算术平均值计算式(1-14)，则有：
$$T_{ZA} = (1 + 1000 + 500 + 100)/4 = 400.25(s)$$
$$T_{ZB} = (10 + 100 + 1000 + 800)/4 = 477.50(s)$$
$$T_{ZC} = (20 + 20 + 50 + 100)/4 = 47.50(s)$$

复　习　题

1. 什么是计算机语言？怎样理解计算机语言的广义性？
2. 什么是虚拟计算机？什么是透明性？计算机系统具有什么特性？
3. 计算机系统一般包含哪些层级？其中哪些层级为物理机？哪些层级为虚拟机？从技术范围来看，这些层级又有哪些归属？
4. 什么是计算机体系结构？计算机体系结构的属性范畴有哪些？
5. 什么是计算机组成逻辑？计算机组成逻辑属性范畴有哪些？
6. 什么是软件移植？实现软件移植的主要方法有哪些？
7. 什么是软件兼容？在放松软件兼容要求后，它包含哪些类型？实现软件兼容的主要方法有哪些？
8. 计算机体系结构具有哪些特性？不同等级的计算机的性能和价格随时间推移有什么特点？
9. 什么是系列机？什么是兼容机？系列机构建对软件兼容的要求有哪些？
10. 什么是计算模型？计算模型的基本内容有哪些？其中哪项内容是计算模型的核心？
11. 计算机工作驱动方式有哪几种？冯·诺依曼计算机属于哪一种？
12. 简述数据驱动原理。数据驱动有哪些特性？
13. 计算机体系结构原型存在的主要问题有哪些？现代计算机体系结构有哪些特点？
14. 影响计算机体系结构的基本因素有哪些？
15. 计算机体系结构的生命周期分为哪几个阶段？其演变过程经历了哪几代？

16. 什么是并行性？它的基本形式有哪些？
17. 什么是并行处理？它的度量标准有哪些？
18. 什么是并行计算机？它可以分为哪几种类型？分别采用哪种实现方式？
19. 并行性等级可以从哪些角度划分？各划分为哪些等级？
20. 提高计算机并行性的技术途径有哪些？解释各种技术途径的含义。
21. 什么是多处理机？它可以分为哪几种类型？解释各种类型的含义。
22. 多处理机与多计算机的差别主要有哪些？其中最明显的差别是什么？
23. 什么是多机耦合度？多机耦合可以分为哪几种类型？解释各种类型的含义。
24. 提高计算机并行处理能力的基本思想是什么？实现基础有哪些？
25. 计算机体系结构分类的依据是什么？主要有哪几种分类法？
26. 计算机体系结构的 Flynn 分类法是按什么来分类的？它分为哪几个类型？
27. 计算机体系结构的冯氏分类法是按什么来分类的？它分为哪几个类型？
28. 计算机体系结构设计的定量原理有哪些？解释各种原理的含义。
29. 计算机体系结构设计的基本任务有哪些？软硬件功能取舍的基本准则有哪些？
30. 计算机体系结构设计的基本策略有哪些？解释各种策略的含义。
31. 计算机体系结构设计的基本途径有哪些？解释各种途径的含义。
32. 什么是系统加速比？写出它的定义表达式。
33. 解释 Amdahl 定理的含义，它有哪些功用？写出基于 Amdahl 定理的系统加速比的计算表达式。
34. 简述程序运行时间、CPU 运行程序时间和用户 CPU 时间之间的关系，写出基于时钟周期数和指令处理平均时钟周期数的 CPU 运行程序时间的计算表达式。
35. 什么是计算机评价？它最重要的衡量指标有哪些？
36. 计算机性能的度量标准有哪些？写出它们的定义表达式及其与 CPU 运行程序时间的关系表达式。
37. 基准测试程序可以分为哪几种类型？测试程序组件程序运行时间的统计方法一般有哪些？

练 习 题

1. 计算机体系结构设计的基本策略之一是"由中间开始"，其中的"中间"是指什么层次之间？该策略有什么优势？
2. "计算机发展的过程就是并行处理能力不断提高的过程，也是体系结构不断改进的过程"这种说法正确吗？为什么？
3. 比较计算机体系结构、组成逻辑和物理实现之间的相似与相异之处。
4. 比较并行性、并行处理、并行算法和并行计算机之间的相似与相异之处。
5. 各举两例说明运算器、存储器和控制器具有并行处理能力。
6. 有一台解释实现的计算机，按功能划分为 4 级，任一级的一条指令均需要下一级的 N 条指令解释。若最低级的一条指令的处理时间为 K ns，那么第 2、3、4 级的一条指令的处理时间各是多少?

7. 有一个计算机系统按功能划分为 4 级,各级指令不相同,任一级的一条指令的功能(计算量)均比下一级的一条指令强 M 倍,而任一级的一条指令均需要下一级的 N 条指令解释。若有一段第 1 级的程序的运行时间为 ks,那么在第 2、3、4 级上的等效程序的运行时间各是多少?

8. 对于计算机体系结构,下列哪些项是透明的?

交叉编址存储器访问	浮点数据表示	通道控制 I/O	数据总线宽度
外围处理机控制 I/O	字符串处理指令	程序中断	阵列控制部件
存储器最小编址单位	访问方式保护	堆栈指令	Cache 存储器
指令重叠控制方式	存储器多端口访问	数据检验	存储层次组织

9. 对于机器语言程序员,下列哪些项是透明的?对于汇编语言程序员呢?

指令地址寄存器	指令缓冲器	时序发生器	条件码寄存器
主存地址寄存器	通用寄存器	先行进位链	多级中断
中断请求寄存器	磁盘外设	移位器	乘法器

10. 下列哪些项对于系统程序员是透明的?对于应用程序员呢?

| 数据缓冲寄存器 | 虚拟存储器 | Cache 存储器 | 程序状态字 |
| 指令缓冲寄存器 | 执行指令 | 启动 I/O 指令 | 数据通路宽度 |

11. 设 Cache 存储器访问速度为主存储器的 5 倍,且访问 Cache 命中的概率为 90%,那么采用 Cache 后可以使存储访问获得的系统加速比是多少?

12. 指令存储器的组织有两种方案:一是采用价格较贵的高速存储器芯片;二是采用价格便宜的低速存储器芯片。采用后一方案时,用同样的经费可使存储器总线带宽加倍,每两个时钟周期可以取出两条指令(指令为单字长 32 位);采用前一方案时,每一个时钟周期可以取出一条单字长指令。由于访存局部性原理,当取出两条指令字时,两条指令同时被执行的概率为 75%。试问两种组织方案所构成的存储器有效带宽各是多少?

13. 为提高计算机运算速度,可以增加向量处理部件,向量处理速度是通常运算速度的 20 倍。若定义向量处理部件的运算时间(即程序中向量运算时间)占程序总运行时间的百分比为可向量化百分比。试问:

(1) 求系统加速比与可向量化百分比之间的关系式,并画出相应的关系曲线。

(2) 若希望获得系统加速比为 2.5,可向量化百分比应为多少?

14. 某工作站采用时钟频率为 15MHz、指令处理速率为 10MIPS 的处理机来运行一个测试程序。若存储器存取时间为 1 个时钟周期,试问:

(1) 工作站 CPI 为多少?

(2) 若将处理机的时钟频率提高到 30MHz,而存储器存取速率不变,这样存储器存取时间为 2 个时钟周期。假设 30% 的指令需要访问一次存储器,5% 的指令需要访问两次存储器。测试程序不变,改进前后工作站兼容,那么改进后工作站 CPI 为多少?

15. 由一台 80MHz 处理机运行标准测试程序,测试程序包含的指令数及其指令处理所需时钟周期数如下表所示,求该处理机的 CPI、MIPS 和程序运行时间。

指令类型	指令数	指令执行的时钟周期数
整数运算	46000	1
数据传输	36000	2
浮点运算	14000	2
控制指令	9000	2

16. 条件分支功能可以采用两种不同的实现方法：一是 CPU_1 通过比较指令设置条件码，由测试转移指令实现分支；二是 CPU_2 由包括比较功能的条件转移指令实现分支。假设在两种 CPU 中，转移指令的处理时间均为 4 个时钟周期，所有其他指令的处理时间均为 1 个时钟周期，而 CPU_2 的时钟周期是 CPU_1 的 1.35 倍。对于某程序，在 CPU_1 中测试转移指令占 30%，当运行该程序时，哪一个 CPU 运行速度更快？如果 CPU_2 的时钟周期是 CPU_1 的 1.15 倍，那么哪一个 CPU 运行速度更快？

17. 有一台计算机，不同类型指令在理想 Cache（无访问失败）与实际 Cache（有访问失败）两种情况下的性能如下表所示，求理想 Cache 相对于实际 Cache 的系统加速比？

指令类型	出现频率/%	理想 Cache 的 CPI	实际 Cache 的 CPI
运算指令	40	1	3
取数指令	20	2	8
存数指令	15	2	8
控制指令	25	2	4

18. 某计算机有 3 个部件可以改进，且各改进后的性能提高倍数分别为：$S_{e1}=30$，$S_{e2}=20$，$S_{e3}=10$，试问：

（1）如果部件 1 和部件 2 在计算机中的重要度均为 30%，那么部件 3 在计算机中的重要度为多少时，系统加速比才可以达到 10？

（2）如果 3 个部件在计算机中的重要度分别为 30%、30%、20%，同时对 3 个部件进行改进，那么计算机性能提高倍数为多少？

19. 假设在一台 40MHz 处理机上运行的测试程序共包含 200000 条指令，且由 4 类指令组成，已知各类指令的 CPI 及其所占比例如下表所示。请计算处理机运行该程序的平均 CPI 和 MIPS。

指令类型	指令比例/%	CPI
算术逻辑运算	60	1
Cache 命中存取	18	2
控制指令	12	4
Cache 未命中访问主存	10	8

20. 若在运行某程序时,观测得知浮点运算时间占总执行时间的10%,现对浮点运算进行改进。

(1) 写出系统加速比与浮点运算加速比之间的关系,并画出相应的关系曲线。

(2) 运行该程序时,最大系统加速比为多少?

第 2 章
计算机体系结构属性优选

软件与硬件的功能分配是计算机体系结构设计的关键,是确定计算机体系结构属性的基础,而计算机体系结构属性包括数据表示、指令系统、存储部件结构(含寻址技术、数据存放、程序定位、存储保护)、总线定时仲裁与输入输出控制(含中断机构)等方面的内容。为避免与计算机组成原理等其他课程重复,本章从软硬件功能分配出发,着重讨论计算机体系结构属性的优化或选择技术。

2.1 数据表示及其表示格式

【问题小贴士】 信息感觉媒体多种多样,从外部形态来看,有布尔数值、字符文字、图形图像、声音视频等。理论上任何外部形态的数据均可以采用二进制数表示,但由于效率与通用性的限制,对一台特定计算机来讲,仅部分外部形态的数据实现了数据表示,所以数据表示配置是最基础的软硬件功能分配。①一个整数(如 26)、一个字符(如 E)等数据与一棵树、一个文件等数据各自有什么共性,它们是否都可以采用二进制编码直接表示出来呢?若可以,举例说明怎样表示?若不可以,为什么?②不同类型数据做同一运算的运算规则是不同的,如整数加是末位对齐,而实数加是小数点对齐,所以在对数据做运算之前,应该区分其类型。高级语言是通过类型说明语句指示数据类型,那么机器语言如何指示数据类型呢?若采用 8086 汇编语言来编写两个 8421 码十进制数相加程序时,在"ADD"指令之后必须配置"DAA"指令,为什么?③在"计算机组成原理"课程中已知:浮点数通常采用 IEEE 754 标准,该标准规范了许多格式参数(如阶码基值、尾数基值、尾数位数、阶码位数等),而这些参数对浮点数特性是有影响的(如阶码位数越多,浮点数范围越大等),那么权衡选取这些参数的依据是什么?怎样权衡选取它们呢?上述问题的解决涉及许多具体操作方法,还需要通过练习来掌握直至熟悉。

2.1.1 数据表示及其选取原则

1. 数据类型及其分类

人们可能接触到的不同外部形态的感觉媒体很多,这些感觉媒体信息必须采用若干位二进制数表示,由此便形成了许多类型。从算法描述来看,有文件、图、树、阵列、表、串、队列、栈等类型的数据;从高级语言来看,有结构、数组、指针、实数、整数、布尔数、字符、字符串等类型的数据。无论采用哪种分类方式,对于任何一种数据类型,除其数据具有相同特征外,还定义了一组相应的运算操作。

所谓数据类型是指具有相同特征的数据集合及定义于该集上的一组运算操作及其规则。对于不同数据类型的同一运算,规则一定不同,如整数加与实数加的规则是不同的,前者是末位对齐,后者是小数点对齐。从规模上来看,数据类型可以分为原子类型和复合类型。原子类型是指不可再分的单个数据元素,数据元素的基本属性是"值",如实数、整数、字符、布尔数等;根据数据"值"是否为"量",原子数据又可分为数值型和非数值型两大类。复合类型是指由多个相互关联的原子数据复合而成的数据集,其中数据元素的基本属性包含"值"与"逻辑位置",如数组、字符串、向量、栈、队列和记录等;根据数据元素间的"逻辑位置"关系是否为"线性",复合数据又可分为线性和非线性两大类。

一种数据类型的运算操作及其规则不能作用于另一种数据类型,所以不同数据类型的数据表示格式也不同,从而有效防止不同类型的数据之间的误操作,如定点数与浮点数在计算机中的表示格式是不同的。如果不同类型的数据之间需要进行混合运算,则有两条途径:一是设置相应的运算操作及其规则,如对于向量类型的数据和定点类型的数据规定乘法运算规则;二是设置相应的转换法则,将一种类型数据转换为另一种类型数据,并按转换后数据类型的运算法则进行运算,如整数与实数相加,通常把整数转换为实数,并按实数加法运算规则进行运算。

2. 数据表示及其分类

二进制形式数据在计算机中有两种表示方式:一种是采用计算机硬件直接表示;另一种是通过软件映像间接表示。当数据采用直接表示时,计算机硬件能直接识别并且指令可直接引用它们;但考虑到效率和通用性,有些数据类型的数据则采用间接表示,这时计算机硬件不能直接识别并且指令不可以直接引用它们。

因此,把计算机硬件能直接识别并且指令可以直接引用的数据类型统称为数据表示;而把计算机硬件难以或无法直接识别并且指令不可以直接引用的数据类型统称为数据结构。通常,原子的数据类型一般是数据表示,复合的数据类型一般是数据结构;原子数据表示是复合数据表示的基础,复合数据通过软件组织原子数据来表示。但对于线性或可线性化的复合数据,由于数据元素间"逻辑位置"的线性关系可以利用存储单元之间的线性关系来表示,所以线性或可线性化的复合数据类型也可以是数据表示,如二维数组、字符串等。可见,线性复合的数据类型可以是数据表示,也可以是数据结构。

3. 高级数据表示及其分类

所谓高级数据表示是指采用多个数据字或将一个数据字分为两个以上字段才能实现的数据表示。目前,高级数据表示主要有浮点数据表示、字符串数据表示、堆栈数据表示、数组数据表示和自定义数据表示,其中浮点数据表示仅采用一个数据字,但分为数符、尾数值、阶符和阶码值4个字段。字符串数据表示、堆栈数据表示和数组数据表示则采用多个数据字。自定义数据表示目前有两种:采用一个数据字的标志符数据表示和采用多个数据字的描述符数据表示。

字符串数据类型、堆栈数据类型和数组数据类型是线性或可线性化的复合数据类型,因此它们往往是数据表示,即由连续存储单元按序存储它们当中的元素,如一维数组 $(d_1, d_2, \cdots, d_N)$ 的数据表示如图2-1所示。有的计算机还提供了相应的运算操作。如在向量处理机中,增设变址寄存器和变址加法器,运算指令地址码至少包含两个字段:一个字段用于指明操作数所用的变址寄存器号;另一字段用于指明存放向量首元素地址所用的寄存器号,通过变址加法器来形成操作数的有效地址((变址寄存器)+(首元素地址寄存器))。改变变址寄存器中的值,就可以使有效地址指向向量中的任何元素。这样,同一条指令可以作用于整个向量,成为向量型运算指令,如图 2-2 所示。对于二维数组,可以为行、列分别设置变址寄存器,通过更为复杂的有效地址计算,同一条指令也可以作用于整个阵列,从而也成为向量型指令。如果计算机可以对某些类型的数据进行相应的运算操作,则对应的数据类型一定是数据表示;反之则不然,如果数据类型是数据表示,那么计算机不一定可以对该类型的数据进行相应的运算操作。

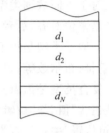

图 2-1　堆栈与数组的数据表示

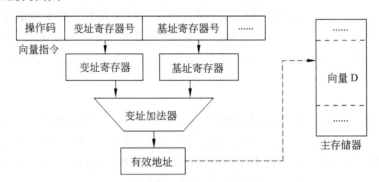

图 2-2　变址操作对向量数据的支持

4. 高级数据表示的选取原则

从原理上来看,仅需要实现最简单的数据表示及其相应的运算操作,就可以由软件来实现所有类型数据的运算操作。但这样既不方便,效率也很低,编译软件的负担还很重。早期的计算机,如 8086 仅有定点数据表示,而没有浮点数据表示,所以仅有定点数运算指令。如果要对两个浮点数做运算,则通过软件将它们分别映像为两个定点数表示,再由定点数运算指令来执行运算。据统计分析,实现 32 位浮点数运算平均需要处理 100 条以上的定点数指令,并且 CPU 需要访问主存储器近百次。后来的计算机如 Pentium 增加了浮点数据表示及其相应的运算指令,使得两个浮点数运算的效率得到极大改观,但硬件代价也很高,浮点运算实现的逻辑电路比定点数复杂得多。同样,字符与字符串也是如此。

另外,在标量计算机中,向量与阵列数据类型通常是数据表示,但并没有提供相应的运算操作。但在向量计算机中,则提供相应的运算操作,即具有向量指令。如计算 C＝A＋B(A、B、C 均为维数 1000 的向量),在没有向量指令的标量计算机上,需要通过循环语句来完成运算,FORTRAN 语言的具体程序段为:

```
      DO 40   I=1, 1000
  40    C(I)=A(I)+B(I)
```

在循环程序段中不断反复地执行 A(I)与 B(I)读取、A(I)与 B(I)相加、C(I)写入、I 递增与判断、条件转移等指令,且仅能顺序处理,直到 I 值超过 1000 为止。而在具有向量指令的向量计算机上,仅需要如下一条向量加法指令即可完成运算:

C(1:1000)=A(1:1000)+B(1:1000)

在向量加法指令中,对参加运算的源向量 A、B 及结果向量 C 均指明其基地址、位移量、向量长度和元素步距等参数。这时,便可以将向量元素成块预取到中央处理器,从而不仅大量减少了主存储器的读写,还使得向量元素运算与循环递增、判断转移并行处理。

可见,由于主存储器一维线性的组织结构与多维离散的数据结构之间存在着很大差距,计算机不可能仅实现原子型的数据表示及其相应的运算操作,也不可能实现所有复合型的数据表示及其相应的运算操作。选取哪些数据类型为数据表示以及哪些数据类型为数据结构,是软硬件取舍问题,也是计算机体系结构研究的首要问题,决定计算机中运算指令的类型数及其运算部件结构。那么,除基本原子型的数据表示不可或缺之外,还需要选取哪些高级数据表示?应该从效率、通用性、利用率、复杂性、可实现性和性价比等方面进行综合权衡,但必须遵循三个基本原则。

(1) 高效率原则。效率高低取决于计算实现时间的长短与存储空间的多少。实现时间的长短主要取决于主存储器与处理机之间传送信息量的多少,传送信息量越少,实现时间就越短。如 A、B 两个 200×200 的定点数二维数组相加,若没有数组类型的数据表示及其相应的运算操作,A=A+B 语句经优化编译程序生成的目标程序包含 6 条机器指令,其中 4 条需要循环处理 $200\times200=40000$ 次;否则仅需要一条"数组加"指令即可,在主存储器与处理机之间的信息传送量仅取指就减少 $4\times40000=160000$ 次,使实现时间要短得多。另外,随着目标程序指令条数减少,存储空间也会减少,编译负担随之减轻。

(2) 高利用率原则。如果仅对部分数据类型处理的实现效率很高,而对其他数据类型处理的实现效率低,即利用率不高,则并未使整体性能得到明显改善,为此还花费了昂贵的硬件,必然导致性价比下降。如设置树结构类型的数据表示,增加硬件来对这类数据进行运算操作,实现效率很高,但对堆栈、向量、链表等数据类型处理的实现效率却不高。而若设置指针类型的数据表示,借用指针来实现树结构类型的映像存储,虽然效率不如直接设置树结构类型的数据表示,但它还可以有效地支持向量、链表、栈和图等多种数据类型的数据表示,即利用率较高。

(3) 高通用性原则。如果设置某种数据类型的数据表示,仅对该数据类型的表示及运算操作提供高效率支持,而对其他数据类型不支持或支持程度不高,即通用性不高,整体性能也得不到明显改善,花费的硬件又昂贵,性价比也必然下降。如上述(2)中树结构类型的数据表示即是如此;而指针类型的数据表示则具有较高的通用性。

2.1.2 标志符数据表示

1. 标志符数据表示的提出

在一般数据表示中,仅表示了基本属性"值"(纯数据或二进制编码),对于数值数据还表示了符号属性和格式属性(如小数点位置),但没有表示类型属性(如定点数与浮点数、字符与字符串、二进制与十进制、8421 码与余 3 码、单字节与二字节、地址与数值等)和寻址属性(如寄存器寻址、变址寻址等)等。如果数据类型不同,即使是同一运算操作,其规则也不同,如二进制数与十进制数,其加法运算规则分别为逢二进一和逢十进一。在数据表示所没有表示的属性中,寻址属性是通过在地址码中设置若干位二进制数来直接表示的,而类型属性通常是通过操作码来表示的,即不同类型数据做同一运算操作的操作码不同,是不同的指令,如二进制与十进制的加法指令是不同的,在 8086 处理机中,二进制的加法指令为 ADD,十进制的加法指令则设置了调整指令 DAA。这样使得计算机的指令系统极其庞大,也是复杂指令系统产生的缘由之一。

另外,在高级语言中,也包含许多数据类型,且它们由说明语句来指示,使数据类型直接与数据本身结合在一起,不需要运算符来指示数据类型。运算符是通用的,不同类型数据做同一运算操作的运算符相同,如整数与实数的加法运算符是相同的"+"。可见,在数据类型指示上,高级语言与机器语言的语义相距甚远,使得在运算操作规则和数据类型的关系处理上差别也很大。这样,在高级语言程序编译时,需要根据数据类型说明语句与运算符,选取机器语言中不同类型指令的操作码,还需要验证参与运算的操作数的数据类型是否匹配与一致,若不是,则还需要对其中的某些操作数进行类型转换等。而这些问题的解决依赖于编译软件,从而增加了编译软件的负担。

2. 标志符数据表示及其格式

为了缩短高级语言与机器语言在数据类型指示上的语义差距,在数据表示的数据字中,增加类型标志符字段,使数据本身具有类型标志,即数据字=类型标志符+数据值,其中类型标志符指示数据值的类型。所谓标志符数据表示是指将数据类型与数据本身直接结合在一起,由类型标志符字段来指示数据类型,其格式如图 2-3 所示。显然,标志

图 2-3 带多项标志的数据表示格式

符应该由编译程序建立,对高级语言程序透明,以减轻应用程序员的负担。

在标志符数据表示中,标志符主要用于指示数据类型,也可以用于指示数据的其他属性,如功效属性是数值、地址还是控制字,还可以用于奇偶校验和捕捉位(即陷阱标志)等。

3. 标志符数据表示的优点

标志符数据表示为硬件与软件的设计提供了有力支持,其优点主要包含以下 5 个方面。随着硬件价格持续下降,使得标志符数据表示得到广泛应用。

(1) 简化了指令系统及其程序设计。由于数据类型及有关属性直接与数据本身结合在一起,使得同一指令可以作用于多种数据类型,从而减少了指令种类,指令系统得以简化,编程也相对容易。

(2) 减轻了编译软件的负担。由于高级语言与机器语言在数据类型指示上的语义差距缩小,使得编译软件不需要依据数据类型来选用指令,也不需要检查参与运算的操作数的类型是否匹配与一致,以便决定是否需要进行数据类型的转换等,从而减少了编译软件的工作任务。

(3) 有利于硬件实现数据类型匹配与一致的检查及其转换。由硬件比较器直接对标

志域的二进制数进行比较,由比较结果来判断数据类型是否匹配与一致,还可以通过符号扩展由硬件来实现数据类型的转换。

(4) 有效支持数据库操作与数据类型无关的要求。数据库管理系统中的查询等操作可以作用于任何数据类型,即与数据类型无关。也就是说其操作的数据必须是带类型指示的,标志符数据表示正好满足这一要求,使得数据库操作的实现代码变得极其简单。

(5) 有效支持软件调试。由于标志符数据表示也可以带陷阱标志等属性,所以可以通过软件定义的捕捉标志位来设置断点,从而便于程序的跟踪和调试。

4. 标志符数据表示的缺点

标志符数据表示也存在着不足之处,主要表现以下 3 个方面。

(1) 增加了程序所占的存储空间。由于在标志符数据表示中增设了标志符,数据字长自然更长,数据所占存储空间也自然会增加。当然,如果程序设计合理,存储空间的增加量会很小,甚至还可能减少。其原因在于:当采用标志符数据表示时,指令种类减少,操作码位数自然减少;而程序中的操作数往往被多条指令多次访问,使得指令所占存储空间比数据所占存储空间大得多,如图 2-4 所示。从图 2-4 可以看出:当不采用标志符数据表示时,程序所占的存储空间为两个实线框之和;当采用标志符数据表示时,由于指令字长缩短,指令所占存储空间减少,减少量为左上方阴影部分;而由于数据字长加长,数据所占存储空间增加,增加量为左下方阴影部分。当指令所占存储空间的减少量比数据所占存储空间的增加量还大时,则采用标志符数据表示时程序所占存储空间是减少的。特别地,数据类型的检查与转换由硬件实现,极大地减少程序所占用的存储空间。

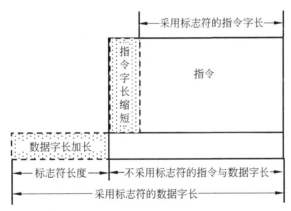

图 2-4 带标志符与不带标志符的程序所占存储空间的比较

(2) 降低了指令的处理速度。当采用标志符数据表示时,由于指令包含数据类型的检查与转换等操作,单条指令的处理速度自然下降。但程序的编制、编译与调试等的时间会缩短,使得总的时间开销可能会减少。

(3) 增加了硬件的复杂度。当采用标志符数据表示时,由于数据类型的检查与转换等操作均由硬件实现,从而增加了硬件复杂度。

2.1.3 描述符数据表示

1. 描述符数据表示及其格式

对于复合数据类型,如向量、数组和记录等,在一定的连续存储空间内,存储的数据类型等属性是相同的,没有必要让每个数据都带标志符。为减少标志符所占存储空间,就提出了数据描述符。描述符与标志符的主要差别在于:标志符仅作用于一个数据,指示单个数据的有关属性(一般仅有类型属性),且与数据在同一数据字中;而描述符作用于一个数据集,指示数据集中所有数据的有关属性(不仅有类型属性,还有数据集存储的起始地址和长度等),且独占一个数据字。以美国 Burroughs 公司生产的 B6700 计算机中的描述符数据表示为例,其描述符数据表示的格式如图 2-5 所示。当高二位为"00"时,表示该字为数据字;高二位为"11"时,表示该字为描述符字。在描述符字中,8 位标志符位描述数据属性,另外设有数据集存储的起始地址字段与长度字段。

图 2-5 B6700 计算机中的描述符数据表示格式

2. 描述符数据的访问方法

当处理操作数为描述符数据的指令时,按地址 d1、d2 访问主存储器,若字的前二位为"00",则是操作数;若字的前二位为"11",则是描述符,便将其取到描述符寄存器中,在描述符中的标志符、长度和地址等字段联合作用下,经过地址形成逻辑得到操作数地址,再按该地址访问主存储器,存取操作数。采用描述符数据表示时,操作数的存取过程如图 2-6 所示。特别地,对于数据块,读取到寄存器的描述符可以用于块内所有元素,一条指令便可以使整个块内的所有元素执行运算。

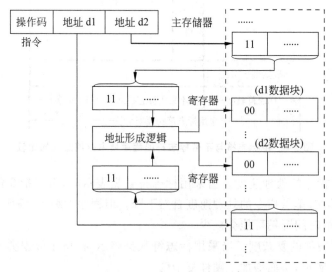

图 2-6 采用描述符数据表示时操作数的存取过程

描述符数据表示不仅可以用于一维数组的数据表示,还有利于多维数组的数据表示,采用描述符数据表示格式来表示 3×4 二维数组的树形结构如图 2-7 所示。由阵列描述符字指示 3 行数据块描述符集,其中每个描述符字又指示相应 4 列数据块数据集。可见,采用描述符数据表示格式来表示多维数组比向量数据表示效率更高,主要表现在:数据元素地址形成更快,便于检查程序是否存在越界,有利于简化编译生成目标代码,但硬件复杂度较高。

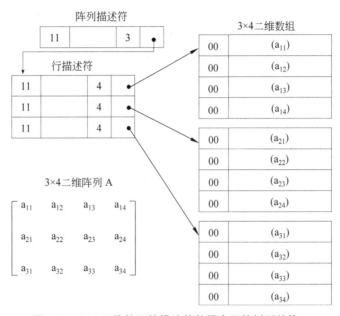

图 2-7　3×4 二维数组的描述符数据表示的树形结构

2.1.4　浮点数尾数基值与格式参数

1. 浮点数数据表示的特性

浮点数数据表示的一般形式为:

$$N = M \times R^E \tag{2-1}$$

其定义包含 6 个形式参数:两个数值、两个基值和两个字长。尾数数值 M 一般采用定点小数的原码或补码来表示;阶码数值 E 一般采用定点整数的原码、补码或移码来表示。尾数位数为 P(不含符号位);阶码位数为 Q(不含符号位)。

尾数基值 R 一般为二、八、十或十六进制数,需要优化选取。阶码基值 S 为二进制数,直接选用。其原因在于:①可以降低尾数移位的精度损失与操作复杂性;当 $S=2$ 时,阶码加或减 1,尾数仅需要右移或左移 1 位;当 $S=8$ 时,阶码加或减 1,尾数则需要右移或左移 3 位,比阶码加或减 1 复杂。②阶码主要用于扩大表示的数据范围,即阶码越大,表示数据范围也越大,但对于同样的二进制位数,其他进制数的阶码并不比二进制数大而优越很多。

实数在数轴上是连续分布的,而浮点数据表示由于机器字长的限制,可以表示的数据在数轴上是仅能分散于正负两个区间中的部分离散值。衡量浮点数据表示优劣的特性主要有三个：表示数据范围、表示数据精度和表示数据个数。表示数据范围，即是可以表示的最大正数和最小负数，它们主要由浮点数阶码位数 Q 决定。表示数据精度，即是当无法精确表示的所有实数由最接近的浮点数来近似表示时所产生的最大误差，主要由浮点数尾数位数 P 决定。表示数据个数，即是浮点数在数轴上的分布密度或离散程度，由浮点数阶码位数 Q 和浮点数尾数位数 P 共同决定。

2. 尾数基值对浮点数特性的影响

在计算机中，一位 R 进制数需要 $\lceil \log_2 R \rceil$ 位二进制数来表示。尾数的二进制数位为 P 时，则尾数的 R 进制数位为 $P'=P/\lceil \log_2 R \rceil$。如 $R=16$ 且 $P=4$，则 $P'=4/\lceil \log_2 16 \rceil=1$，$P'$ 位 R 进制数的位权从小数点往右顺序依次为 R^{-1}、R^{-2}、$\cdots$、$R^{-P'}$。当 R 为 2 的整数次幂(如 8(即 2^3)、16(即 2^4)，特例有 $R^{P'}=2^P$)时，对于以 R 为尾数基值的浮点数，当其尾数右移或左移一位 R 进制数时，由二进制数表示的尾数需要右移或左移 $\log_2 R$ 位，为保持数值不变，阶码仅增或减 1。

在浮点数阶码位数 Q 且尾数位数 P 相同的情况下，尾数基数 R 取不同值时，对浮点数数据表示特性参数的影响如表 2-1 所示。为简化分析，一是只比较非负阶、正尾数，且都是规格化的数，不过对于负阶和负尾数也一定是适用的；二是以 R 为 2 的整数幂来讨论，对于 R 不是 2 的整数幂也是符合的。从表 2-1 可以看出以下几点。

表 2-1 尾数基值为 R 的浮点数的特性参数及其举例

表示数据特征	阶码：二进制 Q 位，尾数：R 进制 P' 位，特例是 $R=2^V$，V 为整数，且 $R^{P'}=2^P$ 代入	若 $Q=2, P=4$	
		当 $R=2$ 且 $P'=4$ 时	当 $R=16$ 且 $P'=1$ 时
最小尾数值	R^{-1}，特例：2^{-V}	1/2	1/16
最大尾数值	$1-R^{-P'}$，特例：$1-2^{-P}$	15/16	15/16
最大阶值	2^Q-1	3	3
浮点数最小值	$2^0 \times R^{-1}=R^{-1}$，特例：2^{-V}	1/2	1/16
浮点数最大值	$(R \wedge (2^Q-1))(1-R^{-P'})$，特例：$(2 \wedge (V(2^Q-1)))(1-2^{-P})$	7.5	3840
尾数个数	$R^{P'} \times (R-1)/R$，特例：$2^P \times (2^V-1)/2^V$	8	15
阶值个数	2^Q	4	4
浮点数个数	$2^Q \times R^{P'}(R-1)/R$，特例：$2^{Q+P}(2^V-1)/2^V$	32	60

(1) 表示数据范围。随 R 增大，表示数据的最小值 R^{-1} 将减小；表示数据的最大值 $(R \wedge (2^Q-1))(1-R^{-P'})$ 可以分为两个部分，其中 $(1-R^{-P'})$ 部分的特例为 $(1-2^{-P})$，它是个常数，而 $(R \wedge 2^Q-1)$ 部分的 (2^Q-1) 也是常数，所以随 R 增大，由于 $(R \wedge (2^Q-1))$ 将增大，表示数据的最大值也将增大。可见，随尾数基值 R 增大，表示数据的范围也将增大。

(2) 表示数据个数。表示数据个数的特例为 $2^{Q+P}(1-R^{-1})$，其中 2^{Q+P} 为常数，所以随尾数基值 R 增大，由于 $(1-R^{-1})$ 增大，表示数据个数也将增多。

(3) 数轴上数据分布密度。为分析尾数基值对分布密度的影响,便引入表示比概念,所谓表示比 f 是指在位数 Q、P 相同时,在 $R=2$ 的可表示最大值之内,采用 $R>2$ 的可表示浮点数个数与 $R=2$ 的可表示浮点数个数之比。当 $R=2$ 时,可表示浮点数个数为 $2^{Q+P}(1-2^{-1})=2^{Q+P-1}$,可表示的最大值为 $(2\wedge(2^Q-1))(1-2^{-P})$。当 $R>2$ 时,可表示的最大值一定比 $R=2$ 时可表示的最大值要大,这样总可以找到一个浮点数,其最大尾数值为 $(1-2^{-P})$,阶码值为 m,使得有:

$$R^m(1-2^{-P}) \approx 2^{(2^Q-1)}(1-2^{-P})$$

即 $R^m \approx 2^{(2^Q-1)}$,此时的 m 值为:

$$m=(2^Q-1)/\log_2 R \tag{2-2}$$

显然,$R>2$ 时的尾数不会使规格化浮点数超过 $R=2$ 时的最大值,阶码值也不会超过 m 的所有规格化浮点数,均将是 $R=2$ 可表示最大值之内的数。可见,尾数基值 R 越大,在与 $R=2$ 的浮点数相重叠的范围内,数据分布越稀。

(4) 表示数据精度。以 $R=16$ 为例,在尾数位数 P 相同时,规格化十六进制尾数高 4 位的二进制数中,左面可能有 3 个 0,则 $R=2$ 时比 $R=16$ 时多 3 位二进制数的精度。若 $R=2^V$,则最坏时仅有 $P-V+1$ 位二进制数来表示尾数,所以表示数据精度随 R 增大而单调下降。这意味着尾数基值 R 越大,相应浮点数在数轴上的分布变稀,表示数据精度自然下降。

(5) 运算精度损失。运算精度损失是指运算过程中由于尾数右移,使有效位数丢失,有效位数丢失越多,精度损失越大。由于尾数基值 R 越大,数据分布变稀,对阶移位的概率与次数减少,且由于表示数据范围扩大,又使尾数溢出右规的概率减少。所以 R 越大,运算精度损失越小。

(6) 数据运算速度。尾数基值 R 越大,由于对阶或尾数溢出右移和规格化左移的次数减少,从而数据运算速度越高。

综上所述,尾数基值越大,可以使浮点数表示数据范围扩大,表示数据个数增多,运算精度损失减少,并使运算速度提高,但也会使浮点数表示数据精度降低,数轴上数据分布变稀,所以尾数基值 R 的选取也是一个权衡取舍因素。一般对于巨型、大型或中型计算机,尾数基值 R 宜取大,这样浮点数表示范围大、个数多、运算速度也快;而浮点数尾数位数 P 相对较多,精度已足够高。而对于小型或微型计算机,由于表示数据范围不要求太大并且速度也不要求太高,反而尾数位数 P 较少,更需要注重表示数据精度,所以尾数基值 R 宜取小。

3. 浮点数表示格式参数选取

浮点数表示格式设计的基本任务是在给定浮点数表示数据范围和精度的前提下,选取浮点数尾数位数 P 和阶码位数 Q,确定浮点数字长。假设(大多数计算机的实际情况)浮点数尾数采用原码、小数表示,阶码采用移码、整数表示,尾数基值 $R=2$,阶码基值 $S=2$。若实际应用要求为表示数据范围不小于 N(即 N 为可以表示数据的最大正数),表示数据精度不低于 δ,并且要求尾数与阶码均应正、负对称。根据表 2-1 中表示数据的最大值和表示数据范围要求,则有:

$$\begin{cases} 2^{2^Q-1} > N, \quad 2^Q > \dfrac{\log N}{\log 2}+1 \\ Q > \dfrac{\log(\log N/\log 2+1)}{\log 2} \end{cases} \tag{2-3}$$

若认为规格化尾数最后一位的可信度只有一半（因为该位通常是由舍入得到的），所以规格化浮点数表示数据精度为：

$$\delta(R,P) = \frac{1}{2} \times R^{-(P'-1)} \tag{2-4}$$

根据表示数据精度要求，则有：

$$\begin{cases} \dfrac{1}{2} \times 2^{-(P-1)} < \delta, \quad 2^{-P} < \delta \\ P > \dfrac{\log \delta}{\log 2} \end{cases} \tag{2-5}$$

由式(2-3)和式(2-5)，可以计算出浮点数尾数位数 P 和阶码位数 Q，再添加一位数据符号位和一位阶码符号位，按一定次序排列就构成一种浮点数表示格式。当然，通常在满足式(2-3)和式(2-5)的前提下，还需要适当调整尾数位数和阶码位数，以使浮点数数据字长达到合理位数，如 2 的整数次幂。

2.1.5 原子类型数据字位数

原子类型数据字位数是指数据字所包含的二进制位数或字节数。通常，若机器字长为 32 位，原子类型数据字位数主要有：字节(8 位)、半字(16 位)、单字(32 位)和双字(64 位)。如字符采用 ASCII 码表示，一个数据字位数为 1 字节；整数一般采用二进制补码表示，一个数据字位为字节、半字或单字；浮点数均采用 IEEE 754 浮点数标准，一个数据字位数为单字（单精度）或双字（双精度）。在计算机体系结构设计时，需要配置多少位数的原子类型数据字以及为哪些位数的原子类型数据字提供高效支持，由不同位数数据字的访问频率来确定。

表 2-2 所示的是 SPEC 基准程序对字节、半字、单字和双字这 4 种数据字的访问频率分布。从表中可以看出，基准程序对整数双字、浮点数字节和浮点数半字这 3 种数据字的访问频率为 0，所以仅需要配置整数字节、整数半字、整数单字、浮点数单字和浮点数双字这 5 种原子类型数据字；对整数单字、浮点数单字和浮点数双字这 3 种原子类型数据字的访问频率较高，则还应提供高效支持。

表 2-2 基准程序对不同大小操作数的访问频率

数据字位数	平均访问频率/%	
	整型	浮点
字节	7	0
半字	19	0
单字	74	31
双字	0	69

例 2.1 IBM370 计算机的短浮点数采用阶码基值 $S=2$,阶码位数为 6,尾数基值 $R=16$,尾数位数为 6,即二进制位数为 24。计算在非负阶、正尾数、规格化情况下的最小尾数值、最大尾数值、最大阶值、浮点数最小值、浮点数最大值、浮点数个数和表示数据精度。

解:由题意可知:$Q=6$、$P'=6$。根据表 2-1 所示和式(2-4),则有:

最小尾数值:$R^{-1}=16^{-1}=2^{-4}$

最大尾数值:$1-R^{-P'}=1-16^{-6}=1-2^{-24}$

最大阶值:$2^Q-1=2^6-1=63$

浮点数最小值:$R^{-1}=16^{-1}=2^{-4}$

浮点数最大值:$R^{2^Q-1}\times(1-R^{-P'})=16^{63}(1-16^{-6})=2^{252}(1-2^{-24})$

浮点数个数:$2^Q\times R^{P'}(R-1)/R=2^6\times16^6(16-1)/16=2^{30}(1-2^{-4})$

表示数据精度:$R^{-(P'-1)}/2=16^{-(6-1)}/2=2^{-21}$

例 2.2 设计一种浮点数表示格式,其表示数据范围为 $10^{-37}\sim10^{37}$,正负数对称,表示数据精度不低于 10^{-16},且浮点数的尾数用原码、小数表示,阶码用移码、整数表示,尾数基值和阶码基值均为 2。

解:由题意可知,表示数据的最大正数为 $N=10^{37}$,表示数据精度 $\delta=10^{-16}$。

由式(2-3)可得:

$$Q>\frac{\lg(\lg 10^{37}/\lg 2+1)}{\lg 2}=6.95$$

上取整则有阶码位数 $Q=7$。

由式(2-5)可得:

$$P>\frac{-\lg 10^{-16}}{\lg 2}=53.2$$

上取整则有尾数位数 $P=54$。

添加一位数据符号位和位阶码符号位,浮点数位数为:$P+Q+2=54+7+2=63$。实际浮点数位数应为 8 的倍数,故浮点数位数取 64 位,多出一位可以用于尾数来提高浮点数的表示精度,也可以用于阶码来扩大浮点数的表示范围。若用于尾数则 $P=55$,这时浮点数表示格式如图 2-8 所示。

图 2-8 例 4.2 的浮点数表示设计格式

2.2 指令系统功能配置及其支持

【问题小贴士】 指令系统构建的基本任务包含功能配置与格式设计,以计算机数据表示集的配置为基础,构建计算机的指令系统是软硬件功能分配的核心。计算机的功能

(指内在功能)是由指令系统来体现(外在功能由连接的I/O设备来体现),指令系统的指令数越多、指令实现越复杂,计算机功能越强大。①指令系统的指令数越多、指令实现越复杂,可以作为指令系统配置的基本准则吗?为什么?如果按照这一准则来配置指令系统,应通过哪些途径来配置指令?②指令系统的指令数尽量少、指令实现尽量简单,可以作为指令系统配置的基本准则吗?为什么?如果按照这一准则来配置指令系统,需要哪些特别的技术支持呢?③通过①和②的分析,可以看出指令系统具有多样性,那么指令系统可以分为哪几种类型?各类型具有哪些特点?

2.2.1 指令系统构建的基本原则

构建指令系统时一般应遵循完备性、高效性、规整性、兼容性和正交性5项基本原则。

1. 完备性原则

完备性是指指令系统中的指令种类齐全、功能丰富、使用方便,即当采用汇编语言编写程序时,指令系统直接提供的指令足够使用,而不必用软件来实现。一台计算机中由硬件指令实现的功能并不多,这些最基本功能一般极其常用且简单,许多复杂或复合功能都可用最基本的硬件指令编程来实现。采用硬件指令的目的是提高程序运行速度,便于用户编写程序。

2. 高效性原则

高效性是指利用某指令系统中的指令所编写的程序运行效率高,具体表现在程序占用存储空间小、运行速度快。一般来说,一个功能更丰富、种类更完善的指令系统的高效性必定更好。

3. 规整性原则

规整性包括指令系统的对称性、匀齐性和一致性。对称性是指存储部件中的存储单元使用及其寻址对所有指令一视同仁,功能操作设置对称,便于记忆指令系统以及提高程序的可读性。如所有指令均可访问寄存器,既设置了A→B的指令,也设置了B→A的指令。匀齐性是指指令操作可以支持数据类型和存储位置不同的操作数,以实现指令使用的数据类型与存储位置的无关性,简化程序设计。如算术运算指令的操作数可以是定点数,也可以是浮点数;定点数可以是小数,也可以是整数。一致性是对指令格式和数据格式而言的,它是指指令字长和数据字长之间的关系,以降低指令和数据存取的代价,一般指令字长和数据字长都应该是字节的整数倍。规整性的实现是有限的,不能太完善,否则会导致指令系统过于复杂,实现难度大。

4. 兼容性原则

计算机之间的指令系统兼容是实现软件兼容的基础要素,软件兼容则指令系统一定兼容,反之则不一定。由于不同的计算机在结构和性能上存在差异,实现所有软件都完全兼容是不可能的,通常仅能做到"向上兼容",即在低档计算机上开发的软件可以在高档计算机上运行。对于指令系统兼容来说,则是高档计算机的指令可以增加,但不能删除或更改低档计算机上所有指令的功能和格式。例如,80286微处理器包含8086微处理器的所有指令,但增加了有符号乘法指令等。

5. 正交性原则

正交性是指指令字中各个不同含义的字段（如操作码字段、地址码字段中的多个操作数地址和寻址方式表示等）在进行二进制数编码时，彼此独立而互不相关。

2.2.2 指令系统功能配置分类

综合来说，指令系统通常可以支持的信息处理功能可分为算术逻辑运算、数据传输操作、转移控制操作、资源管理操作、浮点数运算、十进制数运算、字符串汉字操作、图声视频操作和向量阵列运算 9 种类型，其中前三种运算操作是指令系统必须配置的。由于计算机制造技术与应用的不断发展，指令系统也在不断演变。按信息处理的功能配置来看，指令系统可以分为复杂指令系统、精简指令系统和混合指令系统 3 种类型。

1. 复杂指令系统及其形成

20 世纪 50 年代到 60 年代前期，由分立元件构建的计算机体积庞大、价格昂贵且功耗极大，硬件比较简单，指令系统仅有十几条至几十条最基本的数据传送、定点加减运算、逻辑运算和转移控制等指令，寻址方式也不多。20 世纪 60 年代中期到 70 年代中期，由于集成电路制造技术的出现及其发展，计算机价格、体积和功耗随之下降，硬件功能不断增强，指令系统越来越丰富，并且增设了乘除运算、十进制运算和字符串汉字操作等指令，指令数达到一二百条，寻址方式也趋于多样化。到 20 世纪 70 年代后期，随着大规模集成电路制造技术的进一步提高，硬件成本进一步下降，而软件成本在不断上升。为了便于高级语言的编译，缩小机器语言与高级语言的语义差距，扩展计算机应用，又增设了浮点运算、图声视频操作和资源管理等指令。由此，导致指令系统的指令数高达三四百条，寻址方式达 20 多种，如 DEC 公司的 VAX-11/780 指令系统有 303 条指令和 18 种寻址方式。所以把指令数高达数百条、寻址方式达几十种的指令系统称为复杂指令系统，相应的计算机称为复杂指令系统计算机（Complex Instruction Set Computer，CISC）。复杂指令系统的形成主要源于两个原因。

（1）增强配置复杂新指令。在原有指令的基础上，不断增强功能，配置复杂新指令，代替由软件子程序或一段指令序列实现的功能，使软件功能硬化。例如，当高级语言取代汇编语言后，则增加新的复杂指令来支持高级语言程序的高效实现；为减少主存储器的访问，避免中间结果产生，则增加新的复杂指令来代替一段指令序列。另外，寻址方式、指令格式和数据类型等越来越复杂，虽然功能不变，但也要配置复杂新指令来匹配。

（2）原有指令不能取消。系列机向上兼容和向后兼容的要求使得在增强配置复杂新指令后，原有指令即使不再需要，也不能取消它们。

2. 精简指令系统及其产生

对于复杂指令系统，人们感到不仅不易实现，而且还可能降低计算机的整体效率。1979 年以 Patterson 为首的一批科学家对复杂指令系统的合理性进行研究，发现复杂指令系统存在以下四个问题。

（1）硬件代价越高的指令使用频率往往越低。复杂指令系统中的不同指令使用频率相差悬殊，存在 20%～80% 规律（见 1.4 节），并且使用频率越低，往往硬件代价越高，从而严重影响计算机的性价比。

（2）复杂指令实现的逻辑电路不利于设计制造。由于复杂指令系统包含许多复杂指令，控制逻辑极不规整，这与集成电路设计制造要求规整很不适应，不仅增加研制时间与成本，还容易造成设计制造的错误。

（3）不利于应用先进的计算机体系结构。由于复杂指令系统中指令功能不均衡，流水线技术与微程序设计技术的效能无法得到发挥。

（4）不符合软硬件功能分配的原则。复杂指令可以减少目标程序的指令条数，但是否可以缩短目标程序的运行时间难以定论，是否可以提高计算机的性价比也是未知的。另外，复杂指令系统单向地强调硬件对软件的支持，而没有充分考虑软件对硬件的支持。

为克服复杂指令系统的缺点，使计算机体系结构简单合理、速度快、效率高，缩短程序运行时间，提高计算机性能，于 20 世纪 80 年代初期提出了精简指令系统的概念。所谓精简指令系统是指指令与寻址方式简单（指令数不超过 80 条，寻址方式不超过 6 种），指令使用频率相当，多数指令单机器周期即可完成，仅 LOAD/STORE 指令访问存储器、指令格式对称的指令系统，相应的计算机称为精简指令系统计算机（Reduced Instruction Set Computer，RISC）。目前市场上使用的许多处理机都采用了 RISC 体系结构，如 ARM 系列处理机等。

3. 混合指令系统及其产生

对于精简指令系统，人们也发现了其不足之处，从而改进 RISC 的体系结构，如增加微程序控制，而不是单纯的硬联逻辑；为支持编译和高级语言，增加片缓而不仅是寄存器等。精简指令系统存在的主要问题有以下三点。

（1）目标代码所占存储空间大。由于指令少，且功能极弱，除基本的算术逻辑运算以及简单的数据传输操作、转移控制操作和资源管理操作外，稍强的功能均需要多条指令才能实现，目标代码所占存储空间必然比较大。

（2）编译软件和汇编语言程序员的负担重。由于程序代码长且子程序多，与高级语言的语义差距大，汇编语言程序与编译软件的编写难度加大，并且要求编译软件具有指令调度与优化功能。

（3）对浮点运算与虚拟存储器的支持不够理想，无法实现主存储器中的数据块转移。

基于复杂指令系统和精简指令系统的优势与不足，1987 年美国的 Philip Koopman 则提出以集成复杂指令系统和精简指令系统的优势为原则，将二者相结合便出现了可写指令系统或混合指令系统，相应的计算机称为可写指令系统计算机（Writable Instruction Set Computer，WISC）或混合指令系统计算机。在 WISC 体系结构中，既有 RISC 部件，也有 CISC 部件。如 Pentium Pro 处理机，其组成分前端和后端两部分。前端将 CISC 的指令转换为 RISC 指令，并按序并行译码 3 条指令，再转换成 5 个类似于 RISC 的微操作；后端则以无序方式在 RISC 核心部分执行这 5 个微操作。因此，RISC 和 CISC 之间的分界面越来越模糊，主要原因在于单纯采用复杂指令系统或精简指令系统都无法克服自身的不足。

2.2.3 复杂指令系统功能配置及其特点

1. 复杂指令系统功能配置途径

复杂指令系统的功能配置一般有面向目标程序优化、支持操作系统实现和支持高级语言与编译软件三条途径。

1) 面向目标程序优化

能否缩短目标程序的运行时间以及减少存储空间是评价指令系统优劣的基本标准。通过软件硬化并且强化指令功能,不仅可以有效减少目标程序的指令数及其所占存储空间,还可以有效减少指令读取次数及其目标程序的执行时间。通过面向目标程序优化进行指令功能配置一般从以下三个方面考虑。

(1) 配置功能强大的运算指令。将常用的函数、宏指令及子程序通过配置一条指令来实现,至于配置哪些强功能运算指令,则需要在增加硬件代价与提高效能之间进行权衡取舍。如 $\sin(x)$ 函数,它是根据其展开级数:

$$\sin(x) = \frac{x}{1} + \frac{x^3}{3!} + \frac{x^5}{5!} + \frac{x^7}{7!} + \cdots$$

编写一段子程序来实现,为了优化目标程序,可以配置一条 $\sin(x)$ 指令。

(2) 配置数据块传送指令。据统计分析,Intel 8086 处理机的 MOVE、PUSH 和 POP 这 3 种数据传送指令的使用频率达 40% 左右,执行时间占 30% 以上。因此,可以配置数据块传送指令,实现将主存储器中的若干数据传送到 CPU,以满足对向量、数组和字符串等处理的需要。如 Intel 80X86 指令系统中的串操作指令和带重复前缀的串操作指令等,对于指令 REP MOVSW,其相当于如下一串指令序列:

```
MVSW:   MOV   AX, [SI]
        MOV   ES:[DI], AX
        INC   SI
        INC   SI
        INC   DI
        INC   DI
        DEC   CX
        JNZ   MVSW
```

(3) 配置多功能转移控制指令。循环在程序中一般占有很大的比例,其功能实现通常需要一条加法指令、一条比较指令和一条测试转移指令。若配置循环控制指令,则仅需一条指令即可。如 Intel 80X86 指令系统中的 LOOPNZ LBL,其功能相当于如下系列操作:CX−1→CX,若 CX≠0 且 ZF≠1,则程序转向标号 LBL,否则处理下一条指令。

2) 支持操作系统实现

操作系统功能很大程度上取决于计算机体系结构,其功能实现需要指令系统支持,如中断处理、进程管理、存储管理与保护以及工作状态的建立与切换等。通过支持操作系统实现来配置指令一般从三个方面考虑。一是配置专门用于操作系统的特权指令,如设置支持工作状态与访问方式转换的指令、支持进程转移的指令以及支持进程同步与互斥的指令等;二是把操作系统中使用频繁、对速度影响大的子程序硬化来配置指令;三是权衡配置支持操作系统的指令集。

3) 支持高级语言与编译软件

缩小高级语言与机器语言之间存在的语义差距,有利于高级语言编程和减轻编译软件的负担,提高目标程序的时空效率。通过支持高级语言和编译软件来配置指令一般从两个方面考虑。一是对于使用频率高的语句,配置对应的一条或多条指令或改进增加相应指令的功能,如 IF 语句的使用频率较高,测试转移指令是根据它前面的指令所产生的条件码进行判断转移,因此在测试转移指令中增加运算与比较功能而成为条件转移指令,从而有效支持 IF 语句;二是增强指令系统的规整性,以便于优化生成目标代码。

2. 复杂指令系统的特点

复杂指令系统的功能配置策略是不断增强指令功能,向用户提供数量众多、功能多样的指令,减少程序的指令条数,以达到提高性能的目的。由此,复杂指令系统具有以下 3 个特点。

(1) 指令格式规整性差。在复杂指令系统中,既有必不可少的简单指令,又配置了复杂指令,导致指令字长有长有短,操作数有多有少,寻址方式多种多样。

(2) 控制存储器庞大。CISC 一般采用微程序控制,指令越多,所需要的微程序越多,导致控制存储器异常庞大。

(3) CPI 很大。复杂指令系统的 CPI 一般大于 5,指令越复杂,CPI 越大。

2.2.4　精简指令系统功能配置及其特点

1. 精简指令系统功能配置准则

精简指令系统功能配置包含以下 5 条准则。

(1) 指令数尽可能少,一般不超过 80 条。以某复杂指令系统为基础,选取使用频率高的指令;统计分析操作系统、高级语言和编译程序所需要的指令,以简单有效地支持操作系统、高级语言和编译程序,并补充一些极其有用的指令。

(2) 指令功能简单、格式规整。执行阶段时间尽可能为一个机器周期,指令字长相同,寻址方式尽量少,一般不超过 6 种。

(3) 尽可能减少对主存储器的访问。只有 LOAD 和 STORE 指令可以访问主存储器,其他运算操作指令的操作数均在寄存器之中;配置寄存器堆,通用寄存器数一般在 32 个以上。

(4) 采用硬布线控制逻辑。尽量简化控制部件,一般不采用微程序控制。

(5) 注重编译的优化。通过优化编译,解决通用寄存器映像于哪些变量的问题,以及调整指令处理次序,以适应流水线操作。

2. 精简指令系统的特点

精简指令系统的功能配置策略是简化指令功能,降低硬件复杂度,提高指令处理速度,以减少指令平均处理周期数 CPI。由此,精简指令系统具有以下 3 个特点。

(1) 指令功能简单,格式统一规整,非常适合 VLSI 的实现。

(2) 目标程序效率高。指令功能简单,指令处理时间短;指令格式规整,译码且控制简单;设置大量寄存器,避免中间数据的保存与传递,减少访存次数;指令处理非常适合流水线应用,并行性高。

(3) 实现成本低且可靠性高。指令功能简单且格式规整,使得控制器简单,虚拟存储器容易实现。

3. 精简指令系统计算机的定义

精简指令系统的功能配置准则虽然被普遍接受,但一直以来对精简指令系统计算机(RISC)还没有统一确切的定义,具有代表性的定义有两个:美国卡内基梅隆大学定义的和 IEEE Michael Slater 定义的。美国卡内基梅隆大学对 RISC 的定义与精简指令系统功能配置准则相当,即它是从配置准则来定义 RISC,对此将不做介绍。20 世纪 90 年代初,IEEE 的 Michael Slater 从两个方面对 RISC 进行描述。

(1) 为使流水线高效率处理指令,RISC 必须具备以下特征:指令功能简单且格式统一、大部分指令可以单周期处理完成、只有 LOAD 和 STORE 指令可以访问存储器、简单的寻址方式、采用延迟转移技术和指令取消技术。

(2) 为使优化编译器生成高效率代码,RISC 必须具备以下特征:三地址指令格式、较多的寄存器和对称的指令格式。

从后来 RISC 的发展来看,高效率流水线技术和优化编译技术是 RISC 体系结构的核心。RISC 体系结构便于流水线技术应用,流水线技术应用又需要优化编译的支持,而优化编译的实现依赖于精简指令系统,三者相辅相成融为一体,才能有效地提高计算机性能。特别地,由于 RISC 精简了支持编译的某些专门指令,导致 RISC 上的编译程序要比 CISC 的复杂。

2.2.5 RISC 实现的关键技术

通过精简指令系统功能配置准则,建立了精简的指令系统,这为 RISC 的实现奠定了基础。但要使 RISC 具有很高的性能,还需要寄存器窗口重叠、延迟转移与指令取消、优化编译这三种关键技术的支持。

1. 寄存器窗口重叠技术

由于 RISC 的一段程序代码等价于 CISC 的一条指令,所以在 RISC 的程序中,CALL 和 RETURN 指令比 CISC 程序多得多。而在处理 CALL 指令时,必须把硬件现场(主要包括程序计数器和处理机状态字)和软件现场(主要是子程序可能改写的通用寄存器的内容)保存到主存储器中,另外还可能需要通过主存储器把子程序所需参数从主程序传送到子程序。在处理 RETURN 指令时,恢复现场以及将结果从子程序传送到主程序也需要访问主存储器。可见,当处理 CALL 和 RETURN 指令时,主存储器的访问量较大。据统计,在 PASCAL 语言和 C 语言中,处理 CALL 和 RETURN 指令的概率分别为 15% 和 12%,而它们对主存储器的访问量占全部访问量的 44% 和 45% 左右。由于主存储器的访问量是影响处理机运行程序速度的重要因素,因此为减少主存储器访问操作,在寄存器数量有限的情况下,伯克利分校的 F.Baskett 提出寄存器窗口重叠(Overlapping Register Window)技术。

寄存器窗口重叠的含义是:在处理器中设置数量较多的寄存器,并将它们分为多个窗口(组)。任何一个过程均使用3个相邻窗口和1个公共窗口。对于3个相邻窗口,上一个窗口与相邻上级过程共用,既用于存放相邻上级过程传送于本过程的参数,也用于存放本过程传送于相邻上级过程的计算结果;下一个窗口与相邻下级过程共用,同样用于存放本过程传送于相邻下级过程的参数和相邻下级过程传送于本过程的计算结果。也就是说,寄存器窗口对过程的分配具有部分重叠。

如图2-9所示的是寄存器窗口重叠的实现结构,它共有138个寄存器,分为17个窗口。其中有一个由10个寄存器组成的公共窗口,所有过程均可以访问;有8个由10个寄存器组成的局部窗口,仅能被某一过程访问;还有8个由6个寄存器组成的被称为重叠寄存器的窗口,可以被相邻两个过程访问。可见,每个过程均可访问32个寄存器:10个全局寄存器、10个局部寄存器、6个与相邻上级过程共用的重叠寄存器以及6个与相邻下级过程共用的重叠寄存器。如果调用深度不超过规定层数,则可以减少大量的访存操作。当调用深度超过规定的层数时,称为重叠寄存器溢出。在重叠寄存器溢出时,可在主存储器中开辟一个堆栈,把超过规定层数的重叠寄存器中的内容压入堆栈。

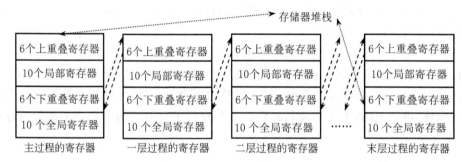

图2-9 寄存器窗口重叠的实现结构

2. 延迟转移与指令取消技术

在RISC处理机中,指令之间一般采用流水线方式并行处理。若一条指令的处理过程分为取指(F)与执行(E)两个阶段,则可以将一条指令的执行与下一条指令的取指在时间上重叠起来。如果取指与执行的时间均为一个机器周期,那么在正常情况下,每一个机器周期就可以处理一条指令。但当遇到一条转移指令且转移成功时,那么按流水线并行处理预取来的下一条指令应该作废,即流水线产生断流,这样才能保证程序的正确运行。如图2-10所示的指令3应该作废,否则程序的运行结果就可能发生错误。当流水线产生断流时,会使流水线的效率下降,不可能实现一个机器周期处理一条指令。为了在遇到转移指令时不致使流水线产生断流,可以采用延迟转移和指令取消两种技术来实现。

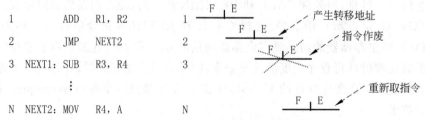

图2-10 转移指令引起的流水线断流

(1) 延迟转移技术。延迟转移技术是由编译器在所有的转移指令后面都插入一条有效指令,相当于转移指令被延迟了。若将如图 2-10 所示程序的第一条与第二条指令互换位置,程序运行情况如图 2-11 所示。

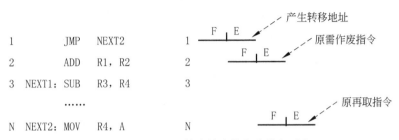

图 2-11 采用延迟转移技术的程序执行过程

(2) 指令取消技术。在许多情况下往往找不到可以用来插入的有效指令,为了不产生指令作废现象,这时便插入一条无效的空操作指令(NOP),让空操作占用一个执行机器周期,使流水线不产生断流。但空操作指令不执行任何实际操作,这样进行延迟转移,一条转移指令仍然会浪费一个机器周期。指令取消技术是指所有转移指令均可以决定其后续待处理的指令是否被取消,如果被取消,使其相当于处理一条空操作指令(如暂停或不产生写操作等),保持流水线顺畅又不影响程序的运行效果。但这样与插入一条空操作指令没有任何区别,所以提出了指令取消的规则,以使指令取消技术可以有效地提高流水线效率。

指令取消的规则是:如果向后转移,则转移不成功时取消后续待处理的指令;如果向前转移,则转移成功时取消后续待处理的指令。如图 2-12 所示的程序是向后转移的,经编译器编译后第一条指令(XXX)安排在两个位置。第一个位置是在循环体的前面,即在进入循环体之前先处理一次;第二个位置是在循环体的后面,即在循环体出口条件转移指令 COMP 之后。若转移成功,则处理 XXX 指令后返回到 LOOP;若转移不成功,则取消 XXX 指令,接着处理 WWW 指令。这样无论转移成功与否,流水线都不会产生断流,并在转移成功时,保证每一个机器周期可以处理一条指令;但在转移不成功时,仍然会浪费一个机器周期。对于分支转移指令,转移成功与转移不成功的概率各占一半,所以一条分支转移指令平均还会浪费 0.5 个机器周期。但对于循环转移指令,如果循环 10 次,需要执行循环转移指令 10 次,9 次转移成功均不会浪费机器周期,1 次转移不成功浪费一个机

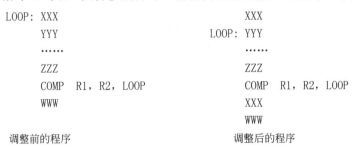

图 2-12 采用指令取消技术的程序调整

器周期,相当于一条循环转移指令仅浪费 0.1 个机器周期。可见,循环次数越多,机器周期浪费越小,流水线效率越高。

3. 优化编译技术

RISC 采用硬联逻辑控制和流水线并行处理指令,还设置寄存器堆,因此指令处理次序需要优化调整以及寄存器需要优化分配等,这些都由编译来实现,即 RISC 的目标程序应加以优化,才能充分发挥 RISC 的优势,RISC 需要优化编译技术的支持。

RISC 体系结构便于优化编译,主要体现在两个方面。一是指令与寻址方式选取简单直接。由于精简指令系统的指令数与寻址方式均较少,指令功能与寻址方式差异显著,加之只有 LOAD 和 STORE 指令可以访问存储器,使得由编译程序来生成目标代码时,不存在指令与寻址方式的权衡取舍问题。二是指令序列调整容易实现。由于精简指令系统的指令格式规整,大多数指令的处理时间均为一个机器周期,使得由编译程序来生成目标代码时,调整指令序列简单方便。

当然,RISC 体系结构也存在不利于优化编译之处,主要体现在三个方面。一是必须尽量减少对主存储器的访问。由于精简指令系统只有 LOAD 和 STORE 指令可以访问存储器,所以必须减少对主存储器的访问;而有效地使用寄存器并且充分发挥寄存器的效率,才能减少对主存储器的访问。二是必须对指令之间的数据相关和控制相关进行分析。指令处理顺序的调整不是随意的,必须在满足指令之间的语义顺序的前提下来调整,指令之间的语义顺序取决于指令之间的数据相关和控制相关,所以必须在相关分析的基础上来开展指令处理顺序的调整。三是 RISC 体系结构的编译程序所包含的子程序比 CISC 多得多。

2.3 指令字格式及其优化设计

【问题小贴士】 指令作为指示计算机工作的基本单元,必须采用二进制数串来表示,这样的一串二进制数即是指令字。二进制数串格式的含义有:字段结构分为哪几个字段,每个字段表示哪种或哪几种信息以及每个字段如何编码。衡量二进制数串格式的一般标准有:规整性(各字段长短是否变化以及各字段表示是否单一)和长度(二进制位数),且通常越规整越好,越短越好。①指令字需要表示哪些信息?这些信息一定由单独的字段来表示吗,为什么? 以 Intel 8086 的"ADD"与"MUL"两条指令来解释。②指令字格式优化的目标有哪些? 它们对目标程序的有效性带来什么好处? ③为什么 CPU 存储特性决定指令字的结构? ④指令字长度结构可以分为哪几种? 通常采用的是哪几种? ⑤在指令字格式优化设计方法中,哪种方法对缩短指令字平均长度极其有利,但对规整性影响不大? 举例说明。哪种方法对规整性极其不利,但对缩短指令字平均长度影响不大? 举例说明。哪种方法对规整性和缩短指令字平均长度的影响比较均衡,为什么? ⑥常用的信息混合表示方式有哪些? 上述问题的解决涉及许多具体操作方法,还需要通过练习来掌握直至熟悉。

2.3.1 指令字格式优化的目标与策略

1. 指令字格式优化的目标

指令字格式是指一条指令的二进制数串分段及其编码与信息表示的结构形式。依据计算机的功能特征，一条指令需要表示的基本信息包含功能操作和操作对象（数据的二进制编码），所以指令的二进制数串通常包含两个字段，一个字段用于指示功能操作，称之为操作码；另一个字段用于指示操作数的存放位置，称之为地址码，包括的信息有形式地址（含偏移量）和寻址方式等，有的还包含数据块长度和跳距等。

一般来说，指令字格式越单一，规整性则越强，硬件译码分析越简单，编译软件的负担越轻；但指令字平均长度越长，程序目标代码所占存储空间越大。而指令格式的多样性会导致规整性变差，硬件译码分析变复杂，编译软件的负担变重，但可以有效地使程序目标代码所占存储空间变小。所以，指令字格式优化设计的主要目标有两个：一是使指令字的平均长度尽量短，即利用较少的二进制位数来指示指令的功能操作与操作数存放位置，以便节省程序目标代码的存储空间；二是使指令格式尽量规整，以减轻硬件译码分析的复杂度，提高指令的处理速度。

指令字格式设计涉及的因素主要有 5 个：CPU 存储特性、功能操作类型数量、地址码个数（即显式指示的操作数个数）、操作数寻址方式、操作数类型数量及其二进制位数，其中 CPU 存储特性是关键，决定指令字的结构。对于指令字格式设计时所涉及因素的选取，是对指令字格式规整性与指令字平均长度进行综合权衡的结果，也是对程序目标代码大小与程序运行速度进行综合权衡的结果。可见，指令字格式设计的任务是选取操作码字段与地址码字段的二进制位数、组合形式、编码规则和表示方式。

2. 指令字格式优化的策略

从指令字格式优化的主要目标和指令字格式设计涉及的因素可知，指令字格式优化的策略为：从 CPU 存储特性、指令字长度结构、地址码个数、寻址方式、操作码编码、功能操作类型数量、操作数类型数量及其二进制位数等各个方面开展设计，以尽量接近指令字格式优化的目标。具体可以从以下 5 个方面进行综合权衡。

(1) 选用合适的操作码编码方法。综合权衡操作码三种编码方法的特点，选用编码方法，以使操作码的平均长度与规整性适应目标需求。

(2) 选用多种地址码结构。以增强指令功能为基础，综合权衡指令字长度与指令处理速度，不同指令字可以选用同种地址码结构，也可以选用不同地址码结构。

(3) 同种地址码结构选用多种地址形式。现代处理机通常具有寄存器（组）存储特性，寄存器（组）的不同地址形式使得对应地址码字段长度存在显著差异，这时应与操作码长度配合，选用寄存器地址形式，使不同指令字的长度尽量相同，以满足指令字格式相对规整。

(4) 选用多种寻址方式。以缩短形式地址长度为主，适当考虑指令处理速度，选用寻址方式，以满足寻址空间的要求。

(5) 适当选用信息混合表示方式。指令字信息表示方式有两种：一是一个字段表示一种信息的单一方式,规整性好;二是一个字段表示多种信息的混合方式,有利于缩短长度,但极其不利于译码分析。

2.3.2 CPU 存储特性及其分类

1. CPU 存储特性及其分类

在 CPU 中,必须配置一定数量的存储空间,以暂时存放操作数。所谓 CPU 存储特性是指 CPU 中设置了哪些类型的存储部件,它决定指令系统中所有指令字的组成结构,所以 CPU 存储特性是指令字格式设计的基础。目前,用于 CPU 的存储部件主要有堆栈、累加器和寄存器组三种,所以 CPU 存储特性包含堆栈、累加器和寄存器(组)三种类型,它们对操作数的访问方式及其优缺点如表 2-3 所示。

表 2-3 三种 CPU 存储特性对操作数的访问方式及其优缺点

类型名称	地址码个数	存储位置	访问方式	优 点	缺 点
堆栈型	0	堆栈	弹出/压入	计算表示简单,指令字很短	不可随机访问,难以生成有效代码
累加器型	1	累加器	读取/写入	硬件状态少,指令字短	通信开销大
寄存器型	2 或 3	寄存器或存储器	读取/写入	一般模式生成目标代码	操作数均显式指示,指令字较长

从表 2-3 可以看出,对于包含两个源操作数和一个目的操作数的指令来说,其存储器地址码个数与 CPU 存储特性有关。多数 CPU 仅配置一种存储部件,其指令系统中所有指令字的组成结构是相同的;但也有些 CPU 配置了两种或三种存储部件,其指令系统中指令字之间的组成结构有所不同,如 Intel 80X86 处理机配置累加器和寄存器组两种存储部件,指令字组成结构为混合的。

2. 寄存器型的地址形式

早期的大多数处理机配置累加器或堆栈存储部件,即 CPU 存储特性采用堆栈型或累加器型,但现代处理机通常仅配置寄存器(组)存储部件,CPU 存储特性为寄存器型。其原因在于通过编译可以让使用频率高的变量映像到寄存器,以高效地使用寄存器组,减少对主存储器的访问,提高程序的运行速度。另外,还可以缩短地址码长度(寄存器寻址时的地址码长度比存储器寻址时少得多),有效地减少程序目标代码的存储空间。

由于寄存器数量极其有限,不可能所有指令的操作数均来源于寄存器,大多数操作数仍然在存储器中。因此,根据一条指令对存储器的访问次数,可将寄存器组的地址形式分为寄存器-寄存器(即 R~R)、寄存器-存储器(即 R~M)和存储器-存储器(即 M~M)三种类型,它们对存储器的访问次数及其优缺点如表 2-4 所示(表中(m,n)的含义为 n 个操作数中有 m 个在存储器中,其中 $n \geq m$),但各自的优缺点并非绝对。特别地,CPU 配置多少寄存器是通过综合权衡来决定的,也与编译器有关。通常编译器不可能把全部寄存器用于保存变量,需要为表达式求值和传递参数保留一些寄存器。

表 2-4　寄存器组的三种地址形式对存储器的访问次数及其优缺点

类型名称	优　点	缺　点
寄存器-寄存器(0,3)	指令字格式简单规整,指令处理时间短且相近,目标代码生成容易	指令条数多,目标代码所占存储空间多;寄存器配置多,成本较高
寄存器-存储器(1/2,3)	可直接访问存储器操作数,指令编码容易,目标代码所占存储空间较少	指令使用寄存器受限制,指令处理时间较长且存在差异
存储器-存储器(3,3)	指令编码紧密,无须寄存器,成本较低	指令字长多种多样,指令处理时间长且差异大,对存储器带宽要求高

2.3.3　指令字长度结构及其分类

指令字长度结构是指指令字长度、操作码长度、地址码及其各字段长度是否可变的组合,它是指令字格式设计的核心,决定指令字格式规整性,可变长度越多,规整性越差。从最基本的规整性来看,指令字长度结构可以分为指令字长度固定和指令字长度可变两种类型,相应的指令字格式分别称为指令字长度固定格式和指令字长度可变格式。

1. 指令字长度固定格式

对于指令字长度固定格式,根据操作码与地址码长度是否可变进行组合,它又可以分为操作码和地址码长度均固定、操作码长度固定而地址码长度可变、操作码长度可变而地址码长度固定以及操作码和地址码长度均可变 4 种指令字长度结构。当操作码地址码长度均固定、操作码长度固定而地址码长度可变或操作码长度可变而地址码长度固定时,指令字格式规整性高。通过缩短操作码或地址码的长度,仅会使指令字中操作码或地址码的二进制位出现空白而浪费掉,不可能缩短指令字平均长度,如图 2-13 所示。

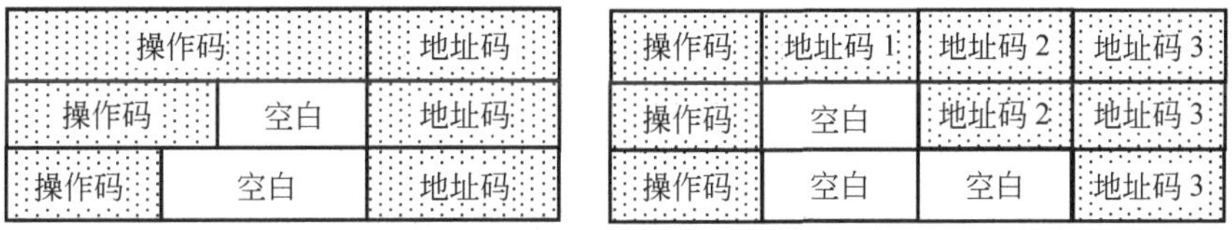

操作码	地址码			操作码	地址码1	地址码2	地址码3
操作码	空白	地址码		操作码	空白	地址码2	地址码3
操作码	空白	地址码		操作码	空白	空白	地址码3

图 2-13　操作码或地址码长度固定对指令字平均长度的影响

当操作码和地址码长度均可变时,利用操作码扩展技术,可以有效地缩短指令字平均长度。所谓操作码扩展是指以地址码最多的指令字操作码长度为基本操作码字段,当指令字中地址码减少时,则把操作码字段扩展到多余地址字段。假设计算机指令系统包含有 15 条三地址指令、15 条二地址指令、15 条一地址指令和 16 条零地址指令,共 61 条指令,且每个地址码长度均为 4 位。若操作码长度和地址码长度均固定,那么操作码长度为 $6(2^6=64>61)$ 位,地址码长度为 12 位,指令字长度为 18 位,指令字格式如图 2-14 所示。若采用操作码扩展技术,指令字长度仅为 16 位,减少了 2 位,且形成了 4 种不同的指令字格式。

(1) 15 条三地址指令的操作码采用 4 位基本操作码字段(12~15 位)来编码,共包含 16 种编码 0000~1111,其中 15 种编码(如 0000~1110)用于表示 15 条三地址指令,剩余

图 2-14　操作码和地址码长度均固定的 18 位指令字格式

一个编码(如 1111)用于指示将地址码 A 扩展为操作码,且称之为扩展码。三地址指令的指令字格式如图 2-15 所示。

图 2-15　16 位三地址指令的指令字格式

(2) 15 条二地址指令的操作码采用 12～15 位的扩展编码(如 1111)和 4 位地址码 A(8～11 位)来编码,共包含 16 种编码(如 11110000～11111111),其中 15 种编码(如 11110000～11111110)用于表示 15 条二地址指令,剩余一个编码(如 11111111)用于指示将地址码 B 扩展为操作码。二地址指令的指令字格式如图 2-16 所示。

图 2-16　16 位二地址指令的指令字格式

(3) 15 条一地址指令的操作码采用 8～15 位的扩展编码(如 11111111)和 4 位地址码 B(4～7 位)来编码,共包含 16 种编码(如 111111110000～111111111111),其中 15 种编码(如 111111110000～111111111110)用于表示 15 条一地址指令,剩余一个编码(如 111111111111)用于指示将地址码 C 扩展为操作码。一地址指令的指令字格式如图 2-17 所示。

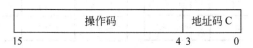

图 2-17　16 位一地址指令的指令字格式

(4) 16 条零地址指令的操作码采用 4～15 位的扩展编码(如 111111111111)和 4 位地址码 C(0～3 位)来编码,共包含 16 种编码(如 1111111111110000～1111111111111111),16 种编码全部用于表示 16 条零地址指令,没有地址码可以扩展,不需要剩余编码来作为扩展码。

特别地,扩展码的数量不是只能有一个,而是可以有若干个,它是由各类指令的条数来确定,各类指令的条数是相互限制的。如上述的二地址指令最多仅能为 15 条,当二地址指令为 16 条时,那么指令系统中不可能设置一地址指令和零地址指令,更不可能设置 17 条及以上的二地址指令。如二地址指令为 16～31 条时,三地址指令最多仅能为 14 条,在 12～15 位的 16 种编码中,14 种编码用于表示 14 条三地址指令,剩余的两个编码作为扩展码,这时两个扩展码与 4 位地址码 A 一同来编码,则有 32 个编码,至少剩余一个编码为扩展码,其余 31 种编码最多可以表示 31 条二地址指令。

2. 指令字长度可变格式

由于指令字长度受操作码长度和地址码长度等诸多因素的影响,所以指令字长度一般是可变的,且通常是字节的整数倍,如 Intel 8086 的指令字长度有 8、16、32、40 和 48 位等 6 种。对于指令字长度可变格式,根据操作码长度与地址码长度是否可变进行组合,它又可以分为操作码长度固定而地址码长度可变、操作码长度可变而地址码长度固定以及操作码和地址码长度均可变等三种指令字长度结构。当操作码和地址码长度均可变时,指令字格式的规整性极低,所以一般不采用。而地址码长度与地址码个数、寻址空间容量以及寻址方式种类等多种因素有关,所以操作码长度可变而地址码长度固定一般也不采用。可见,对于指令字长度可变格式,通常采用操作码长度固定而地址码长度可变的指令字长度结构。

当采用操作码长度固定而地址码长度可变的指令字格式时,即使地址码个数不变,根据寻址方式的编码表示方法的不同,形成了变长地址码、定长地址码和混合地址码三种不同的指令字格式。

(1) 变长地址码格式。当指令系统包含较多功能操作和寻址方式时,将操作码字段与寻址方式字段分开,且每个形式地址设置独立的寻址方式字段,指令字格式如图 2-18 所示。这样使地址码字段较规整,指令字平均长度较长。多数 CISC 的指令系统都采用变长地址码格式。

| 操作码 | 地址描述 1 | 形式地址 1 | … | 地址描述 n | 形式地址 n |

图 2-18 操作码长度固定时的变长地址码指令字格式

(2) 定长地址码格式。当指令系统包含较少功能操作和寻址方式时,操作码字段和寻址方式字段不分开,并且组合编码于操作码字段之中,指令字格式如图 2-19 所示。这样使地址码字段极为规整,指令字长度也可以固定,但操作码译码较复杂。一般 RISC 指令系统采用定长地址码格式。

| 操作码 | 形式地址 1 | 形式地址 2 | 形式地址 3 |

图 2-19 操作码长度固定时的定长地址码指令字格式

(3) 混合地址码格式。混合地址码格式同变长地址码格式一样,操作码字段与寻址方式字段分开,但每个形式地址可以设置独立的寻址方式字段,指令字格式如图 2-18 所示;也可以仅设置一个寻址方式字段,指令字格式如图 2-20 所示。这样便兼顾了减少目标代码长度和降低译码复杂度,指令系统通常采用混合地址码格式。

| 操作码 | 地址描述 | 形式地址 1 | … | 形式地址 n |

图 2-20 操作码长度固定时一个寻址字段的混合地址码指令字格式

2.3.4 地址码长度的缩短

在指令字中,地址码长度比操作码长得多,指令字平均长度主要由地址码长度来决定。影响地址码长度的主要因素有:形式地址个数、形式地址长度(即存储空间大小)和寻址方式等,其中形式地址个数是关键。当然,通过一些方法可以缩短地址码长度,但通常会导致指令字格式的规整性变差,所以是否缩短地址码长度需要综合权衡。

1. 减少形式地址个数

目前,存储空间一般都很大,一个形式地址长度往往可以达到几十位,所以减少形式地址个数是缩短地址码长度的最有效的途径。隐含寻址是减少形式地址个数的唯一方法,在指令所需操作数相同的情况下,通过隐含寻址使得指令字中的形式地址个数通常为 3 个、2 个、1 个和 0 个。根据指令字中的形式地址个数,指令字格式可分为三地址、二地址、一地址和零地址 4 种,其特性与适用性如表 2-5 所示。

表 2-5 不同形式地址个数指令的特性与适用性

地址个数	操作码长度	程序存储量	程序运行速度	适用场合
三地址	短	很大	一般	向量与矩阵运算
二地址	一般	较大	较慢	一般不用
二地址 R 型	一般	很小	很快	多累加器、数据传输多
一地址	较长	较小	较快	连续运算、硬件简单
零地址	很长	很小	很慢	嵌套、递归、变量多

(1) 三地址指令字格式。指令字地址码包含两个源地址和一个目的地址,运算结果按目的地址存入。该格式指令处理后,不会破坏源操作数,硬件复杂,适用于向量与矩阵运算的指令。

(2) 二地址指令字格式。指令字地址码包含一个源地址和一个目的地址,指令处理时所需的两个源操作数分别来自源地址和目的地址,运算结果覆盖目的地址中的源操作数。适用于通用寄存器的使用和仅需要一个源操作数的指令。如果没有通用寄存器的支持,程序的存储量与运行速度都很差,一般不宜采用。

(3) 一地址指令字格式。指令字地址码仅有一个源地址,指令处理时所需的两个源操作数中,一个隐含于累加器(或通用寄存器)中,另一个来自源地址,运算结果隐含存入累加器。该格式指令的处理器必须有一个且只有一个累加器,硬件简单,特别适合于连续运算,如求累加和、算术表达式计算等。

(4) 零地址指令字格式。指令字无地址码字段,指令执行时所需操作数隐含地从堆栈顶部弹出,运算结果隐含地压入堆栈顶部。该格式指令对堆栈的访问量大,使得程序运行速度降低。

2. 缩短形式地址长度

形式地址长度与存储空间大小有关,存储空间越大,形式地址越长。为满足应用需求,随着主存储器价格的不断下降,主存容量越来越大。另外,由于虚拟存储技术的采用,指令字中给出的形式地址是虚拟地址(逻辑地址),其长度比主存物理地址长得多。如若虚拟地址空间为 4GB,当直接寻址时,则一个形式地址的长度为 32 位。所以,缩短形式地址长度是缩短地址码长度的极其有效的途径。缩短形式地址长度的方法很多,但最为简单直接的方法是利用间址寻址、变址寻址和寄存器间接寻址三种寻址方式来实现。

(1) 间址寻址。由于主存储器低地址端存储单元的地址高若干位均为 0,省略高位 0 后其地址长度将比实际地址短很多。若把主存储器低地址端的部分区域专门用于间址,则进行间址寻址时,指令地址码中的形式地址长度也很短。又若使主存储器的访问单位(一次访问主存储器所获得的二进制数位)大于或等于主存储器实际地址长度,这样利用间址寻址,由一个短的形式地址通过一次访问则可以获得一个长的实际地址。如果主存储器访问单位小于主存储器实际地址长度,可以采用几个连续的访问单位来存放一个实际地址,则由一个短的形式地址通过多次访问来获得一个长的实际地址,这时间址寻址花费的时间较多。可见,可以采用间址寻址方式来缩短形式地址长度。如若字节编址的主存储器的访问单位为 4B、容量为 2GB,则主存储器实际地址长度为 32 位。当把最低地址 1KB(256 个访问单位)专门用于间址,则可以存放 256 个 32 位的实际地址,而这时指令地址码中的形式地址仅为 10 位(高 22 位均为 0,因此可以省略)。

(2) 变址寻址。对于变址寻址方式,其形式地址为偏移量,若使偏移量小,则形式地址就短。而由变址寻址获得的主存储器实际地址长度等于变址寄存器字长,当变址寄存器字长比形式地址长时,这样利用变址寻址,由一个短的形式地址则可以获得一个长的实际地址。可见,可以采用变址寻址方式来缩短形式地址长度。如若变址寄存器字长为 32 位,补码偏移量为 −128~127,则指令地址码中的形式地址仅为 8 位,但可以获得 32 位的实际地址。

(3) 寄存器间接寻址。寄存器间接寻址方式与变址寻址一样,获得的主存储器实际地址长度等于寄存器字长,且由于寄存器数量一般很少,形式地址即为寄存器编号,所以形式地址往往只有很少几位。可见,可以采用寄存器间接寻址方式来缩短形式地址长度。如若寄存器为 8 个,则形式地址仅为 3 位;若寄存器字长为 32 位,那么获得的主存储器实际地址长度也是 32 位。

2.3.5 操作码的编码

1. 操作码长度压缩的编码准则及其衡量指标

操作码的编码策略仍然是在规整性与长度之间进行综合权衡。操作码长度压缩的编码准则为:对于使用频率高的指令,采用短的二进制位数表示;而对于使用频率低的指令,则采用长的二进制位数表示。操作码长度压缩的编码准则是 1952 年由 Huffman 提出的,它必须以各指令在程序中的使用概率为基础。

操作码长度的压缩程度通常采用信息源熵和信息冗余量来衡量。根据 Huffman 压缩编码的准则,指令系统的所有指令操作码的最短平均长度 H(即信息源熵)为:

$$H = -\sum_{i=1}^{N}(p_i \times \log_2 p_i) \tag{2-6}$$

其中：p_i 为 i 指令在程序中的使用概率，N 为不同指令数量。而信息冗余量 R 为：

$$R = (L - H)/L = 1 - \sum_{i=1}^{N}(p_i \times \log_2 p_i)/L \qquad (2-7)$$

其中：L 为指令系统的某种编码的操作码平均长度。

如若一台模型计算机的指令系统有 I1~I7 共 7 条指令，它们在某程序中的使用概率如表 2-6 所示，则该指令系统所有指令操作码编码的信息源熵为：

$$H = -\sum_{i=1}^{N}(p_i \times \log_2 p_i) = 1.96$$

即该指令系统所有指令操作码编码的最短平均长度为 1.96。

表 2-6 模型计算机所有指令的使用概率

指令	使用概率	指令	使用概率
I1	0.45	I5	0.03
I2	0.30	I6	0.01
I3	0.15	I7	0.01
I4	0.05		

实际上，指令系统的所有指令操作码的平均长度不可能达到最短（信息源熵），因为操作码的位数必须是正整数。通常操作码的编码方法有三种：长度固定编码法、Huffman 编码法和扩展编码法，且后两种操作码编码方法所生成操作码编码的平均长度与第一种相比具有明显差异，可以使目标程序节省大量的存储空间，但它们的规整性差。

2. 长度固定编码法

长度固定编码法是指在指令操作码长度固定的基础上开展操作码编码，若指令系统的指令数为 N 条，那么操作码的位数至少需要 $\lceil \log_2 N \rceil$ 位。长度固定编码法使操作码非常规整，译码硬件也很简单，但信息冗余量比较大。如操作码长度固定为 1 字节 8 位，可以表示 $2^8 = 256$ 条指令的操作码。如果指令系统仅有 150 条指令，那么冗余编码达 106 个。表 2-6 所示的模型计算机指令系统采用长度固定编码法时，操作码二进制位数为 3 位，I1~I7 这 7 条指令的编码可为：000、001、010、011、100、101 和 110，信息冗余量为：

$$R = 1 - 1.96/3 \times 100\% = 34.67\%$$

3. Huffman 编码法

Huffman 编码法（又称最小概率合并法）是利用 Huffman 算法，通过构造 Huffman 树（一棵二叉树）开展操作码编码，相应的操作码编码称为 Huffman 编码。Huffman 编码法的算法步骤如下：

（1）将需要编码的指令按概率值大小从左向右排列（概率相等的指令可任意排列），每条指令的操作码概率对应一个节点。

（2）选取两个概率最小的节点合并为一个概率值为二者概率之和的新节点，并把这个新节点插入其他尚未合并的节点中重新按概率值排列，并分别采用箭线将新节点到两个原节点连接起来。

(3) 继续步骤(2),直到所有节点合并完毕得到一个根节点(根节点概率值为1),这样便构成了一棵 Huffman 树。

(4) 若某个概率值节点是由两个概率值节点合并而来的,则在这三个节点连接的两条路径上分别标上成对代码 0 和 1 或 1 和 0。

(5) 继续步骤(4),直到所有节点的连接路径上均标上代码 0 或 1。

(6) 从根节点开始,沿箭头所指方向到指令操作码节点所经过的路径代码序列即是该指令操作码的 Huffman 编码。

指令系统 Huffman 编码的操作码平均长度为:

$$L = -\sum_{i=1}^{N}(p_i \times l_i) \qquad (2-8)$$

其中:l_i 为 i 指令操作码的二进制位数。

利用 Huffman 算法形成的指令系统操作码编码并不是唯一的,只要将 Huffman 算法步骤(4)中标上的 0 和 1 互换位置,就可以得到另一组 Huffman 编码。且当存在多个具有相同最小概率值的节点时,如果合并次序不同,则得出的 Huffman 编码也不同。但只要采用 Huffman 编码法,操作码编码的平均长度就是唯一的,且在采用二进制数进行编码时,其编码平均长度最短。

按照上述算法步骤,对表 2-6 所示的模型计算机指令系统可以构造出一棵 Huffman 树,如图 2-21 所示。若对非叶子节点的右指针标上 1、左指针标上 0,再将由根节点沿指针链到达某叶子节点指针上的 0、1 按顺序组合起来,则可得出表 2-7 所示的模型计算机指令系统的 Huffman 编码。由表 2-7 给出的指令 I1~I7 的使用概率和相应的二进制位数,按(2-8)式可以计算出 Huffman 编码的平均长度为:

$$L = 0.45 \times 1 + 0.30 \times 2 + 0.15 \times 3 + 0.05 \times 4 + 0.03 \times 5 + \\ 0.01 \times 6 + 0.01 \times 6 = 1.97(位)$$

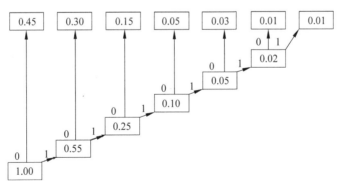

图 2-21 利用 Huffman 算法进行操作码编码的步骤

相应的信息冗余量为:

$$R = 1 - H/L = 1 - 1.96/1.97 \times 100\% = 0.51\%$$

可以看出,Huffman 编码的平均长度比长度固定编码的平均长度要短,而且信息冗余量也小得多,但 Huffman 编码极其不规整。

表 2-7 模型计算机的指令系统的 Huffman 编码

指令	使用概率	Huffman 编码	操作码长度
I1	0.45	0	1 位
I2	0.30	10	2 位
I3	0.15	110	3 位
I4	0.05	1110	4 位
I5	0.03	11110	5 位
I6	0.01	111110	6 位
I7	0.01	111111	6 位

4. 扩展编码法

从表 2-7 可以看出，7 条指令存在 6 种长度不同的操作码编码，不仅规整性极差，而且难以同地址码字段有效配合，构成长度规则的指令字。扩展编码法是指将长度固定编码法与 Huffman 编码法相结合的一种折中的编码方法，它可以分为等长扩展编码法和不等长扩展编码法两种。等长扩展编码法是指对使用概率较低的指令操作码用较长的编码表示时，每次扩展的编码位数相等，如 2-4-6 扩展编码法是指每次扩展时加长 2 位。不等长扩展编码法是指每次扩展的编码位数不相等，如 1-2-3-5 扩展编码法的前 2 次扩展都加长 1 位，第 3 次扩展加长 2 位。

对表 2-6 所示的模型计算机指令系统的操作码采用 1-2-3-5 扩展编码法和 2-4 扩展编码法，可得出如表 2-8 所示的两种操作码编码结果。由表 2-8 给出的指令 I1～I7 的使用概率和相应的二进制位数，按(2-8)式可计算出 1-2-3-5 扩展编码的操作码平均长度为：

$$L = 0.45 \times 1 + 0.30 \times 2 + 0.15 \times 3 + (0.05 + 0.03 + 0.01 + 0.01) \times 5$$
$$= 2.00 (位)$$

表 2-8 模型计算机的操作码扩展编码法

指令	使用概率	1-2-3-5 扩展编码法		2-4 扩展编码法	
		编码结果	操作码长度/位	编码结果	操作码长度/位
I1	0.45	0	1	00	2
I2	0.30	10	2	01	2
I3	0.15	110	3	10	2
I4	0.05	11100	5	1100	4
I5	0.03	11101	5	1101	4
I6	0.01	11110	5	1110	4
I7	0.01	11111	5	1111	4

相应的信息冗余量为：

$$R = 1 - 1.95/2 \times 100\% = 2.5\%$$

同理，2-4 扩展编码的操作码平均长度为：

$$L = (0.45 + 0.30 + 0.15) \times 2 + (0.05 + 0.03 + 0.01 + 0.01) \times 4 \text{ 位}$$
$$= 2.20 \text{(位)}$$

相应的信息冗余量为:
$$R = 1 - 1.96/2.20 \times 100\% = 10.91\%$$

由于操作码平均长度取决于各种指令的使用概率,因此可以根据指令使用的概率分布来选择采用哪种扩展编码法。例如,某指令系统有 15 种指令的使用概率较大,另外 15 种指令次之,其余指令的使用概率很小,这时可采用 15/15/15(指示操作码编码有三种长度,每种均包含 15 条指令的操作码编码)扩展编码法。如果有 8 种指令的操作码概率较大,另外 64 种指令的操作码概率较小,则可采用 8/64/1024(指示操作码编码有三种长度,每种分别包含 8、64、1024 条指令的操作码编码)扩展编码法。另外,需要考虑操作码编码的最长位数和需要编码的操作码个数。

特别地,如果用于扩展编码的编码不同和扩展编码的个数不同,则会形成不同的扩展编码。例如,对于 4-8-12 等长扩展编码,如果每次扩展编码的个数均为 1,即采用 15/15/15 扩展编码,则可以用于表示指令操作码的编码数为 15+15+16=46;如果每次扩展编码的个数占总编码个数的一半,即采用 8/64/1024 扩展编码,则可以用于表示指令操作码的编码数为 8+64+1024=1096。

综合看来,Huffman 编码的信息冗余量最小,长度固定编码的规整性最佳,而等长扩展编码的信息冗余量较小,规整性也比较好,还便于与地址码配合形成规则的指令字格式。

2.3.6 控制指令字中有关信息的表示

1. 分支条件的表示

控制指令包含条件分支、无条件转移和调用/返回三种指令,其中条件分支指令使用频率很高,是大概率事件。条件分支指令中分支条件的表示是影响其处理速度的主要因素,目前分支条件的表示有标志寄存器、条件寄存器和分支含比较三种方法,它们的优缺点如表 2-9 所示。

表 2-9 三种分支条件表示方法的优缺点

名 称	条件表示方法	优 点	缺 点
标志寄存器	由标志寄存器中的某些位表示,位值由 ALU 设置	条件可自由随机设置	条件形成多,限制指令处理顺序
条件寄存器	由寄存器内容表示,内容是比较的结果	条件应用简单	占用一个寄存器
分支含比较	条件不表示而直接作用于分支操作	一条指令实现	条件形成受限,影响指令序列流水线执行

2. 断点信息的表示

对于调用/返回控制指令,断点信息的表示是影响其处理速度的主要因素。通常采用专用链接寄存器或堆栈来表示,但目前许多计算机要求由编译器生成 LOAD 与 STORE 指令来恢复或保存断点信息。

3. 目标地址的表示

在控制指令中,都需要转移目标地址,且一般情况下,条件分支与无条件转移是显式寻址的,返回则是隐式寻址的(程序运行过程中生成)。目标地址显式寻址最常用的方式是 PC 相对寻址,其原因在于:一是目标地址通常与控制指令存放地址相近,偏移量很小,使得目标地址的形式地址长度短;二是目标地址的形式与程序代码装入主存储器的位置无关,有效地支持程序动态链接。

偏移量字段的形式地址长短由偏移量大小的分布情况决定,一般采用 4~8 位偏移量字段就能表示大多数控制指令的目标地址。

例 2.3 设某计算机指令系统为指令字长度固定格式,指令字长为 12 位,一个地址码占 3 位。试提出一种指令字操作码编码,使其包含 4 条三地址指令、8 条二地址指令和 180 条一地址指令。

解: 由题意可知,指令系统指令字的基本操作码位数为:$12-3\times3=3$ 位,即三地址指令的操作码位数为 3 位。3 位操作码共有 $2^3=8$ 种编码。若把 000~011 这 4 个编码用于表示 4 条三地址指令,并把 100~111 这 4 个编码则用于扩展编码,即把一个地址码(三位)扩展为操作码。

用 4 个扩展编码中的 100 把一个地址码(三位)扩展为操作码,共有 $2^3=8$ 种编码 100000~100111,用于表示 8 条二地址指令。其余 3 个扩展编码把一个地址码(三位)扩展为操作码,共有 $3\times2^3=24$ 种编码。

用 24 种编码把一个地址码(三位)扩展为操作码,共有 $24\times2^3=184$ 种编码,其中 180 个编码用于表示 180 条一地址指令。

例 2.4 对表 2-6 给出的模型机指令的操作码分别进行等长扩展编码和不等长扩展编码,并分别计算编码的信息冗余量。

解: (1) 采用 2-4 等长扩展编码。

对于使用概率较高的 I1~I3 指令,当利用 2 位二进制数来编码时,它们的操作码分别用 00、01 和 10 表示,剩余一个编码 11 作为扩展编码用于将地址码扩展为操作码,扩展的地址码仅需要 2 位,则得到长度为 4 位的 4 个编码 1100、1101、1110 和 1111,恰好表示 I4~I7 指令的 4 个操作码。这种 2-4 等长扩展编码如表 2-10 中的第 4 列所示,也可以称为 3/4 扩展编码。由表 2-10 给出的指令 I1~I7 的使用概率和第 4 列相应的二进制位数,按(2-8)式可以计算出 3/4 等长扩展编码的操作码平均长度为:

$$L = (0.45+0.30+0.15)\times2+(0.05+0.03+0.01+0.01)\times4$$
$$= 2.20(位)$$

表 2-10 模型机指令系统的多种操作码的扩展编码法

指令	使用频率	1-2-3-5 编码	2-4 编码(3/4)	2-4 编码(2/8)
I1	0.45	0	00	00
I2	0.30	10	01	01
I3	0.15	110	10	1000

续表

指令	使用频率	1-2-3-5 编码	2-4 编码(3/4)	2-4 编码(2/8)
I4	0.05	11100	1100	1001
I5	0.03	11101	1101	1010
I6	0.01	11110	1110	1011
I7	0.01	11111	1111	1111

信息冗余量为：
$$R = 1 - 1.96/2.20 \times 100\% = 10.91\%$$

采用 2-4 等长扩展编码可以保留不同编码用于扩展编码，也可以保留不同个数编码用于扩展编码，这样便形成不相同的 2-4 等长扩展编码。例如分别用 00、01 表示使用概率较高的 I1、I2 指令的操作码，剩余两个编码 10 和 11 作为扩展编码，通过两个扩展编码扩展 2 位后，长度为 4 位的编码共有 8 个，其中 5 个编码表示 I3~I7 指令的操作码。这种 2-4 等长扩展编码如表 2-10 中的第 5 列所示，也可以称为 2/8 扩展编码。由表 2-10 给出的指令 I1~I7 的使用概率和第 5 列相应的二进制位数，按(2-8)式可以计算出 2/8 等长扩展编码的操作码平均长度为：

$$L = (0.45 + 0.30) \times 2 + (0.15 + 0.05 + 0.03 + 0.01 + 0.01) \times 4 = 2.50 (位)$$

信息冗余量为：
$$R = 1 - 1.96/2.50 \times 100\% = 21.60\%$$

显然，为了区别这两种不同的 2-4 等长扩展编码，采用 3/4 指示前者并用 2/8 指示后者，用斜杠分隔前后的数字，指示扩展前后所包含的编码个数。至于在缩短操作码长度方面哪一种 2-4 等长扩展编码具有优势，则需要比较它们的信息冗余量。

(2) 采用 1-2-3-5 不等长扩展编码。

1 位编码 0 表示 I1 指令的操作码，1 作为扩展编码；扩展 1 位后，10 表示 I2 指令的操作码，11 作为扩展编码；再扩展 1 位后，110 表示 I3 指令的操作码，111 作为扩展编码；继续扩展 2 位后，长度为 5 位的编码共有 4 个，恰好表示 I4~I7 指令的 4 个操作码。1-2-3-5 不等长扩展编码如表 2-10 中的第 3 列所示。由表 2-10 给出的指令 I1~I7 的使用概率和第 3 列相应的二进制位数，按(2-8)式可以计算出 1-2-3-5 不等长扩展编码的操作码平均长度为：

$$L = 0.45 \times 1 + 0.30 \times 2 + 0.15 \times 3 + (0.05 + 0.03 + 0.01 + 0.01) \times 5$$
$$= 2.00 (位)$$

信息冗余量为：
$$R = 1 - 1.96/2.00 \times 100\% = 2.00\%$$

例 2.5 一个处理机有 I1~I10 共 10 条指令，经统计各种指令在程序中使用的概率如下：

I1：0.25 I2：0.20 I3：0.15 I4：0.10 I5：0.08
I6：0.08 I7：0.05 I8：0.04 I9：0.03 I10：0.02

(1) 计算这 10 条指令的操作码最短平均长度。
(2) 编写出 10 条指令的 Huffman 编码,并计算操作码的平均长度和信息冗余量。
(3) 分别采用 3/7 扩展编码法和 2/8 扩展编码法,编写 10 条指令的操作码扩展编码,并分别计算操作码的平均长度和信息冗余量。哪一种扩展编码较好,为什么?

解:(1) 根据题意和(2-6)式,则有:

$$H = -(0.25\log_2 0.25 + 0.20\log_2 0.20 + 0.15\log_2 0.15 + 0.10\log_2 0.10 + \\ 0.08\log_2 0.08 + 0.08\log_2 0.08 + 0.05\log_2 0.05 + 0.04\log_2 0.04 + \\ 0.03\log_2 0.03 + 0.02\log_2 0.02)$$
$$= 2.96(位)$$

(2) 根据使用频率,在构造 Huffman 树的过程中,往往存在两个节点对可以合并,因此可生成多棵不同的 Huffman 树,其中一棵如图 2-22 所示,相应的 Huffman 编码如表 2-11 所示。

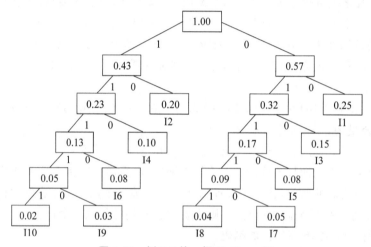

图 2-22 例 2.5 的一棵 Huffman 树

表 2-11 例 2.5 的 Huffman 编码和扩展编码

I_i	P_i	Huffman 编码	L_i	2-5 编码(3/7)	L_i	2-4 编码(2/8)	L_i
I1	0.25	00	2	00	2	00	2
I2	0.20	10	2	01	2	01	2
I3	0.15	010	3	10	2	1000	4
I4	0.10	110	3	11000	5	1001	4
I5	0.08	0110	4	11001	5	1010	4
I6	0.08	1110	4	11010	5	1011	4
I7	0.05	01110	5	11011	5	1100	4
I8	0.04	01111	5	11100	5	1001	4
I9	0.03	11110	5	11101	5	1110	4
I10	0.02	11111	5	11110	5	1111	4

按(2-8)式可以计算出 Huffman 编码的操作码平均长度为:
$$L = 0.25 \times 2 + 0.20 \times 2 + 0.15 \times 3 + 0.10 \times 3 + 0.08 \times 4 +$$
$$0.08 \times 4 + 0.05 \times 5 + 0.04 \times 5 + 0.03 \times 5 + 0.02 \times 5$$
$$= 2.99(位)$$

相应的信息冗余量为:
$$R = 1 - H/L = (1 - 2.96/2.99) \times 100\% = 1.00\%$$

(3) 3/7 扩展编码和 2/8 扩展编码如表 2-11 所示。3/7 扩展编码要求短操作码编码数为 3,长操作码编码数为 7。所以,短码长取 2 位,有 $2^2 = 4$ 个编码,一个作为扩展编码;长码在短码上加长 3 位,有 $2^3 = 8$ 个编码,有一个编码剩余。按(2-8)式可以计算出 3/7 扩展编码的操作码平均长度为:
$$L = (0.25 + 0.20 + 0.15) \times 2 + (0.10 + 0.08 + 0.08 +$$
$$0.05 + 0.04 + 0.03 + 0.02) \times 5$$
$$= 3.20(位)$$

相应的信息冗余量为:
$$R = 1 - H/L = (1 - 2.96/3.20) \times 100\% = 7.50\%$$

2/8 扩展编码要求短操作码编码数为 2,长码操作码编码数为 8。所以短码长取 2 位,有 $2^2 = 4$ 个编码,两个作为扩展编码;长码在短码上加长 2 位,有 $2^2 \times 2 = 8$ 个编码,没有多余编码。按(2-8)式可以计算出 2/8 扩展编码的操作码平均长度为:
$$L = (0.25 + 0.20) \times 2 + (0.15 + 0.10 + 0.08 + 0.08 +$$
$$0.05 + 0.04 + 0.03 + 0.02) \times 4$$
$$= 3.10(位)$$

相应的信息冗余量为:
$$R = 1 - H/L = (1 - 2.96/3.10) \times 100\% = 4.52\%$$

由于 2/8 扩展编码的信息冗余量小于 3/7 扩展编码,所以 2/8 扩展编码的信息冗余量优于 3/7 扩展编码。

2.4 存储部件的结构配置

【问题小贴士】"存储程序"原理决定计算机必须具备存储部件来记忆存储程序与数据,从计算机组成原理可知:存储部件一般有主存储器、寄存器、堆栈和输入输出设备(I/O 端口),且均以存储单元为操作单位按一维线性方法来进行组织管理。①存储部件组织的内容包含哪几个方面?说明其具体含义。②对于存储部件涉及的组织内容,各种存储部件采用的组织方法均相同吗?举例说明。③对于程序定位和存储保护,为什么仅对主存储器呢?

2.4.1 存储部件的编址

1. 编址单位

CPU 可以直接访问的存储部件有主存储器、寄存器、堆栈和输入输出设备(I/O 端口),且它们均将大量记忆元(存储一位二进制数的元件)划分为系列存储单元,以存储单元为最小逻辑单位来进行组织管理。通常把存储单元所包含的二进制位数(存储字长)称为编址单位。存储部件常用的编址单位有字、字节、位和双字 4 种,其中寄存器、堆栈和输入输出设备的编址单位容易做出选择。寄存器的编址单位有字和双字,但一般选择字编址以便与访问单位相匹配;输入输出设备的编址单位有字、字节和位,但一般选择字节编址以满足外部设备的多样性;堆栈的编址单位有字和字节,但一般选择字编址以便与寄存器编址单位相匹配。主存储器的编址单位有字和字节,由于不同的编址单位会产生极端现象,因此需要综合权衡来选取。

字编址是指主存储器的编址单位与机器字长相等。由于功能部件的访问单位通常也与机器字长相等,那么任何一个单元地址均可作为对主存储器的访问地址,即地址编号没有浪费。另外,从主存储器连续读出一条指令或读出一个数据,均是加 1 计数,实现起来简单。字编址的主要缺点是对非数值数据没有支持,因为非数值数据的基本单位是字节,要求按字节编址;还需要设置专门的字节与位操作指令,即在指令中需要指示字节编号或位编号。

字节编址是指主存储器的编址单位为 1 字节。字节编址的优势和缺点与字编址正好相反,但二者比较来说,字节编址将使主存储器的频带变窄。

2. 编址方式

存储程序原理决定 CPU 需要不断地对存储部件进行访问,而 CPU 对存储部件的访问包含地址方式、堆栈方式和相联方式(将在第 4 章中讨论)三种,且地址方式最为常用。当采用地址访问方式时,存储部件中任一个存储单元均配有一个二进制编号(即单元地址),通过单元地址去访问其对应存储单元的存储字。目前,编址方式一般都采用线性编址方式,特殊情况下才采用非线性编址方式。特别地,由于软堆栈同主存储器一起编址,而硬堆栈不需要编址,所以编址方式仅是对主存储器、寄存器和输入输出设备而言的。

1) 线性编址方式

线性编址方式是依据零地址单元的个数来分的,对寄存器、主存储器和输入输出设备三种存储部件来说,零地址单元的个数有 0、1、2 和 3。

3 个零地址单元是指对寄存器、主存储器和输入输出设备三种存储部件各自分别进行地址定位。由于三种存储部件在寻址实现上差别较大,分别进行地址定位是自然的。但这时需要有三类操作指令,指令系统比较复杂。当然,为简化指令系统,规定许多运算仅能在寄存器中进行,如移位指令、测试指令等。

2 个零地址单元是指寄存器单独进行地址定位,主存储器和输入输出设备则统一进行地址定位,一般高地址端设置为输入输出设备的单元地址(I/O 端口地址)。这时访问主存储器的指令完全适用于输入输出设备,简化了指令系统。但由于访问主存储器的指令都要判断是否是访问输入输出设备,使指令处理过程复杂,加长了指令处理时间。

1 个零地址单元是指寄存器、主存储器和输入输出设备三种存储部件统一进行地址定位,一般高地址端设置为输入输出设备的单元地址,低地址端设置为寄存器的单元地址。相对于两个零地址单元来说,进一步简化了指令系统,也进一步加长了指令处理时间。

0个零地址单元是指隐含地址定位,它进一步把一个零地址单元的优缺点推到极端。堆栈寻址的运算指令不需要地址,其操作地址由栈顶指针自动决定;有些特殊寄存器堆(如指令和数据缓冲栈)也不需要地址。

2) 非线性编址方式

由于计算机中所配置的I/O设备多种多样,相应I/O接口上CPU可以访问的寄存器(端口)数目相差很大,因此I/O设备的编址方式必须根据对具体设备访问的要求来决定,但一般有三种编址方法。

(1) 一台I/O设备一个地址。I/O接口寄存器(端口)的识别是通过指令操作码来实现的,如是读还是写、操作顺序、指令中的某些特征位等来判断。其主要优点是I/O设备地址很规整,地址码短,但指令系统复杂。这种方法早期曾被广泛使用,但现在很少使用。

(2) 一台I/O设备两个地址。两个地址中,一个是数据寄存器(端口),一个是控制或状态寄存器(端口)。这种方法目前被大多数I/O设备采用,与前一种方法相比,虽然地址范围扩大了一倍,但仍然具有地址规整并且地址码短的优点,也同样要处理好具有同一端口地址的寄存器识别问题。

(3) 一台I/O设备多个地址。该方法按照实际可以访问的寄存器(端口)数目来分配地址。其优点是各接口中的寄存器可以直接识别,地址控制逻辑简单。缺点是地址范围大,导致地址码长并且可能不规整等。实际上,并非I/O接口中的所有寄存器都有地址,也可能存在多个寄存器共用一个地址并由操作码来区分的情况。这种方法在主存和I/O设备共用零地址空间的机器上采用较多,如Intel PC则采用此法。

2.4.2 主存储器的数据存放

1. 多字节数据的存放方式

对于字节编址的主存储器,若数据字包含多字节,则需要多个地址连续的存储单元来存放,存放方式分为大端和小端两种。

当低地址单元存放数据字的高字节而高地址单元存放数据字的低字节时,这种数据存放方式就称为大端存放方式;当低地址单元存放数据字的低字节而高地址单元存放数据字的高字节时,这种数据存放方式就称为小端存放方式。如果数据字长为32位即4字节,则两种数据存放方式如图2-23所示。从图2-23可以看出,两种存放方式的字地址

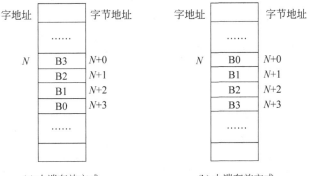

图 2-23 多字节数据的存放方式

(即数据字访问地址)是相同的,均是数据字所占用存储单元的最低地址,其根本区别在于数据字所包含多字节的存放次序是相反的。大端存放方式符合人的正常思维,小端存放方式则有利于数据处理。特别地,寄存器和系统总线也同样存在大端与小端存放方式。

2. 数据存放的对齐方法

对于字节编址的主存储器,理论上任何数据类型(不同数据类型的数据字长不同)的数据访问地址(即字地址)可以是任何存储单元地址,即任何数据类型的数据都可以从任何存储单元地址开始存放。但实际上将不同数据类型的数据存放于主存储器中时,起始地址(即字地址)是有限制的,即起始地址要遵循一定的规则,这就是所谓的数据存放的对齐方法。数据存放的对齐方法分为无规则、访问字对齐和边界对齐三种。现假设机器字长为 32 位,访问单位为 64 位,数据类型有字节(8 位)、半字(16 位)、单字(32 位)或双字(64 位)4 种,现有 8 个数据,它们在主存储器中的存放次序要求为:字节、半字、双字、单字、半字、单字、字节、单字。

无规则对齐方法是指将任何数据类型的数据存放于主存储器时,起始地址没有任何限制,可以是任何存储单元的地址,不同数据类型的数据一个紧接一个地存放,如图 2-24 所示。无规则对齐方法的优点在于主存储器存储单元没有一点浪费,但当访问的一个双字、单字或半字时,均可能需要两次访问,使访问效率降低一半,而且读写控制比较复杂。

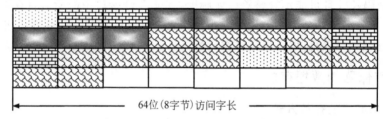

图 2-24 无规则对齐方法的批量数据存放

访问字对齐方法是指将任何数据类型的数据存放于主存储器时,起始地址必须是访问单位地址,当数据字长比访问字长短时,多余部分空闲不用,如图 2-25 所示。显然,访问字对齐方法会导致主存储器存储单元大量浪费,优点在于访问字节、半字、单字或双字等任何数据类型时,均仅需要访问一次,读写控制比较简单。

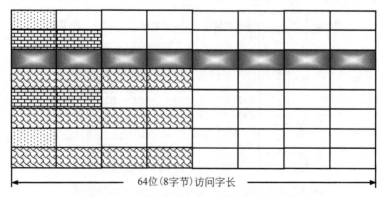

图 2-25 访问字对齐方法的批量数据存放

边界对齐方法是指将任何数据类型的数据存放于主存储器时,起始地址均有不同的严格限制规则,如图 2-26 所示。不同数据类型的数据存放起始地址的限制规则为:双字数据起始地址的最末 3 位必须为 000(8 字节的整数倍);单字数据起始地址的最末 2 位必须为 00(4 字节的整数倍);半字数据起始地址的最末 1 位必须为 0(2 字节的整数倍);字节数据起始地址则可以任意选择。边界对齐方法能够保证访问字节、半字、单字或双字等任何数据类型时,均仅需要访问一次,但主存储器存储单元仍存在一定浪费。

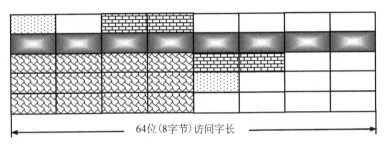

图 2-26　边界对齐方法的批量数据存放

2.4.3　操作数寻址

寻址是指获取存储部件单元地址的过程,而寻址方式则是指获取存储部件单元地址的映射规则,它是寻址的核心操作。根据单元地址中存储内容的不同,寻址可分为指令寻址和操作数寻址;根据存储部件的不同,寻址可分为寄存器寻址、主存储器寻址、堆栈寻址和 I/O 端口寻址 4 种类型。由于指令一定要存放于主存储器中,且主存储器指令寻址方式极其简单,所以不存在权衡选取。但操作数寻址复杂、寻址方式多样。根据存储部件不同,操作数寻址可以分为寄存器、主存储器、堆栈和 I/O 端口 4 种类型,它们的工作性能与寻址技术的比较如表 2-12 所示。

表 2-12　存储部件的工作性能与寻址技术的比较

存储部件	容量	速度	寻址方式	编址单位
通用寄存器	小	很快	单一直接寻址	单字或双字
主存储器	大	较慢	多种寻址	字或字节
堆栈	较小	很慢	隐含寻址	字或字节
输入输出设备	较小	较慢	单一直接寻址	字、字节或位

1. 寄存器寻址方式

操作数存放于通用寄存器中的寻址称为寄存器寻址。寄存器寻址的优点有:一是指令字字长比较短,由于通用寄存器数量一般不多,其地址仅需要很少数位;二是指令处理速度快,由于通用寄存器在处理器内,处理器对它的访问时间几乎可以忽略不计;三是支持向量运算,当通用寄存器较多时,可把部分向量元素存放于通用寄存器中,以实现流水线运算;四是寻址实现容易,由于寄存器的寻址方式少且简单,寻址实现支持难度小。

但寄存器寻址也有不足之处,主要表现在:一是不利于优化编译,为了提高通用寄存器的使用效率,应该把那些连续使用或使用较频繁的变量分配在通用寄存器中,而分配是否合理直接影响到程序的运行速度,还有通用寄存器的不对称性(各寄存器有自己特殊的用途)也给优化编译带来困难;二是现场切换困难,当程序发生调用、中断时,存在着现场的保护与恢复,产生延迟时间;三是实现硬件成本较高,通用寄存器本身需要增加硬件,且其读写与切换等实现的控制电路相当复杂。寄存器的寻址方式一般包含立即寻址、直接寻址、隐含寻址和特殊寻址4种。

(1) 立即寻址方式。立即寻址方式是指指令字中的地址码即为操作数本身,一般用于对变量赋初值。当采用立即寻址时,虽然操作数存放于主存储器中,但从主存储器读取指令时,将把操作数作为指令代码的一部分而一起传送到 CPU 内的指令寄存器中。立即寻址方式具有实现速度快的优点,但通用性差,操作数长度受形式地址字段二进制数位的限制,范围较小。特别地,由于在指令执行阶段可直接从指令寄存器中获得操作数,而不需要访问主存储器,所以可认为操作数在寄存器中。

(2) 直接寻址方式。寄存器直接寻址方式通常称为寄存器寻址方式,它是指指令字中的地址码为 CPU 内的通用寄存器编号,操作数存放于该通用寄存器中。直接寻址方式的优点在于:一是实现速度快,在指令执行阶段不需要访问主存储器;二是地址码短,CPU 中的寄存器数量少,一般只有十几个或几十个,这样寄存器编号所需要的二进制位数少,形式地址码短。但由于寄存器数量极其有限,使得仅能用于存放使用频率高的操作数。

(3) 隐含寻址方式。寄存器隐含寻址方式是指在指令字中不明显指示操作数所在的通用寄存器,而利用操作码来隐含指示某特定的寄存器(如累加器)。隐含寻址方式不需要地址码,所以指令字长比直接寻址方式更短。但在 CPU 内,可以隐含指示的特定寄存器一般只有 1~2 个,否则会导致操作码编码的长度长、难度大。

(4) 特殊寻址方式。在有些处理器中,还可能设置少部分不常用的寻址方式,以满足特殊需要。如在 ARM 系列微处理器中,为增强指令功能而又不会导致指令字长变长,则设置寄存器移位寻址方式。移位寻址方式是指存放操作数的通用寄存器先进行移位,再进行运算操作,如"ADD R3,R2,R1,LSL ♯3"指令中的 R1 先进行逻辑左移 3 位(相当于乘 8)后,再与 R2 进行相加,即其操作为:R3←R2+8×R1。

2. 主存储器寻址方式

操作数存放于主存储器中的寻址称为主存储器寻址。主存储器是大容量的存储部件,大部分操作数均存放于主存储器中。主存储器的寻址方式具有多样性,常用的有直接寻址、间接寻址和变址寻址三种类型。

(1) 直接寻址方式。直接寻址方式是指在指令字中的地址码即为操作数的主存单元地址。直接寻址方式相对简单、执行速度快,但随着主存储器容量的扩大,存在着许多问题。一是地址码长,主存储器容量越大,地址码越长;二是当操作数存放位置发生变化时,需要修改指令字中的地址码,使得程序再入性差,难以在主存储器中浮动,不便于操作系统的作业调度。

(2) 间接寻址方式。间接寻址方式是指指令字中的地址码为操作数所在的主存单元地址的单元地址或指针(存储器间址)或寄存器编号(寄存器间址)。间接寻址的优缺点与直接寻址相反。

(3) 变址寻址方式。变址寻址方式是指指令字中的操作码或地址码一部分指示的变址寄存器(具有特定功用的寄存器)的内容与地址码或地址码一部分(称为偏移量)执行算术加运算所得操作数的主存单元地址。变址寻址方式的执行速度、地址码长度和程序再入性等均介于直接寻址与间接寻址之间,其实现难度大,硬件支持复杂。

3. 堆栈寻址方式

操作数存放于堆栈之中的寻址称为堆栈寻址。由于堆栈读写的特殊性,通常仅用于存放特殊数据,如嵌套调用时的现场数据,所以堆栈寻址一般具有专用性。堆栈的寻址方式只有隐含寻址,即在指令字中没有相应的地址码,不必给出指示操作数单元地址的相关信息,操作数读写在堆栈栈顶处进行。堆栈寻址的缺陷在于堆栈与处理器之间的信息传输量很大,导致运算速度比较低。

堆栈寻址的特点为:一是由于算术表达式容易转化为逆波兰式,而逆波兰式可以直接形成由堆栈指令组成的程序,所以能有效支持高级语言并简化编译程序;二是含堆栈寻址的指令字中没有相应的地址码,相应的程序存储容量小;三是直接支持嵌套、递归和中断处理等情况下的现场保护与恢复。

4. I/O 端口寻址方式

操作数存放于 I/O 端口中的寻址称为 I/O 端口寻址。I/O 端口通常仅用于存放输入或输出的数据,所以 I/O 端口寻址一般具有专用性。I/O 端口的寻址方式与编址方式有关。当采用两个零地址单元的编址方式时,I/O 端口的寻址方式同主存储器寻址方式一样;当采用三个零地址单元的编址方式时,I/O 端口的寻址方式比较单一,一般仅有直接寻址和寄存器间接寻址两种寻址方式。

2.4.4　程序定位

1. 程序定位及其缘由

程序员编写程序时使用的地址为逻辑地址,对某特定程序,其逻辑地址均认为是从 0 开始线性排列的。程序在主存储器中的存放地址称为物理地址,对某特定主存储器,其物理地址是从 0 开始线性组织的。当计算机运行多道程序时,如何把程序及其相关数据从外存储器装入主存储器中,就涉及编写程序的逻辑地址空间到存储程序的物理地址空间的映像和变换,这个过程称为程序定位。程序定位问题形成的缘由主要有以下三个方面。

(1) 程序具有独立性。程序员在编写程序时,由于主存储器存在多道程序,无法为程序选取与排列在主存储器中存放的物理地址,即使是汇编语言程序员也仅希望采用符号名称来排列与访问程序。编译也是如此,仅是按逻辑地址空间来排列目标代码;目标代码在主存储器中存放物理地址的选取与排列只能由操作系统在程序装入时动态决定。

(2) 程序具有模块性。一个程序可能由若干个独立编译的模块组成,这些模块在程序运行之前甚至在程序运行之中才装入主存储器,或者虽然已存放在主存储器中但根据需要才进行链接,这样就需要在程序装入主存储器中或程序运行时选取与排列程序的物理地址。

（3）程序具有规模性。程序规模很大，无法一次就把它装入主存储器，需要在程序运行中分段替换装入；这就需要动态选取与排列程序的物理地址。

2. 程序定位方式

根据选取与排列程序物理位置的时间，程序定位包含直接、静态和动态三种定位方式。

1）直接定位方式

直接定位方式是指程序物理地址是在程序员编程时选取与排列的，即直接利用物理地址来编程。对于单用户单任务，由于程序运行时所有资源均被它独占，则可以由程序员来选取与排列程序的物理地址。对于多用户多任务，如果各道程序装入主存储器的物理地址固定并且程序运行时物理位置相互不重叠，也可以由程序员来选取与排列程序物理地址。所以直接定位方式适用于单用户或小规模的多用户系统。

2）静态定位方式

静态定位方式是指将目标程序装入主存储器时，通过运行配备的装入程序，把目标程序的逻辑地址由软件逐一修改为主存物理地址，且物理地址在程序运行时不能再改变。采用静态定位方式时，每次将目标程序装入主存储器时的物理地址是不一样的，如图 2-27 所示的是某程序二次装入主存储器时的定位情况。第 1 次装入起始地址为 m 的主存空间，指令 JMP 100 变换为 JMP 100＋m；第 2 次装入起始地址为 n 的主存空间，指令 JMP 100 则变换为 JMP 100＋n。

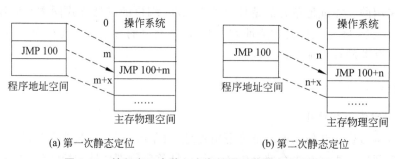

图 2-27　某程序二次装入主存储器时的静态定位情况

静态定位方式的优点主要有：一是定位功能由软件实现；二是可以对多程序段的程序进行静态链接，实现简单。其缺点主要有：一是程序再入性差，程序在运行之前一次性装入主存储器，并且在运行期间不能动态调整；二是不利于多道程序运行，多个用户不能共享主存储器中的代码，如果多个用户包含同一代码段，则必须在各自的主存空间中存放它；三是主存储器空间的利用率不高，当程序容量超过分配的存储空间时，必然存在覆盖；四是不利于流水线并行处理指令。

3）动态定位方式

动态定位方式是指采用主存储器基址寻址方式来形成主存物理地址，即设置基址寄存器与地址加法器，将程序所占主存空间的起始地址存放于相应的基址寄存器中，在程序运行过程中，不断将程序的逻辑地址与基址寄存器内容相加来形成主存物理地址。动态定位方式的实现逻辑如图 2-28 所示。

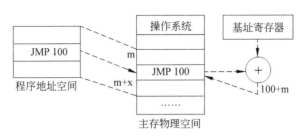

图 2-28 动态定位方式的实现逻辑

动态定位方式的优点主要有：一是有利于提高主存空间的利用率，程序运行时，不一定将程序的全部目标代码装入主存储器，且装入的目标代码也可以分配于多个不连续的主存空间中，从而使主存空间的分配单位可大可小；二是有利于多道程序运行，多个用户可以共享主存储器中的代码，如果多个用户包含同一代码段，仅需要在主存空间中存放一个代码段即可；三是支持虚拟存储器。动态定位方位的缺点主要有：一是需要由硬件支持；二是实现存储管理的算法比较复杂。

2.4.5 主存储器保护

对于多用户多任务，由于主存储器共享，必然有多个用户程序与系统软件共存于主存储器中。为保证计算机正常工作，必须防止一个用户程序出错而不合法地访问不是分配给它的主存空间，甚至破坏其他用户程序和系统软件。所谓存储保护是指多用户多任务在共享主存储器时，必须采用某种方法，以保证用户程序合法地访问自己的主存空间，而不至于破坏其他用户程序和系统软件。通常存储保护主要有存储区域保护和访问方式保护两种方法。

1. 存储区域保护方法

对于不含虚拟存储器的主存储器的存储保护较为简单，采用界限寄存器法则可以实现。即由系统软件通过特权指令设置上、下界寄存器，为每个用户程序分配存储空间，且用户程序不能改写上、下界寄存器的内容。如果禁止用户程序越界访问，那么即使用户程序出现错误，也仅可能破坏用户自身的程序，而不可能破坏其他用户程序和系统软件。对于含虚拟存储器的主存储器，存储区域保护一般有页表段表保护、键保护和环保护三种方法，它们不仅原理不同，而且保护层次也不同。

1）页表和段表保护方法

每个程序都有自己的页表和段表，页表和段表均具有自身保护功能。虚页号字段与主存页号字段是页表映像字的基本字段，由于程序虚页号是固定的，对于程序本次运行而言，某虚地址（虚页号）对应映像字中的实地址（主存页号）也是固定。当通过页表把虚地址变换为实地址时，若虚地址出错且不是程序本身的任何一个虚页号，则在程序页表中找不到对应的映像字，虚地址变换不成功，不可能访问主存储器，当然也不可能侵犯其他程序的主存储器空间；若虚地址出错且是程序本身的另一个虚页号，则可在程序页表中找到对应的映像字，虚地址可以变换成功，但所获得的实地址是程序本身存储空间的主存页号，继续访问也不可能侵犯其他程序的主存储器空间。假设某一程序有三个虚页号，分别是 0、1、2，分配给它的主存储器空间的实页号分别为 7、4、5。如果虚页号"1"因出错变为"4"，必然在程序页表中找不到对应的映像字；如果虚页号"1"因出错变为"2"，则可在程序页表中找到对应的映像字，虚地址变换成功并且所获得的主存页号为"5"，由此访问的主存储器空间是程序自己的主存储器空间。

段表与页表的保护功能相似，页表起始地址与段长（页数）是段表映像字的基本字段。当进行地址变换时，便将段表中的段长和虚地址中的页号相比较，当出现页号大于段长时，说明此页号为非法地址，则发生越界中断，不可能侵犯其他程序的主存储器空间。

2) 键保护方法

页表和段表保护方法是面向主存地址形成之前的虚地址出错，但若在虚地址变换为实地址的过程中出现错误，形成了错误的主存地址，页表和段表保护则无效，为此便提出键保护方法。可见，键保护方法是面向主存地址形成之后的实地址出错。

键保护方法的基本思想为：由操作系统为用户程序所占的每个主存页面配置一个值相同的键，且称之为存储键，相当于一把"锁"，保存在页表或段表中（在映像字中添加一个存储键字段即可）；同样，操作系统也为每个用户程序配置一把"钥匙"，且称之为访问键，保存在该程序的状态寄存器中。当用户程序对主存储器进行写操作时，则将用户程序的访问键与主存页面的存储键进行比较，若两个键匹配，则允许访问，否则拒绝访问。若主存储器共有 A、B、C、D、E 五个页面，相应存储键的值为 5、3、7、5、7；当用户程序访问键的值为 7 时，则允许它对主存储器中的 C、E 两个页面进行写操作，如果企图对主存储器中的 A、B、D 三个页面进行写操作，必将引起中断而停止。

对于读操作也可以进行保护，这时为每个主存页面设置一个 1 位的取数键。如果取数键为 0，仅在对页面进行写操作时才比较访问键与存储键，读操作则没有限制；如果取数键为 1，对页面进行写操作与读操作均需要比较访问键与存储键，读操作会受到限制。如若上述主存储器的 A、B、C、D、E 五个页面的取数键分别为 1、1、0、1、0，则 A、B、D 三个页面的读与写操作均受到限制，即读与写操作均受到保护。

3) 环保护方法

对于页表和段表保护，如果出错后的虚页号是用户程序本身包含的一个虚页号，则地址变换仍然会成功，且实地址仍然是程序本身的存储空间。即使配置了页面存储键，由于同一程序各主存页面的存储键相同，所以用户程序仍然可以访问自身的主存空间，即运行程序本身没有受到保护。可见，页表段表保护与键保护仅可以保护未运行程序的存储空间，而正在运行程序的存储空间不受保护。为此，便提出环保护方法，显然它是面向正在运行程序的存储空间。

环保护方法的基本思想为：按系统软件与用户程序的重要性及其对全局影响程度进行分层，每层即为一个环。每个环赋予一个环号，环号大小表示保护级别，环号越大，保护等级越低。如虚拟存储空间分为 8 层，0～3 层用于操作系统，4～7 层用于用户程序，若每层的存储空间为 512MB，则用户程序最多可以占用 2048 MB。在用户程序运行之前，由操作系统赋予用户程序各个虚页一个环号，并存放于页表的映像字中，然后把用户程序的起始环号送入 CPU 的现行环号寄存器中，如图 2-29 所示。用户程序可以跨层访问任何外层（环号大于现行环号）的存储空间，如果企图跨层访问内层（环号小于现行环号）的存

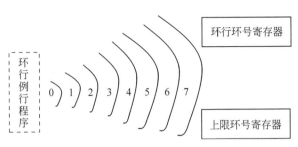

图 2-29　环保护方法的基本思想

储空间,则需要由操作系统的环控程序判断该跨层向内访问是否合法,如果合法则允许访问,否则按出错处理,但现行用户程序一定不能访问低于上限环号的存储空间。

2. 访问形式保护方法

对于主存储器的访问包含三种形式:读(R)、写(W)和执行(E),其中"执行"也是读,它与读(R)的区别在于其读出来的信息将当作指令使用,由此相应的访问方式保护就为 R、W、E 三种访问形式的逻辑组合,如表 2-13 所示。

表 2-13　访问方式保护的逻辑组合及其含义

逻辑组合	含　义	逻辑组合	含　义
$\overline{R+W+E}$	不允许任何访问	$\overline{(R+E)}W$	只能写访问
$R+W+E$	可进行任何访问	$(R+E)\overline{W}$	不准写访问

访问形式保护通常与存储区域保护组合起来实现,如在界限寄存器中添加一位访问形式位和一位读操作取数键。而在环保护与页表段表保护中,通常将访问形式位存放于页表或段表映像字中,使得同一环内或同一段内的各页可以有不同的访问形式,以增强保护的灵活性。

2.5　输入输出与系统总线的结构配置

【问题小贴士】 在计算机组成原理中,对输入输出与系统总线讨论的基本内容是不同角度的分类及其主要角度分类的各种实现方法。在这些分类的类型中,有些分类类型具有较强的适用性,即在某些场合仅能选用某种类型,有些分类类型适用性不强,且优势不突出,这时便需要通过综合权衡来选择。①在输入输出方法中,哪些角度的分类类型需要通过综合权衡来选择,为什么?②在系统总线中,哪些角度的分类类型需要通过综合权衡来选择,为什么?③在输入输出操作控制的 5 种方式中,为什么仅讨论程序中断实现功能的软硬件分配?

2.5.1　输入输出的操作控制

输入输出操作一般可以分为状态检查、数据交换和数据整理三部分,这些操作的控制方式多种多样,其演化是输入输出由串行到并行、由集中管理到分散管理的发展过程,是软件功能不断减少、硬件功能不断增加的过程。按输入输出过程的组织和 I/O 设备与主机并行工作的程度,一般将输入输出的操作控制分为程序查询、程序中断、直接存储访问、通道处理机和 I/O 处理机 5 种方式,且程序查询与程序中断的数据交换由软件控制实现,直接存储访问以及通道与外围处理机的数据交换由硬件控制实现,如图 2-30 所示。特别地,当计算机采用外围处理机控制方式时,则为多处理机体系结构,在此不做分析比较。

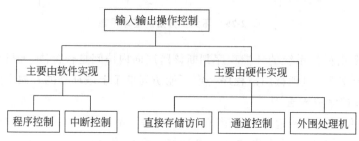

图 2-30　输入输出操作控制方式的类型结构

1. 程序查询控制方式

程序查询控制(直接控制)是指状态检查、数据交换和数据整理等输入输出操作均由 CPU 运行程序(软件)来控制实现。程序查询控制的基本思想为:当需要输入输出时,CPU 暂停运行主程序,转去运行 I/O 服务程序,通过 CPU 循环处理查询设备状态的指令来获取 I/O 设备的状态,一直到准备就绪则停止查询;然后 CPU 继续运行 I/O 服务程序来控制实现数据交换与数据整理等输入输出操作。

程序查询控制是最简单原始的完全由软件控制输入输出操作的控制方式,其优点是 CPU 与外围设备同步操作,使得输入输出过程直观、容易理解,且接口电路简单、经济。程序查询控制的缺点主要有:一是输入输出操作完全由 CPU 执行程序控制,使得与由 CPU 控制的运算操作完全串行;二是 CPU 不得不停止主程序运行,而周期性地检查外围设备的状态,使得 CPU 的工作时间浪费大、效率低;三是若主机连接的 I/O 设备多,后面检查外围设备状态的数据交换响应延迟时间长,可能导致数据丢失。因此,程序查询控制主要适用于外围设备少、传送时间规则且数据传输速率低的计算机。

2. 程序中断控制方式

程序中断控制是指 I/O 设备处于就绪状态后,主动向 CPU 提出输入输出请求(即状态检查由硬件控制实现),之后由 CPU 运行程序(软件)来控制实现数据交换和数据整理等输入输出操作。程序中断控制的基本思想为:当 I/O 设备需要进行数据输入输出时,则通过中断使 CPU 暂停运行主程序,转去运行一段中断服务程序,通过中断服务程序来控制实现数据交换和数据整理等输入输出操作,然后回到主程序。显然,程序中断控制时,CPU 被动地中止现行程序运行;而程序查询控制时,CPU 主动地中止现行程序运行。

程序中断是软硬件相结合控制输入输出操作的控制方式,其优点是 CPU 与 I/O 设备并行工作,数据传送效率比程序查询控制有所提高;另外,由于数据交换时 CPU 与 I/O 设备仍是同步操作,使得输入输出过程仍较为直观,接口电路仍不复杂。程序中断控制的缺点主要有:一是中断主程序一次,则进入一次中断周期并运行一次中断服务程序,且仅传送一个字或 1 字节的数据,而无论是中断周期还是运行中断服务程序,都需要占用 CPU 时间;当交换批量数据且 I/O 设备速度也很快时,数据传送效率也得不到充分发挥。二是若主机连接的 I/O 设备多且速度较快时,优先性低的 I/O 设备中断响应延迟时间长,也可能导致数据丢失。因此,程序中断控制主要适用于 I/O 设备少、传送时间无规则且数据传输速率要求不高的计算机。

3. 直接存储访问控制方式

直接存储访问控制(简称 DMA 控制)是指在 DMA 控制器接管系统总线之后,主存储器与 I/O 设备之间通过直接数据通路进行数据交换,CPU 执行程序仅控制实现数据整理等输入输出操作。直接存储访问的基本思想为:当主存与 I/O 设备之间需要数据交换时,DMA 控制器从 CPU 中接收对系统总线的管理,使主存与 I/O 设备之间直接进行批量数据传送,且 CPU 极少参与。

直接存储访问是基本由硬件控制输入输出操作的控制方式,其优点是 CPU 与 I/O 设备并行工作,且主存储器脱离 CPU 控制,直接与 I/O 设备交换数据,使得数据传送效率高;另外,由于批量数据传送时主存储器的寻址、传送数据的计数等均由硬件实现,使得数据传送速度快。直接存储访问控制的缺点主要有:一是数据传送所需的操作主要由硬件接口电路(DMA 控制器)控制,还要实现总线管理,所以接口电路复杂,输入输出过程较难理解;二是数据传送期间,为及时供给与接收 I/O 设备数据,需要在主存储器中设置专用缓冲区,存储资源占用量大。因此,直接存储访问控制主要适用于高速 I/O 设备和规则批量数据传输的计算机。

4. 通道处理机控制方式

通道处理机控制是指 CPU 通过指令启动通道运行通道程序,控制实现状态检查、数据交换和数据整理等输入输出操作,完全不需要 CPU 干预。通道处理机并不是独立的处理机,它有自己的指令,即通道指令,其指令简单、存储容量较小。通道程序不是由用户编写的,而是由操作系统按照用户要求与计算机状态生成的,并存放于主存储器或通道局部存储器中。

通道处理机控制是完全由硬件控制输入输出操作的控制方式,其优点是若通道拥有自己的局部存储器,则可以极大地减少 CPU 对输入输出的控制,把对 I/O 设备的管理控制基本从 CPU 中分离出来;另外,由通道执行程序实现控制,使主机与 I/O 设备的并行程度更高,提高数据传送效率与计算机的运算效率。通道处理机控制的缺点在于:通道处理机的利用率较低,成本较高。因此,通道处理机控制主要适用于 I/O 设备众多、差异较大的大型计算机。

2.5.2　中断实现功能的软硬件分配

1. 中断及其实现过程

所谓中断是指计算机由任何非寻常或非预期的急需处理的事件引起 CPU 暂时停止现行程序的运行,而转去运行处理事件的程序,或释放软硬件资源由其他部件处理该事件,等事件处理完后返回原程序运行的整个过程。把处理中断事件的程序称为中断服务程序。中断不仅应用于数据输入输出,而且在多道程序、分时操作、实时处理、人机交互、事故处理、程序的跟踪监视、用户程序与操作系统的联系以及多处理机中处理机之间的联系等方面都起着重要作用。

从中断概念可以看出,中断处理过程包含中断请求、中断响应、中断服务和中断返回4个阶段,如图 2-31 所示。通常,把计算机中实现中断功能的软件和硬件统称为中断系统,它一般由 CPU 中的中断逻辑、接口中的中断控制器、中断初始化程序和中断服务程序 4 部分组成。

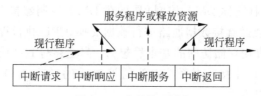

图 2-31 中断处理过程

(1) 中断请求。中断请求是指当发生中断事件时,中断源向 CPU 发送中断请求信号。由于中断事件是随机的,CPU 响应中断应满足一定的条件,即对于中断请求,CPU 一般不可能立即响应,需要等待一段时间。因此,需要为每个中断事件配置一个具有记忆功能的触发器(称为中断请求触发器),以记录中断事件的发生。若干个中断请求触发器组合在一起则为中断请求寄存器,其内容称为中断请求字或中断请求码。CPU 在进行中断响应处理时,根据中断请求字中的中断请求位确定中断源,而后转入相应的服务程序。可见,中断请求阶段的功能任务仅能由硬件实现。

(2) 中断服务与中断返回。对于简单中断,中断服务即是暂停现行程序运行,并释放总线等软硬件资源,交于得到中断响应的中断源控制使用。中断返回即是收回总线等软硬件资源,继续运行暂停的原程序。对于程序中断,中断服务是指根据中断服务程序入口地址,CPU 暂停现行程序的运行,转去运行中断服务程序,处理中断事件。中断返回即是继续运行暂停的原程序。可见,中断服务与中断返回阶段的功能任务仅能由软件实现。

2. 影响中断实现功能的软硬件分配的因素

影响中断实现功能软硬件分配的主要因素为灵活性和中断响应时间。采用硬件实现逻辑功能速度快,但灵活性差;采用软件实现逻辑功能灵活性好,但速度慢。因此,对影响中断实现功能分配的灵活性和中断响应时间这两个因素的要求是互相矛盾的。若期望中断响应时间短,则需要采用硬件来实现中断功能,但必然失去灵活性;如果采用软件来实现中断功能,灵活性较好,但中断响应时间必然增加。

中断响应时间是指从中断源发出中断请求到中断服务程序开始运行的时间,它是中断实现的关键指标,特别是对于实时性强的中断尤为突出。中断响应时间一般由 4 个部分组成。一是当前指令的处理时间。中断响应的条件之一是当前指令处理结束,而有些指令的处理时间很长,如字符串操作指令、向量运算指令等,因此必须考虑最坏情况——最长指令处理时间;二是级别高的中断任务所需的时间。当正在处理级别高的中断任务时,级别低的中断必须等待其结束后才能得到响应;三是关中断期间的事件处理时间。响应中断后则即刻进入关中断以处理许多事件(如保护现场),之后才能开中断转入中断服务程序;四是中断服务程序入口地址的形成时间。对于程序中断,中断任务是由中断服务程序完成的,中断服务程序入口地址一般是通过中断源编码变换而来的,中断源编码的变换必然需要时间。在中断响应时间的 4 个组成部分中,前两个部分为处理机设计范畴,后两个部分为中断系统设计范畴。另外,第一部分和第三部分是中断响应时间的主体,因此中断实现功能的软硬件分配主要针对关中断事件处理的实现。

3. 程序中断响应功能的软硬件分配

程序中断响应是指 CPU 停止运行现行程序,准备转入中断服务。对于任何中断源引起的中断,CPU 一旦响应,则进入中断周期,即中断响应的功能任务是在中断周期实现的。在中断周期,程序中断响应包含以下 6 项功能任务,至于这些功能任务是由硬件实现还是由软件实现,则需要在灵活性与中断响应时间之间进行综合权衡。

1) 关中断与开中断

关中断即是临时禁止中断,并将封锁中断请求信号传送到 CPU。CPU 进入中断响应的第一个任务就是关中断,禁止 CPU 嵌套响应中断,这样才能进行现场保护,保证现场保护操作的完整性。当保护现场信息后,为实现中断服务嵌套,则必须开中断,使中断优先级更高的中断请求信号传送到 CPU。

由于关中断与开中断实现比较简单,仅是使"中断允许"触发器清 0 置 1,且开中断在时间上具有随机性,则计算机通常都提供开中断指令,当然也匹配地提供关中断指令。一般关中断在时间上是确定的,所以可以由硬件实现。

2) 现场保护

为使中断服务结束后,正确地返回到停止运行的现行程序继续运行,必须把程序计数器 PC、状态标志寄存器、基址寄存器、堆栈指针寄存器 SP、中断屏蔽寄存器及其相关通用寄存器等的内容传送到堆栈或存储器,还需要撤销中断请求信号。

随着计算机应用领域的扩大,中断响应时的现场越来越复杂、庞大,如果完全由中断服务程序实现,不仅中断响应时间长,而且有些现场还需要设置专门指令来访问。由于不同事件中断的现场差异很大,如果完全由硬件实现,则每次保护现场均必须保护可能的最大现场,这不仅硬件代价高、有效性差,平均中断响应时间也不一定短。所以,现场保护必须采用软硬件相结合来实现。软硬件实现的分配原则为:对于程序计数器 PC、状态标志寄存器等必须保护的硬现场由硬件实现;中断屏蔽字、相关寄存器等不可确定的软现场由软件实现。现场保护由硬件实现时,类似于处理数据传送指令,所以可称为"中断隐指令"。

3) 中断源识别

任何中断源都有一个编码,称为中断类型号。中断源识别是指根据当前所有中断源的中断请求,获取优先级与优先权均最大的中断源类型号。显然,中断源识别包含中断源的排队(即确定响应中断的先后次序)和编码(仅针对优先级或优先权最大的中断源)两项任务,由于它们必须串行同步实现,所以可合并为一项。

根据中断源排队的实现策略,中断源识别主要有三种方法:软件查询(软件实现)、硬件排队(硬件实现)和独立请求(软硬件结合实现)。由于 CPU 响应中断的先后次序是由中断优先级和中断优先权来确定的,所以中断源排队包含按中断优先级排队和按中断优先权排队两个方面。中断优先级数是有限的并且中断优先次序差别明显,而中断优先权数理论上是无限的并且中断优先次序差别不明显,因此中断源识别方法的适用性除考虑优先次序灵活性和中断响应速度外,还要考虑扩展性。

4) 中断服务程序入口地址形成

根据中断源的中断类型号,形成中断服务程序的入口地址,送往程序计数器。根据中断服务程序入口地址是否通过中断类型号变换而来,该地址的形成主要有两种方法:向量中断和非向量中断。入口地址形成方法与中断源识别方法具有对应适用性,非向量中断适用于软件查询;向量中断则适用于硬件排队和独立请求。

5) 修改中断屏蔽字

当有多个中断请求时,CPU响应中断请求的规则为:没有被屏蔽且优先级最高的中断请求得到响应。因此,在一段时间内,可以通过屏蔽掉较高级的中断请求,让CPU先运行较低级的中断服务,而后解除较高级别的中断屏蔽,再运行较高级别的中断服务。可见,在中断优先级由硬件规定的情况下,可根据需要动态改变中断服务的顺序。

由于修改中断屏蔽字如同关中断与开中断一样,实现也比较简单,仅是使"中断屏蔽"触发器清0置1,且修改中断屏蔽字在时间上具有随机性,计算机通常都提供中断屏蔽指令。

6) 中断退出

在中断退出时,又需要关中断来恢复现场,而后开中断进入中断返回阶段。这项功能任务的实现与(1)、(2)相同。

2.5.3 系统总线的定时与仲裁

1. 系统总线及其数据交换过程

总线是指计算机及其内部多个(两个以上或全部)物理个体之间进行信息交换的公共传输线束或通路,而用于将功能部件互连成一台完整计算机并且实现"部件→整体"组成级的总线则属于系统总线。系统总线由多个功能部件所共享,当功能部件之间进行数据交换时,必须有一个功能部件发出总线使用请求,以获得总线的控制权。通常把发出总线使用请求并负责支配控制总线的功能部件称为主部件,而把参与本次信息交换的其他功能部件(一对一时仅一个,一对多时有多个)称为从部件。当主部件获得总线控制权后,则通过地址来寻求从部件,建立数据传送通路,以实现数据交换,之后主部件释放总线控制权。利用系统总线进行一次数据交换的过程可分为以下4个阶段。

(1) 请求仲裁阶段。连接在系统总线上的任一功能部件若需要进行信息交换,则向系统总线仲裁器发出请求信号(BR)。若当前系统总线空闲,总线仲裁器则根据功能部件使用总线的优先次序,向提出总线使用请求且优先权相对高的功能部件发出允许信号(BG),使主部件获得总线控制权。

(2) 通路寻址阶段。获得总线控制权的主部件通过系统总线发出参与本次信息交换的从部件地址信号及相关命令信号,选择电路选中从部件来建立数据传送通路,命令信号启动从部件并发出应答信号。

(3) 数据传送阶段。主部件与从部件之间进行数据传送。

（4）释放结束阶段。主部件与从部件撤销总线上的所有信息，主部件释放总线控制权。

2. 系统总线的通信定时

通信是总线事务中所有信号的传输过程。功能部件利用系统总线进行通信时，收发双方需要传输不同类型的信号，这些信号的有效性在时间上存在先后次序的关系。在总线通信时，不同类型信号之间时序的确定策略是通信定时方式，其实质是一种定时协议与规则。通常，系统总线通信的定时方式有同步、异步和半同步之分。

1）同步定时方式

功能部件利用系统总线进行信息传送时，收发部件采用统一时钟来规定不同类型信号有效性出现的时刻称为同步定时。统一时钟可由总线控制部件发送到每一个功能部件，也可以让每个功能部件有各自的时钟发生器，但它们必须由总线控制部件发出的时钟信号来同步。

对于系统总线通信的同步定时方式，不同信号之间的时间配合采用公用时钟，则具有较高的传输速率。但由于时钟线上的干扰信号会引起错误的同步，从而造成同步误差；且公用时钟取决于慢速部件，当功能部件之间速度差异大时，会导致总线效率低；另外，收发部件之间不知对方是否响应，可靠性较低。因此，同步定时方式适用于总线长度短、功能部件之间速度相近的场合。

2）异步定时方式

功能部件利用系统总线进行信息传送时，收发部件通过请求应答式的时间标志信号来规定不同类型信号有效性出现的时刻称为异步定时。即当一个功能部件发送出一种类型信号后，需等待接收一个确认信号来使发送的信号无效，并转到下一种类型信号的发送。

对于系统总线通信的异步定时方式，不同信号之间的时间配合没有公用时钟和固定时间间隔，收发部件之间完全由总线操作实际时间决定的请求应答时间标志信号来控制，具有很强的灵活性，总线效率高，可靠性也高；但由于需要传送请求应答信号，导致控制较复杂，成本较高。因此，异步定时方式适用于总线长度长、功能部件之间速度差异大的场合。

3）半同步定时方式

半同步定时是将同步定时与异步定时结合在一起，既保留同步定时控制实现简单的特点，又保留异步定时对不同速度的功能部件通信时总线效率和可靠性均比较高的特点，通过设置"等待"应答信号来规定通信时序则称为半同步定时。如图 2-32 所示的读操作时序，其中引入一个等待信号（WAIT）来指示发送部件的数据是否准备就绪。当该信号无效时，则插入等待周期 T_W 等待数据准备就绪，直到等待信号有效（一般为高电平），则接收部件读取总线上的数据。

3. 系统总线的仲裁分配

系统总线是由多个功能部件所共享，这样就可能出现多个主部件同时申请使用总线的情况；而多个功能部件所共享的系统总线在同一时刻仅允许一个主部件获取总线使用权来使用总线。因此，为了解决多个主部件同时竞争总线使用权的问题，必须设置总线分

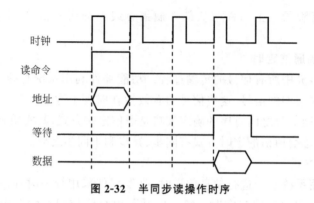

图 2-32　半同步读操作时序

配控制部件,以某种方法选择其中一个主部件来取得总线使用权。当出现多个主部件同时竞争使用总线时,将总线使用权分配于一个主部件的选择机制称为总线仲裁,而实现总线仲裁的逻辑电路则是总线控制器或总线仲裁器。

总线仲裁的基本任务是形成竞争总线使用权的多个主部件的优先次序。影响总线使用权优先次序的主要因素是公平性和紧迫性,也应考虑仲裁复杂性、总线利用率和仲裁时间等。根据总线仲裁器配置策略的不同,可将总线仲裁分为集中式仲裁和分布式仲裁。集中式仲裁是将总线控制逻辑和竞争总线使用权的多个主部件的请求信号集中在一起,通过一定算法形成总线使用权的优先次序;它具有仲裁时间短、总线利用率高、易于满足紧迫性等特点,适用于总线所连接的功能部件的物理位置相距比较近的系统。分布式仲裁是将总线控制逻辑分散在总线所连接的功能部件上,各功能部件通过一定算法来决定本身是否占用总线;它具有仲裁简单、易于满足公平性等特点,适用于总线所连接功能部件的物理位置相距比较远的系统。

集中式仲裁配有一个总线仲裁器,对于计算机一般采用集中式仲裁,且总线仲裁器通常集成在处理器上。集中式仲裁主要有串行链接、计数查询和独立请求三种方式。

1) 串行链接方式

串行链接是指所有功能部件都利用公共的"总线请求"线向总线仲裁器发出使用总线申请,当"总线忙"信号还未建立时(即总线空闲),"总线请求"才可能被总线仲裁器响应,送出"总线可用"信号且该信号串行地通过每个部件。显然,串行链接方式获得使用总线权的优先次序是由"总线可用"信号线所连接部件的物理位置来决定的,离总线仲裁器越近的部件其优先级越高。

串行链接方式的优点为:仲裁控制线少、结构简单、扩展容易。而缺点在于:①优先级固定且改变困难。优先级完全取决于询问链电路,越靠近总线仲裁器的功能部件,优先级越高,使得远离总线仲裁器的功能部件可能长期得不到总线使用权;②询问链电路故障敏感。某部件一旦出现故障,其后的所有部件都将不能工作;③仲裁速度较慢。因此,串行链接集中式仲裁方式适用于规模小的场合。

2) 计数查询方式

计数查询是指所有功能部件都利用公共的"总线请求"线向总线仲裁器发出使用总线申请,当"总线忙"信号还未建立时(即总线空闲),总线仲裁器在接收请求后,则让计数器开始计数,并查询计数值与发出总线请求的功能部件编号是否一致,如果一致,则停止计数查询;否则计数器加 1 并继续进行计数查询。显然,如果每次总线分配前将计数器清"0",即查询均从"0"开始,那么功能部件优先次序类同于串行链接;如果每次总线分配前计数器不清"0",而从上次总线分配中止点继续查询,那么功能部件优先次序是循环的,所有部件均具有相同的使用总线的机会;如果每次总线分配前都对计数器置初值,则可以使某功能部件具有最高优先权;如果每次总线分配前都重新设置功能部件编号,则可以使所有功能部件具有所期望的优先次序。

计数查询方式的优点为:①优先级会循环改变。本次仲裁获得总线使用权的功能部件在后续仲裁中优先级会变为最低;②单点故障不敏感。当某部件出现故障时,并不会影响其他部件的正常工作。而缺点在于:①仲裁速度很慢。每次仲裁都需要通过发送一定次数的地址来询问;②扩展有限且难度较大。总线所能连接的部件数量受到部件地址信号线数量限制,连接线也较多。因此,计数查询集中式仲裁方式适用于规模较稳定的场合。

3) 独立请求方式

独立请求是指共享总线的功能部件各自均有一对"总线请求"线和"总线准许"线,功能部件各自利用自身的"总线请求"线向总线仲裁器发出使用总线申请,当"总线忙"信号还未建立时(即总线空闲),总线仲裁器在接收请求后,可根据一定算法对同时送来的多个请求进行仲裁,以使某功能部件得到总线使用权,并立即通过相应的"总线准许"线发送总线准许信号到该部件,去除其总线请求。

独立请求方式的优点为:①优先级改变灵活。既可以预先固定,也可以综合各种影响总线使用权优先次序的因素通过程序来改变,还可以屏蔽某功能部件的请求而禁止其使用总线;②单点故障不敏感。当某部件出现故障时,并不会影响其他部件的正常工作;③仲裁速度快。不需要逐个部件地询问。而缺点在于:①扩展有限且难度较大。总线所能连接的部件数量受到仲裁控制线数量限制,连接线也较多;②总线仲裁器结构较复杂,仲裁控制线也较多。因此,独立请求集中式仲裁方式应用广泛。

复 习 题

1. 什么是数据类型?数据类型可以分为哪两种,它们各自又包含哪些数据类型?

2. 什么是数据表示?什么是数据结构?在数据类型的分类中,哪种数据类型既可以是数据表示,也可以是数据结构?为什么?

3. 什么是高级数据表示?目前高级数据表示主要有哪几种?高级数据表示配置的基本原则有哪几条?

4. 什么是标志符数据表示?写出其表示格式,标志符数据表示有哪些优缺点?

5. 什么是描述符数据表示?写出其表示格式,描述符数据表示与标志符数据表示之间主要有哪些差异?

6. 简述描述符数据的访问方法。

7. 写出浮点数据表示形式,它包含哪些形式参数?为什么阶码基值一般选用二进制数？

8. 衡量浮点数据表示优劣性的特性有哪些？它们各由哪些形式参数决定？

9. 简述浮点数据表示中的尾数基值对浮点数据表示特性的影响。为什么小型和微型计算机的尾数基值通常选用二进制数？

10. 原子类型数据字位数依据什么来决定？

11. 指令系统构建的基本原则有哪些？

12. 按信息处理的功能配置来看，指令系统可以分为哪几种类型？它们各自是如何形成或产生的？

13. 复杂指令系统功能配置有哪些途径？它有哪些特点？

14. 精简指令系统功能配置有哪些准则？它有哪些特点？

15. 精简指令系统计算机是如何定义的？它的实现包含哪些关键技术？

16. 在 RISC 中，为什么需要采用寄存器窗口重叠？简述寄存器窗口重叠的含义。

17. 在 RISC 中，为什么需要采用延迟转移技术？简述延迟转移技术的含义。

18. 在 RISC 中，为什么需要采用指令取消技术？简述指令取消技术的含义与指令取消的规则。

19. 在 RISC 中，为什么需要优化编译技术的支持？简述 RISC 体系结构对优化编译的利弊体现在哪些方面。

20. 指令字格式优化的目标是什么？它涉及的主要因素有哪些？其中哪个是关键因素？

21. 指令字格式优化的策略是什么？具体可以从哪些方面进行综合权衡？

22. 什么是 CPU 存储特性？它包含哪几种类型？它们对应指令的地址码数各为多少个？

23. 对于寄存器组 CPU 存储特性，按地址形式可以分为哪几种类型？现代处理机为什么通常仅配置寄存器（组）存储部件？

24. 什么是指令字长度结构？从最基本的规整性来看，可以分为哪几种类型？

25. 对于指令字长度固定格式，可以分为哪几种指令字长度结构？其中哪种可以有效地缩短指令字平均长度？

26. 什么是操作码扩展？哪种指令字长度结构需要利用操作码扩展技术？利用它的目的是什么？

27. 对于指令字长度可变格式，可以分为哪几种指令字长度结构？通常采用哪一种？为什么？

28. 在影响地址码长度的因素中，最关键的因素是哪个？该因素采用什么来实现？

29. 根据指令字中的形式地址个数，可将指令字格式分为哪几种？其中哪种最有利于提高程序运行速度？哪种最有利于减少程序存储容量？

30. 哪几种寻址方式可以缩短形式地址长度？简述它们的实现原理。

31. 简述操作码长度压缩的编码准则，操作码长度编码压缩的程度常采用哪些指标来衡量？操作码编码有哪几种方法？它们各自的优势与缺陷是什么？

32. 什么是 Huffman 编码法？简述实现它的算法步骤及其特点。

33. 什么是长度固定编码法？什么是扩展编码法？扩展编码法又可以分为哪几种？

34. 控制指令字的分支条件有哪几种表示方法？控制指令字的目标地址为什么一般采用 PC 相对寻址方式来表示？中断的断点是如何表示的？

35. 常用的存储部件一般有哪些？什么是编址单位？常用的编址单位有哪些？

36. 什么是字编址？什么是字节编址？它们各有哪些优势与缺陷？

37. 采用线性编址方式时，存储空间编址有哪几种类型？分类依据是什么？

38. 多字节数据在字节编址主存中的存放方式有哪几种？什么是数据存放对齐方法？它可以分为哪几种？

39. 什么是寻址？什么是寻址方式？简述寻址方式的分类。

40. 什么是寄存器寻址？寄存器寻址有哪些优缺点？寄存器寻址方式有哪些？

41. 什么是主存储器寻址？常用的主存储器寻址方式有哪些？试比较它们的优缺点。

42. 什么是堆栈寻址？堆栈寻址有什么特点？堆栈采用什么寻址方式？

43. 什么是 I/O 端口寻址？简述其寻址方式的种类。

44. 什么是程序定位？提出程序定位的缘由有哪些？它包含哪几种方式？

45. 什么是程序直接定位？它适用于哪种场合？

46. 什么是程序静态定位？它有哪些优缺点？简述静态定位的过程。

47. 什么是程序动态定位？它有哪些优缺点？简述动态定位的过程。

48. 什么是存储保护？其方法包含哪几类？为什么需要进行存储保护？

49. 对于含虚拟存储器的主存储器，存储区域保护包含哪几种方法？它们分别可以保护哪个层次的出错？

50. 简述页表段表保护、键保护以及环保护三种方法的原理。

51. 简述访问形式保护方法的原理。

52. 输入输出操作一般可以分为哪几部分？其控制方式包含哪几种？

53. 简述输入输出程序查询控制的基本思想及其优缺点。

54. 简述输入输出程序中断控制的基本思想及其优缺点。

55. 简述输入输出直接存储访问控制的基本思想及其优缺点。

56. 简述输入输出通道处理机控制的基本思想及其优缺点。

57. 什么是中断？什么是中断服务程序？影响中断功能软硬件分配的因素有哪些？

58. 什么是中断响应时间？它一般由哪几部分组成？

59. 中断处理过程包含哪几个阶段？中断功能软硬件分配主要针对哪个阶段？

60. 什么是程序中断响应？它包含哪些功能任务？

61. 什么是系统总线？利用系统总线进行一次数据交换的过程可分为哪几个阶段？

62. 什么是通信定时方式？它可以分为哪几种？

63. 什么是同步通信定时？它有哪些优缺点？

64. 什么是异步通信定时？它有哪些优缺点？

65. 什么是总线仲裁？它的基本任务是什么？根据总线仲裁器配置策略，总线仲裁可以分哪几种？简述它们的适用性。

66. 什么是集中式仲裁？它包含哪几种方式？并简述它们的优缺点。

练 习 题

1. 数据表示配置是软硬件功能分配的基础，指令系统配置是软硬件功能分配的主体，为什么？

2. 描述符数据表示与向量数据表示均可以支持向量数据类型，比较它们的不同之处。

3. CPU 存储特性决定指令字的组成结构，为什么？

4. 在输入输出操作的控制方式中，程序查询与程序中断是由软件控制实现的，直接存储访问与通道处理机则是由硬件控制实现的，为什么？

5. 若某浮点数表示格式的阶码为 6 位，尾数为 48 位，且均不含阶符与数符，当尾数基值分别为 2、8、16 时，在非负阶、正尾数、规格化的情况下，计算其最小阶值、最大阶值、阶值个数、最小尾数值、最大尾数值、浮点数最小值、浮点数最大值和规格化浮点数的个数。

6. 若某浮点数表示格式的阶码基值为 2、位数为 2，且尾数基值为 10、位数为 1（二进制位数为 4），计算在非负阶、正尾数、规格化的情况下的最小尾数值、最大尾数值、最大阶值、浮点数最小值、浮点数最大值和规格化浮点数的个数。

7. 若一台计算机要求浮点数字长的精度不低于 $10^{-7.2}$，表示数据的正数不小于 10^{38}，且正负对称；尾数用原码、纯小数表示，阶码用移码、整数表示，请设计该浮点数的表示格式。

8. 一台处理机有 I1～I11 共 11 条指令，且指令的使用频率分别为 0.20、0.19、0.14、0.13、0.09、0.09、0.07、0.04、0.03、0.01、0.01。请构造 Huffman 树，并分别计算出操作码长度固定编码、Huffman 编码和 2-5 扩展编码的平均长度。

9. 一台处理机有 I1～I8 共 8 条指令，且指令的使用频率分别为 0.30、0.25、0.20、0.10、0.06、0.05、0.03、0.01，请分别求出操作码采用长度固定编码、Huffman 编码和只有两种码长扩展编码的码值与平均长度。

10. 一台处理机有 I1～I10 共 10 条指令，经统计得到指令在程序中出现的概率如下：I1:0.25,I2:0.20,I3:0.15,I4:0.10,I5:0.08,I6:0.08,I7:0.05,I8:0.04,I9:0.03,I10:0.02。

（1）计算这 10 条指令操作码编码的最短平均长度（信息源熵）。

（2）写出这 10 条指令的 Huffman 编码，并计算操作码编码的平均长度和信息冗余量。

（3）采用 3/7 扩展编码法和 2/8 扩展编码法编制这 10 条指令的操作码编码，并分别计算它们的平均长度和信息冗余量，说明哪一种扩展编码较好及其理由。

11. 经统计得到某处理机 14 条指令的使用频率分别为：0.01、0.15、0.12、0.03、0.02、0.04、0.02、0.04、0.01、0.13、0.15、0.14、0.11、0.03，请分别给出它们的长度固定编码、Huffman 编码以及只有两种码长且平均长度尽可能短的扩展编码，并相应计算三种编码的平均长度。

12. 某文字处理专用计算机的每个文字符号用 4 位十进制数字（0～9）编码表示，空格用␣表示。在对传送的文字符号和空格进行统计后,得出它们的使用频率分别为:0:0.17、1:0.06、2:0.08、3:0.11、4:0.08、5:0.05、6:0.08、7:0.13、8:0.03、9:0.01、␣:0.20。

(1) 若对数字0~9和空格采用二进制编码,试设计编码平均长度最短的编码。

(2) 若传送10^6个文字符号,且每个文字符号后均自动接一个空格,按最短编码共需传送多少个二进制位?若传送波特率为9600bps,共需传送多长时间?

(3) 若对数字0~9和空格采用4位长度固定编码,重新计算问题(2)。

13. 若某处理机指令系统要求有:三地址指令4条、一地址指令255条、零地址指令16条,设指令字长为12位,每个地址码长度为3位。请问可以采用操作码扩展编码法为其编码吗?如果一地址指令为254条呢?说明理由。

14. 某模型机共有7条指令,各指令的使用频率分别为:35%、25%、20%、10%、5%、3%、2%,有8个通用数据寄存器和两个变址寄存器。

(1) 要求操作码编码的平均长度最短,请设计操作码编码,并计算其平均长度。

(2) 要求8位字长的寄存器-寄存器型指令3条,16位字长的寄存器-存储器型变址寻址方式指令4条,变址范围不小于±127。请设计指令格式,并给出指令字各字段的长度和操作码编码。

15. 某处理机指令字长为12位,有双地址和单地址两类指令。若每个地址码字段均4位,且双地址指令有X条,那么单地址指令最多有多少条?写出这两类指令的表示格式。

16. 某处理机指令字长为16位,有二地址指令、一地址指令和零地址指令三类,每个地址码字段均为6位。

(1) 如果二地址指令有15条,一地址指令和零地址指令的条数基本相等。请问一地址指令和零地址指令各有多少条?并为这三类指令分配操作码。

(2) 如果要求这三类指令条数的比例大约为1:9:9,请问这三类指令各有多少条?并为这三类指令分配操作码。

17. 某模型机的9条指令的使用频率分别为:ADD(加):30%、SUB(减):24%、STO(存):7%、JMP(转移):7%、CLA(清累加器):20%、SHR(右移):2%、STP(停机):1%、JOM(按负转移):6%、CIL(循环左移):3%。要求有两种指令字长,均按双操作数指令格式编排,采用操作码扩展编码法,并限制仅可以有两种操作码码长。设模型机有若干通用寄存器,主存为16位宽,按字节编址,采用按整数边界存储,任何指令都在一个主存周期中取得,短指令为寄存器-寄存器型,长指令为寄存器-存储器型,主存应可以变址寻址。

(1) 仅考虑使用频率,给出操作码的Huffman编码,并计算其平均长度。

(2) 考虑全部要求,优化设计实用的操作码形式,并计算其操作码的平均长度。

(3) 允许使用多少可编址的通用寄存器?

(4) 画出两种指令字的格式,并标出各字段的位数。

(5) 指出操作数主存寻址的最大相对位移量为多少字节?

18. 设有A和B两种不同类型的处理机,A处理机中的数据不带标志符,其指令字长和数据字长均为32位;B处理机的数据带有标志符,数据字长增加至36位,其中标志符为4位,它的指令数由最多256条减少到64条。如果执行一条指令平均需要访问两个操作数,存放于存储器中的操作数平均被访问 8 次。对于一个由 1000 条指令组成的程序,分别计算这个程序在 A 和 B 处理机中所占存储空间大小(包括指令和数据),从中可得到什么启示?

19. 对于按字节编址、访问字长为 64 位的存储器,且按访问字对齐的方法把数据存放于存储器中。在存放于存储器中的所有数据中,20% 是独立的字节数据(意指与这个字节数据相邻的不是字节数据),30% 是独立的 16 位数据,20% 是独立的 32 位数据,30% 是 64 位数据。

(1) 计算存储器存储空间的利用率。

(2) 可以采用什么方法来提高存储器存储空间的利用率?画出新方法的逻辑框图,并计算相应的存储空间利用率。

20. 分别采用变址寻址和间址寻址编写一个程序:C=A+B,其中 A 与 B 均是由 N 个元素组成的一维数组,通过比较两个程序来回答下列问题,并说明理由。

(1) 从程序的复杂程度看,哪一种寻址方式更好?

(2) 从硬件实现的代价看,哪一种寻址方式比较容易实现?

(3) 从对向量运算的支持看,哪一种寻址方式更优?

21. 下面一段程序的功能为:在主存 A、B、C 三个单元中,找出最大数送入主存 MAX 单元。在某 RISC 处理机中,设每条指令的执行过程分为"取指令"和"执行"两个阶段,并采用二级流水线。

```
START: LOAD   R1, A        ;取主存 A 单元中的数据到 R1 寄存器
       LOAD   R2, B        ;取主存 B 单元中的数据到 R2 寄存器
       LOAD   R3, C        ;取主存 C 单元中的数据到 R3 寄存器
       CMP    R1, R2       ;比较(R1)与(R2),即(A)-(B)
       BGE    NEXT1        ;如果(A)>(B),转向 NEXT1,否则继续执行
       MOVE   R2, R1       ;(B)→R1
NEXT1: CMP    R1, R3       ;(A)-(C)
       BGE    NEXT2        ;如果(A)>(C),转向 NEXT2,否则继续执行
       MOVE   R3, R1       ;(C)→R1
NEXT2: STORE  R1, MAX      ;保存(R1)到主存 MAX 单元
```

(1) 如果在处理机中采用了指令取消技术,请问上述程序的执行结果是否正确?从中可得到什么启示?

(2) 如果在处理机中采用了延迟转移技术,请对上面的指令序列进行适当的调整,在保证程序语义正确的前提下,尽可能缩短程序的执行时间。

22. 下面是一段数据块搬家程序,在某 RISC 处理机中,设每条指令的执行过程分为"取指令"和"执行"两个阶段,并采用二级流水线。

```
START: MOVE   AS, R1           ;把源数组的起始地址送入变址寄存器 R1
       MOVE   NUM, R2          ;把需要传送的数据个数送入 R2
LOOP:  MOVE   (R1), AD-AS(R1)  ;AD-AS 为地址偏移量,在汇编过程中计算
       INC    R1               ;增量变址寄存器
       DEC    R2               ;剩余数据个数减 1
```

```
        BGT    LOOP              ;测试N个数据是否传送完成
        HALT                     ;停机
NUM:    N                        ;需要传送的数据总数
```

(1) 为提高指令流水线的效率,通常采用指令取消技术,请对此修改上述程序。

(2) 若 N=100,采用指令取消技术后,在程序执行过程中,可以节省多少个指令周期?

(3) 若把一条指令的执行过程分解为"取指令""分析"(含译码和取操作数等)和"执行"(含运算和写回结果等)三个阶段,并采用三级流水线,仍然采用指令取消技术,请对此修改上述程序。

第 3 章 信息加工的流水线技术

流水线技术的应用极其广泛,随处可见,如工业领域、管理工作等,在计算机体系结构中也得到普遍应用。本章以用于信息加工的处理机流水线为基础,介绍流水线及其表示方法与特点分类,阐明流水线处理机实现的基本结构,分析线性流水线的性能与非线性流水线的调度策略,讨论流水线的相关及其处理方法。

3.1 流水线及其特点与分类

【问题小贴士】 在工作和生活中,常常听到流水线这个词,也不知不觉中应用流水线技术。如新生入学报到就采用了流水线技术,学校构建新生入学报到流水线分为两步:①将新生入学报到工作分解并按某种时序将它们线性排列:打印报到流程表→办理缴费或助学贷款→到院系报名(含领校园卡、登记信息、递交材料等)→购买或领取日常用品;②新生入学报到的各项子工作由不同部门指派人去负责完成。这时学生报到需要经过多人多处,每处的子工作是专业化的,相对于报到整体工作要简单得多。与采用集中一处报到相比,其最大优势为学生报到的速度快,即单位时间内可以有更多学生完成报到。①根据其他课程讲述的"指令处理过程"和时间重叠概念,当处理机处理指令序列(运行程序)时,是否也可以采用流水线技术呢?如果可以,如何构建?这样能够带来什么好处,它们是怎样形成的?怎样定义流水线呢?②根据浮点加减法运算步骤,浮点加减法运算是否可以采用流水线来执行呢?由此,有哪些不同特性的流水线呢?③对于新生入学报到流水线,大部分学生直接刷卡缴费,少数学生需要助学贷款,这时会带来什么问题?由此,怎样使流水线速度快、效率高,并且如何充分发挥流水线效率呢?④为了便于流水线技术的应用,自然需要采用一定的方法来描述它。那么,流水线有哪些表示方法?各种方法有什么优势和适用性?

3.1.1 指令序列处理及其流水线概念

1. 单条指令的处理过程

单条指令的处理过程可以分为若干个阶段,最简单、直观地可以分为取指令、分析指令和执行指令三个阶段,其处理过程如图 3-1 所示。取指令阶段的任务为:按照程序计数器的地址内容访问主存储器,读出一条指令(二进制代码)并送到指令寄存器。分析指令阶段的任务为:对指令寄存器中的操作码字段进行译码,分析指令的功能操作;分析地址码字段中的寻址方式,并进行形式地址变换,生成操作数存储单元地址(立即寻址除外),并获取操作数;同时程序计数器自动产生一个增量,形成下一条指令的主存单元地址。执行指令阶段的任务为:根据功能操作要求,对操作数进行运算操作,并把结果送到指定的地址中。

图 3-1 单条指令的处理过程

2. 指令序列的处理方式

当在同一个处理器中处理一段程序的指令序列时,若假设三个阶段所花费的时间均为 Δt,则可以采用顺序、一次重叠和二次重叠三种处理方式。

1) 顺序处理

顺序处理是指在任何时刻处理器至多仅能处理一条指令,指令之间是完全串行处理的,即第 k 条指令处理结束后,再处理第 $k+1$ 条指令,以此类推。顺序处理过程如图 3-2 所示,若程序包含 N 条指令,程序运行所需要的时间为:$T=3N\Delta t$。

图 3-2 指令序列的顺序处理过程

顺序处理的优点在于控制简单、实现成本较低。而主要缺点有两个:一是指令处理的速度慢,指令之间是完全串行处理;二是功能部件的利用率低,如取指令时主存是忙碌的,处理器则是空闲的。

2) 一次重叠处理

一次重叠处理是指在任何时刻处理器至多仅能处理两条指令,指令之间可能有两条指令在处理,即第 k 条指令的执行与第 $k+1$ 条指令的取指令同时发生。一次重叠处理过程如图 3-3 所示,若程序包含 N 条指令,程序运行所需要的时间为:$T=(2N+1)\Delta t$。

图 3-3 指令序列的一次重叠处理过程

一次重叠处理与顺序处理相比,主要优点有两个:一是处理 N 条指令所需要的时间缩短近 1/2;二是功能部件的利用率明显提高,如主存基本处于忙碌状态。但一次重叠处理的实现需要增加一些硬件,而付出了一定的代价,过程控制也变得复杂些。如为了在第 k 条指令执行的同时可以取第 $k+1$ 条指令,必须增加一个指令寄存器,原来的指令寄存器用于存放第 k 条指令,新增的指令寄存器用于存放第 $k+1$ 条指令。

3) 二次重叠处理

二次重叠处理是指在任何时刻处理器至多仅能处理三条指令,指令之间可能有三条指令在处理,即第 $k-1$ 条指令的执行与第 k 条指令的分析以及第 $k+1$ 条指令的取指令同时发生。二次重叠处理过程如图 3-4 所示,若程序包含 N 条指令,程序运行所需要的时间为:$T=(N+2)\Delta t$。

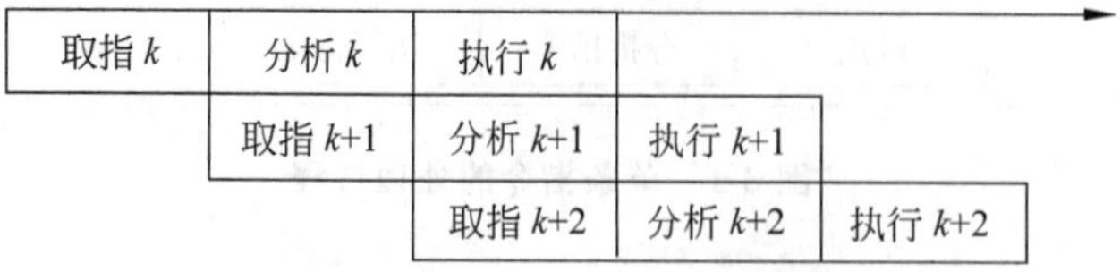

取指 k	分析 k	执行 k		
	取指 $k+1$	分析 $k+1$	执行 $k+1$	
		取指 $k+2$	分析 $k+2$	执行 $k+2$

图 3-4 指令序列的二次重叠处理过程

二次重叠处理进一步提高了指令序列的执行速度,相对于顺序处理,处理 N 条指令所需要的时间缩短近 2/3,但过程控制更加复杂,也需要付出更高代价。

可见,采用重叠方式处理指令序列,使程序运行如同工业生产流水线一样,源源不断地处理指令,有效地提高了指令序列的处理速度。当然,也带来许多问题,如指令处理过程各阶段不相等、指令之间的相关性等,这就需要先行控制、相关处理等新技术的支持。

3. 流水线及其优势实现基础

流水线在工业生产中随处可见。如汽车装配流水线,把汽车装配分为多道工序(子过程),每道工序的任务由一人或多人完成,各道工序所花费时间也大致相等。当汽车装配流水线启动之后,每隔一定的时间(一道工序的时间)就有一辆汽车下线。如果跟踪一辆汽车装配的全过程,就会发现每辆汽车装配都经过了每道工序,装配总时间并没有减少,但由于多辆汽车在时间上重叠装配,使得单位时间内有更多的汽车下线,装配速度得到极大提高。计算机中的流水线与工业生产中的流水线十分相似。

一般说来,流水线技术是指把一个重复的任务处理过程分解为若干个子过程,当每个子过程均设置一个功能部件来实现时,一个过程的子过程可以与其他过程的不同子过程同时进行,实现多个不同过程在时间上重叠工作。将任务处理过程所包含的所有子过程或实现子过程的所有功能部件按一定次序连接在一起,则称为流水线(Pipelining)。任务从流水线的一端进入,经过流水线上的功能部件,从流水线的另一端排出。

从本质上讲,流水线技术是一种时间并行技术,是通过时间重叠的技术途径实现并行处理(时间并发性),换句话说,流水线是通过多个小功能部件并行工作来提高处理速度。把一个重复的任务处理过程分解为若干个子过程,由此为每个子过程设置一个对应独立的功能部件来实现,这些小功能部件是由大功能部件分解而来的,使它们并行工作就可以提高任务的处理速度。

流水线中的子过程或功能部件称为流水段或功能段,也可以称为流水节拍、流水步骤等,流水线中的功能段数量称为流水线的深度。流水线技术是一种非常经济而有效的技术,已成为计算机中普遍应用的一种并行处理技术。采用流水线技术只需要增加少量的硬件,就可以把处理器的运算速度提高许多倍。

3.1.2 流水线的表示

流水线通常有三种表示方法:连接图、时空图和预约表。其中时空图用于表示线性流水线;预约表用于表示非线性流水线;而连接图既可以表示线性流水线,也可以表示非线性流水线。现假设一条指令的处理过程分为取指令、译码、执行、保存结果 4 个子过程,相应处理指令的流水线则包含取指令、译码、执行、保存结果 4 个功能段,且对于某些指令,执行功能段还需要重复使用。

1. 连接图表示法

所谓连接图实质是将带执行时间标记的各功能段按照任务在功能段上的执行顺序从左到右排列,并用带箭头的直线把它们连接起来。上述包含 4 个功能段的线性指令流水线的连接图如图 3-5 所示,而执行功能段还需要重复使用的非线性指令流水线的连接图如图 3-6 所示。显然,通过连接图可以看出流水线所包含功能段的结构关系和任务在流水线上的处理顺序;反过来,分析任务处理过程并划分出过程阶段是画出流水线连接图的基础。

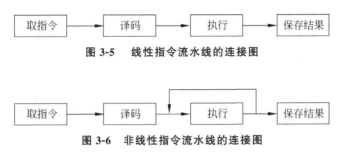

图 3-5　线性指令流水线的连接图

图 3-6　非线性指令流水线的连接图

2. 时空图表示法

所谓时空图实质是利用平面直角坐标的第一象限,以横坐标为时间、纵坐标为空间(功能段),由此在一定范围的平面区域内标记由流水线处理的任务编号,以表示该区域对应的时间段通过对应的功能段来处理对应编号的任务。上述包含 4 个功能段的线性指令流水线的时空图如图 3-7 所示,且当流水线中各功能段执行时间相等时,横坐标被分割成长度相等的时间段。时空图是描述线性流水线最常用、最直观有效的表示方法,横坐标表示输入流水线的任务在流水线中所经历的时间,纵坐标表示输入流水线的任务在流水线中所经过的功能段。

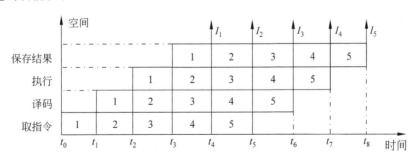

图 3-7　线性指令流水线的时空图

通过时空图可以看出任务在任一时刻所处的处理状态,以及同一时间段有哪些功能段在处理任务。如从图 3-7 的横坐标来看,5 条指令依次分别在 t_0、t_1、t_2、t_3、t_4 时刻进入流水线，在 t_4、t_5、t_6、t_7、t_8 时刻排出流水线；在 t_4 时刻以前，每隔一个时间段就有一条指令进入流水线，从 t_4 时刻开始，每隔一个时间段就有一条指令排出流水线。另外，从图 3-7 的纵坐标来看，在 $t_4 \sim t_5$ 时间段，取指令、译码、执行、保存结果 4 个功能段分别在处理第 5、4、3、2 条指令的对应子过程。反过来，流水线连接图是建立流水线时空图的基础。

3. 预约表表示法

所谓预约表实质是利用一张表，其中行为空间（功能段）、列为时间，当仅描述一个任务在流水线上的处理过程时，则在某个单元格内标记"×"，以表示该单元格对应功能段在对应时间段被该任务占用；当描述序列任务在流水线上的处理过程时，则在某个单元格内标记"$×_j$"，以表示该单元格对应的时间段通过对应的功能段来处理对应下标编号的任务。上述包含 4 个功能段的非线性指令流水线的单指令预约表如图 3-8 所示，序列指令预约表见 3.5 节。预约表是描述非线性流水线最常用、最直观有效的表示方法，行表示输入流水线的任务在流水线中所经历的时间，列表示输入流水线的任务在流水线中所经过的功能段。

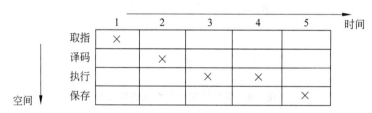

图 3-8 非线性指令流水线的单指令预约表

通过单任务预约表可以看出，任务处理需要多少个时间段，以及在任务处理过程中哪些功能段被重复使用。从图 3-8 来看，预约表有 5 列，则指令处理需要 5 个时间段，且执行功能段在第 3、4 时间段被重复使用。特别地，有的单任务预约表可能同一列有两个单元格带"×"，表明在同一时间段，任务可能进行不同处理，如分支指令，由于条件不同，分支后的时间段进行的是不同的操作。

3.1.3 流水线的分类

流水线种类很多，从不同的角度可以将流水线分为若干不同类型，以反映流水线在某方面的结构、特点或性能等。

1. 按流水线功能多寡来分类

按照功能多寡来分，可以将流水线分为单功能流水线和多功能流水线两种。

1) 单功能流水线

单功能流水线（Unifunction Pipelining）是指流水线各功能段之间的连接固定不变，仅能够用于处理功能特性相同的任务。如流水线浮点加法器专门用于浮点加法运算，流水线浮点乘法器专门用于浮点乘法运算，如图 3-9 所示的是浮点加法器的流水线连接图，其所包含的 6 个功能段之间以固定形式连接在一起，实现唯一的浮点加法运算。

2) 多功能流水线

多功能流水线（Multifunction Pipelining）是指流水线各功能段之间的连接可以改变，

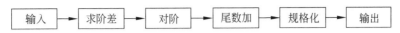

图 3-9　浮点加法器的线性单功能流水线的连接图

在不同时间或同一时间内,通过不同的连接可以处理不同功能特性的任务。典型的多功能流水线是 texas 仪器公司的高级科学计算机 ASC,其处理器的流水线包含 8 个功能段,依次为输入、求阶差、对阶、尾数加、规格化、尾数乘、累加和输出。在一台 ASC 处理器内有 4 条相同的流水线,每条流水线都可以通过不同连接来分别实现整数加减法运算、整数乘法运算、浮点加法运算、浮点乘法运算和逻辑运算、移位操作、数据转换等。如图 3-10 所示的是 ASC 计算机中处理器流水线的部分连接图,功能段之间可以建立不同的连接来实现不同的运算。另外,ASC 计算机除支持标量运算之外,还支持向量运算,可以构建非线性流水线,图 3-10(c)所示的是对两个浮点向量求点积的流水线连接,它就是一个带有反馈回路的非线性流水线。

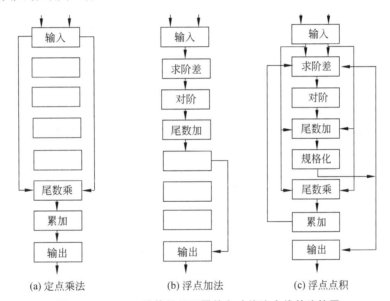

图 3-10　TI-ASC 计算机处理器的多功能流水线的连接图

2. 多功能流水线按在同一段时间内的功能段间连接是否可变来分类

对于多功能流水线,按照在同一段时间内是否可以实现多种连接以同时处理多种不同功能的任务,可将其分为静态流水线和动态流水线两种。

1) 静态流水线

静态流水线(Static Pipelining)是指在同一段时间内,多功能流水线功能段之间仅能够按照一种方式连接,并且处理相同功能特性的任务。对于静态流水线,只有当按照这种连接流入的所有任务都流出之后,多功能流水线才能改变连接以处理其他功能特性的任务。如图 3-10 所示的 8 段多功能流水线,如果按照图 3-11 所示的时空图处理任务,那么它就是一种静态流水线。由图 3-11 可看出,开始时流水线按照浮点加减运算实现来连接,当 N 个浮点加减运算全部处理结束即第 N 个浮点加减运算排出之后,多功能流水线

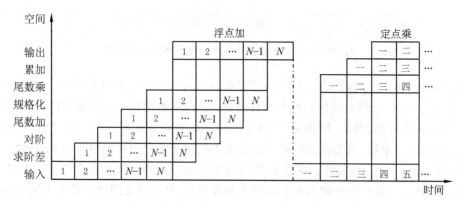

图 3-11 TI-ASC 计算机处理器的静态流水线的时空图

才改变为按照定点乘运算实现来连接。

2) 动态流水线

动态流水线(Dynamic Pipelining)是指在同一段时间内,多功能流水线的功能段之间可以按照多种方式连接,从而可以处理不同功能特性的任务,当然任何一个功能段仅能参与到一种连接中。如图 3-10 所示的 8 段多功能流水线,如果按照图 3-12 所示的时空图处理任务,那么它就是一种动态流水线。由图 3-12 可以看出,浮点加减运算还未处理结束排空,流水线就已按照定点乘运算实现进行连接,并开始定点乘法运算。所以,在同一段时间内和同一条多功能流水线上,两种运算分别使用不同的功能段来同时实现。

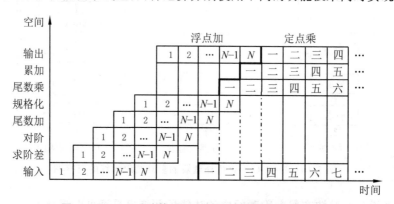

图 3-12 TI-ASC 计算机处理器的动态流水线的时空图

特别地,对于静态流水线,只有连续向其输入功能特性相同的任务,效率才能得到充分的发挥。如果连续输入静态流水线的是功能特性不同的任务,如输入的一串操作是浮点加、定点乘、浮点加、定点乘……静态流水线将如同顺序处理方式一样,效率得不到发挥。而对于动态流水线,由于其允许两种功能特性不同的任务同时进行处理,因此动态流水线的效率高于静态流水线,但动态流水线的控制极其复杂,目前大多数处理器均采用静态流水线。

3. 按流水线的级别来分类

按照级别来分,可将流水线分为功能部件级、处理机级和处理机之间级三种。

1) 指令流水线

指令流水线(Instruction Pipelining)又称为处理机级流水线,它是把指令处理过程分解为多个子过程,每个子过程在独立的功能部件中执行,使指令处理实现流水线化。如图 3-5 和图 3-6 所示的 4 功能段指令流水线即是将指令处理过程分为取指令、译码、执行、保存结果 4 个子过程的指令流水线。

2) 运算操作流水线

运算操作流水线(Arithmetic Pipelining)又称为功能部件级流水线,它是把运算分解为多个子过程,每个子过程在独立的部件中执行,使运算操作实现流水线化。对于较复杂的运算往往采用流水线来实现,如浮点加运算与浮点乘运算等。图 3-9 所示的 6 功能段线性单功能流水线即是浮点加的运算操作流水线;图 3-10 所示的多功能流水线即是多功能运算操作流水线。

3) 宏流水线

宏流水线(Macro Pipelining)又称为处理机之间级流水线,它是由两台或以上的处理机通过存储器串行连接起来,每台处理机分别对任务中的一部分工作进行处理。如图 3-13 所示的是宏流水线,在逻辑上将前一台处理机的输出存入存储器中,作为后一台处理机的输入,这样同一数据流的不同部分或不同变换将分别在不同的处理机上实现。

图 3-13 宏流水线基本结构

4. 按流水线功能段之间是否存在反馈来分类

按照流水线功能段之间是否存在反馈来分,可以把流水线分为线性流水线和非线性流水线两种。

1) 线性流水线

线性流水线(Linear Pipelining)是指流水线各功能段之间串行连接,数据按顺序流经流水线各功能段一次,且仅流经一次。图 3-5 所示的指令流水线和图 3-9 所示的运算操作流水线均为线性流水线。

2) 非线性流水线

非线性流水线(Nonlinear Pipelining)是指在流水线各功能段之间除串行连接外,还存在反馈回路,任务可以多次流经存在反馈回路的功能段。图 3-6 所示的指令流水线是非线性流水线,其中功能段 S_3 存在反馈回路,表示 S_3 可以被多次使用;图 3-10 的浮点点积运算流水线也是非线性流水线。

另外,流水线还可以按照控制方式分为顺序流水线和乱序流水线、同步流水线和异步流水线,按照数据表示方式分为标量流水线和向量流水线。

3.1.4 流水线的特点

在处理机中,采用流水线方式处理指令与采用串行方式相比具有许多特点。在处理机与程序的设计过程中,应充分注意这些特点,以设计出高效率的处理机流水线并充分发挥其效率。

（1）流水线各功能段延迟时间应尽量相等才能充分发挥效率。流水线中任务的流动节拍不能快于延迟时间最长、执行速度最慢的功能段，该功能段是流水线的"瓶颈"，将引起流水线"堵塞"与"断流"，使得其他功能段将不能充分发挥其效率。

（2）流水线必然存在不能充分发挥效率的"装入时间"与"排空时间"。"装入时间"是指第一个任务进入流水线到排出流水线的时间，"排空时间"是指最后进入流水线的任务到其排出流水线的时间。在这两个时间段内，有功能段空闲，流水线没有充满；只有流水线完全充满后，流水线的效率才能得到充分发挥。

（3）必须连续不断地为静态流水线提供同种任务才能充分发挥效率。如为使流水线化的浮点加法器充分发挥效率，就需要连续提供浮点加法运算。但由于程序本身的原因和程序设计过程中人为的原因，如数据相关等，不可能连续为浮点加法器提供同种运算。因此，对于流水线处理机，特别是当流水线级数较多时，应该在软件和硬件等多方面尽量为流水线提供连续的任务。

（4）在流水线每个功能段的后面应设置一个缓冲寄存器（又称锁存器、闸门寄存器等），以平滑各功能段的延迟时间。在流水线中，每个功能段的延迟时间不可能绝对相等，另外还存在电路的延迟时间与时钟偏移等，因此在功能段之间传送任务时，必须通过锁存器来保存功能段自身的执行结果，如图 3-14 所示。

图 3-14 在流水线功能段后面设置的锁存器

显然，在指令流水线中加入锁存器之后，每条指令的实际处理时间增加了。尽管如此，采用流水线后通过多条指令并行处理可以使整个程序的运行时间缩短，但并没有真正减少每条指令的处理时间，这就限制了流水线的深度。一旦时钟周期很小，与时钟偏移和锁存器的附加开销相当时，流水线就失去了作用，在一个时钟周期内没有足够的时间用于有效工作。

3.2 流水线处理机的实现结构

【问题小贴士】 ①流水线是通过多个小功能部件并行工作来提高处理速度，这些小功能部件是由串行处理指令序列的大功能部件分解而来的。那么，当把指令处理过程分解为取指令、分析、执行三个阶段时，处理机应该具备怎样的结构才能实现多条指令的并行处理？为什么？②当多条指令并行处理时，为什么处理机对主存储器的访问会产生冲突？这时会影响处理机的工作效率吗？为什么？③针对流水线功能段的延迟时间不相等的问题，提出了先行控制技术，那么该技术可以解决哪些问题？是如何解决的？为了实现先行控制技术，处理机应该具备怎样的结构？这时，指令处理过程可以分为哪些阶段？

3.2.1 重叠处理的实现结构及其访问冲突

1. 重叠处理的实现结构

当采用二次重叠方式处理指令序列时,可以同时处理 3 条指令,且 3 条指令分别处于取指令、分析指令和执行指令三个不同的阶段。显然,为实现二次重叠处理,处理机必须具有独立的取指令部件、分析指令部件和执行指令部件,才能够使三条指令的不同阶段同时进行。自然,每个部件必须具有各自的控制逻辑,以控制实现各自的功能。由于指令分析不需要微操作,也就不需要相应的控制逻辑;由于取指令即是存储访问操作,与读写操作数的操作相同,因此取指令所需要的控制逻辑与读写操作数共享,且称之为存储控制器。把执行指令部件的控制逻辑称为运算控制器,则二次重叠处理指令序列的基本结构如图 3-15 所示。

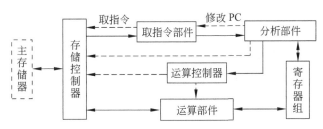

图 3-15 二次重叠处理指令序列的实现结构

在 Inter8086 微处理器中就有重叠处理指令序列的雏形,8086 微处理器的组成可分为总线接口部件和执行部件两部分。总线接口部件的任务有:从主存单元预取指令,送到指令队列缓冲器暂存,实现取指令;从指定主存单元或 I/O 端口取数据送至执行部件,或把执行部件的运算操作结果送至指定的主存单元或 I/O 端口,实现数据存取。执行部件负责从指令队列缓冲器取指令,并进行译码分析和指令执行。这两个功能部件再加上一个队列缓冲器,就可以实现取指令与分析、执行指令之间的一次重叠。

2. 主存访问冲突及其解决方法

当采用二次重叠处理指令序列的实现结构后,处理器可以并发进行取指令、分析指令和执行指令。取指令需要访问主存,分析指令可能需要访问主存来读取操作数,执行指令可能需要访问主存来写结果,这样就使得主存访问可能发生冲突。在一般的计算机中,指令与数据是混存于一个主存中的,而主存的一个存取周期仅能访问一个存储字。所以当计算机仅有一个主存储器时,往往无法实现指令之间的重叠处理。目前,重叠处理指令序列时发生主存访问冲突的解决方法有三种。

(1) 设置两个独立编址的主存储器。设置指令存储器和数据存储器,指令存储器用于存放程序的指令序列,数据存储器用于存放数据。这两个存储器可以同时独立访问,从而解决了取指令与读写操作数之间的访问冲突。如果规定指令执行阶段的运算结果仅写到通用寄存器而不直接写到主存,那么取指令、分析指令和执行指令就可以并发进行。目前,高性能微处理器的芯片内部均配置两个高速缓冲存储器(Cache),一个是指令 Cache,一个是数据 Cache。

(2) 主存储器采用多体交叉编址的并行存储器。多体交叉编址的并行存储器在一个存取周期内可以访问多个存储字,如果同时进行的取指令与读写操作数所存放的存储单元不在同一个存储体中,就可以实现指令序列的重叠处理,否则无法重叠处理指令序列。

(3) 采用先行控制技术。流水线各功能段的延迟时间不可能绝对相等,也不可能在较长时间内为流水线连续不断地提供同种任务。因此,当处理器采用二次重叠处理指令序列的结构时,取指令、分析指令和执行指令等部件不可能完全处于忙碌状态,流水线效率不可能得到充分发挥。前面两种解决访问冲突的方法不仅对此无能为力,而且还没有完全解决访问冲突;设置两个主存时,操作数读与写之间的访问冲突仍然存在;采用并行存储器时,三种主存访问的存储单元必须在不同的存储体上。先行控制技术既可以有效地解决访问冲突,又可以充分发挥流水线效率。

3.2.2 先行控制及其实现结构

1. 先行控制技术的基本原理

先行控制技术最早出现在 IBM 公司研制的 STRETCH 计算机上,目前在处理器中已得到广泛应用。先行控制技术是为了连续流畅地实现指令序列重叠处理而提出的,没有先行控制技术的支持,将无法连续流畅地重叠处理指令序列,也就无法实现真正意义上的流水线。

在二次重叠处理指令序列中,假设取指令、分析指令和执行指令的延迟时间相等,则流水线连续流畅,否则功能段之间存在相互等待现象。但实际上功能段的延迟时间往往是不相等的,若取指令、分析指令和执行指令的时间分别为 Δt_1、Δt_2、Δt_3,且 $\Delta t_2 > \Delta t_3 > \Delta t_1$,采用二次重叠处理指令序列的过程如图 3-16 所示。从图 3-16 可以看出,取指功能段在取出第 $k+1$ 条指令后,由于分析功能段对第 k 条指令的分析还未结束,第 $k+1$ 条指令则不能进入分析功能段而产生堵塞,导致取指功能段空闲;执行功能段在执行第 k 条指令后,由于分析功能段对第 $k+1$ 条指令的分析还未结束,执行功能段得不到第 $k+1$ 条指令而产生断流,又导致执行功能段空闲。另外,当指令之间存在相关时,重叠也会被打断。如若第 k 条指令是转移指令,则按顺序取来的第 $k+1$ 条指令可能无效,从而产生停顿。

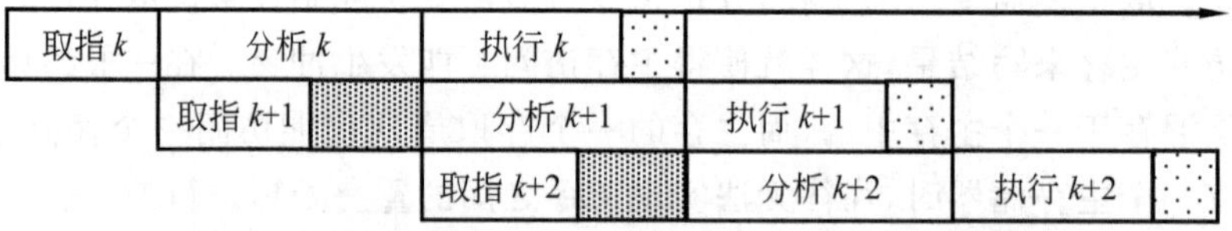

图 3-16 各功能段延迟时间不相等时二次重叠处理的时空图

为使流水线连续流畅而不产生停顿,当流水线某功能段的延迟时间较长时,则在该功能段前面设置预处理栈或在其后面设置后行处理栈,或者同时设置预处理栈和后行处理栈。这样功能段之间相互隔离,所有功能段各自处于忙碌状态,当任务在流水线上流动时,即使功能段之间存在等待时间,但各自的任务流动是连续的。这就是先行控制技术的基本原理。预处理栈一方面对后继任务进行预处理,另一方面用于缓存预处理好的后继任务;而后行处理栈一方面对任务进行后行处理,另一方面用于缓存后行处理好的任务。当然,如果功能段后行处理栈的缓冲器已满,那么该功能段则产生堵塞;如果功能段预处理栈的缓冲器为空,那么该功能段则产生断流;这时流水线仍不是连续流畅的,但可以使功能段空闲降到最低。

先行控制技术不仅使得任务在流水线上连续流畅地流动,而且还有效地解决了主存访问冲突。当多个功能段同时访问主存时,根据具体情况,让其中一个功能段访问主存,该功能段前面的功能段则对后继任务进行预处理,其后面的功能段则对任务进行后行处理。

2. 先行控制定义

先行控制是通过对任务进行预处理和缓冲,以平滑功能部件(功能段)之间工作速度上的差异,使功能部件各自独立地工作,始终处于忙碌状态,提高任务序列的处理速度。显然,先行控制技术实质是缓冲技术和预处理技术相结合的结果,这两种技术是先行控制的关键。

缓冲技术是在工作速度不固定的两个功能段之间设置缓冲栈,用以平滑它们的工作速度的差异。预处理技术是把需要进入某功能段的任务进行外围处理,以减少任务在该功能段中的延迟时间。如把需要进入运算器的指令均处理为寄存器-寄存器型(RR 型)指令,结合缓冲技术,则可以为进入运算器的指令准备好所需要的全部操作数。

3. 先行控制的实现结构

将指令处理分为取指令、分析指令和执行指令三个阶段,执行指令所包含的微操作复杂多变,延迟时间也最长,而取指令与分析指令所包含的微操作相对固定简单。为此,在二次重叠处理指令序列的基本结构基础后,增设 4 个先进先出的先行缓冲栈。在分析指令部件与运算控制器之间增设后行操作栈,在主存储器与执行指令部件之间增设先行读数栈,在执行指令部件后面增设先行写数栈,并使取指令部件增加缓冲功能,先行控制实现的基本结构如图 3-17 所示。特别地,通常把先行指令缓冲栈、先行读数栈、先行操作栈和后行写数栈统称为先行控制器,把先行控制器与指令分析器合称为指令控制部件,而把运算部件及运算控制器合称为指令执行部件。

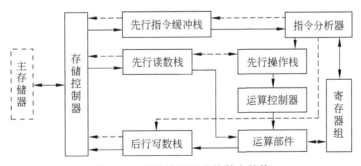

图 3-17 先行控制实现的基本结构

1) 先行指令缓冲栈

先行指令缓冲栈是主存与指令分析器之间的一个缓冲部件,用于平滑它们之间工作速度上的差异。存储控制器一般将取指令的优先级设为最低,其次是操作数的读写,输入输出的优先级最高。只要主存有空闲,就通过预取从主存中取多条指令存放于先行指令缓冲栈中。而当指令分析器空闲时,它就从先行指令缓冲栈中得到所需要的指令。

由于正在处理的指令与从主存中取出的指令是不同的,所以需要设置两个程序计数器——先行程序计数器 PC_1 和现行程序计数器 PC_2,二者计数的顺序是一致的,以维持正确的指令序列。先行指令缓冲栈的组成结构如图 3-18 所示。存储控制器根据先行程序计数器 PC_1 的内容,从主存中取指令;指令分析器则根据现行程序计数器 PC_2 的内容,从先行指令缓冲栈取指令。

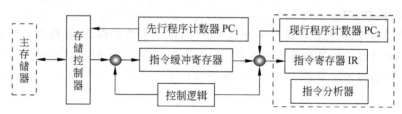

图 3-18　先行指令缓冲栈的组成结构

2) 先行操作栈

先行操作栈是指令分析器和运算控制器之间的一个缓冲部件,用于平滑它们之间工作速度上的差异。当运算部件空闲时,运算控制器就从先行操作栈取出一条 RR * 型指令(由"*"来区分真正的 RR 型指令),该指令所需要的操作数则来自于先行读数栈或通用寄存器中。RR * 型指令是先行操作栈预处理的结果,其预处理是将变址型(RS 型)、存储器型(SS 型)等指令转换为 RR * 型指令。

3) 先行读数栈

先行读数栈是主存与运算部件之间的一个缓冲部件,用于平滑它们之间工作速度上的差异。如果先行操作栈遇到从主存读取源操作数的指令,则由先行操作栈计算出主存有效地址后送到先行读数栈,先行读数栈从主存读取源操作数,并把它送到 RR * 型指令所指示的寄存器。这样,运算部件执行指令时,均不需要访问主存来获取源操作数,从而缩短了指令的执行时间。

4) 后行写数栈

后行写数栈与先行读数栈一样,是主存与运算部件之间的一个缓冲部件。如果先行操作栈遇到向主存写入操作数的指令,则由先行操作栈计算出主存有效地址后送到后行写数栈;当运算部件执行 RR * 型指令后,将结果操作数送入后行写数栈,由后行写数栈把结果操作数写入主存。这样,运算部件执行指令时,均不需要将结果操作数写入主存,从而缩短了指令的处理时间。

4. 栈缓冲深度的选择

先行控制器所包含的 4 个缓冲栈中的缓冲寄存器个数即是缓冲深度。缓冲深度小,缓冲效果不大;缓冲深度大,控制复杂,延迟时间长,还会浪费寄存器。至于选择多大的缓冲深度,一般是在静态分析的基础上,通过模拟方法来确定栈的缓冲深度。而静态分析方法是从两个极端情况来考察。

一是假设先行指令缓冲栈的缓冲深度为 D_i，且已完全充满。若此时先行指令缓冲栈输出端输出的指令较简单，指令分析器的速度快，缓冲栈流出指令的速度也快；而在先行指令缓冲栈的输入端，由于需要访存取指令，指令流入速度慢。设平均每条指令的分析时间为 t_1、访取时间为 t_2，且有 $t_2 > t_1$。在先行指令缓冲栈从完全充满到全部被排空的过程中，指令分析器分析了 L_1 条指令，所花费时间为 $L_1 t_1$；同时，从主存中读取了 $L_1 - D_i$ 条指令，所花费时间为 $(L_1 - D_i) t_2$。则有：

$$L_1 t_1 = (L_1 - D_i) t_2$$
$$D_i = \lceil L_1 (t_2 - t_1)/t_2 \rceil \tag{3-1}$$

由于先行指令缓冲栈为空时，指令分析器被迫处于等待状态。为使先行指令缓冲栈不被取空，其深度必须大于 $\lceil L_1(t_2-t_1)/t_2 \rceil$。

二是假设先行指令缓冲栈为空，此时先行指令缓冲栈输出端输出的指令较复杂，指令分析器的速度慢，缓冲栈流出指令的速度也慢。相比之下，访取指速度快，先行指令缓冲栈输入端指令流入速度也快。设平均每条指令的分析时间为 t_1^*、访取时间为 t_2^*，且有 $t_1^* > t_2^*$。从先行指令缓冲栈为空到完全充满的过程中，从主存读取到先行指令缓冲栈的指令为 L_2 条，所花费时间为 $L_2 t_2^*$；同时，指令分析器分析了 $(L_2 - D_i)$ 条指令，所花费时间为 $(L_2 - D_i) t_1^*$。则有：

$$L_2 t_2^* = (L_2 - D_i) t_1^*$$
$$D_i = \lceil L_2(t_1^* - t_2^*)/t_1^* \rceil \tag{3-2}$$

由于先行指令缓冲栈充满时，缓冲栈将失去效果。为使先行指令缓冲栈不被充满，其深度必须小于 $\lceil L_2(t_1^* - t_2^*)/t_1^* \rceil$。

所以，先行指令缓冲栈的深度主要由主存速度决定。为减小先行指令缓冲栈的深度，必须使指令访取时间 t_2 尽量接近指令分析时间 t_1，即提高主存速度。由于指令分析时间一般小于指令执行时间，采用类似的方法可以计算出其他缓冲栈的深度。对于采用先行控制技术的处理机，各缓冲栈的深度有如下关系：

$$D_{先行指令} \geqslant D_{先行操作} \geqslant D_{先行读数} \geqslant D_{后行写数}$$

如 IBM/370/165 机，$D_{先行指令}=4$，$D_{先行操作}=3$，$D_{先行读数}=2$，$D_{后行写数}=1$。

3.2.3 不同级别的流水线结构

1. 先行控制的指令流水线结构

在采用先行控制的处理机中，其各个部件构成一条流水线，如图 3-19 所示。先行控制处理机处理指令序列时，把指令处理分解为 6 个子过程，即取指令、指令译码、指令变换、读操作数、运算和存结果。

图 3-19 先行控制的指令流水线结构

如有一个程序按指令顺序共有 $i+j+k+n+m+p+q+r$ 条指令，且 $k=1$，$p=1$。

在某一时刻,运算部件正在执行第 k 条指令,而第 k 条指令之前的最前面的 i 条指令已全部处理完,结果已写到主存储器。已通过运算的 j 条指令在后行写数栈中等待把结果写到主存储器,第 k 条指令之后的 n 条指令已由先行操作栈完成预处理,以 RR∗ 型指令存放在先行操作栈中,所需要的操作数也已读到先行读数栈。往后的 m 条指令已生成 RR∗ 型指令并存放在先行操作栈中,但所需要的操作数还未读到先行读数栈。再往后的第 p 条指令正在指令分析器中分析,第 p 条指令后的 q 条指令已从主存储器预取到先行指令缓冲栈中,最后的 r 条指令则还在主存储器中,其中第一条正准备从主存储器流到 CPU 中。可见,先行控制的指令流水线上有大量的指令存在,使得任何功能段都基本上处于忙碌状态。

2. 运算操作的流水线结构

把运算过程中的各种操作为一个子过程,这样每个子过程的延迟时间不可能绝对相等,但偏移不大。因此,采用集中控制方式,使所有功能段与一个统一时钟同步,时钟周期的长短由所有运算操作中延迟时间最长的操作决定。由于运算操作的延迟时间不同,功能段之间可能会有干扰。为了避免干扰,保证功能段之间的时间宽度匹配,在各功能段之间增设门(Latch)寄存器,这样运算操作的流水线结构如图 3-20 所示。

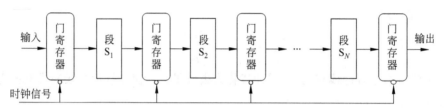

图 3-20 运算操作的流水线结构

3. 宏流水线结构

宏流水线是多台处理机对同一数据流的不同作业分别进行处理,其结构则是异构型多处理机。多处理机处理任务的效率不仅与体系结构有关,而且与算法、语言和软件等有关。宏流水线结构如图 3-13 所示。

3.2.4 流水线结构中存在的问题

1. 瓶颈段问题

当流水线各功能段延迟时间相等时,在流水线上流动的所有任务在每个节拍同步地往前流动一段。当流水线各功能段延迟时间不相等时,延迟时间最长的功能段就成为瓶颈段,统一时钟由瓶颈段的延迟时间决定。因此,在设计流水线结构时,应尽可能使各功能段延迟时间相等。

2. 额外开销问题

当在流水线上处理任务时,会产生额外的开销,这些开销在进行非流水线方式处理时是不会存在的。流水线上的额外开销包含两部分:门寄存器延迟和时钟到达偏差。由于流水线功能段之间均需要设置门寄存器,而门寄存器需要有建立时间和传输延迟。时钟到达各门寄存器的时间不是完全相同的,应该把它们的最大偏差计入统一时钟之中,使得统一时钟周期变长。所以当采用指令流水线来处理指令序列时,不仅不可能减少单条指令的处理时间,由于额外开销的存在,反而会增加这个时间。因此,在设计流水线结构时,应尽可能减少额外开销。

3. 任务间相关问题

无论是运算操作流水线还是指令流水线或宏流水线,如果后面任务的计算需要用到前面任务的计算结果,而前面任务的计算还没有结束,则后面任务就会停止向前流动,即引起流水线的停顿。流水线上流动的前后任务只要存在关联关系,就是相关问题。因此,在设计流水线结构时,解决好相关问题可以有效地提高流水线的性能。

3.3 线性流水线性能及其最佳段数选取

【问题小贴士】 ①对于处理机,在指令序列串行处理的基础上,采用流水线技术并行处理指令序列,可以提高指令的处理速度和功能部件的利用率,那么流水线任务处理速度和资源利用率分别利用什么指标来衡量?如何计算它们?②由于流水线功能段之间均需要设置门寄存器,由此便会产生任务传输延迟,且功能段越多延迟越大,可见并非流水线上的功能段越多越好,那么如何选取流水线功能段数量?③当流水线各功能段延迟时间不相等时,将出现"瓶颈"段,且引起流水线"堵塞"与"断流"。采用先行控制技术,可以尽可能地避免"堵塞"与"断流",这能否从根本上解决"瓶颈"段所带来的问题?④处理机指令主要包括运算加工、数据传输和程序转移三种类型,运算指令和传输指令与后继指令的处理顺序与程序顺序始终一致,转移指令与后继指令的处理顺序与程序顺序可能一致也可能不一致,是否一致则一般在转移指令处理的后期才能决定,这使得转移指令的后继指令应该停顿延迟,那么这样对流水线效率的影响有多大?上述问题的解决涉及许多变换计算,还需要通过练习来掌握直至熟悉。

3.3.1 线性流水线的性能指标

通常用于衡量流水线性能的主要指标有吞吐率、加速比和效率,它们从不同侧面反映流水线性能。

1. 吞吐率

吞吐率(ThoughPut Rate,TP)是指在单位时间内流水线所处理的任务数量或输出的结果数量。即有:

$$TP = N/T_K \tag{3-3}$$

其中,N 为任务数,T_K 是处理 N 个任务所用的时间。式(3-3)是计算流水线吞吐率的基本公式。

1) 流水线各功能段延迟时间相等时的吞吐率

若有一条 K 个功能段的线性流水线,各功能段延迟时间均为 Δt。当 N 个任务理想地连续输入流水线时,流水线的时空图如图 3-21 所示,其处理 N 个任务所需要的时间可从两个方面来分析。一是从流水线输出端来看,用 K 个 Δt 输出第一个任务,即"装入时间"为 $K\Delta t$,之后则每隔一个 Δt 输出一个任务,其余 $N-1$ 个任务输出需要 $(N-1)\Delta t$

的时间。二是从流水线输入端来看,每隔一个 Δt 向流水线输入一个任务,需要 $N\Delta t$ 的时间,另外还需要 $K-1$ 个 Δt 来把任务排空,即"排空时间"为 $(K-1)\Delta t$。因此,流水线处理 N 个任务需要的总时间为:

$$T_K = (N+K-1)\Delta t \tag{3-4}$$

将式(3-4)代入式(3-3)中,则得到当流水线各功能段延迟时间相等时连续输入 N 个任务到含 K 个功能段的线性流水线的实际吞吐率为:

$$TP = \frac{N}{(N+K-1)\cdot\Delta t} \tag{3-5}$$

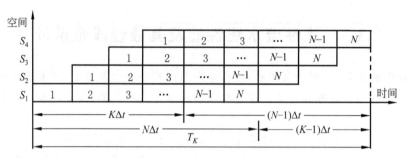

图 3-21 各功能段延迟时间均相等的流水线时空图

当 N 趋于无穷大时的最大吞吐率为:

$$TP_{\max} = \lim_{N\to\infty}\frac{N}{(N+K-1)\cdot\Delta t} = \frac{1}{\Delta t} \tag{3-6}$$

最大吞吐率与实际吞吐率的关系是:

$$TP = \frac{N}{N+K-1} = TP_{\max} \tag{3-7}$$

从式(3-7)可以看出,流水线的实际吞吐率小于最大吞吐率,它除与 Δt 有关之外,还与流水线的段数 K 和输入流水线中的任务数 N 有关。只有当 N 远大于 K 时,才有 $TP \approx TP_{\max}$。

2) 流水线各功能段延迟时间不相等时的吞吐率

若有一条 K 个功能段的线性流水线,各功能段延迟时间分别为 $\Delta t_1, \Delta t_2, \cdots, \Delta t_K$,即流水线中存在"瓶颈"功能段,且"瓶颈"功能段的延迟时间为 $\max\{\Delta t_1, \Delta t_2, \cdots, \Delta t_K\}$。设 $K=4, \Delta t_1 = \Delta t_3 = \Delta t_4 = \Delta t, \Delta t_2 = 3\Delta t$,则线性流水线的连接图如图 3-22 所示,相应时空图如图 3-23 所示。从图 3-23 可以看出,除第一个任务外,其余 $(N-1)$ 个任务必须按"瓶颈"段延迟时间间隔连续流入流水线。因此,各功能段延迟时间不相等且连续输入任务时的线性流水线的实际吞吐率为:

$$TP = N \Big/ \Big(\sum_{i=1}^{K}\Delta t_i + (N-1)\max\{\Delta t_1, \Delta t_2, \cdots, \Delta t_K\}\Big) \tag{3-8}$$

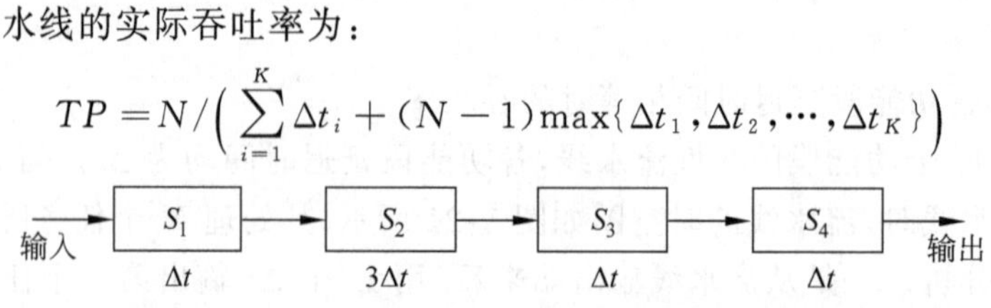

图 3-22 各功能段延迟时间不相等的流水线连接图

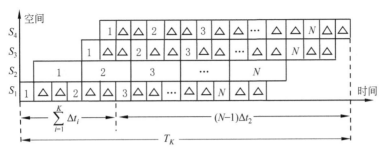

图 3-23　各功能段延迟时间不相等的流水线时空图

式(3-8)中表示总时间的分母中的第一项是流水线处理第一个任务所需要的时间，第二项是处理其余 $N-1$ 个任务所需要的时间。当 N 趋于无穷大时的最大吞吐率为：

$$TP_{\max} = \frac{1}{\max\{\Delta t_1, \Delta t_2, \cdots, \Delta t_K\}} \quad (3-9)$$

从式(3-8)和式(3-9)中可以看出，当流水线中各功能段延迟时间不相等时，流水线的最大吞吐率与实际吞吐率主要由"瓶颈"段的延迟时间决定。这时除"瓶颈"段一直忙碌外，其余功能段都有空闲时间，图 3-23 中"△"符号表示对应功能段在相应时间内是空闲的，这实际上是资源的浪费。

2. 加速比

加速比(Speedup Ratio，S)是指对于同一批任务采用串行处理方式所用的时间与采用流水线所用的时间之比。则流水线加速比为：

$$S = T_0 / T_K \quad (3-10)$$

其中，T_0、T_K 分别为对于同样一批任务不采用流水线处理与采用流水线处理所用的时间，式(3-10)是计算流水线加速比的基本公式。

1) 流水线各功能段延迟时间相等时的加速比

若有一条 K 个功能段的线性流水线，各功能段延迟时间均为 Δt。采用流水线处理 N 个连续输入的任务所需要的时间可见式(3-4)，而不采用流水线处理这 N 个任务所需的时间为：$N \cdot K \Delta t$。因此，流水线的实际加速比为：

$$S = \frac{N \cdot K \Delta t}{(N+K-1)\Delta t} = \frac{N \cdot K}{N+K-1} \quad (3-11)$$

当 N 趋于无穷大时的最大加速比为：

$$S_{\max} = \lim_{N \to \infty} \frac{N \cdot K}{N+K-1} = K \quad (3-12)$$

从式(3-12)中可以看出，当 N 远大于 K 时，在线性流水线各功能段延迟时间相等的情况下，流水线的最大加速比等于流水线的功能段数量。

2) 流水线各功能段延迟时间不相等时的加速比

根据流水线各功能段延迟时间不相等时吞吐率的计算分析，一条有 K 个功能段的线性流水线处理 N 个连续任务的实际加速比为：

$$S = N \cdot \sum_{i=1}^{K} \Delta t_i \bigg/ \sum_{i=1}^{K} \Delta t_i + (N-1)\max\{\Delta t_1, \Delta t_2, \cdots, \Delta t_K\} \quad (3-13)$$

3. 效率

效率(Efficiency,E)是指流水线上的资源利用率,在时空图上则定义为 N 个任务占用的时空区与 K 个功能段占用的总时空区之比,即有:

$$E = N \text{ 个任务占用的时空区} / K \text{ 个功能段占用的总时空区} \tag{3-14}$$

式(3-14)是计算流水线效率的基本公式,其分母是处理 N 个任务所需要的时间与 K 个功能段所围成的时空总面积 $K \cdot T_K$,分子是处理 N 个任务时实际占用的有效时空面积。因此,流水线的效率包含时间和空间两方面的因素,通过时空图来计算流水线的效率是极其必要又非常方便的。

1) 流水线各功能段延迟时间相等时的效率

若有一条 K 个功能段的线性流水线,各功能段延迟时间均为 Δt。在流水线上处理 N 个连续输入的任务所需要的时间可见式(3-4),在这段时间内 K 个功能段均被占用,则时空图的总面积为 $K \cdot (N+K-1)\Delta t$。任一任务占用的时空区为 $K \cdot \Delta t$,N 个任务实际占用的有效面积为 $N \cdot K\Delta t$。则流水线效率为:

$$E = \frac{N \cdot K \Delta t}{K \cdot (N+K-1)\Delta t} = \frac{N}{N+K-1} \tag{3-15}$$

当 N 趋于无穷大时的最大效率为:

$$E_{\max} = \lim_{N \to \infty} \frac{N}{N+K-1} = 1 \tag{3-16}$$

从式(3-16)中可以看出,当 N 远大于 K 时,流水线效率达到最大值即为1,这时"装入时间"和"排空时间"忽略不计,流水线的各功能段均处于忙碌状态,时空图中每个时空块均被有效利用。

2) 流水线各功能段延迟时间不相等时的效率

根据流水线各功能段延迟时间不相等时吞吐率的计算分析,一条有 K 个功能段的线性流水线处理 N 个连续任务的实际效率为:

$$E = N \cdot \sum_{i=1}^{K} \Delta t_i \bigg/ K \cdot \left[\sum_{i=1}^{K} \Delta t_i + (N-1)\max\{\Delta t_1, \Delta t_2, \cdots, \Delta t_K\} \right] \tag{3-17}$$

4. 吞吐率、加速比和效率之间的关系

比较式(3-5)和式(3-15),可以得到:

$$E = TP \cdot \Delta t \quad \text{或} \quad TP = E/\Delta t \tag{3-18}$$

式(3-18)说明:当流水线各功能段的延迟时间均为 Δt 时,流水线的效率与吞吐率成正比,即若采取措施提高了流水线的效率,则同时也提高了吞吐率。

比较式(3-11)和式(3-15),可以得到:

$$E = S/K \quad \text{或} \quad S = K \cdot E \tag{3-19}$$

式(3-19)说明:流水线效率是流水线实际加速比 S 与其最大加速比 $S_{\max} = K$ 之比,只有当流水线效率达到最大值1时,才能使实际加速比达到最大值 K。

当 N 远大于 K 时,则有:

$$E_{\max} = 1, \quad S_{\max} = K, \quad TP_{\max} = 1/\Delta t \tag{3-20}$$

当流水线各功能段的延迟时间相等时,流水线上的各个功能段始终处于忙碌状态,没有空闲时间,这时流水线的吞吐率、加速比和效率都很高,达到最大值。但实际上由于多种原因,流水线的实际吞吐率、加速比和效率远低于相应的最大值。例如,流水线存在装入和排空时间,输入的任务往往不是连续的,程序本身存在相关,多功能流水线在处理某种任务时有的功能段不需要使用等。

特别地,计算流水线吞吐率、加速比和效率有许多公式,在实际分析流水线的性能时,应该注意它们各自适用的场合,但式(3-3)、式(3-10)和式(3-14)具有普适性。另外,当任务输入不连续时,需要先画出时空图,然后利用时空图来计算各项性能指标。

3.3.2 流水线最佳段数的选取

当流水线各功能段的延迟时间相等时,由于任务处理时间是不变的,所以增加流水线功能段数量 K,会使功能段延迟时间 Δt 变小。由式(3-6)和式(3-12)可以看出,流水线的最大吞吐率和最大加速比均可以得到提高。但由于每个功能段的输出端都必须设置一个锁存器,使得在流水线功能段数量增加时,锁存器上的总延迟时间也将增加,任务处理的总时间也必将增加。另外,随着流水线功能段数量增加,锁存器数量也将增加,流水线的造价也会增加。所以,在设计流水线时,需要综合考虑各方面的因素,根据最佳性价比来选取流水线功能段的数量。

假设采用串行处理时,处理一个任务所需要的时间为 T。采用含有 K 个功能段的流水线处理时,每个功能段的延迟时间为 T/K,流水线的最大吞吐率为 $TP_{max}=1/(T/K+D)$(D 为锁存器的总延迟时间)。又设流水线 K 个功能段的总造价为 A,每个锁存器的价格为 B,则流水线的总价格为 $C=A+BK$。由此,将流水线的性价比 PCR 定义为:

$$\text{PCR}=\frac{TP_{max}}{C}=\frac{1}{T/K+D}\cdot\frac{1}{A+BK} \tag{3-21}$$

通过对自变量 K 求导,可得到 PCR 的极值。由于大于零的极值只有一个,这个极值就是最大值。如图 3-24 所示,当性价比 PCR 取得最大值时,它所对应的流水线的功能段数量就是最佳段数 K_0:

$$K_0=\sqrt{TA/DB} \tag{3-22}$$

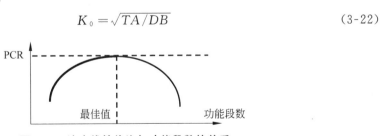

图 3-24 流水线性价比与功能段数的关系

由式(3-22)可以看出,流水线最佳段数与任务处理时间 T 和流水线功能段的造价 A 的平方根成正比,与锁存器的总延迟时间 D 和锁存器价格 B 的平方根成反比。目前,一般处理机流水线的功能段数为 2～10,极少超过 15,且一般把段数大于或等于 8 的流水线称为超流水线。

3.3.3 流水线瓶颈段的处置

当流水线各功能段的延迟时间不相等时,流水线上便存在"瓶颈"段,这时除瓶颈段一直处于忙碌状态之外,其他功能段均有空闲时间,这些功能段的效率则得不到充分发挥,流水线的吞吐率、加速比和效率也比较低。为此,就需要采用某种方法,来使流水线上的功能段尽量处于忙碌状态而没有空闲时间,从而可以提高流水线的吞吐率、加速比和效率。利用先行控制技术,可以缓解由于瓶颈段的存在而导致的流水线堵塞与断流,但并没有完全解除瓶颈段对流水线吞吐率、加速比和效率的影响。所以提出分离瓶颈段和重复设置瓶颈段两种方法来处置瓶颈段,以彻底解决瓶颈段对流水线性能的影响。

1. 分离瓶颈段

所谓分离瓶颈段是指将流水线的"瓶颈"功能段进一步再分解,分解为若干个独立的子功能段,消除由于延迟时间不相等带来的瓶颈。如把图 3-22 所示的第二个功能段再分解为 3 个子功能段,分别为 S_{2-1}、S_{2-2} 和 S_{2-3},这时流水线连接图如图 3-25 所示。这样,流水线则由 4 个功能段变为 6 个功能段,每个功能段的延迟时间均为 Δt,分离瓶颈段相应的流水线时空图类似于图 3-21,区别仅在于空间坐标上有 6 个功能段,任务从输入输出需要 $6\Delta t$ 的时间。

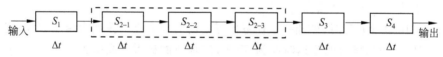

图 3-25 瓶颈功能段再分解的流水线连接图

2. 重复设置瓶颈段

由于功能结构等多方面的原因,往往瓶颈段难以再分解,这时可以通过重复设置瓶颈段,让多个瓶颈段并行工作,消除由于延迟时间不相等带来的瓶颈。如把图 3-22 中的第二个功能段重复设置,分别为 S_{2-1}、S_{2-2} 和 S_{2-3},这时流水线连接图如图 3-26 所示。这样,重复设置的瓶颈段依次从 S_1 中接收三个不同的任务,处理后则依次送到 S_3 中,从而导致控制逻辑比较复杂,造价增加。对于图 3-26,在功能段 S_1 到三个并列功能段 S_{2-1}、S_{2-2} 和 S_{2-3} 之间,需要设置一个数据分配器;从三个并列功能段 S_{2-1}、S_{2-2} 和 S_{2-3} 到功能段 S_3 之间,需要设置一个数据收集器。数据分配器的功用是:从功能段 S_1 输出的任务依次重复分配于功能段 S_{2-1}、S_{2-2} 和 S_{2-3};数据收集器的功用是:任务依次重复地从功能段 S_{2-1}、S_{2-2} 和 S_{2-3} 收集处理结果并送到功能段 S_3 中。

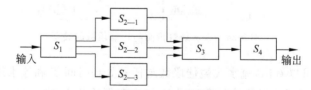

图 3-26 瓶颈功能段重复设置的流水线

重复设置瓶颈段的流水线时空图如图 3-27 所示,这时流水线也可以认为含有 6 个功能段,且每个功能段的延迟时间均为 Δt。

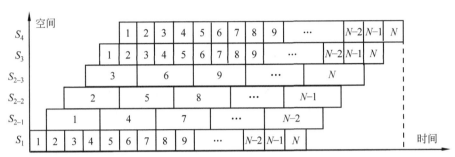

图 3-27 重复设置瓶颈段的流水线时空图

3.3.4 条件转移对流水线效率的影响

在程序指令序列中,一般都有转移指令,且转移方向的确定通常发生在指令处理的后期,即当转移指令的后续指令需要流入流水线时,是顺序还是转移还未确定。那么是否停止向流水线送指令呢? 当然不会,为了提高流水线效率,通常在条件转移指令之后选择一个方向,让该方向的指令进入流水线处理,且一般固定选择顺序方向即转移不成功的方向,按程序顺序继续向流水线输入指令,如图 3-28 所示。当然,也可以选择转移成功的方向,但控制相对较复杂,需要保留当前程序计数器的内容,以备选择错误时恢复到转移不成功的方向。

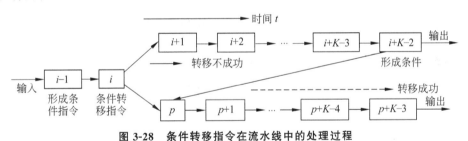

图 3-28 条件转移指令在流水线中的处理过程

从图 3-28 来看,指令 i 是条件转移指令,在顺序还是转移还未确定前,指令 $i+1$,$i+2\cdots$可以按转移不成功方向继续送入流水线处理。若指令 i 所需要的条件码由其上一条指令 $i-1$ 生成,则在一条 K 个功能段的流水线中,指令 $i-1$ 在功能段 K 才能生成条件码。此时,从指令 $i-1$ 到指令 $i+K-2$ 共有 K 条指令在流水线中处理。如果转移指令的条件码为转移不成功的条件,则选择正确,这时条件转移指令对流水线的效率没有影响。如果条件码为转移成功的条件,则选择错误,需要按转移成功方向来向流水线送入指令。这时应该先废除已在流水线中处理的指令 $i+1,i+2,\cdots,i+K-2$,再从转移目标处开始处理指令 $p,p+1\cdots$指令序列。显然,在选择错误的情况下,每处理一条条件转移指令,对于包含 K 个功能段的流水线,就有 $K-2$ 个功能段浪费,做了无效的操作。

对于一条有 K 个功能段的流水线,由于条件转移指令的影响,最坏时一次条件转移将带来$(K-1)\Delta t$时间的"断流"。设程序中条件转移指令所占比例为 P,转移成功的概

率为 Q,那么对于一个含有 N 条指令的程序,条件转移带来的额外增加的延迟时间为:$P \cdot Q \cdot N(K-1)\Delta t$。采用流水线处理 N 条指令的总处理时间为:

$$T_B = (N+K-1)\Delta t + P \cdot Q \cdot N(K-1)\Delta t \qquad (3-23)$$

当考虑有条件转移影响时的流水线吞吐率为:

$$TP_B = \frac{N}{(N+K-1)\Delta t + PQN(K-1)\Delta t} \qquad (3-24)$$

当 $N \to \infty$ 时,考虑有条件转移影响时的流水线最大吞吐率为:

$$TP_{Bmax} = \frac{1}{\Delta t + PQ(K-1)\Delta t} \qquad (3-25)$$

若程序中没有条件转移指令或条件转移指令均转移不成功,即 $P=0$ 或 $Q=0$,则式(3-24)则与式(3-5)相同,式(3-25)与式(3-6)相同,即 $TP_{max}=1/\Delta t$。

由于条件转移指令的影响,流水线吞吐率下降的百分比为:

$$D = \frac{TP_{max} - TP_{Bmax}}{TP_{max}} = \frac{PQ(K-1)}{1+PQ(K-1)} \qquad (3-26)$$

由式(3-26)可见,流水线分解得越细,功能段数越多,由于条件转移指令的影响使流水线吞吐率下降越大。这也说明,对流水线功能段数量需要优化选取。

例 3.1 有一个四功能段的线性流水线,各段延迟时间不相等,如图 3-22 所示。

(1) 当 $N=4$ 时,画出它的时空图,求 TP、TP_{max}、S 和 E 的值。

(2) 当 $N=12$ 时,画出分离"瓶颈"段的流水线连接图和时空图,求 TP、TP_{max}、S 和 E 的值。

(3) 当 $N=12$ 时,画出重复设置"瓶颈"段的流水线连接图和时空图,求 TP、TP_{max}、S 和 E 的值。

解:(1) 流水线的时空图如图 3-23 所示,在 $N=4$、$K=4$ 时,由式(3-8)、式(3-9)、式(3-10)和式(3-14)可得(T_0、T_N 分别为串行处理与流水线处理 4 个任务时所需的时间):

$$TP = N/T_N = N/[6\Delta t + (N-1)3\Delta t] = 4/15\Delta t$$

$$TP_{max} = \lim_{N \to \infty} TP = 1/3\Delta t$$

$$T_0 = N \times K\Delta t = 4 \times (1+3+1+1)\Delta t = 24\Delta t$$

$$S = T_0/T_N = 24\Delta t/15\Delta t = 1.6$$

因为:

$$\text{有效时空面积} = 4 \times (3 \times \Delta t) + 4 \times (1 \times 3\Delta t) = 24\Delta t$$

$$\text{全部时空面积} = 4 \times T_N = 60\Delta t$$

所以:

$$E = 24\Delta t/60\Delta t = 0.4$$

(2) 线性流水线的功能段 2 为"瓶颈"段,分离该功能段后的流水线连接图如图 3-25 所示,时空图类似于图 3-21。在 $N=12$、$K=6$ 时,由式(3-5)、式(3-6)、式(3-11)和式(3-19)可得:

$$TP = N/T_N = N/[6\Delta t + (N-1)\Delta t] = 12/17\Delta t$$

$$TP_{\max} = \lim_{N \to \infty} TP = 1/\Delta t$$
$$S = N \cdot K/(N+K-1) = 12 \times 6/(6+12-1) = 4.24$$
$$E = S/K = 0.7$$

(3) 线性流水线的功能段 2 为"瓶颈"段,重复设置该功能段后的流水线连接图如图 3-26 所示,时空图如图 3-27 所示。在 $N=12$、$K=6$ 时,由式(3-5)、式(3-6)、式(3-11)和式(3-19)可得:

$$TP = N/T_N = N/[6\Delta t + (N-1)\Delta t] = 12/17\Delta t$$
$$TP_{\max} = \lim_{N \to \infty} TP = 1/\Delta t$$
$$S = N \cdot K/(N+K-1) = 12 \times 6/(6+12-1) = 4.24$$
$$E = S/K = 0.7$$

例 3.2 如图 3-29 所示的是静态加、乘双功能流水线,它由功能段 S_1、S_2、S_3、S_4 和 S_6 组成乘法流水线,由段 S_1、S_5 和 S_6 组成加法流水线。设向量 $\boldsymbol{a}=(a_1,a_2,a_3,a_4)$,向量 $\boldsymbol{b}=(b_1,b_2,b_3,b_4)$,画出由该流水线计算 $\prod(a_i+b_i)$ 时的时空图,并求 TP、S 和 E 的值。特别地,流水线上的输出可以直接返回输入端或暂存于流水线寄存器中。

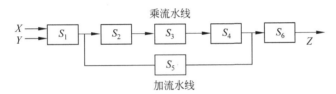

图 3-29 静态加、乘双功能流水线的连接图

解: 由于该流水线为静态双功能流水线,为提高流水线效率,必须连续输入相同任务。计算 $\prod(a_i+b_i)$ 共有 4 个加、3 个乘,有两种不同功能的任务,根据数据相关关系,应该先加后乘。因此,当前对流水线先设置加法功能,连续计算出 (a_1+b_1)、(a_2+b_2)、(a_3+b_3)、(a_4+b_4) 这 4 个加法结果后,再设置乘法功能,且按 $[(a_1+b_1) \times (a_2+b_2)] \times [(a_3+b_3) \times (a_4+b_4)]$ 顺序来做 3 个乘法。因此,计算 $\prod(a_i+b_i)$ 时流水线的时空图如图 3-30 所示,图中 $A=a_1+b_1$,$B=a_2+b_2$,$C=a_3+b_3$,$D=a_4+b_4$。

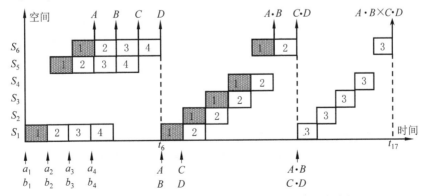

图 3-30 计算 $\prod(a_i+b_i)$ 时静态加乘双功能流水线的时空图

由上述时空图可以看出,计算 $\prod(a_i+b_i)$ 共需要 17 个 Δt 且输出 7 个结果,由式(3-3)则有:
$$TP = N/T_N = 7/17\Delta t$$

当采用串行处理时,计算 $\prod(a_i+b_i)$ 需要 4 次加法和 3 次乘法,一次加法处理需要 $3\Delta t$,一次乘法处理需要 $5\Delta t$,则共需要的时间为:
$$T_0 = 4 \times 3\Delta t + 3 \times 5\Delta t = 27\Delta t$$

由式(3-10)有:
$$S = T_0/T_N = 1.88$$
$$E = 有效时空区面积 / 全部时空区面积$$
$$= (3 \times 4\Delta t + 5 \times 3\Delta t)/(6 \times 17\Delta t) = 0.264$$

例 3.3 有一条动态多功能流水线由 5 个功能段组成,如图 3-31 所示。加法使用 1、3、4、5 功能段,乘法使用 1、2、5 功能段,第 4 功能段的延迟时间为 $2\Delta t$,其余功能段的延迟时间均为 Δt,且流水线的输出可以直接返回输入端或暂存于相应的流水线寄存器中。若利用该流水线计算 $\sum_{i=1}^{4}(A_i \times B_i)$,求其吞吐率、加速比和效率。

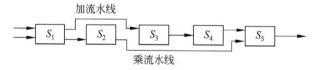

图 3-31 动态加乘双功能流水线的连接图

解:首先,应选择适合于流水线的算法。对于本计算,应先计算 $A = A_1 \times B_1$、$B = A_2 \times B_2$、$C = A_3 \times B_3$ 和 $D = A_4 \times B_4$,再计算 $A+B$ 和 $C+D$,最后求总的累加结果。

其次,画出与算法相对应的流水线时空图,如图 3-32 所示,图中阴影部分表示相应功能段在工作。

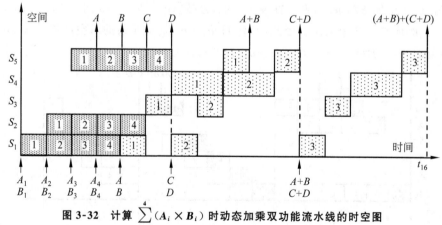

图 3-32 计算 $\sum_{i=1}^{4}(A_i \times B_i)$ 时动态加乘双功能流水线的时空图

由图 3-32 可见,在 16 个 Δt 时间段中,输出 7 个结果,由式(3-3)则有:

$$TP = 7/16\Delta t$$

如果采用串行处理,由于一次求积需要 $3\Delta t$,一次求和需要 $5\Delta t$,则产生上述 7 个结果共需要 $(4\times3+3\times5)\Delta t=27\Delta t$,所以加速比为:

$$S = 27\Delta t/16\Delta t \approx 1.69$$

这时流水线效率可由阴影区面积和 5 个段的总时空区面积的比值求得:

$$E = (4\times3+3\times5)\Delta t/5\times16\Delta t \approx 0.338$$

3.4 指令流水线相关及其处理

【问题小贴士】 ①在日常生活和工作中,为了提高速度与效率,也会尽可能地并行开展各项活动。但往往活动之间存在某种关联,使得许多活动的并行性受到限制而无法并行进行,从而会限制速度与效率。举一个例子来说明这种现象,并加以具体解释。②当采用指令流水线处理程序指令序列时,两条指令之间同样存在某种关联,使得两条指令不可能同时在指令流水线上顺畅流动处理。若有包含取指令、分析指令和执行指令三个功能段的指令流水线,对于下列三组指令:

ADD AX, (0100H)、ADD AX, BX;
ADD AX, CX、ADD AX, BX;
ADD AX, BX、JC TAB;

指令之间分别存在怎样的关联?它们可以同时在三个功能段的指令流水线上顺畅流动处理吗,为什么?对此便引入流水线相关,由此给出流水线相关的概念,并根据指令之间的不同关联,你认为流水线相关有哪些类型?③当指令之间存在流水线相关时,它们将不可能同时在指令流水线上顺畅流动处理,使得指令流水线的吞吐率与效率降低。为了提高指令流水线的吞吐率与效率,流水线相关可以消除或减轻其对效率的影响吗,为什么?对于不同类型的流水线相关,有哪些处理方法?上述问题的解决涉及许多分析设计,还需要通过练习来掌握直至熟悉。

3.4.1 流水线相关及其分类与处理策略

1. 什么是顺序流动与异步流动

流水线中的任务是从输入端流入,并从输出端流出。一般来说,先进入流水线的任务则先从输出端出来,即具有先进先出的特性。但是,由于需要处理的任务有简单和复杂之分,处理时间自然有多少之分,因此可能发生后进先出的超越现象。另外,由于某种原因,有的任务在流水线中某段时间内没有向前流动。这样,便可能发生任务流入流水线的顺序与其流出流水线的顺序不一致。

所谓顺序流动是指任务从流水线流出的次序同它们流入的次序一致;而异步流动是指任务从流水线流出的次序同它们流入的次序不一致,异步流动也称为乱序流动或错序流动。对于指令流水线,任务即是指令;当指令处理结束的次序与取指令的次序一致时则是顺序流动;当指令处理结束的次序与取指令的次序不一致时则是异步流动。

2. 流水线相关及其处理策略

通常,当事物之间存在某种相互依赖关系时,则称事物之间相关。所以,相关(Correlation)是指事物之间存在的某种相互依赖关系。对于指令流水线,相关则有两种指向:指令相关和流水线相关。指令相关是指程序中指令之间存在的某种相互依赖关系,它是程序固有的一种属性;流水线相关是指程序中指令之间存在的可能影响指令流水线连续流动的某种相互依赖关系,它是流水线的一种属性。由于相关的指令同时在流水线上流动时并不一定出现流水线停顿现象,所以指令相关并不一定存在流水线相关,但流水线相关一定存在指令相关。

流水线相关必然限制指令并行处理,而流水线相关是指令相关导致的,所以程序中指令相关的存在就可能限制流水线并行处理指令。因此,把如何克服指令相关对并行处理指令的限制称为相关处理。相关处理的充分条件是保证程序顺序,所谓程序顺序是指原程序中指令的排列顺序,是完全串行处理时指令的处理顺序。但在程序运行时,并不一定要保证程序顺序,只有在可能导致错误时,才必须保证程序顺序,所以相关处理的必要条件是保证语义顺序。这就为消除流水线相关以及提高并行处理指令的程度提供了基础。

处理机指令流水线的实际 CPI 等于理想 CPI 加上相关带来停顿的时钟周期数,即有:$CPI_{实际} = CPI_{理想} + 停顿_{时钟周期数}$,理想 CPI 是流水线性能指标的最大值。所以,相关处理的实质是减少停顿的时钟周期数。对此,相关处理有两种基本策略:一是消除指令相关,使指令相关不存在,流水线相关自然不存在,从而消除停顿;二是避免或缩短流水线相关,指令相关仍然存在,只是消除或缩短停顿。

3. 流水线相关的分类

根据流水线相关对应指令相关的依赖关系不同,流水线相关一般包含资源相关、数据相关和控制相关三种类型。资源相关包括存储部件相关和运算部件相关,数据相关包括操作数相关和变址相关,控制相关包括条件转移相关和中断相关。流水线相关的类型结构如图 3-33 所示。

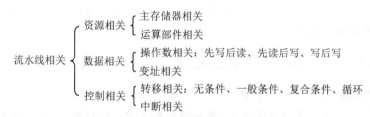

图 3-33 流水线相关的类型结构

特别地,由于数据相关与资源相关对程序运行的影响范围较小,仅涉及相应指令的前后一条或几条指令的处理,所以统称为局部相关(Local Correlation);而由于控制相关对程序运行影响范围较大,可能改变程序运行方向,所以又称为全局相关(Global Correlation)。

4. 数据相关及其分类

在程序指令序列的处理过程中,当相近的两条指令要对同一存储单元进行访问时,应该遵循一定的先后次序,才能保证程序处理过程的正确性。对此,当采用串行处理时,由于程序指令序列是顺序串行处理,则一定能保证访问的先后次序。但采用流水线处理时则不然,而如果不能保证访问的先后次序,就可能引发程序处理错误。所以,数据相关是指当采用流水线处理程序指令序列时,如果程序中相近的两条指令需要对同一存储单元进行访问,则应该遵循一定的先后次序,否则可能导致数据供求错乱而引发程序处理错误。

对存储单元进行访问无非是读和写,两条指令对同一存储单元进行访问的先后次序只有4种:先写后读、先读后写、写后写和读后读,其中"读后读"的次序即使错乱,也不会引发程序处理错误。因此,从存储单元的访问次序来看,数据相关有"先写后读"相关、"先读后写"相关和"写后写"相关三种。

存储单元存储的内容一般有指令、操作数和地址(一般是地址信息的一部分,称之为变址信息),当存储单元存储的是指令时,则可能发生指令相关。指令相关是指当采用流水线处理程序指令序列时,相近的两条指令中后面的指令由前面指令的处理结果来决定(修改或生成),使得这两条指令不能同时在流水线上流动,否则后面的指令是无效的,将引发程序处理错误。由于指令相关的处理极其复杂,硬件与时间的代价很大,所以通常规定在程序运行期间不允许修改指令,目前大多数计算机不设此类指令。因此,从存储单元存储的内容来看,数据相关有操作数相关和变址相关两种。变址相关一定是前面一条指令要生成其后指令的部分地址信息(如基址或变址),所以变址相关从访问次序上来看仅属于"先写后读"相关。操作数相关从操作次序上可以是任意的,因此操作数相关有"先写后读"相关、"先读后写"相关和"写后写"相关三种。

5. 控制相关及其分类

在程序指令序列中,一般都有转移指令,且转移方向的确定通常发生在指令处理的后期,即当转移指令的后续指令需要流入流水线时转移方向还未确定,它可能是顺序的指令,也可能目标处的指令。另外,在程序指令序列处理过程中,往往又有中断的存在,这时需要中止现行流水线上的多条指令,转去处理中断服务程序。可见,无论是转移指令还是断点指令,都会引起流水线停顿而形成断流。控制相关是指当采用流水线处理程序指令序列时,由于转移指令或中断引起指令处理方向的改变,使得转移指令或断点指令与其后续指令可能不会同时在流水线中处理。显然,控制相关包括转移相关和中断相关两种。

转移指令一般可分为无条件的、一般条件的、复合条件的和循环的等,因此,从转移指令的条件来看,转移相关包含无条件转移相关、一般条件转移相关、复合条件转移相关和循环转移相关4种。

3.4.2 资源相关及其处理

1. 资源相关及其发生缘由

当多条指令并行处理时,硬件资源满足不了多条指令并行处理的需要,可能出现两条或两条以上的指令在同一时间争用同一功能部件的现象,这就是资源相关。所以资源相关是指当采用流水线处理程序指令序列时,相近的多条指令在同一时间争用同一功能部件的现象。对于指令流水线,指令在运算部件的延迟时间一般比其他功能部件要长且不相同,在指令处理过程中可能需要多次访问存储部件,可见争用现象一般发生在运算部件和存储部件上。因此,资源相关一般可分为存储部件相关和运算部件相关。

设指令处理过程为取指令、译码、运算和写结果,运算部件一般是由定点算术逻辑部件(ALU,延迟时间为 2 个 Δt)、浮点数加法部件(FADD,延迟时间为 3 个 Δt)、浮点乘除部件(FMDU,延迟时间为 4 个 Δt)、图形处理部件(GPU,延迟时间为 4 个 Δt)和存取数部件(LSU,延迟时间为 1 个 Δt)组成的多功能部件,其他功能部件的延迟时间为 1 个 Δt。现需要运行以下程序指令序列:

```
K     FADD  R0, R1;    R0←(R0)+(R1)
K+1   FMUL  R2, R3;    R2←(R2)×(R3)
K+2   FADD  R4, R5;    R4←(R4)+(R5)
K+3   FMUL  R6, R7;    R6←(R7)×(R8)
```

由于 K 和 $K+2$ 两条指令都需要使用浮点加法部件,则在第 5 个 Δt 时就出现浮点加法部件争用。由于 $K+1$ 和 $K+3$ 两条指令都需要使用浮点乘除部件,则在第 6 个 Δt 时就出现浮点乘除部件争用。指令流水线运算部件相关如图 3-34 所示。

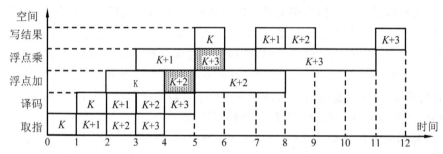

图 3-34　多功能指令流水线运算部件相关的时空图

若需要运行以下程序指令序列:

```
K     FADD  MEM1, R0, R1;    MEM1←(R0)+(R1)
K+1   ADD   MEM2, R2, R3;    MEM2←(R2)+(R3)
K+2   ……
K+3   ……
K+4   ……
K+5   ……
```

由于 K 和 $K+1$ 指令在第 6 个 Δt 时都需要向主存储器写数,$K+5$ 指令在第 6 个 Δt 时需要向存储器取指令,从而出现存储部件争用的现象。指令流水线存储部件相关如图 3-35 所示。

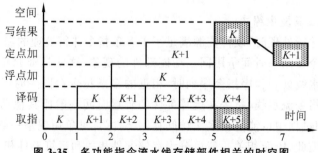

图 3-35　多功能指令流水线存储部件相关的时空图

2. 资源相关的处理方法

对于给定的处理机,当其指令流水线存在资源相关时,处理方法有时间延迟和软件指令调度两种。时间延迟是指当多条指令发生资源争用时,让其中一条指令使用该资源,其余指令推迟使用,这样便可以避免资源相关,但流水线的吞吐率和效率自然会下降。例如图 3-33 中的运算部件相关,通过时间延迟,使第 $K+2$ 条和第 $K+3$ 条指令分别在第 4 个 Δt 和第 6 个 Δt 进入指令流水线,则可以避免浮点数加法部件和浮点乘除部件的争用。对于图 3-34 中的存储部件相关,通过时间延迟,使第 $K+1$ 条指令在第 3 个 Δt 进入指令流水线,并在第 6 个和第 7 个 Δt 停止取指令,则可以避免存储部件的争用。

软件指令调度是指通过编译软件使相近而又存在资源相关的指令距离拉大,使得它们不可能在流水线上同时流动,这样也可以避免资源相关,且可以完全或较高程度保持流水线的吞吐率和效率。如图 3-33 中的运算部件相关,将第 $K+2$ 条和第 $K+3$ 条指令分别调度到 $K+4$ 和 $K+6$ 位置,这样也可以避免浮点数加法部件和浮点乘除部件的争用,而 $K+2$ 和 $K+3$ 空出的位置可以分别由与第 K 条和第 $K+1$ 条指令没有相关的其他指令来填补。对于图 3-34 中的存储部件相关,也可以同样处理。特别地,空出的位置不一定可以完全填补,仅是尽量填补;当不能完全填补时,流水线的吞吐率和效率也会下降,尽量填补则可以较高程度保持流水线的吞吐率和效率(参见 6.1 节)。

对于运算部件相关,运算部件实际上是瓶颈,流水线瓶颈段的处置方法是再分解瓶颈段或重复设置瓶颈段。对于存储部件相关,实际上是主存访问的冲突,存储访问冲突的解决方法有分离指令与数据 Cache、采用多体交叉并行存储器和利用指令存储预取技术等。为了使流水线的吞吐率和效率不下降,对处理机及其存储部件进行改造,也是消除资源相关的一条途径。但为了节约硬件成本,往往不会通过改造来消除资源相关,而宁愿牺牲流水线的吞吐率和效率。

3.4.3 操作数相关及其处理

1. 操作数相关及其发生缘由

若由一条包含 8 个功能段的指令流水线来处理指令序列 g,h,i,j,k,…,如图 3-36 所示。操作数相关是指当采用流水线处理程序指令序列时,程序中相近的两条指令所含操作数在同一时间对同一存储单元而进行访问时,应该有一定的先后次序,否则可能导致数据供求错乱而引发程序处理错误。根据读与写的先后次序,操作数相关包括"先写后读"相关、"先读后写"相关和"写后写"相关三种。

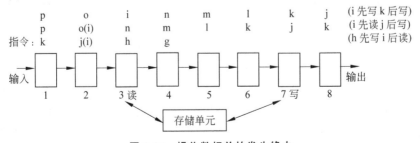

图 3-36 操作数相关的发生缘由

"先写后读"相关是指当采用流水线处理程序指令序列时,程序中相近的两条指令在同一时间前面一条要对某存储单元写操作数,后面一条要对同一存储单元读操作数,即应该有"先写后读"的先后次序,否则后面一条指令读出的操作数是错误的。对于图3-36,如果指令 h 的目的地址与指令 i 的源地址是同一个存储单元或寄存器,即两条指令具有"先写后读"的次序。当指令 i 到达读功能段时,如果指令 h 还没有到达写功能段完成写操作数,那么指令 i 读出的操作数便是错误的。特别地,由于在指令流水线中,读功能段在前,写功能段在后,所以"先写后读"相关在流水线顺序流动时也常发生。

"先读后写"相关是指当采用流水线处理程序指令序列时,程序中相近的两条指令中前面一条要对某存储单元读操作数,后面一条要对同一存储单元写操作数,即应该有"先读后写"的先后次序,否则前面一条指令读出的操作数是错误的。对于图3-36,如果指令 i 的源地址和指令 j 的目的地址是同一个存储单元或寄存器,即两条指令具有"先读后写"的次序。当指令 i 与其前面的指令 h 或 g 存在相关时,则可以采用异步流动。即如果指令 i 后面的指令与进入流水线的全部指令之间都没有相关,那么可以仅使指令 i 暂停流动,而其后的指令依次超越指令 i 继续向前流动。当指令 j 到达写功能段时,指令 i 还未读操作数,之后指令 i 读取的操作数便是错误的。显然,"先读后写"相关只有在流水线异步流动时才可能发生,顺序流动是不可能发生这种相关的。

"写后写"相关是指当采用流水线处理程序指令序列时,程序中相近的两条指令在同一时间都要对同一存储单元写操作数,即应该有"写后写"的先后次序,否则这一存储单元存储的操作数是错误的。对于图3-36,如果指令 i 的写操作和指令 k 的写操作都是针对同一个存储单元或寄存器,即两条指令具有"写后写"的次序。如果由于其他相关,采用异步流动而使指令 k 超越指令 i 先到达写功能段,那么该存储单元或寄存器的内容最后是由指令 i 写入的,而不是由指令 k 写入的,则该存储单元存储的操作数便是错误的。显然,"写后写"相关也只有在异步流动时才可能发生。

2. 操作数相关的处理方法

对于指令流水线,当存在操作数相关时,处理方法有时间延迟、专用通路和数据重定向三种。特别地,对于主存储器存储单元存在的操作数相关,还可采用多体交叉并行存储器和先行控制技术来解决。

1) 时间延迟方法

若程序指令序列中相近的前后两条指令存在某种操作数相关,为了避免读写次序的错乱而带来读或写操作数的错误,则可以让后面的指令延迟向前流动,这就是处理操作数相关的时间延迟方法,且延迟流动有顺序延迟和异步延迟两种方式。顺序延迟是让后读或写操作数指令及其后继指令均延迟向前流动,等待前面指令读或写操作数后,再依次继续向前流动。顺序延迟方式保证顺序流动,且控制实现比较简单,不需要对流水线做任何改进,但流水线的吞吐率和效率会降低。

异步延迟是让后读或写操作数指令延迟向前流动,等待前面指令读或写操作数后,再继续向前流动,但其后继指令则超越该指令依次继续向前流动,从而实现异步流动。异步延迟可以提高流水线的吞吐率和效率,但控制实现比较复杂,还容易带来新的相关——"写后写"和"先读后写"。

2）专用通路方法

由于"先写后读"相关在流水线顺序流动时也经常发生，即在一般程序中"先写后读"相关出现的概率很大。尤其是由于多数处理机常把通用寄存器作为累加器来使用，或者利用通用寄存器来保存中间结果，使得通用寄存器出现操作数相关的概率极高。处理操作数相关的专用通路方法是在流水线的读功能段与写功能段之间增加一条专用的数据通路，以减少延迟流动指令的时间，如图 3-37 所示。如当指令 h 的写操作数与指令 i 的读操作数发生"先写后读"相关时，则通过专用的数据通路把指令 h 需要写的操作数写到本身的目的地址的同时，还直接送到指令 i 的源地址中，指令 i 则从专用通路获取所需要的操作数。如果是主存储器存储单元的"先写后读"相关，则指令 i 的向前流动的延迟时间可以缩短两个读写周期。

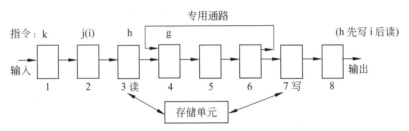

图 3-37　设置了专用通路的指令流水线

对于通用寄存器的操作数相关，专用通路的设置有两条途径。一是设置运算器输出到输入端的专用数据通路，使前面指令的结果直接送到运算器的输入锁存器之中，如图 3-38 所示。二是利用 D 型通用寄存器来建立其输入端到运算器输入锁存器的直接通路，因为 D 触发器可以在一个脉冲触发作用下将输入传送到输出，这样一个脉冲触发可以将前面指令的结果送到运算器的输入锁存器之中。

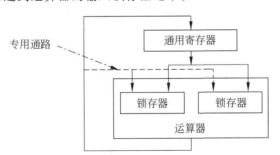

图 3-38　将运算结果直接送到运算器输入锁存器的专用通路

3）数据重定向方法

当程序指令序列中相近的前后两条指令存在某种操作数相关时，可以通过编译软件来重新规划操作数的传输路径，以消除相关或缩短相关带来的延迟时间，这就是处理操作数相关的数据重定向方法。对于三种不同特性的操作数相关，数据重定向重新规划操作数的传输路径也不同。

对于"先写后读"操作数相关，其数据传输路径为：先 A→B，后 B→C；重新规划的数据传输路径为：A→B 和 A→C,即新增一条 A 到 C 的路径,同时取消 B 到 C 的路径。这样就可以缩短发生写读相关的等待时间,但并没有消除"先写后读"相关。

对于"写后写"操作数相关,其数据传输路径为：先 A→B,后 C→B；重新规划的数据传输路径为：A→B 和 C→B′,即新增一条 C 到 B′的路径,同时取消 C 到 B 的路径,后写指令后引用变量 B 改为引用变量 B′。这样就可以消除"写后写"相关,即"写后写"不存在先后次序的限制了。

对于"先读后写"操作数相关,其数据传输路径为：先 B→A,后 C→B；重新规划的数据传输路径为：B′→A 和 C→B,且读指令前最近写变量 B 改为写变量 B′。这样就可以消除"先读后写"相关,即"先读后写"不存在先后次序的限制了。

如运行下列程序指令序列：

```
k:      LOAD    F1, A;      F1←(A)
k+1:    FADD    F1, F2;     F1←(F1)+(F2)
k+2:    FMUL    F1, F3;     F1←(F1)×(F3)
k+3:    STORE   B, F1;      B←(F1)
```

其中：F1、F2、F3 为浮点通用寄存器,A、B 是主存储器单元。程序指令处理过程中原来的数据传输路径如图 3-39 所示,箭线表示路径。

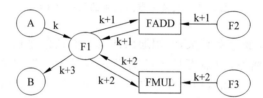

图 3-39　数据重定向方法原来的数据传输路径

为了处理 k、k+1 与 k+2 指令对 F1 的"先写后读"操作数相关,取消 F1→FADD 和 F1→FMUL 两条传输路径；为了处理 k、k+1 与 k+2 指令对 F1 的"写后写"操作数相关,取消 A→F1 和 FADD→F1 两条传输路径。重新规划的数据传输路径新增加了 A→FADD、FADD→FMUL 和 FMUL→B 三条传输路径,相应的传输路径如图 3-40 所示。

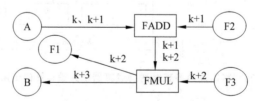

图 3-40　数据重定向方法重新规划数据传输路径

数据重定向既可以由硬件实现,也可以由软件实现；专用通路方法则是由硬件实现数据重定向,数据重定向是相关专用通路设置的基础。对于三种不同特性的操作数相关,"写后写"相关和"先写后读"相关的数据重定向控制复杂,采用硬件实现时需要不断重复检查,通常不采用专用通路来实现。

3.4.4 变址相关及其处理

当多条指令并行处理时,若相近的两条指令中前面一条指令需要为其后面一条指令提供部分地址信息(如基址或变址),当前面指令还未提供结果时,后面指令已在流水线上需要进行地址变换,这就是变址相关。如以下程序指令序列:

```
k:      op B, R0;            B←B OP R0
k+1:    store R1, B(X+d);    R1←[(B)+(X)+d]
k+2:    store R2, B(X);      R2←[(B)+(X)]
```

其中:R0、R1、R2 为通用寄存器,B 为基址寄存器,X 为变址寄存器。

由于 B 的内容是指令 k 的处理结果,一般仅能在指令 k 处理过程的末尾送入 B,且还必须有一段稳定时间。因此,在第 k+1 条指令分析后,需要延迟一段时间后才能读取可信的 B,经过地址加法器得到有效地址;第 k+2 条指令也可能在分析后需要延迟一段时间,才能读取可信的 B。显然,指令 k 不仅与指令 k+1 之间存在寄存器的一次相关,而且与指令 k+2 之间还可能存在寄存器的二次相关。

变址相关是指当采用流水线处理程序指令序列时,程序中相近的两条指令中后面指令操作数的地址由前面指令的处理结果来决定,使得后面指令不能在流水线上顺畅地向前流动。变址相关的处理方法有时间延迟、专用通路和数据重定向,这与操作数相关的处理方法类同,如在运算器与地址加法器之间建立一条专用通路,如图 3-41 所示。

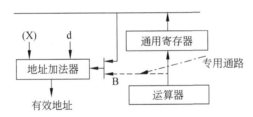

图 3-41 运算器到地址加法器的专用通路

时间延迟和专用通路是由硬件来处理数据相关的简单而又直接的方法,前者以延长时间和降低效率为代价,后者以增加设备和提高成本为代价。而数据重定向和指令调度是由软件处理数据相关的廉价方法,特别是任何相关处理均可以采用软件指令调度来实现(参见 6.1 节)。

3.4.5 条件转移相关及其处理

1. 条件转移相关及其发生缘由

条件转移指令在流经指令流水线时,其条件码一般在最后两个功能段才建立,所以为保证程序的正确运行,在条件转移指令进入指令流水线之后到形成转移条件码之前,后续指令不应该进入流水线进行处理,如图 3-42 所示。条件转移指令处理结果有两种:一是条件成立,需要将程序计数器的内容改为转移目标地址;二是条件不成立,将程序计数器的内容加上一个增量,得到其后的下一条指令地址。若流水线不停顿而按程序顺序继续向前流动,当条件不成立时,条件转移指令对流水线的吞吐率与效率没有影响;当条件成立时,流水线的吞吐率与效率则大幅下降,且状态有多种可能,如转移目标指令不在指令缓冲栈上或者在指令缓冲栈上但还没有分析等。

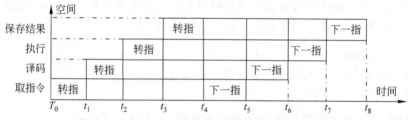

图 3-42 条件转移指令处理时指令流水线的时空图

条件转移相关是指当采用流水线处理程序指令序列时,在程序运行过程中,由于条件转移指令可能引起程序运行方向的改变,使得条件转移指令与后续指令不能同时在流水线中流动处理。条件转移指令有一般条件的、复合条件的和循环条件的三种类型,所以条件转移相关也就有一般条件转移相关、复合条件转移相关和循环条件转移相关三种类型,其中循环条件与一般条件的条件码形成类同,均是在指令分析时即可得到的,但指令执行有所不同。复合条件转移指令通过本身的运算功能来形成条件码,它是在指令执行时形成的。

2. 条件转移相关的处理方法

条件转移指令在程序中所占比例一般较大,对指令流水线吞吐率与效率的影响也很大,所以必须采取技术措施来减少条件转移指令的负面影响。目前,条件转移相关的处理方法有条件码提前生成、延迟转移、静态分支预测和动态分支预测 4 种方法。

1) 条件码提前生成方法

条件转移指令造成流水线吞吐率下降的主要原因是条件码生成太晚,如果尽早生成条件码,对减少流水线效率的损失是非常有效的。条件码提前生成方法是指尽早地生成条件码,以减少流水线断流时间,来提高流水线的吞吐率和效率。Amdahl 470V/6 处理机就在运算部件入口设置一个 LOCK 部件,来预生成条件码。

对于一般条件转移指令,其条件码往往是由上一条运算型指令生成的。许多运算指令的结果或结果特征可能在运算之前或运算之中就已产生,所以条件码不必在运算之后来生成。如乘法或除法指令,两个源操作数符号相同,结果就为正,符号相反,结果就为负;两个源操作数中有一个为"0",则乘积为"0";被除数为"0",则商为"0",除数为"0",则除法结果为溢出。所以对于乘除法指令,只需要比较两个源操作数的符号,就可以确定运算结果的正负特征;判断两个源操作数是否为"0",就可以确定运算结果是否为"0"或溢出等。又如加法指令,如果两个源操作数的符号相同,结果符号就与其中一个源操作数相同;如果两个源操作数的符号不相同,结果符号就与绝对值大的操作数相同。再如减法指令,如果两个源操作数的符号不相同,结果符号就与被减数相同;如果两个源操作数的符号相同,结果符号就与绝对值大的操作数相同。另外,加减法的溢出与结果是否为"0"等也可以利用一个简单的比较器提前产生。因此,只需要在运算部件的入口处设置一个比较器,通过比较两个操作数的有关特征,就可以提前产生结果及其特征,从而提前生成条件码,避免流水线断流或缩短断流时间。

为了适应条件码提前生成,可以把转移条件的测试和目标地址的计算移到流水线的译码功能段。在该功能段,增设转移条件测试判断电路和一个加法器(专用于目标地址计算)。

2) 延迟转移方法

延迟转移是指由编译器对指令序列重新排列,使转移成功时按程序顺序进入流水线的少数指令与条件转移指令的转移结果无关且有效,可以继续处理直至结束,由此从逻辑上"延长"条件转移指令的处理时间,有效地利用条件转移指令带来的断流时间。SUN 公司的 SPARC 处理机、HP 公司的 HPPA 处理机和 SGI 公司的部分 MIPS 处理机都采用了延迟转移方法。

通常,把转移成功时按程序顺序进入流水线的少数指令称为延迟转移槽,具有 N 条指令的延迟转移槽如图 3-43 所示。显然,对于具有延迟转移槽的流水线,无论条件转移是否成功,流水线都不会出现断流停顿时间,延迟转移槽中的指令"填补"了指令流水线因条件转移指令所带来的断流时间。从条件转移指令进入流水线直到确定分支方向及目标地址计算的这段时间,延迟转移槽中的指令将会填充流水线

图 3-43 具有 N 条指令的延迟转移槽

的各功能段,且不会出现相关问题。存入延迟转移槽中的指令必须遵循有效和有用的原则,根据延迟转移槽指令的来源不同,指令调度有从前调度、目标处调度和从后调度三种策略。

从前调度是把条件转移指令之前的若干条指令存入延迟转移槽,但必须保证被存入指令与条件转移指令没有相关。无论转移成功与否,从前调度均可以有效地提高流水线效率。目标处调度是把条件转移指令的转移目标处的若干条指令存入延迟转移槽,但必须保证被存入指令即使在转移不成功时对程序的运行也没有影响。目标处调度在转移成功时可以有效地提高流水线效率。从后调度是把条件转移指令后面的若干指令存入延迟转移槽,但必须保证被存入指令即使在转移成功时对程序的运行也没有影响。在转移不成功时,从后调度可以有效地提高流水线效率。

延迟转移方法一般仅用于单流水线标量处理机,且流水线功能段数不能太多。功能段数越多,延迟转移槽中的指令也越多,可以存入指令的可能性就越低。特别地,在找不到可以存入延迟转移槽中的指令时,还可插入空操作指令。

3) 静态分支预测方法

静态分支预测方法又称为猜测法,它是指在处理机的硬件与软件设计之后,分支方向就已确定,预测转移成功或不成功,并且在程序实际运行过程中分支方向不改变。TI 公司的 SuperSPARC 处理机均利用静态分支预测方法来处理条件转移相关。显然,静态分支预测的正确率平均为 50%,但对于循环条件转移往往会出现极端现象。如果预测转移不成功,仅一次预测正确,循环次数减 1 次后预测均不正确。静态分支预测方法可以采用软件或硬件来实现,也可以二者结合来实现。目前,静态分支预测方法有软件猜测、硬件

猜测和双缓猜测三条途径。

软件猜测是指由编译器按转移不成功来排列指令(按程序顺序流动指令)。当转移不成功时,分支预测正确,条件转移指令对流水线效率的影响很小。因此,在对源程序进行编译时,为了达到良好效果,应尽量降低转移成功出现的概率。软件猜测的优点在于实现容易,不需要改变硬件结构,仅需要适当修改编译器。

硬件猜测是指在指令缓冲栈的入口处增设一个简单的指令分析器,当指令分析器检测到条件转移指令时,则按转移不成功方向预取指令。当转移不成功时,分支预测正确,条件转移指令对流水线效率的影响很小。硬件猜测与软件猜测相比,其实现比较困难,且如果分支预测错误,则需要清除按程序顺序取来的指令,重新再取指令,从而会增加主存储器和处理机的负担。

双缓猜测是指以硬件猜测为基础,增加一个指令目标缓冲栈,从转移不成功与转移成功两个方向预取指令。当指令分析器检测到条件转移指令时,将按转移成功方向预取的指令送到新增加的指令目标缓冲栈,并将按照转移不成功方向预取的指令仍然送到原来的指令缓冲栈。双缓猜测与硬件猜测相比,其硬件代价较高,但可以缩短流水线断流时间。

4)动态分支预测方法

由于静态分支预测的正确率较低,所以其缺陷极其突出。当分支方向预测错误时,不仅会导致流水线多个功能段浪费,而且可能造成程序运行发生错误。如若条件转移指令程序顺序后面的一条指令是(R1)+(R2)→R1,一旦这条指令处理结束,则改写了寄存器R1的内容。如果R1原来的内容是转移后若干指令的源操作数,那么整个程序运行的结果是错误的。因此,当流水线沿预测分支方向处理若干指令时,一定不能改写通用寄存器和主存单元的内容。目前对此有两种处理方式:一是仅对预测分支方向的若干指令进行译码和读操作数,自然不可能存在改写操作,控制也比较简单,但即使预测正确,执行与写回功能段均是空闲的;二是对预测分支方向的若干指令进行执行,但不写回结果而将其送入专用缓冲寄存器,等到分支方向确定后再决定是否把缓冲结果写到通用寄存器或主存单元,这样仅写回功能段是空闲的,但需要设置一定数量的缓冲寄存器,控制也比较复杂。

由于静态分支预测的正确率较低,对改善条件转移指令带来的指令流水线效率的负面影响有限,由此便提出了动态分支预测方法,以提高分支预测的正确率。动态分支预测是指可以根据近期分支情况(转移是否成功)的历史记录,来预测下次分支方向,以便在程序运行过程中动态地改变分支预测方向。动态分支预测在流水线处理机中得到广泛应用,DEC 公司的 Alpha 21064 处理机就采用了动态转移预测方法。

3. 循环条件转移相关的处理方法

循环条件转移指令是一种特殊的一般条件转移指令,所以要利用特殊的方法来处理循环条件转移,目前主要有加速循环体程序运行和改进循环体程序结构两种方法。

1)加速循环体程序运行方法

加速循环体程序运行方法是指当循环体程序长度小于指令缓冲栈时,可以将循环体程序一次存入指令缓冲栈,并且暂停预取指令,以避免重复取指令。在循环体程序运行时,由于指令预取,在指令缓冲栈中需要重复处理的指令被冲掉,这样便导致被冲掉而需要重复处理的指令反复被预取。若循环体程序短,指令缓冲栈可以完全存储循环体程序,那么在循环体程序存入一次后,暂停预取指令,减少访问主存储器以重复取指令的次数,使循环体程序运行速度提高。因此,在指令缓冲栈的入口处增设一个指令分析器,一旦检测到循环并且指令缓冲栈可以完全存储循环体程序时,便暂停取指令。可见,加速循环体程序运行方法是通过硬件实现的。

2) 改进循环体程序结构方法

对于循环条件转移指令,有的仅会出现一次转移不成功,而其余均是转移成功的;有的仅会出现一次转移成功,而其余均是转移不成功的。在静态分支预测中,一般是预测转移不成功的方向,这样对于仅一次转移不成功的循环条件转移指令,它导致指令流水线断流的概率极高,如图3-44(a)所示循环体程序中的循环条件转移指令即是如此。对此,如果利用编译器对循环体程序的结构进行适当改进,使循环条件转移指令仅一次转移成功,其余均是转移不成功的,如图3-44(b)所示,从而很适合于静态分支预测指令流水线运行。所以改进循环体程序结构方法是利用编译器对循环体程序进行结构分析,使所有的循环体程序中的循环条件转移指令适合于静态分支预测指令流水线的处理。显然,改进循环体程序结构是通过软件实现的。

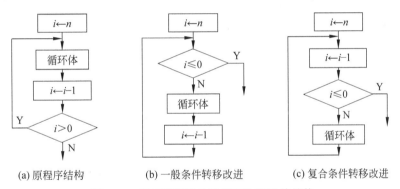

(a) 原程序结构　　(b) 一般条件转移改进　　(c) 复合条件转移改进

图 3-44　利用编译器改进循环体程序的结构

对于复合型循环条件转移指令(条件码生成与转移目标地址计算在同一条指令中),当循环体程序的结构如图3-44(c)所示时,也很适合于静态分支预测指令流水线的处理。

4. 动态分支预测的基本原理

动态分支预测需要解决两个关键问题:历史分支信息的记录和根据历史记录预测分支方向。

1) 历史分支方向表示

历史分支信息即是历史分支方向,对于二分支条件转移指令,分支方向为两个:转移不成功按程序顺序取指令,简称为顺序取;转移成功则从目标处转移取指令,简称为转移取。所以历史分支信息可以采用若干位二进制数表示,这样历史分支信息又称为历史状态位。历史状态位越多,历史分支信息记录就越多,如历史状态位仅一位,则仅可以记录最近一次的分支方向,"0"表示最近一次的分支方向为顺序取;"1"表示最近一次的分支方向为转移取。如历史状态位为两位,则可以记录最近两次的分支方向,"00"表示最近两次均为顺序取;"11"表示最近两次均为转移取;"01"表示最近两次的前一次为顺序取,后一次为转移取;"10"表示最近两次的前一次为转移取,后一次为顺序取。显然,历史分支信息记录越多,预测正确率越高,但状态转换关系越复杂,硬件代价越大。通常,历史状态位取两位。

2) 历史状态转换图

由历史状态位的含义可知,每一组历史状态位代表了条件转移指令分支方向的历史状态,所以当应用所记录的历史分支信息对分支方向进行预测时,还需要规定不同历史状态所对应预测的分支方向。当条件转移指令进入指令流水线后,则根据历史状态及其规定的预测分支方向取指令。而在条件转移指令处理确定实际分支方向后,则根据实际分支方向修改历史状态位即改变历史状态,这时预测的分支方向可能改变,也可能不改变。由此,便可以建立分支预测状态转换图。

不同历史状态规定的预测分支方向不同,分支预测状态转换图也不同。如果历史状态位为两位,通常规定"00"和"01"对应预测分支方向为顺序取,"10"和"11"对应预测分支方向为转移取,两位历史状态位的分支预测状态转换如图 3-45 所示,且一般用于转移历史表与转移目标缓冲栈两种策略。若规定"00"对应预测分支方向为顺序取,"01""10"和"11"对应预测分支方向为转移取,则偏于转移取的分支预测状态转换如图 3-46 所示,且一般用于转移目标指令缓冲栈策略。

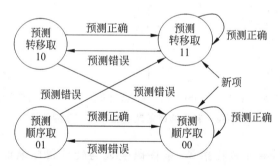

图 3-45 两位历史状态位的分支预测状态转换图

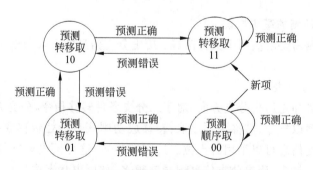

图 3-46 偏于转移取的分支预测状态转换图

在历史状态转换图中,每个圆圈表示一种历史状态及其对应的预测分支方向,箭线表示处理条件转移指令时确定实际分支方向后历史状态的变化方向。从图 3-45 可以看出,如果连续两次预测错误,则改变预测的分支方向。而从图 3-46 可以看出,顺序取时,一次预测错误就变为转移取;转移取时,连续三次预测错误才变为顺序取。

3) 动态分支预测的基本策略

根据历史信息记录的内容及其应用不同,动态转移预测方法又分为转移历史表、转移目标缓冲栈和转移目标指令缓冲栈三种策略,但无论哪一种策略,历史信息均由一个小容量高速 Cache 来存储记录。

转移历史表(Branch History Table,BHT)策略记录的历史信息包括条件转移指令、历史状态位和转移目标地址三个部分,记录历史信息的 Cache 即是指令 Cache,只需要在指令 Cache 中增设"历史状态位"字段即可,转移历史表格式如表 3-1 所示。由于 BHT 策略将分支预测置于取指令阶段,所以若预测正确,则无任何延迟时间损失;若预测错误,则不仅需要清除流水线,还需要清除指令预取缓冲器,延迟时间损失较大。当然,可以设置二路指令预取缓冲栈,这样就可以不计指令预取的时间损失。DEC 公司的 Alpha 21064 处理机采用的就是转移历史表策略。

表 3-1 转移历史表格式

条件转移指令	历史状态位	转移目标地址
I	×××	A′

转移目标缓冲栈(Branch Target Buffer,BTB)策略记录的历史信息包括条件转移指令地址、历史状态位和转移目标地址三个部分,记录历史信息的 Cache 为增设的专用 Cache,转移目标缓冲栈的历史表格式如表 3-2 所示。Pentium 处理机采用的就是转移目标缓冲栈策略。

表 3-2 转移目标缓冲栈的历史表格式

条件转移指令地址	历史状态位	转移目标地址
A	×××	A′

当条件转移指令在分析部件中译码时,通常转移不成功方向上的指令已经被预取到指令缓冲栈或存储于指令 Cache 中。为了能够在转移成功方向上也预取一部分指令,可以把历史表中转移目标的地址部分改为存放转移目标地址及其后若干条指令,即设置转移目标指令缓冲栈(Branch Target Instruction Buffer,BTIB),转移目标指令缓冲栈的历史表格式如表 3-3 所示。

表 3-3 转移目标指令缓冲栈的历史表格式

条件转移指令地址	历史状态位	转移目标地址及其后的若干条指令			
A	×××	$I_0,0$	$I_1,1$	…	I_N,N

4) 动态分支预测的实现

从上述分析来看,动态分支预测的实现逻辑结构包括历史信息记录表 Cache、分支方向选择器、预取比较器和状态转换控制电路 4 部分。分支方向选择器用于从顺序与转移两个方向上选择一个去获取条件转移指令处理后的指令序列,BHT 和 BTB 策略选择器的输入为顺序地址和目标地址,BTIB 策略选择器的输入为指令缓冲栈和历史记录表表项。预取比较器用于取指令、鉴别是否是条件转移指令以及判别条件转移指令是否在历史信息记录表中,BHT 策略仅需要取指令代码,BTB 和 BTIB 策略还需要取指令地址。状态转换控制电路用于实现历史状态转换、修改记录表中的历史状态位以及添加未处理过的条件转移指令等。不同动态分支预测策略的逻辑结构和工作过程大同小异。

BHT 策略动态分支预测的逻辑结构如图 3-47 所示,当采用图 3-45 分支预测状态转换图时,其工作过程为:①利用预取比较器与取指部件同步预取一条指令,并鉴别是否是条件转移指令,若不是则循环回到①,若是则继续下一步;②通过条件转移指令代码,由预取比较器对记录表进行相联查找,若不命中(预取指令代码与表中所有表项的指令代码均不一致),则选择器选择"顺序地址"送往程序计数器,并在条件转移指令处理结束后,在记录表中添加一个新项(新项的历史状态位由条件转移指令的分支方向决定,转移不成功为"00",转移成功为"11"),循环回到①,若命中(预取指令代码与表中一个表项指令代码一致)则继续下一步;③根据相联查找到的表项中的历史状态位,由选择器选择"顺序地址"或"目标地址"送往程序计数器,继续下一步;④在条件转移指令处理结束后,根据其分支方向和分支预测状态转换图,修改历史状态位,并循环回到①。

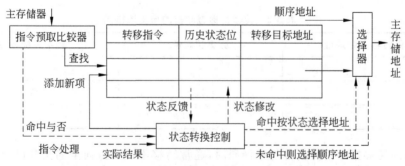

图 3-47 BHT 策略动态分支预测的逻辑结构

上述工作过程中的③即是分支预测,其具体操作有:若反馈读出的历史状态位为 01 或 00,则分支预测为转移不成功,顺序处理条件转移指令后面的指令;当该条件转移指令的实际结果出来后,若是转移不成功(预测正确),则继续处理后续指令,流水线没有断流;

若是转移成功(预测错误),就需要作废已经预取与分析的指令,并恢复现场,从转移成功(转移取)方向取指令来处理。若反馈读出的历史状态位为 11 或 10,则分支预测为转移成功,转移处理条件转移指令目标处的指令;当该条件转移指令的实际结果出来后,若是转移成功(预测正确),则继续处理后续指令,流水线没有断流;若是转移不成功(预测错误),就需要作废已经预取与分析的指令,并恢复现场,从转移不成功(顺序取)方向取指令来处理。

上述工作过程中的④即是状态修改,其具体操作有:若原历史状态位为 00,如果预测错误,条件转移指令的实际结果是转移成功的,则把历史状态位改为 01;如果预测正确,条件转移指令的实际结果是转移不成功的,历史状态位维持不变。若原历史状态位为 01,如果预测错误,条件转移指令的实际结果是转移成功的,则把历史状态位改为 10;如果预测正确,条件转移指令的实际结果是转移不成功的,则把历史状态位改为 00。若原历史状态位为 10,如果预测错误,条件转移指令的实际结果是转移不成功的,则把历史状态位改为 00;如果预测正确,条件转移指令的实际结果是转移成功的,则把历史状态位改为 11。若原历史状态位为 11,如果预测错误,条件转移指令的实际结果是转移不成功的,则把历史状态位改为 10;如果预测正确,条件转移指令的实际结果是转移成功的,历史状态位维持不变。

3.4.6 中断转移相关及其处理

1. 中断转移相关及其形成

所谓中断是指计算机由任何非寻常或非预期的急需处理的事件引起 CPU 暂时停止现行程序的运行,转去运行处理事件的程序(通常称为中断服务程序),或释放软硬件资源由其他部件处理该事件,等事件处理完后再返回原程序运行。另外,把引起中断请求或中断请求发生时正在处理的指令称为中断指令,相应的软硬件状态称为中断现场,且中断现场在转去运行中断服务程序之前需要保护,在返回运行现行程序之前需要恢复。

由中断概念可见,中断虽然在程序运行中发生的概率不大,但当中断发生时,为了保证程序正确运行,及时响应中断,则中断指令的后续指令序列不应该进入流水线处理。中断相关是指当采用流水线处理程序指令序列时,在程序运行过程中,由于中断指令引起程序运行方向的改变,使得中断指令与其后续指令序列不能同时在指令流水线上流动。

2. 中断转移相关的处理方法

中断请求是随机发生而不可预知的,在传统的串行处理指令序列的处理机中,任何时间均仅处理一条指令。当中断发生时,正在处理的那条指令即是中断指令,中断指令的现场即是中断现场,中断指令和中断现场都很清晰。但是,在指令流水线中,多条指令在并行处理,每条指令在流水线处理过程中均在不断地改变现场。当中断请求发生时,难以确定中断发生在已进入流水线指令中的哪一条指令上,以及是发生在这条指令处理过程中的哪一个功能段上。因此,当有中断源的中断请求被响应时,有两种处理方法用于选择将流水线上的哪一条指令作为中断指令。

1) 不精确断点方法

当中断请求发生时,可以把最后进入指令流水线的那条指令认为是中断指令,而把进入指令流水线的所有指令处理结束后的现场认为是中断现场。实际上,提出或引起中断请求的指令不一定是最后进入指令流水线的那条指令,所以把最后进入指令流水线的那条指令认为是中断指令的方法称为不精确断点法。不精确断点法的中断现场的保护与恢复工作量较小,可以实现流水线不断流,且控制比较简单,所需要的硬件比较少,但中断响应时间较长。

对于 I/O 设备等常规的外部中断请求,其主要目的是使处理机暂停正在运行的程序,转去运行用于输入输出等任务的中断服务程序,这时即使断点不精确也可以实现中断请求的目标。但对于由正在运行的程序本身的错误或处理机故障引起的中断请求,不精确断点法就无法满足需要了。

2) 精确断点方法

不精确断点法存在两方面缺陷:一是无论是正在运行常规程序还是中断服务程序,其运行结果均可能出错;二是程序不能准确中断,使程序员在程序中设置的断点处无法看到相应现场,程序调试困难。因此,对于程序错误与处理机故障的中断请求,缩短流水线"断流"时间是次要的,正确保护与恢复现场是关键,这时便需要准确地确定中断指令及其中断现场。

当采用流水线处理程序指令序列时,在并行处理的多条指令中,哪一条指令出现错误或引发处理机故障,该条指令即是中断指令,中断指令之前尚在流水线中已完全处理或部分处理的指令的处理结果即为中断现场,这就是精确断点法。精确断点法的现场保护与恢复工作量较大,需要配置较多寄存器来保护现场,且控制比较复杂,硬件代价比较高。近期的流水线处理机一般都采用精确断点法。

例 3.4 下面指令序列的功能是在主存 A、B、C 三个单元中找出最大数存入主存 MAX 单元中,R1、R2 和 R3 是三个寄存器。每条指令的处理过程分为各需要一个时钟周期的"取指"和"执行"2 个阶段。若对条件转移采用延迟方法解决相关,请指出哪几条指令需要延迟多少个时钟周期?如果延迟方法采用插入空操作指令来实现,请问在确保功能正确的前提下,应该如何改写指令序列?

```
START: LOAD    R1, A
       LOAD    R2, B
       LOAD    R3, C
       CMP     R1, R2
       JGE     EXT1
       MOVE    R1, R2
NEXT1: CMP     R1, R3
       JGE     NEXT2
       MOVE    R1, R3
NEXT2: STORE   MAX, R1
```

解:指令序列中有 2 处条件转移指令 JGE,且均可能发生相关,所以在这 2 条 JGE 指令之后流入的指令均应该延迟流入流水线。由题意可知:延迟时间为一个时钟周期。

当延迟采用插入空操作指令来实现时,由于一条 NOP 指令的执行阶段的延迟时间为一个时钟周期,所以仅需要在条件转移指令 JGE 之后插入一条空操作指令即可。

例 3.5 有下列表达式：A＝B＋C,D＝E－F,请为其生成使流水线没有停顿的指令序列,假设指令流入流水线的延迟为一个时钟周期。

解：通常情况下,两个表达式计算的指令序列如下面的左半部分所示;从中可以看出：ADD 和 SUB 两条指令分别与其前面一条 LOAD 指令存在数据相关(由于 LOAD 执行段仅需要一个时钟周期,所以与其前面两条 LOAD 指令不存在数据相关)。为了使流水线不停顿且保证正确执行,在 ADD 和 SUB 两条指令之后插入延迟时间至少为两个时钟周期的指令即可。不难发现,通过重新排列指令,并不需要插入一条空操作指令,即可实现流水线不停顿且保证正确执行,重新排列的指令序列如下面的右半部分所示。

```
LOAD    Rb, B              LOAD    Rb, B
LOAD    Rc, C              LOAD    Rc, C
ADD     Ra, Rb, Rc         LOAD    Re, E//调度指令以使 ADD 不停顿
STORE   A, Ra              ADD     Ra, Rb, Rc
LOAD    Re, E              LOAD    Rf, F
LOAD    Rf, F              STORE   A, Ra//调度指令以使 SUB 不停顿
SUB     Rd, Re, Rf         SUB     Rd, Re, Rf
STORE   D, Rd              STORE   D, Rd
```

3.5 非线性流水线的任务调度

【问题小贴士】 ①对于线性流水线,每隔一个 Δt 连续不断地向其输入任务,流水线效率就可以达到最大,对于非线性流水线也可以如此以使其效率达到最大吗,为什么？由此引入了调度及其他哪些概念？②对于非线性流水线,向其输入任务的时间间隔具有怎样的特征？当输入任务的时间间隔具有何种特征时,可以认为非线性流水线的效率会得到充分发挥？怎样生成具有该特征的输入任务的时间间隔？③能够让非线性流水线效率得到充分发挥的输入任务的时间间隔可以认为是最优的吗,为什么？如果不是,采用什么方法来生成呢？上述问题的解决涉及许多分析设计,还需要通过练习来掌握直至熟悉。

3.5.1 任务调度及其时间间隔

1. 非线性流水线表示的特征

一条包含 4 个功能段的单功能非线性流水线(多功能非线性流水线另外讨论)的连接图如图 3-48 所示,它与讨论过的线性流水线在结构上相比,相同之处在于均有从第一个功能段 S_1 到最后一个功能段 S_4 的单方向传输线。但有两点不同之处：一是有两条反馈线和一条前馈线,二是输出端不在最后一个功能段 S_4 上,而在第一个功能段 S_1 上,显然第一个功能段 S_1 既是输入端,也是输出端。另外,任务在非线性流水线上流动的路径有很多条,但线性流水线仅有一条。所以,对于同一非线性流水线的连接图,可以采用不同的预约表来反映其在某个时间内所使用的部分路径,如图 3-49 和图 3-50 所示的预约表即为图 3-48 所示连接图的两张包含不同路径的预约表。

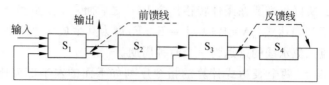

图 3-48 含 4 个功能段的单功能非线性流水线的连接图

时间段	1	2	3	4	5	6	7
S_1	×			×			×
S_2		×			×		
S_3		×				×	
S_4			×				

图 3-49 图 3-48 所示连接图的相应预约表之一

时间段	1	2	3	4	5	6	7
S_1	×				×		×
S_2		×					
S_3				×		×	
S_4				×			

图 3-50 图 3-48 所示连接图的相应预约表之二

一张非线性流水线的预约表所包含的路径也可以采用不同的连接图来反映。图 3-49 所示预约表所包含的路径除采用图 3-48 所示的连接图来反映外,还可以采用如图 3-51 所示的连接图来反映。所以连接图与预约表之间具有多对多的映像关系。

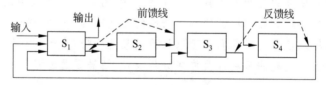

图 3-51 图 3-49 所示预约表的另一个连接图

2. 任务输入间隔的特征

对于非线性流水线,由于有些任务可能需要多次流经某些功能段,所以当以一定的时间间隔连续输入任务时,可能在某一个或某几个功能段中会发生多个任务在同一时刻争用同一个功能段的现象。对于图 3-49 所示预约表所表示的非线性流水线,按时间间隔 3 向其连续输入任务的流水线预约表如图 3-52 所示。这时,功能段 S_1 在第 4 个时间间隔有两个任务争用,在第 7、10…个时间间隔,则有三个任务争用;而功能段 S_2 在第 5、8、11…个时间间隔均有两个任务争用。所以不可以按时间间隔 3 向图 3-49 所示预约表所表示的非线性流水线连续输入任务。

对于图 3-49 所示预约表所表示的非线性流水线,按时间间隔 5 向其连续输入任务的

第 3 章 信息加工的流水线技术

时间\段	1	2	3	4	5	6	7	8	9	10	11	12	...
S_1	×₁			×₁×₂			×₁×₂×₃			×₂×₃×₄			...
S_2		×₁			×₁×₂			×₂×₃			×₃×₄		...
S_3		×₁			×₂			×₂			×₄	×₃	...
S_4			×₁			×₂			×₃			×₄	...

图 3-52 时间间隔为 3 时连续输入任务的流水线预约表

流水线预约表如图 3-53 所示。可以看出,在同一时间间隔内,任何一个功能段均不会发生争用现象。但这时出现了新情况,即与图 3-52 所示的预约表相比,在同一时间间隔内,有更多功能段处于空闲状态,使得流水线的吞吐率和效率较低。

时间\段	1	2	3	4	5	6	7	8	9	10	11	12	13	14	...
S_1	×₁			×₁		×₂	×₁		×₂		×₃	×₂		×₃	...
S_2		×₁			×₁		×₂			×₂			×₃		...
S_3		×₁				×₁	×₂				×₂			×₃	...
S_4			×₁								×₂			×₃	...

启动周期 | 重复启动周期

图 3-53 时间间隔为 5 时连续输入任务的流水线预约表

对于图 3-49 所示预约表所表示的非线性流水线,若时间间隔不是一个常数,而是一个循环数列,如按时间间隔 1、7、1、7…交替向其连续输入任务的流水线预约表如图 3-54 所示。可以看出,在同一时间间隔内,不仅任何一个功能段均不会发生争用现象,且与图 3-53 所示的预约表相比,有更多功能段处于忙碌状态,流水线的吞吐率和效率更高。事实上,这时连续输入任务的平均时间间隔为 (1+7)/2=4,小于 5。

重复启动周期

时间\段	1	2	3	4	5	6	7	8	9	10	11	12	13	14	15	16	...
S_1	×₁	×₂		×₁	×₂		×₁	×₂	×₃	×₄		×₃	×₄		×₃	×₄	...
S_2		×₁	×₂		×₁	×₂				×₃	×₄		×₃	×₄			...
S_3		×₁	×₂			×₁	×₂					×₃	×₄				...
S_4			×₁	×₂									×₃	×₄			...

启动周期 | 重复启动周期

图 3-54 时间间隔为循环序列 (1,7) 时连续输入任务的流水线预约表

3. 任务调度与启动距离

通过上述分析可知,对于流水线,任务调度是指按照某个或某几个时间向流水线连续输入任务的过程。在线性流水线中,由于每个任务在每个功能段上均会流过一次且仅一次,因此每隔一定的时间间隔数可以向其输入一个任务,调度非常简单。但在非线性流水线中,由于存在反馈回路,当一个任务在非线性流水线中流动时,可能需要多次经过同一个功能段。因此,不可能每隔一定的时间间隔数向其输入一个任务,否则会发生多个任务

在同一时刻争用同一个功能段的现象,这种现象称为冲突。

所谓非线性流水线冲突是指当以某个或某几个时间向非线性流水线连续输入任务时,可能在某个或某几个功能段中发生多个任务在同一时刻争用同一个功能段的现象。向一条非线性流水线连续输入两个任务之间的时间称为启动距离或等待时间,通常可以采用时间间隔的数量来表示。

4. 启动循环与平均启动距离

为了避免非线性流水线冲突,一般采用延迟输入任务的方法,那么应该延迟多少个时间间隔即每隔多少个时间间隔向其输入一个任务呢?当然,时间间隔数量(启动距离)一般愈小愈好,这样便可以使非线性流水线的吞吐率和效率尽可能达到最高,所以调度是非线性流水线必须解决的问题。从上述分析可以看出,对于许多非线性流水线,连续输入任务的启动距离所包含的时间间隔数量往往不是一个常数,而是一串周期性数列。按照这串周期性数列来输入任务,不仅不会发生功能段的争用现象,流水线的吞吐率和效率也一定较高,这串周期性数列称为启动循环。

所谓启动循环是指启动距离数列,按照该数列循环连续向非线性流水线输入任务将不会发生冲突,记作(a,b,c,…)。一个启动循环的所有启动距离的平均值称为该启动循环的平均启动距离,所有启动循环中平均启动距离最小的启动循环称为非线性流水线的最小启动循环。显然,非线性流水线调度就是找到最小启动循环。特别地,当启动循环为一个常数时,则认为它是一个特殊的启动循环,且称之为恒定循环,记作(a)。

3.5.2 任务调度属性及其生成

1. 禁止表及其生成方法

把会引起非线性流水线功能段冲突的启动距离称为禁止启动距离,而把不会引起非线性流水线功能段冲突的启动距离称为允许启动距离。对于图 3-49 所示的预约表所表示的非线性流水线,3 个时间间隔的启动距离是禁止启动距离。与启动循环一样,禁止启动距离一般也不是恒定的常数,而是一串周期性数列。对于某非线性流水线,其所有禁止启动距离组合在一起形成的数列则称为非线性流水线的禁止表。

禁止表的生成方法比较简单,只要把预约表的每一行中任意两个"×"之间的距离都计算出来并去掉重复的数,由这些数组成的一个数列就是非线性流水线的禁止表。如图 3-49所示的预约表,第一行的第 1、4、7 列有"×",相互之间的距离分别为 3(1 列与 4 列)、6(1 列与 7 列)、3(4 列与 7 列);第二行的第 2、5 列有"×",相互之间的距离为 3;第三行的第 2、6 列有"×",相互之间的距离为 4。因此,图 3-49 所表示的非线性流水线的禁止表为(3,4,6)。

2. 初始冲突向量及其生成方法

冲突向量是用来表示已在流水线上的任务对未输入流水线的后继任务输入流水线的时间间隔的约束,它对非线性流水线的所有禁止与允许的启动距离都采用二进制数的形式来表示。若非线性流水线的冲突向量为 $C=(c_n c_{n-1} \cdots c_i \cdots c_2 c_1)$,则有:

$$c_i = \begin{cases} 1, & \text{当时间为 } i\Delta t \text{ 时禁止输入后继任务,即 } i\Delta t \text{ 为禁止启动距离} \\ 0, & \text{当时间为 } i\Delta t \text{ 时允许输入后继任务,即 } i\Delta t \text{ 为允许启动距离} \end{cases}$$

其中：n 为禁止表中的最大值。显然，根据禁止表便可以得到一个冲突向量，如禁止表 (3,4,6)，则有：$n=6$、$c_6=c_4=c_3=1$、$c_5=c_2=c_1=0$，冲突向量为 $C=(101100)$。通常把由禁止表生成的冲突向量称为初始冲突向量，一般记为 C_0，初始冲突向量表示输入流水线的第一个任务对后继任务输入流水线的时间间隔的限制。

3. 后继冲突向量及其生成方法

当一个后继任务需要输入非线性流水线时，已在流水线上的任务所产生的冲突向量对该后继任务来说为当前冲突向量或当前状态；当该后继任务刚输入时，所产生的冲突向量对该后继任务来说为后继冲突向量或后继状态。所以当有一个后继任务按照其当前冲突向量的一个允许时间间隔 $k\Delta t$ 输入流水线时，应该修改当前冲突向量来约束再下一个后继任务输入流水线的时间间隔，修改后的当前冲突向量则是其后继冲突向量。可见，当前冲突向量与后继冲突向量是对某一个后继任务而言，一个冲突向量对某个后继任务是当前冲突向量，对另一个后继任务则是后继冲突向量。

由后继冲突向量的概念可知，后继冲突向量的生成由两个因素来决定：一是若时间推进 $k\Delta t$ 时允许后继任务输入流水线，那么当前冲突向量 C_i 右移 k 位，左边空出位补"0"，以反映已在流水线中的任务对尚未输入流水线的后继任务输入流水线的时间间隔的约束；二是刚输入流水线的任务对尚未输入流水线的后继任务输入流水线的时间间隔的约束，这个约束则为初始冲突向量 C_0。因此，后继冲突向量 C_j 计算如下：

$$C_j = \text{SHR}^{(k)}(C_i) \vee C_0$$

其中：C_i 为当前冲突向量，$k\Delta t$ 是允许启动距离（C_i 中有 $c_k=0$），$\text{SHR}^{(k)}(C_i)$ 表示将 C_i 右移 k 位并且左边补"0"，$\vee$ 是"按位或"运算。

显然，当前冲突向量中有多少位为"0"，那么该当前冲突向量就有多少个后继冲突向量。如 $C_0=(101100)$，则 C_0 有三个后继冲突向量。

(1) $c_1=0$，则在第一个 Δt 时允许后继任务输入，这时的后继冲突向量为：
$$C_1 = \text{SHR}^{(1)}(C_0) \vee C_0 = (010110) \vee (101100) = (111110)$$

(2) $c_2=0$，则在第二个 Δt 时允许后继任务输入，这时的后继冲突向量为：
$$C_2 = \text{SHR}^{(2)}(C_0) \vee C_0 = (001011) \vee (101100) = (101111)$$

(3) $c_5=0$，则在第五个 Δt 时允许后继任务输入，这时的后继冲突向量为：
$$C_3 = \text{SHR}^{(5)}(C_0) \vee C_0 = (000001) \vee (101100) = (101101)$$

4. 无冲突调度策略及其生成方法

从 C_0 开始，依据当前冲突向量与后继冲突向量的相对关系，按照后继冲突向量生成方法，循环交替地生成后继冲突向量，直到后继冲突向量以前出现过或为无效冲突向量（即全1）为止，由此可以得到一系列的冲突向量。将所有的冲突向量采用有向弧由当前冲突向量指向后继冲突向量，并在有向弧中标注允许启动距离即时间间隔数，从而便生成了一幅有向图，该有向图称为状态有向图。

显然，依据后继冲突向量的生成要求，状态有向图中由有向弧按方向序连接而成的任何一条环路都可以按照环路中有向弧标注的时间间隔数和有向弧方向，控制任务连续地输入流水线，则不会发生冲突，这些环路则称为无冲突调度策略。由于任何一条环路即是一个无冲突调度策略，所以往往数量很多。无冲突调度策略对应环路中有向弧标注的时间间隔数则构成启动距离数列,平均启动距离最小的启动距离数列称为最小启动循环调度策略。若最小启动循环调度策略的启动距离数列为常数,则可以称之为最小启动恒定调度策略。

3.5.3 最小启动循环调度策略的生成与实现

1. 最小启动循环调度策略的生成算法

最小启动循环调度策略是非线性流水线无冲突调度的基础,其生成算法如下。

(1) 根据预约表和禁止表生成方法,构造禁止表 F。
(2) 根据禁止表和初始冲突向量生成方法,建立初始冲突向量 C_0。
(3) 根据初始冲突向量和后继冲突向量生成方法,得到系列冲突向量(状态)。
(4) 根据后继冲突向量生成过程,将系列状态用有向弧连接在一起创建状态有向图。
(5) 找出状态有向图中的所有环路,并计算出每条环路的平均启动距离。
(6) 找出平均启动距离最小的环路的启动距离数列,该数列就是最小启动循环调度策略。特别地,最小启动循环调度策略可能有多个,以启动距离数列中数字数最少的调度策略为最优。

例 3.6 一条有 4 个功能段的非线性流水线的预约表如图 3-55 所示,且每个功能段的延迟时间相等,求该非线性流水线的最小启动循环调度策略和最小启动恒定调度策略。

时间 段	1	2	3	4	5	6	7
S_1	×						×
S_2		×				×	
S_3			×	×			
S_4					×		

图 3-55 含 4 个功能段的非线性流水线的预约表

解:(1) 根据预约表和禁止表生成方法,构造禁止表 F。

第一行的"×"之间的距离为 6,第二行"×"之间的距离为 4,第三行"×"之间的距离为 2,因此禁止表 F 为 (2,4,6)。

(2) 根据禁止表和初始冲突向量生成方法,建立初始冲突向量 C_0。

禁止表 (2,4,6) 中的最大值为 6,则初始冲突向量维数为 6,其基本形式为 $C_0 = (c_6 c_5 c_4 c_3 c_2 c_1)$,且 $c_6 = c_4 = c_2 = 1$,$c_5 = c_3 = c_1 = 0$,所以初始冲突向量 $C_0 = (101010)$。

(3) 根据初始冲突向量和后继冲突向量生成方法,得到系列冲突向量(状态)。

$C_0 = (101010)$ 有三个后继冲突向量:

$C_1 = \text{SHR}^{(1)}(C_0) \lor C_0 = (010101) \lor (101010) = (111111)$——无效,其后继冲突向量即为 C_0,启动距离为 $7\Delta t$。

$C_2 = \text{SHR}^{(3)}(C_0) \lor C_0 = (000101) \lor (101010) = (101111)$——有一个后继冲突向量,启动距离为 $5\Delta t$。

$C_3 = \text{SHR}^{(5)}(C_0) \lor C_0 = (000001) \lor (101010) = (101011)$——有两个后继冲突向量,启动距离为 $3\Delta t$ 和 $5\Delta t$。

$C_2=(101111)$ 有一个后继冲突向量：

$C_4=\text{SHR}^{(5)}(C_2)\vee C_0=(000001)\vee(101010)=(101011)$，即是 C_3，由 C_3 生成后继冲突向量。

$C_3=(101011)$ 有两个后继冲突向量：

$C_5=\text{SHR}^{(3)}(C_3)\vee C_0=(000101)\vee(101010)=(101111)$，即是 C_2，由 C_2 生成后继冲突向量。

$C_6=\text{SHR}^{(5)}(C_3)\vee C_0=(000001)\vee(101010)=(101011)$，即是 C_3，由 C_3 生成后继冲突向量。

(4) 根据后继冲突向量生成过程，将系列状态用有向弧连接在一起创建状态有向图。

状态有向图如图 3-56 所示，特别地任何一个冲突向量经过 7 次或 7 次以上的移位（即任何一个状态经过 7 个或 7 个以上的时间间隔），均会返回到初始冲突向量。

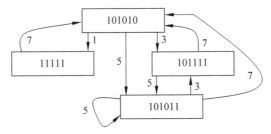

图 3-56 含 4 个功能段的非线性流水线的状态有向图

(5) 找出状态有向图中的所有环路，并计算出每条环路的平均启动距离。

将每条环路的启动距离数列及其平均启动距离组织在一起，即为无冲突调度策略表，如表 3-4 所示。

表 3-4 含 4 个功能段的非线性流水线的无冲突调度策略

无冲突调度策略	平均启动距离	无冲突调度策略	平均启动距离
(1,7)	(1+7)/2=4	(3,5,7)	(3+5+7)/3=5
(3,7)	(3+7)/2=5	3(5,3)	(5+3)/2=4
(5,7)	(5+7)/2=6	(3,5,3,7)	(3+5+3+7)/4=4.5
(5)	5		

(6) 找出平均启动距离最小的环路，即是最小启动循环调度策略。

平均启动距离最小的无冲突调度策略有两个：(1,7)和(5,3)，平均启动距离为 4。最小启动恒定调度策略为(5)。

2. 非线性流水线调度的实现

非线性流水线调度的实现算法不能过于复杂，否则由硬件实现时，代价太高且往往还费时，不适合高速流水线的性能要求，所以通常采用 Davidson 于 1971 年研制的一个控制器来解决功能段冲突问题。单功能非线性流水线控制器由一个初始冲突向量寄存器和一个移位寄存器组成，寄存器位数为历经流水线的时间间隔数。控制器的操作过程如下。

(1) 将初始冲突向量 C_0 装入两个寄存器。

(2) 每个时间间隔移位寄存器右移一位,高位补"0";若移出的是"0",且有一个任务要求进入流水线,则允许请求的任务进入流水线;若移出的是"1",则拒绝任务请求,并把该请求保持到下一个时间间隔。

(3) 若允许任务请求,就应该在现行时间间隔修改移位寄存器的内容,新内容为移位寄存器移位后的值与初始冲突向量寄存器的值"按位或"的结果;若拒绝任务请求或没有请求到达,则移位寄存器的内容可以保持移位后的值。

显然,上述控制器不可能保证实现的最优调度,但硬件结构比较简单,能及时有效地在每个时间间隔判断是允许还是拒绝任务请求。

3.5.4 非线性流水线的优化调度

1. 最小平均启动距离的取值范围

当采用最小启动循环调度策略向非线性流水线输入任务时,流水线中有许多功能段是空闲的,即多任务预约表中有许多空格,即使是最忙的功能段也还有空闲,而没有一个功能段始终是忙碌的。由此可以说明,最小启动循环调度策略并不能使非线性流水线的效率得到充分发挥。那么平均启动距离最小为多少,才能充分发挥非线性流水线的效率呢? L.E.Shar 于 1972 年提出了非线性流水线最小平均启动距离的限制范围,并于 1992 年得以证明。对于一条静态可重构的非线性流水线,通过预约表可以得到其最小平均启动距离的范围,即有:

(1) 最小平均启动距离的下限是预约表中任意一行里"×"的最多个数,或同一个任务流过任意一个功能段的最多次数。

(2) 最小平均启动距离应该小于或等于状态有向图中任意一个简单(启动距离数列所包含的数越少越简单)无冲突调度策略的平均启动距离,这正是最小启动循环调度策略的含义。

(3) 最小平均启动距离的上限是初始冲突向量中 1 的个数再加上 1,这对于许多情况是相当宽松的。

其中范围限制(1) 最有用,预约表中"×"最多的一行所对应的功能段一定是非线性流水线的瓶颈段。要使非线性流水线充分发挥效率,瓶颈段必须连续不断地工作,没有空闲。因此,非线性流水线调度的关键是充分使用瓶颈段,只要让瓶颈段不空闲,其吞吐率和效率必然是最大的,无冲突调度策略的平均启动距离也一定是最小的。

2. 非线性流水线的优化调度方法

非线性流水线的优化调度方法称为预留算法,预留算法的操作步骤如下。

(1) 生成最小平均启动距离。最小平均启动距离等于预约表中任意一行中"×"的个数的最大值。

(2) 生成最小启动循环。同一最小平均启动距离可能有多个最小启动循环,但其中有一个且仅有一个是恒定循环。为了简化任务调度的控制,可选择恒定循环作为最小启动循环。

（3）最小启动循环实现。预约表中任意一行中凡是与第一个"×"的距离为恒定循环的平均启动距离的整数倍的功能段都需要预留出来,预留出来的功能段是采用一个延迟功能段来实现的,该功能段称为非计算延迟功能段,它仅起延迟的作用,没有任何其他功能,即通过插入非计算延迟功能段可以实现最小启动循环。

例 3.7 采用预留算法对图 3-49 所示的预约表进行改进,并画出其相应的流水线预约表及其连接图。

解：(1) 生成最小平均启动距离与最小启动循环。从图 3-49 所示的预约表可以看出,功能段 S_1 所对应行的"×"的个数最多有 3 个,因此相应非线性流水线的最小平均启动距离为3,对应的最小启动循环有多个,如(3,3)、(1,3,5) 等,但恒定循环最优。

(2) 实现最小启动循环。根据预留算法,功能段 S_1 所在行的第 2 个"×"需要从第 4 个时间间隔向后延迟到第 5 个时间间隔。由于功能段 S_2 所在行的第 2 个"×"的输入来自功能段 S_1 所在行的第 2 个"×"的输出,因此功能段 S_2 所在行的第 2 个"×"需要向后延迟一个时间间隔,即从第 5 个时间间隔延迟到第 6 个时间间隔。同理,功能段 S_3 所在行的第 2 个"×"也需要向后延迟一个时间间隔,即从第 6 个时间间隔延迟到第 7 个时间间隔。对于功能段 S_1 所在行的第三个"×",由于两个延迟功能段的作用,其需要从第 7 个时间间隔向后延迟到第 9 个时间间隔。由此,建立的新预约表如图 3-57 所示,其中 D_1、D_2 为非计算延迟功能段,包含非计算延迟功能段的连接图如图 3-58 所示。

时间 段	1	2	3	4	5	6	7	8	9
S_1	×			A→	×		A→	A→	×
S_2		×			A→	×			
S_3		×				A→	×		
S_4			×						
延迟D_1				×					
延迟D_2								×	

图 3-57 有非计算延迟的预约表

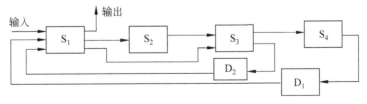

图 3-58 有非计算延迟的连接图

按照图 3-57 的预约表和恒定循环 3 调度策略,向非线性流水线连续输入任务,则有如图 3-59 所示的流水线预约表。从图 3-59 可以看出,瓶颈段 S_1 从第七个时间间隔开始就一直忙碌,没有空闲,使非线性流水线的效率可以得到充分发挥。

时间段	1	2	3	4	5	6	7	8	9	10	11	12	13	14	15
S_1	×1			×2	×1		×3	×2	×1	×4	×3	×2	×1	×5	×4
S_2		×1			×2	×1		×3	×2		×4	×3		×5	×4
S_3		×1			×2			×3			×4			×3	
S_4			×1			×2			×3			×4			×5
延迟D_1			×1			×2			×3	×2		×4	×3		

图 3-59 按恒定循环 3 调度任务的流水线预约表

3.5.5 多功能非线性流水线的调度

对于多功能非线性流水线,由于不同功能的任务可以相互穿插在一起进入流水线,其调度要复杂得多。现以双功能(功能为 A 和 B)非线性流水线为例,解释多功能非线性流水线的调度。

双功能非线性流水线的调度策略类似于单功能的,仅在于状态转移图中节点状态的表示不同。节点状态是由两个冲突向量构成的冲突矩阵,这两个冲突向量分别对应下一个任务是功能 A 类与功能 B 类。初始冲突向量也有两个,分别对应于第一个任务是功能 A 类与功能 B 类。假设第一个任务是功能 A 类时,其初始冲突矩阵为 $M_A^{(0)}$;第一个任务是功能 B 类时,其初始冲突矩阵为 $M_B^{(0)}$,则有:

$$M_A^{(0)} = \begin{bmatrix} C_{AA} \\ C_{AB} \end{bmatrix}, \quad M_B^{(0)} = \begin{bmatrix} C_{BA} \\ C_{BB} \end{bmatrix}$$

其中:$C_{pq}(p,q \in \{A,B\})$ 表示在一个 p 类任务进入流水线后对后续 q 类任务的冲突向量,且可以由预约表求得。显然,在双功能非线性流水线中,C_{pq} 共有 $2^2 = 4$ 个。对于 N 功能非线性流水线,C_{pq} 共有 N^2 个。

后续冲突矩阵 M_j 由下式求得:

$$M_j = SHR^{(r,k)}(M_i) \vee M_r^{(0)}$$

其中:M_i 为当前状态矩阵,r 为下一个进入任务的类型(A 或 B),k 是当前状态允许的进入 r 型任务的时间间隔;$SHR^{(r,k)}(M_k)$ 为把当前状态中的各冲突向量逻辑右移 k 位,并且左边补"0";$\vee$ 为"按位或"运算。

例 3.8 有一个 3 段双功能非线性流水线,可以用于处理 A、B 两类任务,每个功能段的延迟时间均为 Δt,A、B 两类任务对流水线资源需求的预约表如图 3-60 所示。试构建流水线单独处理 A 类任务或 B 类任务或者 A、B 两类任务混合的调度策略。

时间段	1	2	3	4	5
S_1	×			×	
S_2		×			
S_3			×		×

时间段	1	2	3	4	5
S_1	×				×
S_2				×	
S_3		×	×		

图 3-60 A、B 两类任务的预约表

解:(1) 由单任务处理的预约表生成双任务处理的预约表。

把两类任务的预约表重叠起来,则得到 A、B 两类任务的预约表,如图 3-61 所示。

段＼时间	1	2	3	4	5
S_1	A	B		A	B
S_2			A	B	
S_3	B			BA	A

图 3-61 A、B 两类任务的预约表

(2) 由预约表生成初始冲突向量。

由于有两类任务,因此需要有 4 个初始冲突向量表示哪一类任务对哪一类后续任务进入流水线的时间间隔约束。

C_{AA} 表示 A 类任务对后续 A 类任务的约束。由 A 类任务的预约表可知:为了避免 A 类任务同后续 A 类任务争用段 S_1 的冲突,禁止时间间隔为 $4\Delta t - 1\Delta t = 3\Delta t$;A 类任务之间不会争用段 S_2;为了避免 A 类任务之间争用段 S_3 的禁止时间间隔为 $5\Delta t - 3\Delta t = 2\Delta t$。因此,按初始冲突向量定义便有 $C_{AA}=(0110)$。

C_{BB} 表示 B 类任务对后续 B 类任务的约束,同理有 $C_{BB}=(0110)$。

C_{BA} 表示 B 类任务对后续 A 类任务的约束。由 A、B 两类任务的预约表可知:为了避免 B 类任务同后续 A 类任务争用段 S_1 的冲突,禁止时间间隔有:$2\Delta t - 1\Delta t = 1\Delta t$、$5\Delta t - 1\Delta t = 4\Delta t$、$5\Delta t - 4\Delta t = 1\Delta t$;为了避免 B 类任务同后续 A 类任务争用段 S_2 的禁止时间间隔为 $4\Delta t - 2\Delta t = 2\Delta t$。虽然 A 类任务和 B 类任务也会争用段 S_3,但仅发生在先进入 A 类任务同后续 B 类任务之间,不需要在 C_{BA} 中反映。所以,按初始冲突向量定义便有 $C_{BA}=(1011)$。

C_{AB} 表示 A 类任务对后续 B 类任务的约束,同理有 $C_{AB}=(1010)$。

(3) 由初始冲突向量生成初始冲突矩阵。

由 4 个初始冲突向量得出 2 个初始冲突矩阵为:

$$\boldsymbol{M}_A^{(0)} = \begin{bmatrix} C_{AA} \\ C_{AB} \end{bmatrix} = \begin{bmatrix} 0 1 1 0 \\ 1 0 1 0 \end{bmatrix}, \quad \boldsymbol{M}_B^{(0)} = \begin{bmatrix} C_{BA} \\ C_{BB} \end{bmatrix} = \begin{bmatrix} 1 0 1 1 \\ 0 1 1 0 \end{bmatrix}$$

根据初始冲突向量 C_{AA} 和 C_{AB} 的定义,则可知 $\boldsymbol{M}_A^{(0)}$ 的含义是:非线性流水线进入一个 A 类任务对后续各类任务进入流水线的时间间隔约束;同样,根据初始冲突向量由 C_{BA} 和 C_{BB} 的定义,则可知 $\boldsymbol{M}_B^{(0)}$ 的含义是:非线性流水线进入一个 B 类任务对后续各类任务进入流水线的时间间隔约束。

(4) 由初始冲突矩阵生成状态有向图。

如果第一个进入的任务是 A 类任务,那么初始状态就是 $\boldsymbol{M}_A^{(0)}$;如果第一个进入的是 B 类任务,那么初始状态就是 $\boldsymbol{M}_B^{(0)}$。在初始状态 M_0 确定后,由后续冲突矩阵的生成方法生成所有的后继状态。

如果进入的第一个任务是 A 类任务，即初始状态 $M_0 = M_A^{(0)}$，那么后继状态的生成过程可以表示成一棵搜索树，如图 3-62 所示。搜索树的所有叶节点的状态矩阵都与在它之前生成的某个节点的状态矩阵相同，则这些节点不再需要对其生成相应的后继节点。

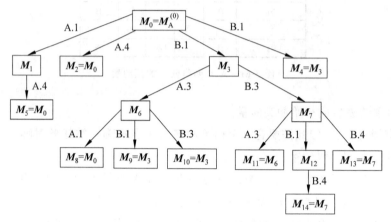

图 3-62　后继状态生成过程搜索树

图 3-62 所示的搜索树对应的状态有向图如图 3-63 所示。实际上，状态有向图中的节点 M_7 的状态矩阵与初始状态矩阵 $M_B^{(0)}$ 相同，因此若初始状态为 $M_0 = M_B^{(0)}$，即进入的第一个任务是 B 类任务，得到的状态有向图也如图 3-63 所示。

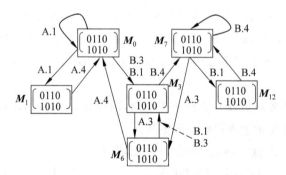

图 3-63　双功能非线性流水线的状态有向图

（5）由状态有向图生成调度策略。

由状态有向图则可以得到非线性流水线仅进入 A 类任务的调度策略为(A.1, A.4)，仅进入 B 类任务的调度策略为(B.1, B.4)，它们的平均时间间隔都是 $(1\Delta t + 4\Delta t)/2 = 2.5\Delta t$。混合进入 A、B 两类任务的平均时间间隔最小的调度策略为(B.1, A.3, A.4)，平均时间间隔是 $(1\Delta t + 3\Delta t + 4\Delta t)/3 = 2.67\Delta t$。混合进入 A、B 两类任务的调度策略的最大吞吐率为 $TP_{max} = 3/(1+3+4)\Delta t = 0.375\Delta t$，其中：A 类任务的吞吐率为 $TP_{Amax} = 2/(1+3+4)\Delta t = 0.25\Delta t$，B 类任务的吞吐率为 $TP_{Bmax} = 1/(1+3+4)\Delta t = 0.125\Delta t$。

复 习 题

1. 若一条指令的处理过程分为取指令、分析指令和执行指令三个阶段,那么指令序列的处理方式有哪些?它们各有什么优缺点?
2. 什么是顺序处理?什么是一次重叠?什么是二次重叠?
3. 什么是流水线技术?什么是流水线?什么是功能段?
4. 流水线有哪几种表示方法?简述它们各自如何描述流水线的相关属性。
5. 流水线可以从哪些角度进行分类?各可以分为哪几种?
6. 什么是单功能流水线?什么是多功能流水线?并加以比较。
7. 什么是动态流水线?什么是静态流水线?并加以比较。
8. 什么是指令流水线?什么是运算操作流水线?什么是宏流水线?并加以比较。
9. 什么是线性流水线?什么是非线性流水线?并加以比较。
10. 流水线有哪些特点?什么是装入时间?什么是排空时间?
11. 简述二次重叠处理指令序列的实现结构,当采用该实现结构时,为什么会发生主存访问冲突?主存访问冲突有哪些解决方法?
12. 什么是先行控制?简述先行控制的基本原理及其实现结构。
13. 在先行控制实现的基本结构中,有哪些缓冲栈?各起什么作用?
14. 简述先行控制指令流水线结构与运算操作流水线结构。
15. 衡量流水线性能的主要指标有哪些?写出它们的含义和基本计算式。
16. 简述衡量流水线性能指标之间的关系,写出各功能段延迟时间相等时的关系式。
17. 什么是流水线瓶颈段?它有哪些处置方法?
18. 写出条件转移指令导致流水线吞吐率下降百分比的计算式,由此说明流水线功能段数并非越多越好。
19. 什么是顺序流动?什么是异步流动?
20. 什么是指令相关?什么是流水线相关?它们之间有什么关系?
21. 什么是相关处理?相关处理的充分条件与必要条件各是什么?相关处理的基本策略有哪两种?
22. 流水线相关可以分为哪几类?什么是局部相关?什么是全局相关?
23. 什么是资源相关?它可以分为哪几类?资源相关处理方法有哪两种?
24. 什么是数据相关?它可以分为哪几类?
25. 什么是操作数相关?它可以分为哪几类?操作数相关处理方法有哪些?
26. 什么是条件转移相关?它可以分为哪几类?条件转移相关处理方法有哪些?
27. 什么是中断转移相关?它可以分为哪几类?中断转移相关处理方法有哪些?
28. 简述用于处理操作数相关的时间延迟的具体实现方法。
29. 简述用于处理操作数相关的专用通路的具体实现方法。
30. 简述用于处理操作数相关的数据重定向的具体实现方法。
31. 简述用于处理条件转移相关的延迟转移的具体实现方法。

32. 简述用于处理循环条件转移相关的改进循环体程序结构的具体实现方法。
33. 什么是静态分支预测？实现静态分支预测的途径有哪些？
34. 什么是动态分支预测？其基本策略有哪些？
35. 动态分支预测的实现逻辑结构可以分为哪几个部分？各部分的用途是什么？
36. 简述 BHT 策略动态分支预测的工作过程。
37. 分支预测与状态修改的具体操作有哪些？
38. 非线性流水线的连接图与预约表的映像关系是什么？其任务输入间隔具有什么特征？
39. 什么是任务调度？什么是非线性流水线冲突？什么是启动距离？
40. 什么是启动循环？什么是平均启动距离？什么是最小启动循环？
41. 什么是禁止表？简述其生成方法。
42. 什么是初始冲突向量？简述其生成方法。
43. 什么是后继冲突向量？简述其生成方法。
44. 什么是无冲突调度策略？简述其生成方法。
45. 简述最小启动循环调度策略的生成算法。
46. 简述非线性流水线调度实现的操作过程。
47. 简述最小平均启动距离的取值范围。
48. 简述非线性流水线的优化调度的操作步骤。
49. 什么是初始冲突矩阵？简述其生成方法。
50. 什么是后续冲突矩阵？简述其生成方法。
51. 简述多功能非线性流水线的调度的操作步骤。

练 习 题

1. 与串行处理相比，流水线提高了系列任务的处理速度并且还不需要增加造价，为什么？它缩短了每个任务的处理时间吗？
2. 静态流水线应该具备哪些条件才能使其效率得到充分发挥？
3. 在先行控制实现的基本结构中，其缓冲栈的深度是否越深越好，为什么？
4. 在任务流动控制上，指令流水线与运算操作流水线各采用什么控制方式？为什么它们采用不同的控制方式？
5. 对于流水线，其功能段是否越多越好，为什么？怎样选取功能段数量？
6. 条件转移对任务在流水线中的流动有影响吗？为什么？
7. 什么是软件指令调度？它可以用于处理哪些相关？为什么？
8. 数据相关的分类依据有哪些？分类结果与依据本身有什么变化？
9. 历史分支方向为什么可以采用二进制数表示？二进制数的位数与历史分支方向的次数有什么关系？
10. 若历史状态位为两位二进制数，那么可能的分支预测状态转换图有几种？它们的区别是什么？画出它们相应的状态转换图。

11. 如果一条指令处理过程分为取指令、分析指令和执行指令三个子过程,某程序有 1000 条指令,当①三个子过程的延迟时间均为 t 时;②三个子过程的延迟时间分别为 t_1、t_2、t_3 时,计算下列 3 种情况下运行该程序所需的时间,并加以比较。

(1) 串行执行。

(2) 一次重叠执行。

(3) 二次重叠执行。

12. 在流水线处理机中,有一个独立的加法操作部件和一个独立的乘法操作部件,加法操作部件为 4 段流水线,乘法操作部件为 6 段流水线,均在第一段从通用寄存器中读操作数,并在最后一段把运算结果写到通用寄存器中。每段的延迟时间都相等,且都是一个时钟周期。若每个时钟周期发出一条指令,请问可能发生哪几种操作数相关?写出发生相关的指令序列,分析相关发生的原因,并给出解决相关的具体办法。

13. 在一台单流水线多操作部件的处理机上运行下列程序,每条指令的取指令和指令译码分别需要一个时钟周期,MOVE、ADD 和 MUL 操作分别需要 2 个、3 个和 4 个时钟周期,每个操作都在第一个时钟周期从通用寄存器中读操作数,并在最后一个时钟周期把运算结果写到通用寄存器中。

```
k:      MOVE   R1, R0        ;R1←(R0)
k+1:    MUL    R0, R2, R1    ;R0←(R2)×(R1)
k+2:    ADD    R0, R2, R3    ;R0←(R2)+(R3)
```

(1) 就程序本身而言,可能有哪几种数据相关?

(2) 在程序实际运行过程中,哪几种数据相关会引起流水线停顿?

(3) 画出程序运行的流水线时空图,并计算完成这 3 条指令共需要多少个时钟周期?

14. 在一台 RISC 处理机的流水线中,LOAD/STORE 部件也与加法器、乘法器一样作为"执行段"功能部件,允许不同指令使用不同功能部件并行工作。请分析下列 3 组指令各存在何种数据相关?

$\begin{cases} I_1 & \text{STORE} \quad M(A), R3 \quad ;M(A)\leftarrow R3 \\ I_2 & \text{ADD} \quad R3, R4, R6 \quad ;R3\leftarrow(R4)+(R6) \end{cases}$

$\begin{cases} I_3 & \text{MUL} \quad R5, R1, R2 \quad ;R5\leftarrow(R1)\times(R2) \\ I_4 & \text{ADD} \quad R5, R3, R4 \quad ;R5\leftarrow(R3)+(R4) \end{cases}$

$\begin{cases} I_5 & \text{LOAD} \quad R2, M(B) \quad ;R2\leftarrow M(B) \\ I_6 & \text{SUB} \quad R4, R2, R1 \quad ;R4\leftarrow(R2)-(R1) \end{cases}$

15. 假设有多个加法器,它们之间不存在资源冲突,有 3 条指令组成的程序代码如下:

```
I₁    ADD   R1, R2, R4        ;R1←(R2)+(R4)
I₂    ADD   R2, R1, 1         ;R2←(R1)+1
I₃    SUB   R1, R4, R5        ;R1←(R4)-(R5)
```

(1) 分析程序代码中的所有数据相关。

(2) 采用何种硬件技术可解决这些数据相关?请加以说明。

16. 某线性流水线由 4 个功能部件组成,每个功能部件的延迟时间均为 Δt。当输入 10 个数据后,停顿 $5\Delta t$,又输入 10 个数据,如此重复。计算流水线的实际吞吐率、加速比和效率,并画出时空图。

17. 有一条指令流水线的 4 个功能段分为取指(IF)、译码(ID)、执行(EX)和写回(WB),分支指令在第二个时钟周期末决定条件分支是否不成功,在第三个时钟周期末决定条件分支是否成功。设第一个时钟周期的操作和条件分支无关,并略去其他流水线停顿。要求:

(1) 分别画出无条件分支、发生条件分支和不发生条件分支时指令处理的时空图。

(2) 假设条件分支指令占所有指令的 20%,且其中 60% 的指令可能会处理,无条件分支占 5%,那么实际的流水线加速比是多少?

18. 若有一条浮点乘法流水线如图 3-64(a)所示,其乘积可以直接返回输入端或暂存于相应缓冲寄存器中。画出实现 A×B×C×D 的时空图以及输入端的变化,并求流水线的吞吐率和效率。当将流水线改为如图 3-64(b)所示时,求实现同一计算的流水线的吞吐率和效率。

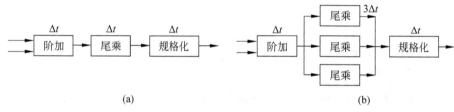

图 3-64 练习题 18 的附图

19. 据统计,在典型程序中,转移指令所占比例为 20%,转移成功的概率为 60%。设有一条 8 个功能段的指令流水线,由于转移指令的影响,流水线的最大吞吐率会下降多少?

20. 为了提高流水线吞吐率,可以采用哪两种主要途径来克服速度瓶颈?现有一条含 3 个功能段的流水线,各段延迟时间依次为 Δt、$3\Delta t$、Δt。

(1) 分别计算连续输入 3 条指令和连续输入 30 条指令时的吞吐率和效率。

(2) 按两种途径之一改进流水线,画出改进后的流水线结构示意图,分别计算改进后的流水线连续输入 3 条指令和连续输入 30 条指令时的吞吐率和效率。

(3) 比较(1)和(2)的结果,能得出什么有意义的结论?

21. 使用一条含 5 个功能段的浮点加法流水线计算 $F = \sum_{i=1}^{10} A_i$,每个功能段的延迟时间均相等,流水线的输出端与输入端之间有直接数据通路,且设置有足够的缓冲寄存器。要求尽可能在短时间内完成计算,画出流水线时空图,并计算流水线的实际吞吐率、加速比和效率。

22. 一条线性静态多功能流水线由 6 个功能段组成,加法操作使用其中的 1、2、3、6 功能段,乘法操作使用其中的 1、4、5、6 功能段,每个功能段的延迟时间均相等。流水线的输出端与输入端之间有直接数据通路,且设置有足够的缓冲寄存器。用这条流水线计算

$F=\sum\limits_{i=1}^{6}a_i\times b_i$,画出流水线时空图,并计算流水线的实际吞吐率、加速比和效率。

23. 有一条含 5 个功能段的线性动态多功能流水线如下图所示,其中 1→2→3→5 功能段组成加法流水线,1→4→5 功能段组成乘法流水线,设每个功能段的延迟时间均为 Δt。采用这条流水线计算 $F=\prod\limits_{i=1}^{4}(a_i+b_i)$,画出流水线时空图,并计算流水线的实际吞吐率、加速比和效率。

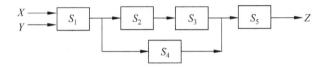

24. 有一条含 3 个功能段的流水线如下图所示,每个功能段的延迟时间均为 Δt,但功能段 S_2 的输出需要返回到自己的输入端循环执行一次。

(1) 如果每隔一个 Δt 向流水线连续输入任务,这条流水线会发生什么问题?

(2) 求这条流水线能够正常工作时的实际吞吐率、加速比和效率。

(3) 可采用什么方法来提高流水线的吞吐率,画出改进后的流水线结构图。

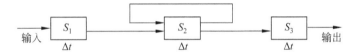

25. 在一条含有 5 个功能段的流水线处理机上需经 $9\Delta t$ 才能完成一个任务,其预约表如下图所示。

时间 功能段	1	2	3	4	5	6	7	8	9
S_1	×							×	
S_2		×	×					×	
S_3				×					
S_4					×	×			
S_5							×	×	

(1) 写出流水线的初始冲突向量。

(2) 画出流水线任务调度的状态有向图。

(3) 求出流水线的最优调度策略和最小平均启动距离及其最大吞吐率。

(4) 按最优调度策略连续输入 8 个任务时,流水线的实际吞吐率是多少?

(5) 画出该流水线各功能段之间的连接图。

26. 有一条含 5 个功能段的流水线的预约表如下图所示。

(1) 画出流水线调度的状态有向图。

(2) 分别求出允许不等间隔调度和等间隔调度的最优调度策略以及这两种调度策略的最大吞吐率。

(3) 若连续输入 10 个任务,求这两种调度策略的实际吞吐率。
(4) 画出该流水线各功能段之间的连接图。

时间 功能段	1	2	3	4	5	6	7
S_1	×						×
S_2		×			×		
S_3			×	×			
S_4				×			×
S_5						×	×

27. 一条含有 3 个功能段的非线性流水线的连接图和预约表分别如下图(a)和(b)所示。

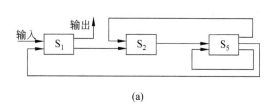

时间 功能段	1	2	3	4	5
S_1	×				×
S_2		×		×	
S_3			×	×	

(a)　　　　　　　　　　(b)

(1) 写出流水线的禁止表和初始冲突向量,画出流水线任务调度的状态有向图。
(2) 求出流水线的最小启动循环和最小平均启动距离。
(3) 通过插入非计算延迟流水段使流水线达到最优调度,确定该流水线的最佳启动循环和最小平均启动距离。
(4) 画出插入非计算延迟流水段后流水线的连接图、预约表和状态有向图。
(5) 分别计算在插入非计算延迟功能段前后流水线的最大吞吐率,并计算最大吞吐率的改进程度(百分比)。
(6) 画出流水线连接图的另一张预约表和流水线预约表的另一个连接图。

28. 一条含 4 个功能段的非线性流水线的预约表如下图所示。

时间 流水段	1	2	3	4	5	6
S_1	×					×
S_2		×		×		
S_3			×			
S_4					×	×

(1) 写出流水线的禁止表和初始冲突向量,画出流水线任务调度的状态有向图。
(2) 求出流水线的最小启动循环和最小平均启动距离。
(3) 在插入一个非计算延迟功能段后,求该流水线的最佳启动循环和最小平均启动距离。
(4) 画出插入非计算延迟功能段后流水线的预约表和状态有向图。
(5) 分别计算在插入一个非计算延迟流水段前后流水线的最大吞吐率。

(6) 连续输入 10 个任务,分别计算在插入一个非计算延迟流水段前后流水线的实际吞吐率。

29. 采用一条含 4 个功能段的浮点加法器流水线计算 Z＝A＋B＋C＋D＋E＋F＋G＋H,每个功能段的延迟时间均相等,流水线的输出端与输入端之间有直接数据通路,且设置有足够的缓冲寄存器。要求尽可能在短时间内完成计算,画出流水线的时空图,并且计算流水线的实际吞吐率、加速比和效率。

第 4 章 信息存储的层次与并行技术

存储器是计算机的核心部件之一,也是提高计算机性能的瓶颈。本章从计算机对存储器性能的要求出发,根据程序访问局部性的原理,分析具有层次结构的存储系统的概念及其组织实现,讨论 Cache 存储体系的结构原理、组织实现所需要的映像管理规则、替换算法、一致性维护等相关技术,介绍改进 Cache 存储体系性能的方法。本章还将阐述提高存储器带宽的技术途径,并将介绍并行存储器种类及其结构原理。

4.1 存储系统及其存储层次技术

【问题小贴士】 ①在一台计算机中,采用单一介质存储器可以满足计算机对存储器的要求吗?为什么?如果不能满足,应该采用什么技术措施?由此,便引入了什么概念?②存储系统是材料工艺和性能特性有所不同的多个存储器的集合,它是怎样组织实现的?组织实现需要哪些功能操作?为什么需要这些操作?③从存储层次技术来看,计算机中包含许多存储层次,而存储系统仅包含三层存储器,为什么?④对于 Cache 存储体系,其设置的目的是什么?组织实现的功能操作是由硬件实现的吗?如果是,为什么采用硬件实现?该硬件的名称是什么?⑤利用简短文字,概要性叙述 Cache 存储体系的结构原理。⑥衡量存储系统与存储器的性能指标有很大区别,并涉及许多计算,需要通过练习来掌握直至熟悉。

4.1.1 存储系统及其组织原理

1. 存储系统及其特征

衡量存储器性能主要包含速度、容量和价格三个指标,不同存储介质的存储器的三个性能指标差别很大。一般说来,存储器速度越快、价格越高,容量就不可能太大;反之,容量要求越大,价格应该越低,速度必然越慢。如半导体存储器的速度快、价格高,容量不可能大;而磁表面存储器的价格低,容量可以大,但速度慢。计算机是以存储器为中心,在程序运行过程中,CPU 所需的指令、数据需要从存储器中读取,而 CPU 运算的结果数据需要写入存储器,输入输出设备也需要直接与存储器交换数据,即 CPU 要求存储器的速度快。而需要运行的程序往往大且多,涉及的数据也很多,用户要求存储器的容量大。造价低则是根本,也就是说,计算机对存储器性能的基本要求是速度快、容量大、价格低。显然,某种介质的存储器性能与计算机对存储器的性能要求不匹配。

为了改变这种不匹配的状况,人们一直在研究如何改进工艺、提高技术,以生产出价格低廉而速度更快的存储器。单就存储器发展趋势而言,存储器的体积是越来越小,容量是越来越大,速度是越来越快,价格是越来越低,寿命是越来越长。但从比较的角度来看,不同介质存储器的性能仍然存在"速度快的价格高"的现象。也就是说,单靠材料、工艺与技术,使某种介质存储器满足计算机对存储器的性能要求是难以实现的。

人们自然想到,是否可以将各种材料工艺和性能特性有所不同的多个存储器组织起来,构成一个存储器集合,以满足计算机对存储器的性能要求呢?答案是肯定的。因此,采用硬件或软件或者软硬件相结合的方法,将两个或两个以上速度、容量和价格各不相同的存储器有机地连接在一起的存储器集合就称为存储系统。显然,存储系统必须具备两个特征。一是对应用程序员和 CPU 是透明的。存储系统虽然包含多个存储器,但从应用程序员和 CPU 来说,仍然相当于冯·诺依曼体系结构原型中原始意义的一个存储器,应用程序员和 CPU 仍按原有方法访问存储系统,并不需要关注存储系统的存在及其组织实现方法。二是具有速度快、容量大、价格低的性能特点。若存储系统包含 N 个存储器,则其性能表现为:速度近似等于 N 个存储器中存储速度最快的那个存储器的速度,容量近似等于 N 个存储器中容量最大的那个存储器的容量,价格近似等于 N 个存储器中价格最低的那个存储器的价格。

特别地,存储器与存储系统是两个完全不同的概念,存储器是存储系统组织的基本单元,存储系统是若干存储器的有机整体。如果在一台计算机中只有存储器,即使有多个存储器,但没有存储系统,那么不同存储器的性能优势不可能得到充分发挥,无法满足计算机对存储器的性能要求。

2. 存储系统的一般结构

怎样将多个存储器组织为存储系统呢?根据程序访问局部性的原理和存储器的性能特点,可以采用线性层次结构方法来组织实现存储系统,即速度越快的存储器越靠近 CPU,速度越慢的存储器越远离 CPU,其层次结构模型如图 4-1 所示。在存储系统的结构模型中,存储器 M_1 靠 CPU 最近,速度最快或访问周期 T_1 最小,通过存储器 M_1 使存储系统的速度可以满足 CPU 对存储器的速度要求。但是,存储器 M_1 的价格 C_1 与其他存储器相比贵很多,存储容量 S_1 受价格因素限制只能很小。为使离 CPU 最远的 M_N 满足用户对存储器的容量要求,存储器 M_N 的容量 S_N 应该很大,价格 C_N 应该很低。受价格因素的限制,存储器 M_N 的速度只能很慢或访问周期 T_N 最大。综上所述,存储系统的访问周期 $T \sim \mathrm{MIN}(T_1, T_2, \cdots, T_N)$、存储容量 $S \sim \mathrm{MAX}(S_1, S_2, \cdots, S_N)$,存储价格 $C \sim \mathrm{MIN}(C_1, C_2, \cdots, C_N)$。

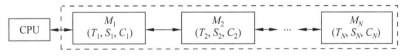

图 4-1 存储系统的层次结构模型

由上述分析可知,M_1 的容量很小,一般不足以存放整个程序及其所需要的全部数据;而 M_N 的容量很大,可以存放 CPU 运行期间及其以后需要的程序和数据。但实际上 M_1 仅需要存放当前正在使用的程序及其所需要数据中的一部分(可称之为块或页)。由于程序访问具有时间局部性,近期未来一段时间内需要用的信息(指令和数据)很有可能在 M_1 中,从而使得近期未来一段时间内可以在 M_1 中访问到需要使用的信息,或称为对 M_1 的访问可以命中。若对 M_1 访问未命中,则需要把所需要访问的存储字及与其相邻近的一部分(块或页)信息从 M_2 送至 M_1,由于程序访问具有时间局部性,这部分信息所包含的存储字通常都是近期未来一段时间内所需使用的。若对 M_2 访问也未命中,则需要把所需访问的存储字及与其相邻近的一部分信息从 M_3 送至 M_2;以此类推,M_3 与 M_4,$\cdots$,M_{N-1} 及 M_N 之间的关系类同。在存储层次中,存储器之间一般满足包容关系,任何一个层次的信息都是其上一层次(离 CPU 更远一层)信息的子集。

由此可见,利用程序访问局部性,只需要用户把所需的程序和数据存储在价格低、容量大、速度慢、最外层的存储器 M_N 中,CPU 运行期间所需要的程序和数据绝大部分都可以从价格高、容量小、速度快、最内层的存储器 M_1 中得到,且对于离 CPU 越远的存储器,CPU 访问它们的频率越低。因此,存储系统的速度近似于 M_1 的速度,价格和容量近似于 M_N 的价格和容量,从而使存储系统具有速度快、容量大、价格低的性能特点。

3. 存储系统组织的功能操作

对于这种采用线性层次结构的方法将不同类型、性能各异的存储器组织在一起而建立的存储系统,存储层次间存在许多问题需要解决,这些问题应由存储系统的设计人员通过硬件或软件或者软硬件相结合的方法来自动加以解决,以保证它们对应用程序员和 CPU 是透明的。综合起来,存储系统组织主要通过四个功能操作来解决存储层次间存在的问题。

(1)存储层次间的信息传送。在对 M_i 访问未命中时,并不是仅从其上一层 M_{i+1} 送一个存储字到 M_i 中,而是把包含该存储字的一部分存储信息送至 M_i 中。这样,由于程序访问具有空间局部性,近期未来一段时间内所需使用的信息很有可能在这部分信息中被一起送至 M_i,从而保证对 M_i 有较高的命中率。高层存储器向低层存储器传送信息的操作是自动实现的。

(2)存储层次间的地址变换。在运行程序期间,CPU 形成系列逻辑地址流,逻辑地址要变换为最高层 M_N 的物理地址,从最高层 M_N 开始,逐步转化为 M_{N-1},M_{N-2},$\cdots$,直到 M_1,才能实现 CPU 对 M_1 的访问。存储层次间的地址变换的操作是自动实现的。特别地,地址变换算法取决于高层存储器 M_{i+1} 的存储空间如何映像到低层存储器 M_i 中,存储层次间的空间映像规则与地址变换算法是一一对应的。

(3)存储空间的替换。在运行程序过程中,依据存储空间的映像规则,高层存储器 M_{i+1} 不断向低层存储器 M_i 调入信息。由于低层存储器 M_i 比高层存储器 M_{i+1} 的存储容量小得多,在某一时刻,如果需要将 M_{i+1} 的某部分信息调入 M_i 中,但 M_i 中可以映像 M_{i+1} 这部分信息的存储空间均已占用,那么就需要从可以映像 M_{i+1} 这部分信息的 M_i 存储空间中找出一部分合理可行的 M_i 存储空间,由现在需要调入的信息替换原有的信息,这就需要所谓的替换算法支持,替换算法的操作是自动实现的。

(4)存储层次间信息的一致性维护。从存储层次的组织机制可以看出,当前使用的信息在各层存储器上都有其对应的存储空间,即低层存储器 M_i 所存放的内容是高层存储器 M_{i+1} 部分内容的副本。显然,正本和副本的内容应该保持一致,即正本的内容修改了,副本的内容也要随之修改;反之亦然。这就是所谓的存储层次间的一致性,存储层次间的一致性的维护操作也是自动实现的。

4.1.2 存储系统的性能指标

存储系统的性能指标一般包括存储容量、位均价格、命中率、访问周期和访问效率。对于如图 4-1 所示的由 M_1、M_2、…、M_N 等 N 个层次存储器构成的存储系统,设各存储器的访问周期分别为 T_1、T_2、…、T_N,存储容量分别为 S_1、S_2、…、S_N,位价格分别为 C_1、C_2、…、C_N,且有 $T_1 < T_2 < \cdots < T_N$,$S_1 < S_2 < \cdots < S_N$,$C_1 > C_2 > \cdots > C_N$。

1. 存储容量

存储系统应该为用户提供尽可能大的地址空间,且可以对该地址空间进行随机访问。根据存储系统的组织结构,最低层存储器 M_N 的存储容量 S_N 最大,则用户可以把 M_N 作为随机访问的地址空间,存储系统的存储容量 S 就是最低层存储器 M_N 的存储容量,即有:

$$S = S_N \tag{4-1}$$

2. 位均价格

N 层存储器的存储系统的位均价格(单位容量平均价格)C 为:

$$C = \sum_{k=1}^{N} C_k S_k / S_N \tag{4-2}$$

其中,$k = 1, 2, \cdots, N$。如果希望存储系统的位均价格能接近于 C_N,应使 S_N 远远大于 S_1、S_2、…、S_{N-1} 之和,但若 S_1、S_2、…、S_{N-1} 与 S_N 相差太大,会使 CPU 对 M_1、M_2、…、M_{N-1} 访问的命中率很低。特别地,在式(4-2)中,没有考虑存储系组织操作所必需的软硬件费用,要使 C 接近 C_N,还应使附加的软硬件费用远小于总造价,否则存储系统的性价比将显著降低。

3. 命中率

命中率是指由 CPU 形成的逻辑地址在存储器 M_1、M_2、…、M_{N-1} 中访问到指定信息的概率。若逻辑地址流指定的信息在存储器 M_1、M_2、…、M_N 中的访问次数分别为 D_1、D_2、…、D_N,则 M_k 的命中率 H_k 为:

$$H_k = D_k \Big/ \sum_{k=1}^{N} D_k \quad 且 \quad \sum_{k=1}^{N} H_k - 1 \tag{4-3}$$

显然,要求有 $H_1 > H_2 > \cdots > H_N$,且 H_1 越接近于 1 越好。命中率 H_k 与程序访问的地址流、存储层次间采用的地址映像规则、替换算法以及 M_k 容量都有很大的关系。命中率通常采用实验或模拟方法来获得,即执行一段具有代表性的程序,记录下 D_1、D_2、…、D_N 来计算命中率。

4. 访问周期

N 层存储器的存储系统的访问周期 T 为:

$$T = \sum_{k=1}^{N} T_k H_k \tag{4-4}$$

当命中率 $H_1 > H_2 > \cdots > H_N$ 且 H_1 越接近于 1 时,访问周期越接近于速度最快的

存储器 M_1 的访问周期 T_1。所以,命中率 H_1 越大,存储系统的速度越快,且越接近于 M_1 的速度。

5. 访问效率

N 层存储器的存储系统的访问效率 E 为:

$$E = \frac{T_1}{T} = T_1 \bigg/ \sum_{k=1}^{N} H_k T_k = 1 \bigg/ \left(H_1 + \sum_{k=2}^{N} H_k \frac{T_k}{T_1} \right) \tag{4-5}$$

可见,存储系统的访问效率主要与命中率和各存储器的访问周期有关。

4.1.3 三层二级存储系统

1. 信息存储的基本层次

在计算机中,信息存储的基本层次一般分为 7 层,如图 4-2 所示。从下到上或低到高存储器的容量越来越小,位价格越来越高,访问周期越来越短(即速度越来越快),即访问周期有 $T_i < T_{i+1}$、存储容量有 $S_i > S_{i+1}$、位价格有 $C_i < C_{i+1}$。其中高速缓冲存储器(Cache)分为两层:CPU 芯片内和 CPU 芯片外,很多高性能的 CPU 芯片内集成有 Cache。片内 Cache 称为一级 Cache,容量很小,速度极快,且可分为指令 Cache 和数据 Cache;片外 Cache 称为二级 Cache,安装在主板上,容量较大,速度比片内 Cache 要低 5 倍左右。通用寄存器堆、指令与数据缓冲栈以及片内 Cache 是在 CPU 芯片内,它们的存取速度都极高。CPU 可直接访问片外高速缓冲存储器与主存储器,它们合称为内存;CPU 不能直接访问联机外部存储器与脱机外部存储器,它们合称为外存。联机外部存储器俗称硬盘,脱机外部存储器是海量的,主要有软盘、U 盘、光盘、移动硬盘和磁带等。

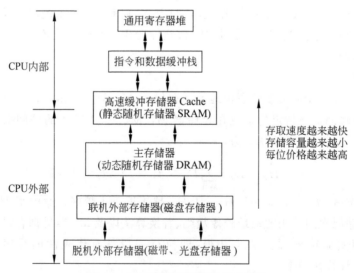

图 4-2 计算机信息存储的基本层次

存储层次之间一次交换数据量从低到高逐渐减少,交换过程中数据单位从低到高分别有段、页、块、多字和单字,如图 4-3 所示。一般块的大小为几十个字,页的大小为几 K 个字,段的大小为几十 K 个字,文件的大小不定。

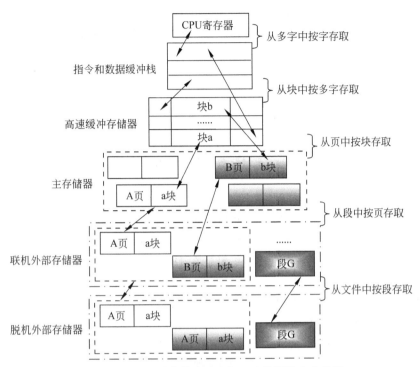

图 4-3 存储系统的基本层次间一次数据信息交换量

2. 三层存储器系统

从存储层次的组织操作来看，片内高速缓冲存储器及其以上各存储层次的组织操作是由 CPU 来自动实现，即由 CPU 的设计者完成；联机外部存储器与脱机外部存储器存储层次的组织操作是用户借助操作系统非自动实现；只有片外高速缓冲存储器、主存储器和联机外部存储器（可称为辅助存储器）这三个存储层次的组织操作是由存储系统来自动实现，即由存储系统的设计者完成。因此，由片外高速缓冲存储器、主存储器和辅助存储器构成一个三层存储器系统，且无论如何组织实现，对于应用程序员来说，该系统都只相当于一个存储器。这个存储器如同主存储器，是按地址随机访问的，其等效访问速度接近于 Cache 存储器的访问速度，等效存储容量是辅助存储器地址空间的容量。

实际上，可以认为三层存储器系统是主存储器扩展。在性能上要求主存储器应具有较大的容量，价格不能太高，所以其速度难以与 CPU 速度相匹配。为了满足 CPU 对速度的要求，在主存储器与 CPU 之间插入一个高速缓冲存储器，它的速度比主存储器快，但容量比主存储器小得多。另外，对于较大容量的主存储器，其容量又与用户要求相距甚远，为了满足用户对容量的要求，又在其外层增设辅助存储器，它的容量比主存储器大得多，但速度比主存储器慢。

3. 二级存储体系及其比较

对于高速缓冲存储器、主存储器和辅助存储器构成的三层存储器系统，按照存储层次之间的组织操作，可以形成二级存储体系，三层二级存储系统的组织结构模型如图 4-4 所示。高级存储体系是由 Cache 存储器与主存储器构成的"Cache-主存"存储体系，简称为

Cache 存储体系；低级存储体系是由主存储器与辅助存储器构成的"主存-辅存"存储体系，简称为虚拟存储体系。两个不同存储层次的存储体系在概念定义、组织操作、性能评价等方面具有相似性，但也有许多不同之处。

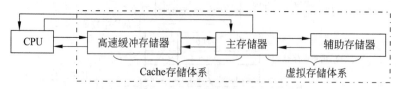

图 4-4 三层二级存储系统的结构模型

（1）一次交换的数据量不同。若把一次交换的数据量看作一个单位，那么高速缓存与主存之间以块为单位，主存与辅存之间以页为单位，块与页是相似的，但页比块大得多。块的大小是以主存储器在一个存取周期内能对主存访问到的数据量为限，一般是在几个到几十个主存存储字之间；而页的大小一般是在 1K 到几 K 主存存储字之间。

（2）二级存储器之间的速度比不同。在 Cache 存储体系中，高速缓存的速度是主存的 3~10 倍。在虚拟存储体系中，主存的速度一般是辅存的 10 万倍以上。

（3）访问未命中时 CPU 访问的通路不同。CPU 与高速缓存和主存之间都有直接通路，若 CPU 对高速缓存的块访问未命中，则将把当前要使用的存储字直接由主存送到 CPU，即 CPU 直接访问主存，且从主存把当前存储字所在的块调入高速缓存。CPU 与辅存之间没有直接通路，若 CPU 对主存的页访问未命中，则 CPU 需要等待把要访问的虚页从辅存调入到主存后，才能再进行访问。

（4）设置的目的不同。高速缓冲存储器是以提高主存速度为目的，以使存储系统的速度与 CPU 相匹配，即面向 CPU。辅助存储器是以扩大主存容量为目的，以使存储系统的容量满足用户需要，即面向用户。

（5）实现方式及其透明性不同。Cache 存储体系工作时所需要的组织操作功能是由硬件实现的，对系统程序员和应用程序员均透明。虚拟存储体系工作时所需要的组织操作功能是以软件为主、硬件为辅实现的，仅对应用程序员透明。

4. Cache 存储器的访问控制

当程序通过 CPU 访问三层存储系统时，将发送出一个虚拟地址，根据是否可以使用虚拟地址直接访问 Cache 存储器，把 Cache 存储器的访问控制分为物理地址和虚拟地址两种方式，也可以认为 Cache 存储器分为物理地址和虚拟地址。由此从组织结构来看，三层存储器系统也就有物理地址和虚拟地址之分。

对于物理地址访问控制方式，操作系统中的虚拟存储器管理程序将虚拟地址转换为主存物理地址，并由 Cache 存储体系的存储管理部件（MMU）将主存物理地址转换为 Cache 物理地址。如果 Cache 物理地址转换成功，则 Cache 命中，并利用 Cache 物理地址访问 Cache 存储器，访问字由 Cache 存储器送往 CPU。如果 Cache 物理地址转换不成功，则 Cache 未命中，则利用主存物理地址访问主存储器，访问字由主存储器送往 CPU，同时还需要把包含访问字的块从主存储器装入 Cache 存储器中。物理地址访问控制逻辑如图 4-5 所示，可见二级存储体系所需要的功能操作相对独立，它们之间的界线明显。

Intel 公司的 i486 和 DEC 公司的 VAX8600 等处理机都采用物理地址访问控制方式。

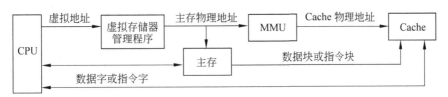

图 4-5 物理地址访问控制逻辑

对于虚拟地址访问控制方式，其虚拟存储体系采用页式管理，且页面容量与 Cache 存储器相等。这时把虚拟地址直接送往存储管理部件，存储管理部件可以同时将虚拟地址转换为主存物理地址和 Cache 物理地址（原理见 4.3 节）。如果 Cache 物理地址转换成功，则 Cache 命中，停止主存物理地址转换（通常比 Cache 物理地址的转换时间长），并利用 Cache 物理地址访问 Cache 存储器，访问字由 Cache 存储器送往 CPU。如果 Cache 物理地址转换不成功，则 Cache 未命中，等待主存物理地址转换完成，并利用主存物理地址访问主存储器，访问字由主存储器送往 CPU，同时还需要把包含访问字的块从主存储器装入 Cache 存储器中。虚拟地址访问控制逻辑如图 4-6 所示，可见二级存储体系所需要的功能操作融合一起，它们之间的界线不明显。Intel 公司的 i860 等处理机就是采用虚拟地址访问控制方式。

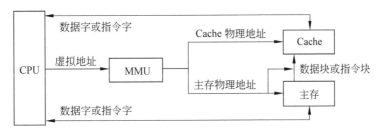

图 4-6 虚拟地址访问控制逻辑

4.1.4 Cache 存储体系概述

1. Cache 存储体系结构原理

若把 Cache 存储器与主存储器均划分为相同大小的块，块就是二者之间交换数据的基本单位。这样，Cache 存储器和主存储器的单元地址可以分为两个字段：Cache 块号 b+块内地址 w 或主存块号 B+块内地址 W，且 Cache 块内地址 w 与主存块内地址 W 相同。由于主存容量远大于 Cache 容量，当把主存块装入 Cache 中时，需要依据一定的规则，指定将主存块装入相应的 Cache 块。所以，把主存储器地址空间映像定位到 Cache 地址空间的过程称为地址映像，并把主存块与 Cache 块之间的映像定位关系称为映像规则。用于存储主存块与 Cache 块之间实际存在的映像定位关系的是映像表，它实质上是一个小容量的高速存储器，存储单元数为 Cache 存储器中的块数，存储字长与映像规则等因素有关。主存块可以映像到 Cache 块的数量称为相联度，相联度的范围为 $1 \sim C_N$（C_N 为 Cache 的块数）。当相联度为 1 时，主存块仅能映像到 Cache 中的一个块；当相联度为 C_N

时,主存块可以映像到 Cache 中的所有块。

当需要将主存中的某个块调入 Cache 中时,应该依据某种规则将其装入 Cache 中的某一个固定块(相联度为 1)或几个块中的某一个块(相联度在 $1\sim C_N$ 之间)或者全部块中的某一个块(相联度为 C_N)中。为此,主存地址的块号 B 又可以分为两个字段:标识和索引,标识用于判断 Cache 是否命中(即主存块是否在 Cache 中,是则命中,不是则未命中);索引用于检索 Cache 命中时,主存块已映像到 Cache 中的那个块。所以 Cache 存储体系由 Cache 存储器、主存储器、映像表存储器和存储管理部件(MMU)4 部分组成,如图 4-7 所示,其中存储管理部件(虚线框)是核心,用于实现存储层次之间的功能操作。

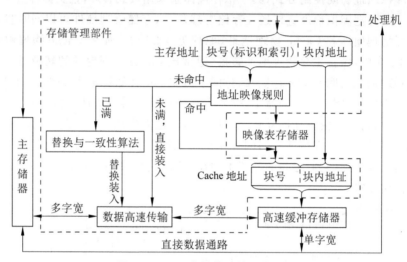

图 4-7 Cache 存储体系的结构原理

当 CPU 访问存储系统时,则向 Cache 存储体系发送一个主存地址,Cache 存储体系通过主存地址的标识字段按一定方式检索映像表,判断包含该主存地址的块是否在 Cache 中。如果是,则命中,由主存地址的索引字段可以查找到该主存块在 Cache 中的块号 b,将主存地址中的块内地址 W 与 Cache 块号 b 拼接起来即是访问 Cache 的地址,由此便可以单字宽的方式访问 Cache。如果不是,则未命中,由主存地址以单字宽的方式直接访问主存储器,同时把包含主存地址的块以多字宽的方式从主存装入 Cache 中。这时,如果可以映像的 Cache 块均占用(即已满),则需要采用某种替换算法把被替换的 Cache 块先写入主存中的原存储位置(若 Cache 块没有修改过,则可以不写入主存),空出 Cache 空间以装入新块。在将新块装入 Cache 时,需要修改映像表中对应的映像关系,为下次访问做准备。

2. Cache 存储体系性能分析

利用存储容量、位均价格、命中率、访问周期和访问效率等指标,可以反映 Cache 存储体系的性能。由于设置 Cache 存储体系的目的是提高主存储器的速度,为此下面将分析平均访问延迟、加速比和 CPU 运行程序时间等与速度有关的参数。

1) 加速比

设 Cache 存储器访问周期为 T_C,主存储器访问周期为 T_M,Cache 存储体系访问周期

为 T_E,Cache 命中率为 H,则有:

$$T_E = H \times T_C + (1-H) \times T_M \tag{4-6}$$

根据加速比的定义,Cache 存储体系的加速比 S_P 为:

$$S_P = \frac{T_M}{T_E} = \frac{T_M}{H \times T_C + (1-H) \times T_M} = \frac{1}{(1-H) + H \times T_C/T_M} \tag{4-7}$$

由式(4-7)可知,加速比 S_P 与命中率 H 和比值 T_C/T_M 有关,由于 T_M 和 T_C 受器件特性限制,所以提高加速比的最佳途径是提高命中率 H。命中率 H 一般大于 0.9,且可达 0.99,则加速比 S_P 通常接近最大值 T_M/T_C,H 与 S_P 的关系曲线如图 4-8 所示。

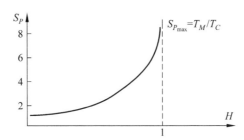

图 4-8 Cache 存储体系的加速比与命中率的关系

2) 平均访问延迟

CPU 对 Cache 存储体系的访问延迟分为两种:命中访问延迟和未命中访问延迟。命中访问延迟等于 Cache 访问周期 T_C 与判断 Cache 是否命中的时间以及地址变换时间之和,若忽略后两项时间,则命中访问延迟近似等于 Cache 访问周期。未命中访问延迟等于主存访问周期 T_M 与判断 Cache 是否命中的时间以及将块从主存调入 Cache 的时间之和,若忽略后两项时间,则未命中访问延迟近似等于主存访问周期。由此可以认为:未命中访问延迟等于 Cache 访问周期 T_C 与未命中增时之和,即有:

$$T_M = T_C + 未命中增时 \tag{4-8}$$

将式(4-8)代入式(4-6)则有:

$$T_E = T_C + (1-H) \times 未命中增时 \tag{4-9}$$

若将判断 Cache 是否命中的时间、地址变换时间和将块从主存调入 Cache 的时间计算在内,且定义:命中时间=Cache 访问周期 T_C+判断 Cache 是否命中的时间+地址变换时间,未命中开销=未命中增时+判断 Cache 是否命中的时间+将块从主存调入 Cache 的时间。对于式(4-9),用命中时间代替 T_C,并用未命中开销代替未命中增时,将由此计算出的 T_E 定义为平均访问延迟,即有:

$$平均访问延迟 = 命中时间 + 未命中率 \times 未命中开销 \tag{4-10}$$

3) CPU 运行程序时间

CPU 运行程序时间 T_{CPU} 与 Cache 存储体系访问延迟密切相关,即有:

$$T_{CPU} = (CPU 运行周期数 + 访存停顿周期数) \times 时钟周期 \tag{4-11}$$

其中,CPU 运行周期数包含 Cache 命中时的访存周期数。由于绝大多数访存停顿是由 Cache 失效(未命中)带来的,其他原因(如 I/O 设备访存)带来的访存停顿可以忽略不计,所以有:

$$\text{访存停顿周期数} = \text{访存次数} \times \text{未命中率} \times \text{未命中开销} \tag{4-12}$$

将式(4-12)代入式(4-11)则有：

$$T_{CPU} = (CPU \text{运行周期数} + \text{访存次数} \times \text{未命中率} \times \text{未命中开销}) \times$$
$$\text{时钟周期} \tag{4-13}$$

若使用指令数 I_C 来体现程序规模对 T_{CPU} 的影响，且 CPU 运行周期数 $= I_C \times CPI_{全命中}$，则式(4-13)可以变换为：

$$T_{CPU} = I_C \times (CPI_{全命中} + \text{访存次数}/I_C \times \text{未命中率} \times \text{未命中开销}) \times \text{时钟周期}$$
$$= I_C \times (CPI_{全命中} + \text{每条指令平均访存次数} \times \text{未命中率} \times \text{未命中开销}) \times$$
$$\text{时钟周期}$$

令 $CPI_{未命中增时} = \text{每条指令平均访存次数} \times \text{未命中率} \times \text{未命中开销} \times \text{时钟周期}$，则有：

$$T_{CPU} = I_C \times (CPI_{全命中} + CPI_{未命中增时}) \times \text{时钟周期} \tag{4-14}$$

特别地，"读"和"写"访存不加区分是近似简化，原因在于"读"和"写"的未命中率和未命中开销通常是不相等的。一是"写"一般比"读"延迟时间长，因为只有读出标识并进行比较、确认命中后才能写 Cache，即检查标识与写 Cache 不能并行，而读则可以并行；另外，CPU 写只能修改 Cache 块中的相应部分，而读则可以多读出。二是"读"所占的百分比要比"写"高得多，CPU 一般对"读"要等待，对"写"则不必等待。

例 4.1 设二层存储体系的访问周期分别为 $T_1 = 10^{-5}$s, $T_2 = 10^{-2}$s，为使存储体系的访问效率达到最大值的 80% 以上，命中率 H 至少应达到多少？

解：根据 N 层存储系统访问效率的计算式(4-5)，则二层存储体系的访问效率为：

$$E = \frac{T_1}{T} = \frac{T_1}{HT_1 + (1-H)T_2} = \frac{1}{H + (1-H)T_2/T_1}$$

从而可得：

$$H = \left(\frac{1}{E} - \frac{T_2}{T_1}\right) \Big/ \left(1 - \frac{T_2}{T_1}\right)$$

已知 $E = 0.8$, $T_1 = 10^{-5}$s, $T_2 = 10^{-2}$s，将它们代入上式可得：$H = 0.997$。

例 4.2 假设某计算机不计主存储器访问延迟的指令处理时间均为 2 个时钟周期，平均每条指令访问主存 1.33 次。增设 Cache 存储器后，CPU 对其访问命中的概率为 98%，命中 Cache 时的访问延迟为 2 个时钟周期，未命中 Cache 时的访问延迟为 50 个时钟周期。请计算设置 Cache 存储器前后两种情况下的指令平均处理时间及增设 Cache 存储器的加速比。

解：(1) 设置 Cache 存储器前指令平均访问主存延迟为：$50 \times 1.33 = 66.50$ 个时钟周期，不计主存储器访问延迟的指令处理时间均为 2 个时钟周期，所以指令平均处理时间为：

$$CPI_{前} = 66.5 + 2 = 68.50 (\text{时钟周期})$$

(2) 根据 Cache 存储体系访问周期的计算式(4-6)，设置 Cache 存储器后指令平均访问存储体系延迟为：$HT_C + (1-H)T_M = 0.98 \times 2 + (1-0.98) \times 50 = 2.96$ 个时钟周期，所以指令平均处理时间为：

$$CPI_{后} = 2.96 \times 1.33 + 2 = 5.94 (\text{时钟周期})$$

（3）根据加速比的定义，增设 Cache 存储器的加速比为：
$$S = CPI_{前}/CPI_{后} = 68.50/5.94 = 11.53$$

例 4.3 设某计算机的时钟频率为 9MHZ，运行一个包含 300 条指令的程序的 Cache 未命中开销为 50 个时钟周期，不考虑访存停顿时，所有指令处理时间均为 2 个时钟周期，访问 Cache 的未命中率为 2%，平均每条指令访存 1.33 次，试计算该 CPU 运行程序时间。

解：由题意可知：$CPI_{全命中} = 2$（时钟周期）
$$CPI_{未命中增时} = 1.33 \times 2\% \times 50 = 1.33（时钟周期）$$
根据 CPU 运行程序时间计算式(4-14)，则有：
$$T_{CPU} = 300 \times (2+1.33)/9 \times 10^6 = 111.00 \times 10^{-6}(s)$$

4.2 并行存储器及其并行访问技术

【问题小贴士】 ①衡量主存储器性能的参数主要包含延迟和带宽，没有配置存储系统前的重点是减少延迟，配置存储系统后的重点是扩展带宽，为什么？②主存储器带宽扩展有哪些途径？由此引入了什么概念？③并行存储器从哪些途径来扩展带宽？具体采用什么技术来实现？目前有哪几种类型？④利用简短文字概要性叙述不同类型的并行存储器带宽扩展的原理，由此说明不同类型的并行存储器各有什么特点？它们的带宽会受到哪些因素限制？如何解决？

4.2.1 并行存储器及其带宽扩展

1. 主存储器的带宽及其扩展途径

衡量主存储器性能的参数主要包含延迟和带宽，延迟是指完成一次存储访问所需要的时间，带宽是指单位时间内所有访问源读或写的二进制位数。可见，延迟减少，可以增加带宽；但带宽增加，延迟不一定减少。对于主存储器的延迟，从存储器芯片的设计出发，通过利用动态 MOS 存储器的新技术，已使主存储器延迟基本达到极限；另外，从主存储器组织实现出发，采用存储层次方法，也有效地减少了主存储器的延迟。所以，减少延迟的技术途径有：面向存储器芯片设计的 DRAM 新技术和面向存储器组织的存储层次方法。

主存储器的带宽有最大带宽与实际带宽之分，且最大带宽是实际带宽的上限，通常简称为带宽。最大带宽是指所有访问源连续访问主存储器时的带宽，即指单位时间内所有访问源读或写的最大二进制位数。由于一般难以使主存储器满负荷工作，所以实际带宽一般小于最大带宽。为了使实际带宽尽量达到最大带宽，则从 CPU 出发，设置各种缓冲机制，如 8086 中的指令缓冲栈，即在主存储器空闲时，把未来需要处理的指令预先取到指令缓冲栈中，以尽量使主存储器能满负荷工作。

由于存储层次的应用，CPU 直接访问主存储器的概率极小，主存储器对 CPU 的访问操作影响极为有限。但由于 Cache 与主存储器存在数据块的交换，为减小 Cache 未命中时的开销，则主存储器的带宽要大。特别是多级 Cache（Cache 包含多个层次）和分离 Cache（Cache 分为指令型和数据型）的出现，使得最大带宽成为主存储器的组织实现的关键。目前,主存储器带宽扩展的技术途径有:从 CPU 出发的缓冲技术和从主存储器出发的并行访问技术,前者属于 CPU 设计组织的范畴,后者属于主存储器设计组织的范畴。

2. 并行存储器及其种类

所谓并行存储器是指通过多个存储器或存储体并行工作,在一个存取周期内可以访问到多个存储字。目前,面向带宽扩展的主存储器并行访问技术可以分为面向设计的空间并行技术和面向组织的时间并行技术,前者通过改造存储器内部结构来提高带宽,后者则通过改变存储器组织结构来提高带宽。基于存储器内部结构的空间并行技术的并行存储器有多端口存储器和相联存储器,基于存储器组织结构的并行存储器有单体多字存储器和多体多字存储器,即并行存储器可以分为多端口存储器和相联存储器以及单体多字存储器和多体多字存储器二类四种。

4.2.2 双端口存储器

1. 双端口存储器的结构原理

双端口存储器是指同一个存储器具有两组相互独立的读写端口,允许两个访问源异步进行读写操作。双端口存储器能够有效地扩展带宽,其最大特点是可以共享存储数据。双端口 RAM 是常用的多端口存储器,且有多种结构,图 4-9 所示的是一种基本的双端口存储器结构。可见,双端口存储器具有左右两个数据端口、地址端口、读写控制端口和片选端口。

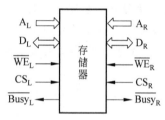

图 4-9 双端口 RAM 的结构原理

若把左右两个端口同时访问同一个存储单元的现象称为冲突。那么,当左右两个端口访问的存储单元地址不同时,则不会发生冲突,两个端口使用各自的数据线、地址线和控制线对存储器进行异步读写操作。

当左右两个端口访问的存储单元地址相同时,便发生冲突。为避免冲突发生,则左右两个端口各设置一个标志$\overline{Busy}$,且高电平操作,低电平空闲。当发生冲突时,由仲裁逻辑决定哪个端口优先进行读写操作,而将另一端口的$\overline{Busy}$标志置为低电平,以延迟对存储器的访问。优先读写的端口操作完成后,将被延迟端口的$\overline{Busy}$标志复位为高电平,便可进行被延迟的读写操作。由于左右两个端口的访问冲突是不可避免的,因此双端口存储器的带宽不可能是单端口存储器的两倍。

除双端口存储器外,还出现了三端口及以上的存储器,且在通信密集领域得到广泛应用,如交换机与路由器、主机总线适配器与蜂窝电话基站等。目前,多端口存储器的容量越来越大,仲裁逻辑控制变得更加复杂,但多端口存储器的结构原理与双端口存储器相似。

2. 双端口存储器实例

IDT7133 双端口存储器是 2K×16 位的双端口 SRAM,存储阵列是按 256×128 排列,即行地址线为 8 根,列地址线为 3 根,一根列地址译码输出可选中 16 列。它具有两个相互独立的左端口和右端口,其逻辑结构如图 4-10 所示。IDT7133 双端口存储器无冲突读写操作的逻辑控制如表 4-1 所示,存储单元可由 $\overline{WE}_{UB}$ 和 $\overline{WE}_{LB}$ 来控制高低字节分开进行读或写操作。在输出使能控制信号($\overline{OE}$)的配合下,同一端口的读写操作包含 7 个状态：高高阻低高阻、高写低写、高读低写、高写低读、高读低读、高写低高阻、高高阻低写。

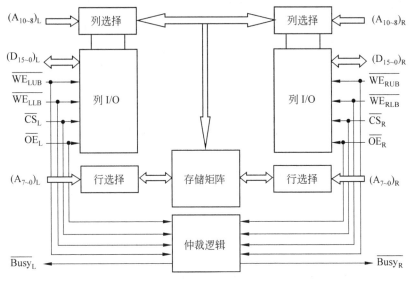

图 4-10 IDT7133 双端口存储器的逻辑结构

表 4-1 IDT7133 双端口存储器无冲突读写操作的逻辑控制

左端口或右端口						功　　能
$\overline{WE}_{LB}$	$\overline{WE}_{UB}$	$\overline{CS}$	$\overline{OE}$	$D_{7\sim 0}$	$D_{15\sim 8}$	
×	×	1	1	高阻态	高阻态	端口不用
0	0	0	×	数据写	数据写	高、低字节数据写入
0	1	0	0	数据写	数据读	高字节读取数据、低字节数据写入
1	0	0	0	数据读	数据写	高字节数据写入、低字节读取数据
1	1	0	0	数据读	数据读	高、低字节读取数据
1	0	0	1	高阻态	数据写	高字节数据写入、低字节输出高阻
0	1	0	1	数据写	高阻态	高字节输出高阻、低字节数据写入
1	1	0	1	高阻态	高阻态	输出高阻

4.2.3 相联存储器

1. 相联存储器及其用途

相联存储器是指可以按照给定信息内容的部分或全部特征作为检索项(即关键字项)来检索存放于存储器中的数据信息,将与特征相符的所有存储单元一次性找出来。如在虚拟存储器中,按虚页号去查找相联存储器存储的数据信息,若某存储单元的部分内容与虚页号相同,则将相应的实页号取出。所谓一次性是指在存储器内部可能包含多次操作,需要连续的比较、匹配、分解等处理。简单来讲,所谓相联存储器是指按存储字的全部或部分内容寻址的存储器。

以相联存储器为核心,再配置相应的中央处理器、指令存储器和 I/O 接口等,便构成一台以存储器并行操作为特征的相联处理机。显然,为了与相联存储器相配合,中央处理器也必须具有并行操作能力,所以相联处理机实质是单指令多数据流(SIMD)处理机。另外,相联存储器在虚拟存储器中用于存放段表和页表,在高速缓冲存储器中用于存放块表和区表,由此便可以实现快速查找。

2. 相联存储器的结构原理

相联存储器主要由存储体、运算操作器、控制电路和若干数据寄存器等组成,存储体是一个 W 字×M 位的二进制位阵列,其第 1 列的所有位是与运算操作器相连的触发器。运算操作器用于实现检索过程中的各种比较操作,如相等、不等、小于、大于、求最大值和求最小值等,且这些操作在各存储单元中是并行进行的。可见,各个存储单元除具有数据存储功能外,还应具有数据处理能力,即每个存储单元必须包含处理单元,使得相联存储器造价很高。正是这个原因,相联存储器虽然在 20 世纪 50 年代就已提出,但直到 80 年代后期由于集成电路制造技术的发展,它才进入应用时期。

数据寄存器用于存储检索过程中的有关数据,主要包含 4 种寄存器,其配置如图 4-11 所示。比较寄存器 CR 的字长与存储单元位数相等为 M 位,用于存放需要比较或检索的数据。屏蔽寄存器 MR 的字长也与存储单元位数相等为 M 位,用于指示比较寄存器中哪些位参与检索;当需要检索的数据仅是 CR 存储字的部分内容时,则 MR 中需要参与检索的位置为"1",不需要参与检索的位置为"0",图 4-11 中表示 CR 存储字的 2~6 位需要参与检索。查找结果寄存器 SRR 的字长与存储单元数相等为 W 位,若检索结果第"i"个存储字满足检索要求,则 SRR 中的第"i"位为"1",其余位则为"0"。字选择寄存器 WSR 的字长也与存储单元数相等为 W 位,用于指示哪些存储字参与检索,若 WSR 中的第"i"位为"1",则表示第"i"个存储字参与检索,为"0"则表示不参与检索。特别地,有的相联存储器还设有一个或多个字长与存储单元数相等为 W 位的暂存寄存器 TR,用于存放以前的检索结果,由此可以根据需要,对本次或前几次的检索结果进行有关的逻辑运算,从而实现更为复杂的处理。

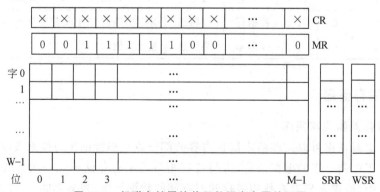

图 4-11 相联存储器的若干数据寄存器的配置

在检索前,需要设置 CR 的内容以及 MR 和 WSR 的状态,之后启动相联存储器,按设置要求检索所有的存储字,得到所有存储字的检索结果并存放于 SRR 中。根据比较操作并行程度,相联存储器有两种类型。一是全并行相联存储器,全并行是指所有位片的比较操作同时进行,即字向和位向的均并行;全并行相联存储器操作简单、速度快,但由于存储单元的每位均需要配置比较逻辑,导致硬件复杂、成本高。二是位片串字并相联存储器,位片串字并的位片比较操作按顺序串行进行,即字向并行、位向串行;由于通常需要处理的字数比每个字的位数多得多,因此位片串字并不比全并行慢多少,但硬件相对简单、成本低。

3. 相联检索的基本算法

1) 全等查找算法

全等查找是指找出与 CR 未屏蔽部分内容完全相同的所有存储单元。全等查找算法为:①将需要查找的数据装入 CR 且 SRR 置为全 1,并设置 MR 和 WSR 的状态;②对 MR 中为"1"的 CR 位片段逐位进行相联检索;③若存储单元内容与 CR 内容不相等,即当 $CR_j=1$ 而 $B_{ij}=0$ 或 $CR_j=0$ 而 $B_{ij}=1$ 时,则将 SRR_i 置为"0"。当位片段逐一相联检索比较结束后,SRR 中仍为"1"的对应存储单元就是全等查找的响应单元,其内容必定满足检索要求。由于全等查找算法比较简单,如采用全并行相联存储器,检索速度极高。

2) 最大值查找算法

最大值查找是指找出所有存储单元所存数据的最大数及其存放最大数的所有存储单元(存放最大数的存储单元可能有多个)。最大值查找算法为:①设置 CR 初值为全"1"、WSR 为全"1"、MR 最高位为"1"(其余位为"0");②相联检索查找最高位为"1"的所有存储单元;③若有响应(SRR 值不为全 0),则表示存在最高位为"1"的存储单元,将所有未响应的存储单元($SRR_i=0$)对应 WSR_i 均置为"0",不再参与后续的相联检索;若无响应(SRR 值全为 0),则表示不存在最高位为"1"的存储单元,将 CR 最高位置为"0"、MR 次高位置为"1"(其余位为"0");④重复步骤②和③,直到自高到低逐位进行相联检索比较完毕。这样,比较数寄存器 CR 中的内容则是需要查找的最大数,而字选择寄存器 WSR 中位为"1"对应的存储单元则存放了最大数。

3) 幅值比较查找算法

幅值比较查找是指对给定的一个数,分别找出其内容大于、等于或小于该数的所有存储单元,即将存储单元按给定幅值分为 3 类。为此,每个存储单元配置三位标志位 XYZ,且查找前将标志位 XYZ 设为 100,表示"未定"状态。类同于最大值查找算法,自高到低逐位进行相联检索比较,每位相联检索比较可能出现如下 3 种情况之一。

(1) $CR_j=0, B_{ij}=1$。这时表示第 i 个存储单元的第 j 位的值大于给定数的第 j 位的值,置标志位 XYZ 为 010,此后第 i 个单元不再参与后续相联检索比较。

(2) $CR_j=1, B_{ij}=0$。这时表示第 i 个存储单元的第 j 位的值小于给定数的第 j 位的值,置标志位 XYZ 为 001,此后第 i 个单元不再参与后续相联检索比较。

(3) $CR_j=B_{ij}$。这时表示第 i 个存储单元的第 j 位的值等于给定数的第 j 位的值,标志位维持 100 不变,此后第 i 个单元仍继续参与后续相联检索比较。

当相联检索比较完毕后,根据存储单元标志位 XYZ 的值,则可知道哪些存储单元的内容等于、大于或小于给定数,实现了对存储数据按幅值分类。且有:XYZ=100 表示"等于",XYZ=010 表示"大于",XYZ=001 表示"小于"。

基于上述基本算法,还可以对存储信息进行多种检索、比较与计算,如对存储信息进行排序、求反码、加减常数、字段相加和乘以常数等,信息本身也可以进行高速检索与更新、矩阵运算和线性方程求解等更为复杂的算法。

4.2.4 单体多字存储器

1. 单体多字存储器的结构原理

常规的主存储器是单体单字存储器,仅包含一个存储体,每个存取周期只能访问到一个存储字。存储容量为 M 字 $\times \omega$ 位(M 为字数,ω 为字长)的存储器结构模型如图 4-12 所示,其最大带宽为 $B_m = \omega/T_M$(T_M 为存取周期)。在存储特性和存储容量与单体单字存储器一致的前提下,可通过具有同时访问多字(扩大了访问字长)能力的单体多字存储器来扩展存储器的最大带宽。

单体多字存储器由多个特性相同、共享译码与读写控制等外围电路的存储体组成,各存储体具有相同的存储容量和单元地址,一个单元地址可从不同的存储体访问到一个存储字,这样每个存取周期则可同时访问到多个存储字,存储容量为 M 字 $\times \omega$ 位的结构模型如图 4-13 所示。可见,单体多字存储器可以在不改变存储体存取周期的情况下,能够使带宽得到扩展。若存储体个数为 N,在保证存储容量 $M \times \omega$ 不变的情况下,可以把存储体的字数减少 N 倍,即每个存储体的字数变为 M/N,访问字长为 N 字 $\times \omega$ 位,存储器最大频宽为 $B_m = N\omega/T_M$,则最大带宽扩大了 N 倍。这时把地址信息分成两个字段,高字段用于访问存储体(存储体字数减少,并且存储体地址码缩短),低字段则用于控制一个多路选择器,从同时读出的 N 个存储字中选择一个字输出。

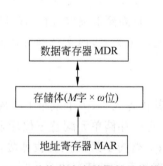

图 4-12　单体单字存储器的结构模型

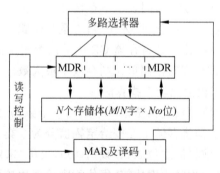

图 4-13　单体多字存储器的结构模型

例如单体单字存储器的字数为 1M,字长为 1 字节,存储容量为 $1MB = 2^{20} \times 8$ 位,其中数据寄存器(MDR)为 8 位,地址寄存器(MAR)为 20 位。若改为单体多字存储器,存储体个数为 8,存储器容量仍为 1MB,每个存储体容量为 $2^{20}/8 \times 8$ 位 $= 2^{17} \times 8$ 位,访问字长为 8×8 位 $= 64$ 位,每个存储体字数为 2^{17}。这时数据寄存器(MDR)为 64 位,地址寄存器(MAR)仍为 20 位,则 MAR 的高 17 位用于选择每个存储体的存储单元,MAR 的低 3 位用于控制多路选择器以实现 8 选 1。

2. 单体多字存储器的访问冲突

单体多字存储器实现简单，但发生访问冲突的概率很大。单体多字存储器的访问冲突是指可以在同一存取周期访问多个存储字，主要来自以下4个方面。

（1）取指令冲突。单体多字存储器一次取出多个指令字，一般能很好地支持程序的顺序运行。但若多个指令字中有一个转移指令字时，那么转移指令后面被同时取出的几个指令字只能作废。

（2）读操作数冲突。单体多字存储器一次取出的多个数据字不一定都是即将处理的指令所需要的操作数，而即将处理的指令所需要的操作数也可能不包含在同一个访问字中而不能一次取出。由于数据存放的随机性比程序指令存放的随机性更大，所以取指令发生冲突的概率较小，而读操作数发生冲突的概率较大。

（3）写数据冲突。单体多字存储器必须是凑齐多个数据字之后才能作为一个访问字一次写入存储器中。因此，需要先把属于同一个访问字的多个数据读到数据寄存器中，对其中的某些数据做出修改，然后再把整个访问字写回存储器中。

（4）读写数据冲突。当要读出的数据字和要写入的数据字同在一个访问字中时，读和写的操作就无法在同一存储周期内完成。

取指令冲突与读操作数冲突容易解决，写数据冲突与读写冲突则难以解决。从存储器本身看，访问冲突产生的原因是多个存储体共用译码与读写控制等外围电路，若多个存储体各自有独立的外围电路，写数据冲突与读写数据冲突就自然解决了，取指令冲突与读操作数冲突也会有所缓解。

4.2.5 多体多字存储器

1. 多体多字存储器的结构原理

多个存储体共用译码与读写控制等外围电路是单体多字存储器发生访问冲突的根本原因，为避免访问冲突，可以让多个存储体各自有独立的外围电路。把具有独立的译码与读写控制等外围电路的存储体称为存储模块。多体多字存储器由多个存储模块组成，一个单元地址可从不同的存储体访问到一个存储字，在一个存取周期内，若分时地访问各个存储模块，则可并发访问到多个存储字。包含 N 个存储模块的多体多字存储器的结构模型如图4-14所示，同样，多体多字存储器可以在不改变存储体存取周期的情况下使带宽得到扩展。但带宽能否得到扩展则是由多体多字存储器的访问方式决定的，其访问方式有顺序和交叉之分。

顺序访问方式是指当对多个存储模块中的某个模块进行访问时，其他模块不工作，存储模块之间是串行访问的。这时，多体多字存储器在一个存取周期内仍只能访问到一个存储字，带宽没有得到扩展。顺序访问方式的多体多字存储器虽然带宽没有得到扩展，但可以提高可靠性，即当多个存储模块中的某个模块出现故障时，其他模块仍可正常工作；实质上，它是通过模块来扩展存储容量的组织方法。

交叉访问方式是指当对多个存储模块中的某个模块进行访问时，其他模块也在工作，存储模块之间是分时启动、并发访问的，即按流水线方式工作。这时，多体多字存储器在一个存取周期内可以访问到多个存储字，从而使带宽得到扩展。可见，多体多字存储器的

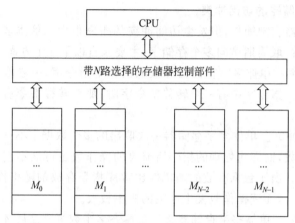

图 4-14 多体多字存储器的结构模型

交叉访问方式是通过模块来扩展存储器带宽的组织方法。对于由 N 个存储模块组成的主存储器，为使带宽提高 N 倍，则在一个存取周期内需要分时启动、并发访问 N 个存储模块，如图 4-15 所示，且存储模块的启动间隔 t 为：

$$t = \lfloor T_M/N \rfloor$$

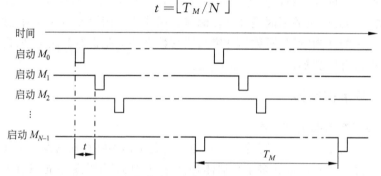

图 4-15 多体多字存储器的交叉访问方式

2. 多体多字存储器的编址方法

若多体多字存储器包含 $N=2^A$ 个存储模块，每个存储模块有 $M=2^B$ 个存储单元（字），则存储器的容量为 $N\times M=2^{A+B}$ 个字，存储单元字地址码的二进制位数为 $A+B$。这时地址码需要分为两个字段，一个字段用于选择存储模块，另一个字段用于选择存储模块内的存储单元。因此，根据是利用地址码的高位还是低位来选择存储模块，可将多体多字存储器编址方法分为高位块选编址法和低位块选编址法。

1) 高位块选编址法

高位块选编址法是将多体多字存储器地址码的高 A 位用来区分存储模块，而低 B 位是存储模块内的单元地址，如图 4-16 所示，且把地址码的高 $A=\log_2 N$ 位称为模块号 ($k=0,1,2,\cdots,N-1$)，低 $B=\log_2 M$ 位称为模块内地址 ($j=0,1,2,\cdots,M-1$)。即当按地址 D 访问存储器时，地址码的高 A 位作为块选译码器的输入，由译码器输出选中一个存储模块；地址码的低 B 位作为模块内地址，用于选中相应存储模块内的一个存储单元

来进行读写操作。由模块号和模块内地址可以得到存储单元地址 D,计算式为:

$$D = M \times k + j$$

若已知存储单元地址 D,则可得到模块体号 k 和体内地址 j,计算式为:

$$k = \lceil D/M \rceil, \quad j = D \bmod M$$

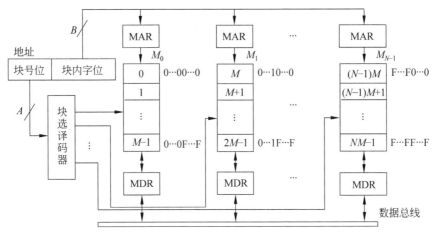

图 4-16 高位块选编址法的逻辑结构

显然,在高位块选编址法的多体多字存储器中,存储模块内的单元地址是连续的,故又称为顺序编址法。由于程序访问的局部性,程序运行时,CPU 连续访问的地址(指令或数据)通常也是连续的,即 CPU 连续访问的地址绝大多数分布于同一存储模块中,形成存储模块访问冲突。虽然每个存储模块都有自己独享的译码与读写控制等外围电路,可独立工作,但 CPU 仅能使一个存储模块在不停地忙碌,其他存储模块空闲并按顺序访问,即存储模块之间是串行访问的,在一个存取周期内只能访问到一个存储字。所以多体多字存储器的高位块选编址法由于访问冲突的存在,而无法用于带宽扩展,它主要用于主存容量的扩展。市场上的 8MB、16MB 和 32MB 等主存模块可以很方便地扩展为高位块选编址的主存储器容量。

2) 低位块选编址法

低位块选编址法是将多体多字存储器地址码的低 A 位用来区分存储模块,而高 B 位是存储模块内的单元地址,如图 4-17 所示,且把地址码的低 $A = \log_2 N$ 位称为模块号 ($k=0,1,2,\cdots,N-1$),高 $B = \log_2 M$ 位称为模块内地址($j=0,1,2,\cdots,M-1$)。即当按地址 D 访问存储器时,地址码的低 A 位作为块选译码器的输入,由译码器输出选中一个存储模块;地址码的高 B 位作为模块内地址,用于选中相应存储模块内的一个存储单元来进行读写操作。由模块号和模块内地址可以得到存储单元地址 D,计算式为:

$$D = N \times j + k$$

若已知存储单元地址 D,则可得到模块号 k 和模块地址 j,计算式为:

$$k = D \bmod N, \quad j = \lceil D/N \rceil$$

显然,在低位块选编址法的多体多字存储器中,存储模块内的单元地址是间断的,故又称为交叉编址法。这时,CPU 连续访问的地址绝大多数分布于不同的存储体中,很大程度

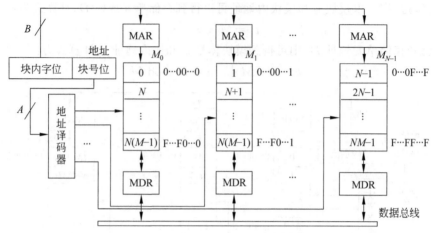

图 4-17 低位块选编址法的逻辑结构

上避免了存储模块的访问冲突。存储模块之间是并发访问的,在一个存取周期内可以访问到多个存储字。所以,多体多字存储器的低位块选编址法由于不存在访问冲突,可用于带宽扩展,理想情况下,带宽可扩展 N 倍。

3. 交叉编址主存储器的带宽

在理想情况下,由 N 个存储模块组成的交叉编址的主存储器的带宽可提高 N 倍,即通过增加存储模块数就能够扩展带宽。但由于存储模块的访问冲突不可能完全消除,带宽提高的倍数一定小于 N。而访问冲突存在的缘由有:取指令发生转移时,使连续访问的指令地址非连续(连续访问的指令可能在同一个存储模块上);存取操作数存在离散性时,连续访问的数据地址非连续(连续访问的数据可能在同一个存取模块上)。一个存取周期内完成 N 个有效存储字的存取操作是理想状态,但实际只能完成 $k(k=1\sim N)$ 个有效存储字的存取操作,k 显然是一个随机变量。

设 $P(k)$ 是 k 的概率密度函数,g 为程序中的转移指令转移成功的概率,E 是 k 的平均值(又称为交叉编址存储器的加速比),则有:

$$E = \sum_{k=1}^{N} kP(k)$$

在仅考虑指令发生转移时,则有:

$$P(k) = (1-g)^{k-1}g$$

将后式代入前式并化简可得:

$$E = \frac{1-(1-g)^N}{g} \tag{4-15}$$

可见,当 $g=0$(即不发生转移)时,$E=N$,交叉编址存储器的带宽可提高 N 倍。当 $g=1$(即每条转移指令都发生转移)时,$E=1$,带宽与常规的存储器一样。据统计,一般程序的转移概率 g 约为 0.2,当存储模块数分别为 4、8、16、32 时,带宽可提高的倍数 E 约为 2.95、3.14、3.32、3.33;如果存储模块数 N 再增加,加速效果并不明显。另外,如果考虑到操作数的读写冲突,实际的带宽可提高倍数还要低。

4. 交叉编址存储器的无冲突访问

在单处理机中,一个由 N 个存储体组成的交叉编址存储器的带宽并不能提高 N 倍,其根本原因是存在访问冲突。产生访问冲突的根源主要有两个:一是程序中的转移指令;二是数据被访问的随机性,后者的影响更为严重。现以一维数组和二维数组为例,介绍数组无冲突访问的交叉编址存储器。

1) 一维数组的无冲突访问

若交叉编址存储器有 4 个存储模块,其一维数组 a_0、a_1、a_2、$\cdots$、a_E 的存储方式如图 4-18 所示。如果按连续地址顺序访问数组元素,那么一个存取周期可以访问 4 个存储单元。若按位移量 2 进行变址访问(对下标为奇数或偶数的元素进行访问),则有一半的访问地址将发生冲突,使存储器的带宽降低一半。若按位移量 4 进行变址访问,带宽将降低 3/4。若把存储模块数 N 选为质数,变址位移量与 N 互质,那么一维数组的访问就不会发生冲突。如存储模块数 N 为 7,变址位移量为 2、4、6、8 等,这时均不会发生访存冲突。

体内地址: 0	a_0	a_1	a_2	a_3
1	a_4	a_5	a_6	a_7
2	a_8	a_9	a_{10}	a_{11}
3	...	...	...	...
体号:	0	1	2	3

图 4-18 交叉编址存储器的一维数组存储方式

对于许多以向量计算为主要任务的大型计算机,其多体多字主存储器的存储模块数一般都是质数。如我国研制的银河计算机的存储模块数为 31,美国 Burroughs 公司研制的科学处理机 BSP 的存储模块数为 17。

2) 二维数组的无冲突访问

假设一个 $S \times S$ 的二维数组存储在一个交叉编址存储器中,若要求对二维数组进行按行、按列、按对角线和按反对角线访问,且在不同的变址位移量情况下,均可以实现无冲突访问。这时交叉编址存储器应如何组织?为简便起见,下面以 4×4 的二维数组为例来讨论。

按照顺序方式存储 4×4 二维数组的形式如图 4-19(a)所示,这时按行和按对角线访问均不会发生访问冲突。但按列访问时,由于同一列的 4 个元素在同一个存储体内,便会发生访问冲突。将数组列元素错位存储的形式如图 4-19(b)所示,这时按行和按列均可以实现无冲突访问,但按对角线访问会发生冲突。由此,P.Budnik 和 D.J.Kuch 便提出无冲突访问存储方式。

对于 $S \times S$ 的二维数组,实现无冲突访问的存储方式为:存储模块数 $N \geqslant S$ 且取质数,同时在行、列方向上错开一定距离存储数组元素;设同一列相邻元素错开 d_1 个存储模块存放,同一行相邻元素错开 d_2 个存储模块存放,当 $N = 2^{2p}+1$(p 为任意自然数)时,实现按行、按列、按对角线和按反对角线访问均无冲突的充要条件是:

$$d_1 = 2^p \quad 且 \quad d_2 = 1$$

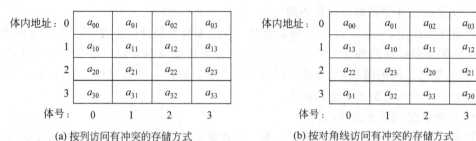

(a) 按列访问有冲突的存储方式

体内地址	体号 0	体号 1	体号 2	体号 3
0	a_{00}	a_{01}	a_{02}	a_{03}
1	a_{10}	a_{11}	a_{12}	a_{13}
2	a_{20}	a_{21}	a_{22}	a_{23}
3	a_{30}	a_{31}	a_{32}	a_{33}

(b) 按对角线访问有冲突的存储方式

体内地址	体号 0	体号 1	体号 2	体号 3
0	a_{00}	a_{01}	a_{02}	a_{03}
1	a_{13}	a_{10}	a_{11}	a_{12}
2	a_{22}	a_{23}	a_{20}	a_{21}
3	a_{31}	a_{32}	a_{33}	a_{30}

图 4-19 交叉编址存储器的 4×4 数组存在访问冲突的存储方式

另外，任意元素 a_{ij} 存储的物理位置为：

$$\text{体号}=(2^p \times i + j + K) \bmod N, \quad \text{体内地址}=i$$

其中，$0 \leqslant i \leqslant S-1$，$0 \leqslant j \leqslant S-1$，$K$ 是数组第一个元素 a_{00} 所在存储模块号，存储模块数 N 为大于或等于 S 的质数，p 是满足 $N=2^{2p}+1$ 的任意自然数。以 4×4 的二维数组为例，取大于 4 的最小质数为存储模块数即 $N=5$，把 N 代入 $N=2^{2p}+1$ 则有 $p=1$，所以 $d_1=2^1=2$，$d_2=1$。由此，4×4 的二维数组在 5 个存储模块中无访问冲突的错位存储方式如图 4-20 所示。

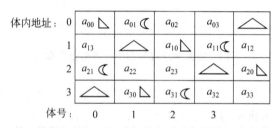

图 4-20 4×4 的二维数组按行、列、对角线和反对角线访问均无冲突的存储方式

显然，这种错位存储方式有 $1/(S+1)$ 的存储单元是空闲的，即存在一个存储模块空间的浪费。如果不要求同一行中的数组元素按地址顺序存储，则 $S \times S$ 的二维数组只需要 S 个存储模块就可以实现按行、列、对角线和反对角线的无冲突访问，存储方式如图 4-21 所示。这时存储器存储空间无浪费，利用率最高，但对于任意元素 a_{ij} 的逻辑位置无法计算出相应的物理位置，需要采用对准网络把数组元素的逻辑地址变换为相应的物理地址，读出数据时还需要通过另一个对准网络把读出的数组元素恢复成原来的逻辑顺序。

体内地址	体号 0	体号 1	体号 2	体号 3
0	a_{00}	a_{20}	a_{30}	a_{10}
1	a_{21}	a_{01}	a_{11}	a_{31}
2	a_{32}	a_{12}	a_{02}	a_{22}
3	a_{13}	a_{33}	a_{23}	a_{03}

图 4-21 4×4 的数组采用 4 个存储体的无冲突访问的存储方式

例 4.4 采用交叉编址存储器来存放一个 16×16 的矩阵，若连续访问时，要求按行、按

列、按对角线和按反对角线访问均可以在一个存取周期内访问到一个元素,请问该交叉编址存储器至少需要多少个存储体?设存放该矩阵的起始地址为 34,写出各元素的存放位置。

解:(1) 由题意可知,对于 $S \times S$ 的二维数组,存放于交叉编址存储器时,必须实现无访问冲突,而无访问冲突的实现途径是采用错位存储方式。当错位存储时,交叉编址存储器的存储体个数 N 应满足:$N \geqslant S$ 且为质数,$N = 2^{2p} + 1$(p 为任意自然数)。

当 $S = 16$ 时,同时满足上述三个条件的最小质数为 17,这时 $p = 2$。

(2) 矩阵元素 a_{ij}($0 \leqslant i \leqslant 15, 0 \leqslant j \leqslant 15$)所在存储体号和体内地址为:

$$体号 = (2^p \times i + j + K) \bmod N = (4i + j + 34) \bmod 17$$
$$体内地址 = i$$

则各元素的存放位置(体号和体内地址)为:

a_{00}:0 和 0、a_{01}:1 和 0、a_{02}:2 和 0、$\cdots$、a_{015}:15 和 0;

a_{10}:4 和 1、a_{11}:5 和 1、a_{12}:6 和 1、$\cdots$、a_{115}:2 和 1;

$\vdots$

a_{150}:9 和 15、a_{151}:10 和 15、a_{152}:11 和 15、$\cdots$、a_{1515}:7 和 15。

4.3 Cache 存储体系功能操作的实现

【**问题小贴士**】 ①对于物理地址 Cache,当将主存储器的一个块装入 Cache 存储器时,若可以放置于任意一个块中,这样有哪些优缺点?由此对于 Cache 存储体系提出了哪些映像规则?为了把主存地址变换为 Cache 地址,不同的映像规则的映像表需要存放哪些信息?为什么?对于不同的映像规则,Cache 地址中的哪些字段与主存地址中相应字段相同?②对于虚拟地址 Cache,为什么虚拟地址可以直接变换为 Cache 地址?③将主存块装入 Cache 块的所有映像规则均需要采用替换算法吗?为什么?当前被替换的块应该具有什么特性才是最理想的?④对于 CPU 写 Cache 存储器引起的 Cache 不一致性,有多种维护方法,它们本质的异同点是什么?上述问题的解决涉及许多变换计算,还需要通过练习来掌握直至熟悉。

4.3.1 物理地址 Cache 的地址变换

对于物理地址 Cache 存储体系,地址变换是指把主存地址变换成 Cache 地址的过程,而相应的地址变换方法取决于映像规则,不同的映像规则必然有不同的地址变换方法。在选择映像规则时,应考虑多方面的因素:地址变换实现的难易与速度、Cache 空间的利用率、块装入时发生冲突的概率等。根据相联度的大小,地址映像规则一般有全相联映像、直接相联映像和组相联映像三种,其中组相联映像有许多变形,典型的有段相联映像和位选择组相联映像。

1. 全相联映像及其地址变换

1) 全相联映像规则

全相联映像是指主存块可以装入 Cache 任意一个块中,其映像规则如图 4-22 所示。若 Cache 的块数为 C_b,主存的块数为 M_b(通常 M_b 是 C_b 的整数倍),则主存与 Cache 之间

的映像关系数为 $C_b \times M_b$，相联度为 C_b。对于全相联映像，其映像表称为目录表，相应结构如图 4-23 所示。目录表的行数（存储字数）为 C_b，而映像存储字包含三个字段：Cache 地址块号＋主存地址块号 B＋有效位（1 位），则存储字位数为：Cache 地址块号位数＋主存地址块号 B 位数＋1。有效位为 1，表示主存块号 B 与 Cache 块号 b 之间的映像关系有效，即 Cache 的第 b 块数据是主存的第 B 块数据的正确副本；若有效位为 0，则映像关系无效，即访问块在 Cache 中但被修改过，Cache 的第 b 块数据不是主存的第 B 块数据的正确副本。特别地，如果需要，映像存储字还可以设置其他标识位；另外，目录表存储器必须为相联存储器，否则地址变换较慢，使得设置 Cache 来提高主存速度的目的无法实现。

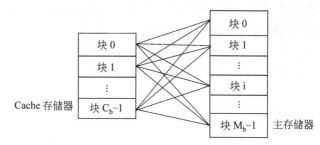

图 4-22 全相联映像规则的映像关系

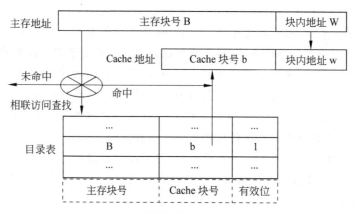

图 4-23 全相联映像的地址变换方法

2) 全相联映像的地址变换方法

在全相联映像规则中，由于 Cache 中的 b 块数据可以来自主存中任意一个块的数据，所以要判断当前访问存储字所在块是否 Cache 命中，将需要查找所有存在的映像关系，全相联地址变换方法如图 4-23 所示。当 CPU 发送来一个主存地址时，地址映像电路以主存地址块号 B 为相联查找的关键字，对目录表中的主存块号字段进行并行比较。如果查找到一行存储字的主存块号字段与主存地址块号 B 相同，且该行存储字的有效位为 1，则 Cache 命中且有效，取目录表存储字的 Cache 块号 b 与主存地址的块内地址 W 拼接在一起，形成 Cache 地址以访问 Cache 存储器。如果相联查找没有发现相同的主存地址块号字段或发现了它但有效位为 0，则 Cache 未命中或失效，由主存地址访问主存储器，同时将访问字所在的主存块装入 Cache 中，并修改目录表，把主存地址块号 B 和 Cache 地址块号 b 写到目录表存储器中,然后把有效位置为 1。

3) 全相联映像的优缺点

全相联映像的优点在于块冲突概率小,并且 Cache 存储器空间的利用率较高;由于全相联映像规则规定主存块可以映像任何一个空闲的 Cache 块,因此发生两个主存块争用一个 Cache 块的概率较低,使得 Cache 存储器的空间利用率较高。但全相联映像地址变换速度慢且成本较高;由于目录表存储器必须为相联存储器,而 Cache 存储器的容量越来越大(目前片外 Cache 容量已达 1MB 以上),而块大小受主存带宽限制,仅能存放几十个存储字,因此 Cache 的块数越来越多,相联存储器的容量越来越大,但是过大的相联存储器不仅价格贵,而且会降低地址变换的速度。

2. 直接相联映像及其地址变换

1) 直接相联映像规则

直接相联映像是指主存块仅可以装入 Cache 的一个特定块中,其映像关系为:
$$b = B \bmod C_b$$
主存与 Cache 之间的映像关系数为 M_b,相联度为 1,映像规则如图 4-24 所示。若主存块容量 M_b 按 Cache 块容量分为 M_e 个区,这时主存地址可以分为三个字段:区号 E + 区内块号 B' + 块内地址 W。直接相联映像规定主存各区中区内块号 B' 相同的那些块仅可以装入 Cache 块号 b 与主存区内块号相同的那个块中,即有 b = B',可见同一访问存储字的 Cache 地址与主存地址除区号外的低位部分完全相同。对于直接相联映像,其映像表称为区表,相应结构如图 4-25 所示。区表的行数(存储字数)为 C_b,而映像存储字包含两个字段:主存区号 E + 有效位(1 位),则存储字位数为:主存区号位数 + 1。如果需要,则映像存储字还可以设置其他标识位。

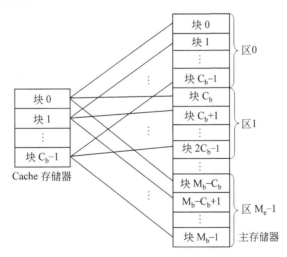

图 4-24 直接相联映像规则的映像关系

2) 直接相联映像的地址变换方法

在直接相联映像规则中,由于 Cache 中的 b 块数据仅可以来自主存中不同区但区内块号 B' 与 b 相同的块数据,所以要判断当前访问存储字所在块是否 Cache 命中,仅需要

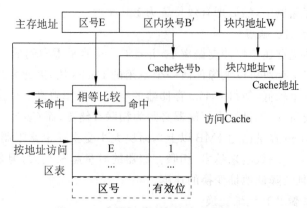

图 4-25 直接相联映像的地址变换方法

区分 Cache 中的块数据来自于主存中的哪一个区,直接相联地址变换方法如图 4-25 所示。当 CPU 发送来一个主存地址时,地址映像电路由主存地址区内块号 B' 按地址读取区表中的一个存储字,对读取字的区号字段与主存地址区号 E 做比较。如果相同且有效位为 1,则 Cache 命中且有效,取主存地址区内块号 B' 和块内地址 W 为 Cache 地址,访问 Cache 存储器。如果不相同或者虽然相同但有效位为 0,则 Cache 未命中或失效,由主存地址访问主存储器,同时将访问字所在的主存块装入 Cache 中,修改区表,把主存地址区内块号 B' 写到区表存储器中,并将有效位置为 1。

Cache 命中且有效时,访问一个存储字需要按地址访问两次,影响了 Cache 存储体系的访问速度。为了提高 Cache 存储体系的访问速度,可以将区表存储器与 Cache 存储器合并在一起,采用单体多字并行存储器实现,这样访问一个存储字仅需要按地址访问一次即可,如图 4-26 所示。由主存地址区内块号 B' 直接访问合体存储器,读取包含有效位、区号的整块所有数据,利用区号和有效位判断是否命中和有效,若命中且有效,则通过一个多路选择器在块内地址 W 的控制下,从读出的多个字中选择一个字送往 CPU。

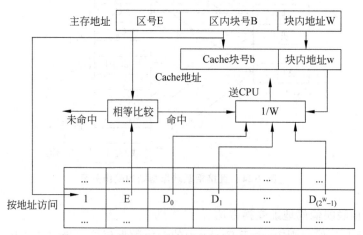

图 4-26 直接相联映像加速访问的地址变换方法

3）直接相联映像的优缺点

直接相联映像的优点在于存储管理部件成本低,并且地址变换速度较快。由于相等比较简单,不需要相联存储器,硬件实现成本较低,在命中且有效时,主存地址低位部分便是 Cache 地址。但 Cache 块冲突概率高,利用率低,Cache 命中率下降,这是因为即使 Cache 块空闲,也不可以使用它们。

3. 组相联映像及其地址变换

1）组相联映像规则

直接相联映像和全相联映像的优缺点均很突出且它们正好相反。全相联映像地址变换速度慢,造价较高,但命中率高;直接相联映像地址变换速度快,造价低,但命中率低。为此便提出介于全相联和直接相联之间的一种折中规则——组相联映像,它是目前应用较多的一种地址映像规则。

组相联映像是指主存块仅可以装入 Cache 的若干个特定块中。在主存块容量 M_b 按 Cache 块容量分为 M_e 个区的基础上,主存各区和 Cache 再按同样大小分为数量相同的 C_g 个组,组内仍按同样大小分为数量相同的 G_b 个块。这样,Cache 地址可以分为三个字段:组号 g+组内块号 b 和块内地址 w;而主存地址则可以分为 4 个字段:区号 E+区内组号 G+组内块号 B′和块内地址 W。组相联映像规定主存各区的组到 Cache 的组之间则采用直接相联映像,两个对应组的块之间则采用全相联映像,组相联映像规则如图 4-27

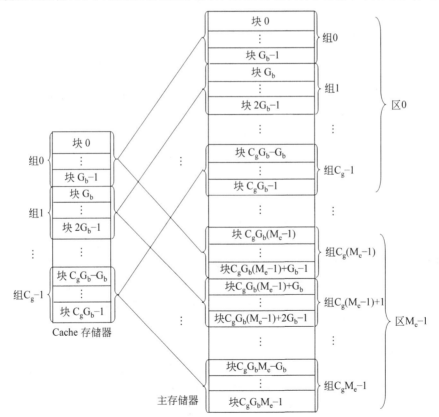

图 4-27　组相联映像规则的映像关系

所示。可见,对于组相联映像,主存各区中区内组号 G 相同的那个组仅可以装入 Cache 组号 g 与主存区内组号 G 相同的那个组中,即有 g＝G,同一访问存储字的 Cache 地址与主存地址组号和块内地址完全相同。对于组相联映像,主存与 Cache 之间的映像关系数为 $M_b \times G_b$,相联度为 G_b,映像表称为块表,相应结构如图 4-28 所示。块表的行数(存储字数)为 C_b,而映像存储字包含 4 个字段:主存区号 E＋主存组内块号 B′＋Cache 组内块号 b＋有效位(1 位),则存储字位数为:主存区号位数＋主存组内块号位数＋Cache 组内块号位数＋1。如果需要,映像存储字还可以设置其他标识位。

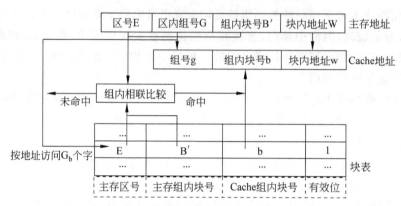

图 4-28　组相联映像的地址变换方法

2) 组相联映像的地址变换方法

在组相联映像规则中,同一访问存储字的主存地址比 Cache 地址的位数多出区号位数,且主存地址的组内块号 B′与 Cache 地址的组内块号 b 不同。即 Cache 组号 g 内的 b 块数据仅可以来自主存中不同区且组号 G 与 Cache 组号 g 相同所包含的那些块的块数据,所以要判断当前访问存储字所在块是否 Cache 命中,一方面需要区分 Cache 中的块数据来自于主存中的哪一个区,另一方面还需要区分区内相同组号所包含的那些块的哪一个块的,组相联地址变换方法如图 4-28 所示。当 CPU 发送来一个主存地址时,地址映像电路由主存地址区内组号 G 按地址读取块表中连续存储的组块容量 G_b 个存储字,对读取 G_b 个存储字的主存区号和主存组内块号字段与主存地址中相应的区号 E 和块号 B′进行相联比较。如果 G_b 个存储字中有一个存储字是相同的,且有效位为 1,则 Cache 命中且有效,从该字中取出 Cache 块号 b 与主存地址中的区内组号 G 和块内地址 W 拼接起来形成 Cache 地址,访问 Cache 存储器。如果 G_b 个存储字中没有存储字相同或有相同的但有效位为 0,则 Cache 未命中或失效,由主存地址访问主存储器,同时将访问字所在的主存块装入 Cache 中,修改块表,把主存地址区号 E 和组内块号 B′以及 Cache 地址组内块号 b 写到块表存储器中,并将有效位置为 1。特别地,相联比较的字数为组块容量 G_b,通常也称它为路数。

Cache 命中且有效时,访问一个存储字需要按地址访问两次并进行相联比较一次,影响了 Cache 存储体系的访问速度。为了提高 Cache 存储体系的访问速度,当一个块所包含的字数不多时,可以将块表存储器与 Cache 存储器合并在一起,采用单体多字并行存储器实现,这样访问一个存储字仅需要按地址访问一次即可,如图 4-29 所示。由主存地址区内组号 G 直接访问合体存储器,对读出的多组字中的各区号及组内块号采用一组相等比较电路同时与主存地址的区号 E 及组内块号 B′ 进行相等比较,从中选一个块送往多路选择器,再在块内地址 W 的控制下,从块所包含的多个字中选择一个字送往 CPU。

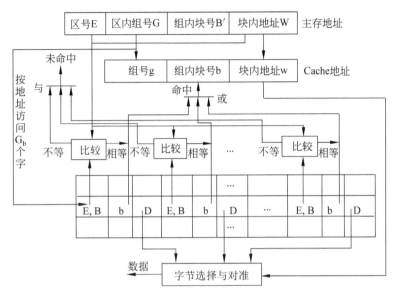

图 4-29 组相联映像加速访问的地址变换方法

3) 组相联映像的优缺点

对于组相联映像,当每组的块数 G_b 为 1 时,即为直接相联映像;当每组的块数 G_b 与 Cache 的块数相等(即组数 C_g 为 1)时,即为全相联映像。可见,直接相联映像和全相联映像是组相联映像的两种极端情况。组相联映像与全相联映像相比,实现较容易、成本低并且地址变换速度较快,但 Cache 命中率与全相联映像接近;组相联映像与直接相联映像相比,块冲突概率和 Cache 失效率较低,但映像关系较复杂、地址变换速度较慢并且实现成本较高。所以,组相联映像应用广泛。

4. 段相联映像及其地址变换

段相联映像是组相联映像的一种变形,所以又称为反组相联映像,它是指主存块仅可以装入 Cache 的若干个特定块中。把主存块容量 M_b 和 Cache 块容量 C_b 均按同样大小分为 C_h 和 M_h 个段,段内仍按同样大小分为数量相同的 G_b 个块。这样,Cache 地址可以分为三个字段:段号 h+段内块号 b 和块内地址 w;主存地址也可以分为三个字段:段号 H+组内块号 B′和块内地址 W。段相联映像规定主存的段到 Cache 的段之间采用全相联映像,两个对应段的块之间采用直接相联映像,段相联映像规则如图 4-30 所示。可见,对于段相联映像,主存各段中段内块号 B′相同的那些块仅可以装入 Cache 各段中段内块号 b 与主存段内块号 B′相同的那些块中,即有 b=B′,同一访问存储字的 Cache 地址与主存地址段内块号和块内地址完全相同。对于段相联映像,主存与 Cache 之间的映像关系数为 $M_b×C_h$,相联度为 C_h,映像表称为段表,相应结构如图 4-31 所示。段表的行数(存储字数)为 C_b,而映像存储字包含三个字段:主存段号 H+Cache 段号 h+有效位(1 位),

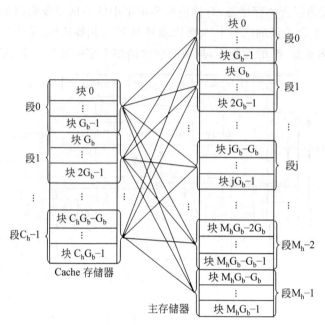

图 4-30 段相联映像规则的映像关系

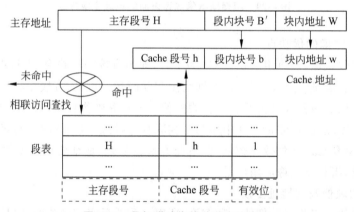

图 4-31 段相联映像的地址变换方法

则存储字位数为:主存段号位数+Cache 段号位数+1。如果需要,映像存储字还可以设置其他标识位。

在段相联映像规则中,由于 Cache 中段号 h 内的 b 块数据仅可以来自主存中不同段但段内块号 B' 与段内块号 b 相同的那些块,所以要判断当前访问存储字所在块是否 Cache 命中,仅需要区分 Cache 中的块数据来自主存中的哪一个段,段相联地址变换方法如图 4-31 所示。当 CPU 发送来一个主存地址时,地址映像电路以主存地址段号 H 为相联查找的关键字,对段表中的主存段号字段进行并行比较。如果查找到一行存储字的主存段号字段与主存地址段号 H 相同,且该行存储字的有效位为 1,则 Cache 命中且有效,取存储字的 Cache 段号 h 与主存地址的段内块号 B' 和块内地址 W 拼接在一起,形成

Cache 地址以访问 Cache 存储器。如果相联查找没有发现,相同的主存地址段号字段或发现了它但有效位为 0,则 Cache 未命中或失效,由主存地址访问主存储器,同时将访问字所在的主存块装入 Cache 中,并修改段表,把主存地址段号 H 和 Cache 地址段号 h 写到段表存储器中,然后把有效位置为 1。

对于段相联映像,当每段的块数 G_b 为 1 时,就是全相联映像;当主存每段的块数 G_b 与 Cache 的总块数相等(即段数 C_h 为 1)时,即为直接相联映像。可见,直接相联映像和全相联映像是段相联映像的两种极端情况。段相联映像与全相联映像相比,段表存储器同目录表存储器一样必须为相联存储器,但存储字数要少得多,结构比较简单,实现成本较低,但块冲突概率和 Cache 未命中率较高。由于块冲突概率和 Cache 未命中率与 Cache 的段数有关,段数越多,主存块可以映像到 Cache 块的块数也越多,块冲突概率和 Cache 未命中率也越低。显然,段相联映像时的段数比全相联映像时的块数少得多。

5. 位选择组相联映像及其地址变换

位选择组相联映像是组相联映像的一种变形,它是指主存块仅可以装入 Cache 的若干个特定块中。把 Cache 块容量 C_b 按同样大小分为 C_g 个组,组内仍按同样大小分为数量相同的 G_b 个块;主存块容量 M_b 则按同样大小分为 M_e 个区,区内仍按同样大小分为 C_g 个块,即有 $M_e = M_b/C_g$。这样,Cache 地址可以分为三个字段:组号 g+组内块号 b 和块内地址 w,主存地址也可以分为三个字段:区号 E+区内块号 B′和块内地址 W,且主存的区内块数与 Cache 的组数相等。位选择组相联映像规定主存的各区内块与 Cache 的组之间为直接相联映像,主存的各区内块与 Cache 的组内块之间则为全相联映像,位选择组相联映像规则如图 4-32 所示。可见,对于位选择组相联映像,主存各区中区内块号 B′相同的那些块仅可以装入 Cache 中组号 g 与主存区内块号 B′相同的那个组中,即有 g=B′,同一访问存储字的 Cache 地址组号与主存地址区内块号和块内地址完全相同。位选择组

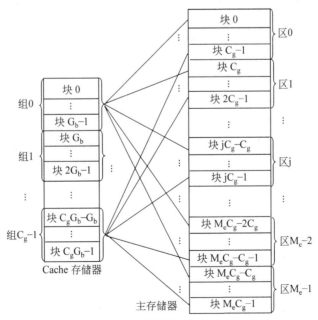

图 4-32 位选择组相联映像规则的映像关系

相联映像的主存与 Cache 之间的映像关系数为 $M_b \times G_b$，相联度为 G_b，映像表称为组表，相应结构如图 4-33 所示。组表的行数（存储字数）为 C_b，而映像存储字包含三个字段：主存区号 E+Cache 块号 b+有效位（1 位），则存储字位数为：主存区号位数＋Cache 块号位数＋1。如果需要，映像存储字还可以设置其他标识位。

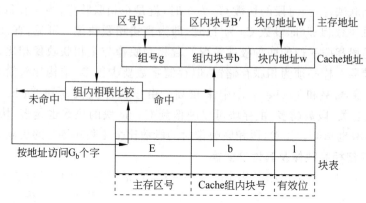

图 4-33 位选择组相联映像的地址变换方法

在位选择组相联映像规则中，由于 Cache 中组号 g 内的 b 块数据可以来自于主存中不同区但区内块号 B' 与组号 g 相同的那些块，所以要判断当前访问存储字所在块是否 Cache 命中，仅需要区分 Cache 中的块数据来自于主存中的哪一个区，位选择组相联地址变换方法如图 4-33 所示。当 CPU 发送来一个主存地址时，地址映像电路由主存地址区内块号 B' 按地址读取组表中连续存储的组块容量的 G_b 个存储字，对读取 G_b 个存储字的主存区号字段与主存地址中的区号 E 进行相联比较。如果 G_b 个存储字中有一个存储字相同，且有效位为 1，则 Cache 命中且有效，从该字中取出 Cache 块号 b 与主存地址中的区号 E 和块内地址 W 拼接起来形成 Cache 地址，访问 Cache 存储器。如果 G_b 个存储字中没有存储字相同或者即使有相同但有效位为 0，则 Cache 未命中或失效，由主存地址访问主存储器，同时将访问字所在的主存块装入 Cache 中，并修改组表，把主存地址区号 E 和 Cache 地址组内块号 b 写到块表存储器中，然后将有效位置为 1。特别地，同组相联映像一样，位选择组相联映像也可以将组表存储器与 Cache 存储器合并在一起，这样便可以提高 Cache 存储体系的访问速度。

位选择组相联映像与组相联映像的映像规则和地址变换方法相似，且相联度相同，均为 Cache 组中的块数 G_b。不同之处在于：在组相联映像中，主存的组与 Cache 的组之间是多个块到多个块之间的映像；而在位选择组相联映像中，主存的块到 Cache 的组之间是一个块到多个块的映像。所以位选择组相联映像的映像关系比较简单，实现起来比较容易。

4.3.2 虚拟地址 Cache 的地址变换

对于 Cache 存储器的访问，若采用物理地址控制方式，将虚拟地址转换为主存地址以及将主存地址转换为 Cache 地址是串行进行的，串行的二次地址变换时间较长。如果虚拟存储体系采用页式管理，且页面容量与 Cache 存储器相等，这时虚拟地址的两个字段为：虚页号 P+页内地址 Y′,而主存地址的两个字段为：区号 E+区内地址 Y。当将一个页面映像到主存储器时,则虚页号 P 与页内地址 Y′分别对应于主存地址区号 E 与区内地址 Y。这样二次地址变换便可以并行进行,以减少地址变换时间,有效地保持 Cache 存储体系的性能。现以 Cache 存储体系采用组相联映像为例来讨论虚拟地址访问控制方式。

如果 Cache 存储体系采用组相联映像,则主存地址的 4 个字段为：区号 E+区内组号 G+组内块号 B+块内地址 W,这时虚拟地址的虚页号 P 对应于主存地址的区号 E,虚拟地址的页内地址 Y′对应于主存地址区内组号 G+组内块号 B+块内地址 W,可见虚拟地址可以分解为 4 个字段：虚页号 P+页内组号 G′+组内块号 B′+块内地址 W′,且有：G=G′、B=B′、W=W′。根据虚拟存储体系和 Cache 存储体系的地址变换方法,由虚页号 P 比较检索虚拟存储体系的映像表(先检索快表后检索慢表)与由页内组号 G′按地址访问 Cache 存储体系的块表,即虚拟地址转换为主存地址和主存地址转换为 Cache 地址可以并行进行,虚拟地址与 Cache 地址变换方法如图 4-34 所示。特别是在 Cache 命中时,不需要把虚拟地址转换为主存地址,所以虚拟地址 Cache 的访问速度比物理地址 Cache 快得多。

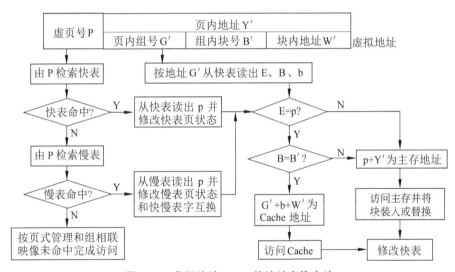

图 4-34 虚拟地址 Cache 的地址变换方法

由页内组号 G′按地址访问快表,读出主存区号 E、组内块号 B 和对应的 Cache 组内块号 b;由虚页号 P 比较检索快表,若快表命中(虚页已装入主存),则读出主存实页号 p,并比较 E 和 p 以及 B 和 B′是否相等。如果 E 和 p 相等且 B 和 B′也相等,则 Cache 命中,这时由虚拟地址的页内组号 G′、从快表读出的 Cache 组内块号 b 和虚拟地址的块内地址 W′这三个字段拼接在一起,便得到 Cache 地址,访问 Cache 存储器。如果 E 和 p 相等但 B 和 B′不相等或 E 和 p 不相等,则 Cache 未命中,这时由从快表读出的主存实页号 p 和虚拟地址的页内地址 Y′两个字段拼接在一起,便得到主存地址,访问主存储器,同时将访问字所在的主存块装入 Cache 中,修改快表,把主存地址区号 E、组内块号 B′和 Cache 地址组内块号 b 写到快表存储器中,并将有效位置为 1。若快表未命中(虚页可能未装入主存),则通过软件比较检索慢表;若慢表命中(虚页也已装入主存),则读出主存实页号 p,

比较 E 和 p 以及 B 和 B′ 是否相等，并在快表中选择一行映像存储字与慢表中的该映像存储字互换；若慢表未命中（虚页未装入主存），则按页式管理未命中和组相联映像未命中完成访问。

4.3.3 Cache 块替换算法

当处理机访问发生 Cache 未命中或块失效时，则需要把包含访问字所在的主存块按所用的映像规则装入 Cache 中，这时可能出现 Cache 块冲突，从而必须按某种替换策略选择将一个块替换出去，以避免"颠簸"现象的发生。所谓"颠簸"是指在程序按主存块地址流访问 Cache 过程中，每次被替换的块则是下次访问时访问字所在的块。当然，并不是在发生 Cache 未命中或块失效时，就一定需要利用替换策略来选择将一个块替换出去，是否需要利用替换策略由映像规则决定。当相联度为 1 时，则不需要替换策略，因为主存块仅可以装入 Cache 唯一对应的块上，即使该块被占用，也仅能将原来的块替换出去。所以，当采用直接相联映像时，不需要替换策略；而当采用全相联映像或组相联映像等时，才需要替换策略。

Cache 块替换算法是指对于 Cache 存储体系，当出现 Cache 块冲突时，从冲突块中选择一个可以尽量避免"颠簸"现象的块替换出去。Cache 存储体系的替换算法很多，主要有随机（RAND）替换算法、先进先出（FIFO）替换算法、近期最少使用（LRU）替换算法以及近期最久不被使用（OPT）替换算法等。对于替换算法的选择评价，除尽量避免"颠簸"现象外，还应该考虑实现的难易程度、成本造价和速度快慢等。特别地，Cache 存储体系的目的在于提高访问速度，所以替换算法必须由硬件实现。

1. 随机替换算法

随机替换算法是指出现 Cache 块冲突时，从冲突块中随机选择一个块替换出去。随机替换算法实现非常简单，但它既没有利用程序访问局部性的特点，也没有利用历史块地址流的分布情况，因此效果较差。如 PDP-11/70 的 Cache 存储体系采用组相联映像，且每组只有两个块，当发生块冲突时，使用一个二态随机数发生器，从组内两个块中随机选择一个块替换出去。

2. 先进先出替换算法

先进先出（FIFO）替换算法是指当出现 Cache 块冲突时，从冲突块中选择最早装入的块替换出去。FIFO 替换算法实现比较简单，且能够利用历史块地址流的分布情况，把最早装入的块替换掉，但它还是没有利用程序访问局部性的特点，通常用于组相联映像中。先进先出替换算法常见的实现方法有为每个块配置一个计数器以及为所有冲突块配置一个计数器两种。

1) 每个块配置一个计数器

在映像表中，每行存储字增设一个替换计数器字段，计数器的模为冲突块的块数，即字段长度由冲突块数量决定。如全相联映像的计数器模为 Cache 块数，字段长度为 Cache 地址块号字段的长度；组相联映像的计数器模为 Cache 组内块数，字段长度为 Cache 地址组内块号字段的长度。每个块配置一个计数器的实现算法为：Cache 块装入（含空闲装入和替换装入）时，将该块所属计数器置 0，Cache 冲突块所属计数器加 1（如全相联映像是所有其他块的计数器,组相联映像是同组其他块的计数器);需要替换 Cache 块时,在 Cache 冲突块(如全相联映像是所有块,组相联映像是同组块)中选择将计数器值最大的对应块替换出去。

2) 所有冲突块配置一个计数器

所有 Cache 冲突块是按顺序轮流使用的,如 Cache 冲突块有 0、1、2、3 四个,当把主存块空闲装入 Cache 冲突块时,冲突块的使用次序为 0、1、2、3。若按先进先出替换算法选择被替换的块,所有 Cache 冲突块是按 0、1、2、3 顺序轮流替换的。下面以组相联映像为例来讨论,其他映像类同。

对于组相联映像,所有 Cache 冲突块即是组中所有块;同组中的块是按顺序轮流替换的,所以每组配置一个计数器,使计数器始终指向该组被替换或空闲装入的块,这样可以减少大量的计数器及其操作。如果每组块数为 G_b,则计数器模为 G_b。所有冲突块配置一个计数器的实现算法为:启动时,所有组计数器置零;当主存块空闲装入 Cache 某组中的块时,装入到该组计数器指示块,且计数器加 1;当主存块替换装入 Cache 某组的块时,将该组计数器指示的块替换出去,计数器加 1。

3. 近期最少使用替换算法

近期最少使用(LRU)替换算法是指当出现 Cache 块冲突时,从冲突块中选择近期最少访问的块替换出去。近期最少使用替换算法与先进先出替换算法类似,均是根据块的历史使用情况来预估未来块将被使用的情况,但它一定程度上反映了程序访问局部性的特点。当然,由于近期最少使用替换算法也不是按未来块的实际使用情况来选择被替换的块,所以仍有局限性。近期最少使用替换算法常见的实现方法有计数器法、堆栈法和比较对法三种,下面以组相联映像为例来讨论,其他映像类同。

1) 计数器法

在块表中,每行存储字增设一个替换计数器字段,计数器的模为 Cache 组内块数,即字段长度与 Cache 组内块号字段长度相同。计数器法的实现算法为:Cache 块装入(含空闲装入和替换装入)时,将该块所属计数器置 0,同组其他块所属计数器均加 1;Cache 块命中时,将该块所属计数器置 0,同组其他块所属计数器的值,若小于命中块所属计数器的原值,则将计数器的值加 1,否则计数器值不变。需要替换 Cache 块时,在同组 Cache 块中选择将计数器值最大(一般为全 1)的对应块替换出去。

2) 堆栈法

近期最少使用替换算法实质是根据被访问的先后次序,将 Cache 冲突块排序。若把该 Cache 冲突块排序存放于一个堆栈中,栈顶恒存放近期最近访问过的块,栈底恒存放近期最少使用的块,按近期最少使用替换算法,栈底存放的块即是当前被替换的块。

对于组相联映像,每组设置一个容量为 $G_b=2^b$ 的寄存器堆栈,字长为 b 位,如图 4-35 所示。堆栈从栈顶到栈底的字项(存储单元存放内容)集 S_t 恒反映 t 时刻访问过块的先后次序以及每访问一个块时各字项的变化过程。堆栈法的实现算法为:Cache 块空闲装入时,将 Cache 组内块号进栈;Cache 块命中时,以 Cache 组内块号为关键字,相联查找堆栈,找到相等字项,将该字项的组内块号从堆栈中取出,再从栈顶压入堆栈而成为新的栈顶,并使相等字项以上的那些堆栈字项均下移一行,而相等字项以下的那些堆栈字项均保持不动；需要替换 Cache 块时，将 Cache 组内块号进栈，所有堆栈字项均下移一行，挤出栈底字项，即删除被替换块的组内块号。

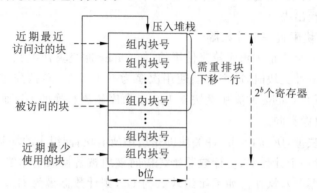

图 4-35　堆栈法实现组相联映像的替换算法

由于寄存器堆栈应具有相联比较功能，还要求字项可以全部下移、部分下移和从中间取出，成本很高，因此仅适用于组相联映像组内块数较少的场合。

3）比较对法

比较对法的基本思想是让两个块组成一个比较对，由一个触发器的两个状态表示访问它们的先后顺序，再经门电路组合，可以从若干个块的比较对中找出最久未被访问过的块。若有 A、B、C 三个块，则组成三个比较对 AB、BC 和 CA，其中 AB 比较对的 RS 触发器实现逻辑如图 4-36 所示，且 $T_{AB}=1$ 表示 A 比 B 更近被访问过，$T_{AB}=0$ 则表示 B 比 A 更近被访问过。同理可以定义实现 T_{BC} 和 T_{CA}。

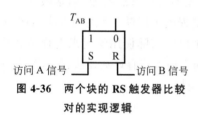

图 4-36　两个块的 RS 触发器比较对的实现逻辑

若目前访问 A 块，则 $T_{AB}=1$、$T_{CA}=0$，这时若 $T_{BC}=1$，B 比 C 更近被访问过，C 块是近期最少使用的块；若目前访问 B 块，则 $T_{AB}=0$、$T_{BC}=1$，这时若 $T_{CA}=0$，A 比 C 更近被访问过，C 块也是近期最少使用的块；若目前访问 C 块，C 块不可能是近期最少使用的块。所以替换 C 块的逻辑表达式为（$C_T=1$ 表示替换 C 块）：

$$C_T = T_{AB} T_{BC} \overline{T_{CA}} + \overline{T_{AB}} \, \overline{T_{BC}} \, \overline{T_{CA}}$$

同理有：

$$B_T = T_{AB} \overline{T_{BC}} T_{CA} + T_{AB} \, \overline{T_{BC}} \, \overline{T_{CA}}$$

$$A_T = \overline{T_{AB}} T_{BC} T_{CA} + \overline{T_{AB}} \, \overline{T_{BC}} T_{CA}$$

由于块数增加时，触发器和逻辑门也增加（块数为 p，触发器个数为 $p(p-1)/2$），成本加速增加，因此也仅适用于组相联映像组内块数较少的场合，但比较对法实现速度较快。

4. 近期最久不被使用替换算法

近期最久不被使用替换算法是指选择近期最久未访问过的块作为被替换的块。显然，只有让程序先运行一遍得到程序的全部块序列，才能在替换时确定未来一段时间内哪一个块最久未被使用。近期最久不被使用替换算法既利用了块地址流的历史分布情况，又反映了程序访问局部性的特点,在同样情况下,Cache 命中率最高,所以又称为最优替换算法。但其实现比较复杂且延迟时间长,在 Cache 存储体系中一般不使用。

4.3.4 Cache 数据一致性及其维护

1. Cache 数据一致性及其不一致的形成原因

由于 Cache 存储器的数据是主存储器部分数据的副本,因此必须保持 Cache 存储器的数据与主存储器的数据一致。但由于 CPU 可以访问 Cache 存储器和主存储器,主存储器还可以被 I/O 设备访问,由此可能使得 Cache 存储器的数据与主存储器的数据不一致而导致数据使用错误,这就需要进行维护。所谓 Cache 数据一致性是指必须始终保持 Cache 存储器的数据与主存储器的数据一致,以避免数据使用错误。Cache 数据不一致性的形成原因有:CPU 写 Cache 存储器和 I/O 设备写主存储器。

(1) CPU 写 Cache 存储器。由于 CPU 写 Cache 存储器,把 Cache 存储器的某个存储单元的数据由 X 修改为 X′,而主存储器对应单元的数据仍为 X,这样便形成 Cache 数据不一致性,如图 4-37(a)所示。当从 I/O 设备输出包括 X 在内的主存储器数据时,输出的数据则是错误的。

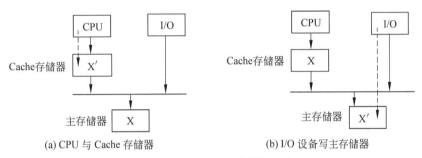

(a) CPU 与 Cache 存储器　　　　(b) I/O 设备写主存储器

图 4-37　Cache 数据不一致性的形成原因

(2) I/O 设备写主存储器。由于 I/O 设备写主存储器,把主存储器的某个存储单元的数据由 X 修改为 X′,而 Cache 存储器对应单元的数据仍为 X,这样便形成 Cache 数据不一致性,如图 4-37(b)所示。当 CPU 读 Cache 存储器的数据 X 时,读取的数据则是错误的。

2. Cache 数据一致性维护方法

Cache 数据不一致性的形成原因不同,将需要采用完全不同的维护方法来保持 Cache 数据一致性。对于 I/O 设备写主存储器形成的不一致性,最简单的维护方法是禁止 I/O 设备可写数据进入 Cache 存储器或使 I/O 设备与处理机共享 Cache 存储器(即 I/O 设备可写 Cache 存储器),但这均极大地降低了 Cache 存储体系的性能。对于 I/O 设备写主存储器形成的不一致性,更有效的维护方法将在多处理机中加以介绍,在此仅讨论 CPU 写 Cache 存储器形成不一致性的有效维护方法。

对于 CPU 写 Cache 存储器形成的不一致性,其有效维护方法关键在于选择合适的时机,将主存储器的数据更新为最新数据,使主存储器的数据与 Cache 存储器的数据一致,这通常称为更新算法。而写 Cache 命中和写 Cache 未命中的更新算法是完全不同的,所以 Cache 数据一致性维护的更新算法可以分为写 Cache 命中和写 Cache 未命中两种类型。特别地，CPU 读 Cache 存储器不会导致 Cache 数据的不一致性，即对 CPU 读 Cache 存储器不需要进行一致性维护。

1）写 Cache 命中更新算法

若写 Cache 命中，根据写 Cache 存储器时是否会同时写主存储器，可将更新算法分为写回法和写直达法两种。

写回法是指 CPU 在执行写操作时，只将被写数据字写入 Cache 存储器，而不写入主存储器；当包含写数据字的 Cache 块需要替换时，才把修改过的 Cache 块（即有数据字写入修改过）写回到主存储器。为记录 Cache 块是否修改过，则在 Cache 映像表行字中增加一个"修改位"且初始为"0"。当 Cache 块中任何一个单元数据字被写入修改时，将该块对应映像行字的修改位置为"1"，否则保持"0"。当 Cache 块需要替换时，如果块映像行字的修改位为"1"，则先把该 Cache 块写回到主存储器的对应块中，即主存块进行更新，再装入新块来替换；如果块映像行字的修改位为"0"，则直接装入新块来替换。

写直达法是指 CPU 在执行写操作时，将被写数据字同时写入 Cache 存储器和主存储器。这样在 Cache 映像表行字中不需要增加"修改位"，且 Cache 块需要替换时，也不需要把被替换的 Cache 块写回主存储器。

2）写 Cache 未命中更新算法

若写 Cache 未命中，根据执行写操作时是否把包含所写数据字的块从主存储器装入 Cache 存储器，可将更新算法分为不按写分配法和按写分配法两种。

不按写分配法是指 CPU 在执行写操作时，仅把所写数据字写入主存储器，而不把包含所写数据字的块从主存储器装入 Cache 存储器。按写分配法是指 CPU 在执行写操作时，先把所写数据字写入主存储器，再把包含所写数据字的块从主存储器装入 Cache 存储器。由于按写分配法的 CPU 在执行写操作时，需要把包括所写字的块从主存储器装入 Cache 存储器，若 CPU 下次需要读写的字就在该块中，那么 CPU 读写操作是 Cache 命中的。而不按写分配法的 CPU 在执行写操作时，并没有把包括所写字的块从主存储器装入 Cache 存储器，若 CPU 下次需要读写的字就在该块中，那么 CPU 读写操作是 Cache 未命中的。所以按写分配法可以有效地保持 Cache 存储体系的性能，而不按写分配法则会削弱性能。

3. Cache 数据更新算法的选择

由于写 Cache 命中概率比写 Cache 未命中概率大得多，所以 Cache 数据更新算法的选择应以写 Cache 命中更新算法的选择为主，而以写 Cache 未命中更新算法的选择为辅。写 Cache 命中时的写直达法与写回法的选择是综合权衡的结果，这可以从以下 5 个方面来考虑。

（1）可靠性。由于写直达法可以始终保持 Cache 存储器与主存储器的数据一致，而写回法在一段时间内会出现 Cache 存储器与主存储器的数据不一致，所以写直达法的可靠性优于写回法。

（2）通信量。由于 Cache 命中率一般很高，写回法的绝大多数 CPU 写操作仅写 Cache 存储器而不写主存储器，而写直达法的所有 CPU 写操作均需要写 Cache 存储器和主存储器,所以写直达法的存储器通信量多于写回法。

(3) 控制难度。写回法在 CPU 写操作时需要对映像表进行管理,在替换块时需要判断"修改位";当 Cache 存储器发生错误时,写直达法可以直接从主存储器进行纠错,而写回法则需要本身通过某种策略来实现纠错,因此写直达法的控制难度易于写回法。

(4) 实现代价。由于写直达法为节省写主存储器的时间通常设置一个高速缓冲区,把需要写主存的数据和地址先写入缓冲区,读操作时先判断数据是否在缓冲区中;而写回法则不需要设置高速缓冲区,所以写直达法的实现代价高于写回法。

(5) Cache 性能。由于写回法的 CPU 写操作仅写 Cache 存储器,有效地保持 Cache 存储体系的性能;而写直达法却还需要写主存储器,会削弱 Cache 存储体系的性能,所以写回法的 Cache 性能优于写直达法。

由于写 Cache 命中时的写回法和写 Cache 未命中时的按写分配法均可以有效地保持 Cache 存储体系的性能,而写 Cache 命中时的写直达法和写 Cache 未命中时的不按写分配法均会削弱 Cache 存储体系的性能。所以一般配套使用写回法与按写分配法,或者配套使用写直达法与不按写分配法。

例 4.5 某 Cache 存储体系采用组相联映像,每组 4 个块,采用计数器法实现 LRU 替换算法。若访问主存储器的块地址流为:1、2、3、4、5、4,且设这些块均映像到 Cache 存储器的同一组,请列出该 Cache 组中 4 个计数器计数的变化过程,并指出主存块的访问状态(Cache 组初始时所有块均为空)。

解:当 Cache 组中的所有块均为空时,一般是按顺序使用的,即当访问主存块"1、2、3、4"时,将它们依次装入 Cache0、Cache1、Cache2 和 Cache3。当 Cache 组所有块均被主存块填满且 Cache 未命中时,则根据相关替换算法选择一个块进行替换。所以当访问主存块"5"时,Cache 未命中,根据 LRU 替换算法的计数器实现方法,将替换计数器值最大(组内块数为 4,计数器模为 4)即"11"对应的 Cache 块。当访问主存块"4"时,Cache 命中。因此,根据 LRU 替换算法的计数器实现方法,访问主存储器的块地址流为:1、2、3、4、5、4,Cache 组中 4 个计数器计数的变化过程和主存块的访问状态如表 4-2 所示。

表 4-2 Cache 组的 4 个计数器计数的变化过程和主存块访问状态

主存块地址流	主存块 1		主存块 2		主存块 3		主存块 4		主存块 5		主存块 4	
	块号	计数器	块号	计数器	块号	计数器	块号	计数器	块号	计数器	块号	计数器
Cache 块 0	1	00	1	01	1	10	1	11	5	00	5	01
Cache 块 1		01	2	00	2	01	2	10	2	11	2	11
Cache 块 2				10	3	00	3	01	3	10	3	10
Cache 块 3						11	4	00	4	01	4	00
主存块访问状态	空装入		空装入		空装入		空装入		替换装入		命中	

例 4.6 假设有一台具有直接相联 Cache 存储体系的 32 位计算机,主存储器容量为 $32M \times 1B$,Cache 存储器容量为 $8K \times 1B$,假设块的容量为 4 个 32 位字。试问:

(1) 主存地址的区号、区内块号和块内地址的二进制位数各为多少?

（2）主存地址为 ABCDEF$_{16}$ 的存储单元在 Cache 存储器中的什么位置？

解：(1) 在直接相联映像中，主存按 Cache 大小分区，则区数为：32MB/8KB＝4096；由于 2^{12}＝4096，则区号的位数为 12。

在 Cache 存储体系中，主存与 Cache 的块容量是相同的，由题意可知主存与 Cache 是字节编址的，则区内块数为：8KB/(4×4B(32 位))＝512；由于 2^9＝512，则区内块号的位数为 9。块内单元数为：4×32/8＝16；由于 2^4＝16，则块内地址的位数为 4。

（2）主存地址为 ABCDEF$_{16}$ 的存储单元的二进制地址为：0 1010 1011 1100 1101 1110 1111（主存地址为 25 位）；其中：高 12 位"0 1010 1011 110"为区号，中间 9 位"0 1101 1110"为区内块号，低 4 位"1111"为块内地址。在直接相联映像中，Cache 地址由块号和块内地址两个字段组成，且与主存地址中区内块号和块内地址完全相同，所以 ABCDEF$_{16}$ 的存储单元在 Cache 中的位置为：0 1101 1110 1111。

例 4.7 在"Cache-主存"存储层次中，主存储器容量为 8 个块，Cache 存储器容量为 4 个块，采用直接相联映像，每个块有 16 个字。设主存储器的内容开始时未装入 Cache 存储器，主存块地址流为：0、1、2、5、4、6、4、7、1、2、4、1、3、7、2。

（1）列出每次访问主存块后 Cache 存储器中各块的装入分配情况。

（2）指出访问主存块 Cache 命中的时刻。

（3）求出该主存块地址流访问期间的 Cache 块命中率。

（4）若在程序运行过程中，当主存块装入 Cache 或 Cache 块命中时，平均需要对这个块访问 16 次，计算这时的 Cache 字命中率。

解：(1) 当 Cache 存储体系采用直接相联映像时，主存地址流与 Cache 块地址流的对应关系如表 4-3 所示，每次访问主存块后 Cache 中的各块装入分配情况如表 4-4 所示。

表 4-3 主存块地址流与 Cache 块地址流的对应关系

主存块地址	0	1	2	5	4	6	4	7	1	2	4	1	3	7	2
Cache 块地址	0	1	2	1	0	2	0	3	1	2	0	1	3	3	2

表 4-4 每次访问主存块后 Cache 存储器中各块装入分配情况

时间	1	2	3	4	5	6	7	8	9	10	11	12	13	14	15
主存块地址流	0	1	2	5	4	6	4	7	1	2	4	1	3	7	2
Cache 中的 0 块	0	0	0	0	4	4	4	4	4	4	4	4	4	4	4
Cache 中的 1 块	—	1	1	5	5	5	5	5	1	1	1	1	1	1	1
Cache 中的 2 块	—	—	2	2	2	6	6	6	6	2	2	2	2	2	2
Cache 中的 3 块								7	7	7	7	7	3	7	7
							H				H	H			H

（2）从表 4-4 可知，访问主存块 Cache 命中的时刻为：7、11、12、15。

（3）题中主存块地址流访问期间的 Cache 块命中率为：H_b＝4/15＝0.267。

（4）在程序运行过程中，共访问了 15 个主存块，每块访问 16 次，所以字访问次数为：

15×16=240。当 Cache 块命中时,则该块 16 次字访问均发生 Cache 字命中;当 Cache 块未命中时,该块 16 次字访问除第一次字访问 Cache 未命中外,其余 15 次字访问均发生 Cache 字命中。由上述可知,在访问的 15 个主存块中,4 个块命中,11 个块未命中,显然在总的字访问中,有 11 次字访问 Cache 未命中。所以 Cache 的字命中率为:H_z=(240−11)/240≈1。

例 4.8 在一采用全相联映像和相联目录表实现地址变换的 Cache 存储体系中,Cache 容量为 8KB,主存储器是由 4 个存储模块组成的低位交叉编址存储器,容量为 32MB,每个存储模块的字长为 32 位。

(1) 写出主存地址和 Cache 地址的格式,并标出各字段的长度。

(2) 指出目录表的行数、相联比较的位数和目录表的宽度。

解:(1) 采用全相联映像时,主存和 Cache 地址均是由块号和块内地址两个字段组成,且由题意可知主存储器是字编址,Cache 存储器必然也是字编址。所以有:

主存储器单元数为:$8 \times 32MB/32 = 8M = 2^{23}$,其地址二进制数长度为:23 位;Cache 存储器单元数为:$8 \times 8KB/32 = 2K = 2^{11}$,其地址二进制数长度为:11 位。

主存储器是由 4 个存储模块组成的低位交叉编址存储器,根据低位交叉编址存储器的访问特点,当其中一个块装入 Cache 存储器时,则从每个存储体取一个字,所以块容量为 4 个存储字,主存和 Cache 的块内地址二进制数长度均为:$\log_2 4 = 2$。

所以对于主存地址,其块号字段的长度为:23−2=21 位,块内地址字段的长度为:2 位;对于 Cache 地址,其块号字段的长度为:11−2=9 位,块内地址字段的长度为:2 位。

(2) 相联目录表的行数为 Cache 存储器的块数,即为 $C_b = 2^9 = 512$ 行;相联比较的位数为主存块号长度,即为 21 位;目录表的宽度(二进制位数)为主存块号长度、Cache 块号长度和有效位的和,即为 21+9+1=31 位。

例 4.9 有两种不同组织结构的 Cache 存储体系:直接相联映像和二路组相联映像。根据以下假设,试问它们对 CPU 的性能有什么影响?通过求平均访存延迟和计算 CPU 运行程序时间来比较。

(1) 两种组织结构的理想 Cache(命中率为 100%)CPI 为 2,时钟周期为 2ns,平均每条指令的主存访问次数为 1.3;命中时间为 1 个时钟周期,未命中开销均是 70ns;Cache 存储器容量均为 64KB,块大小均为 32B。

(2) 直接相联映像的 Cache 未命中率为 1.4%,二路组相联映像的 Cache 未命中率为 1.0%。

(3) 在组相联映像的 Cache 存储体系中,由于多路选择器的存在而使 CPU 的时钟周期增加到原来的 1.10 倍。

解:(1) 平均访存延迟由式(4-10)来计算,即:

$$平均访存延迟 = 命中时间 + 未命中率 \times 未命中开销$$

则有:

平均访存延迟$_{直接相联}$ = 1×2ns + (0.014×70ns) = 2.98ns

平均访存延迟$_{二路组相联}$ = 1×2ns×1.10 + (0.010×70ns) = 2.90ns

显然,二路组相联映像的平均访存延迟比较短。

(2) CPU 运行程序时间由式(4-14)来计算,即:$T_{CPU}=I_C\times(CPI_{命中}+$每条指令平均访存次数×未命中率×未命中开销)×时钟周期,由题意可知:$CPI_{命中}=2$,未命中开销 $=70ns/2ns=35$(时钟周期),则

$$T_{CPU直接相联}=I_C\times(2+1.3\times0.014\times35)\times2=5.27\times I_C$$

$$T_{CPU二路组相联}=I_C\times(2+1.3\times0.014\times35)\times2\times1.10=5.31\times I_C$$

(3) 显然,二路组相联映像的 CPU 运行程序时间比较长。在二路组相联映像情况下,虽然未命中次数减少,但时钟周期时间均增加了 10%。

从 CPU 运行程序时间与平均访存延迟来比较,两种不同组织结构的 Cache 存储体系对 CPU 性能的影响是相反的,但 CPU 运行程序时间是评价 CPU 性能的基准,且直接相联映像实现较简单,所以选择直接相联映像的 Cache 存储体系较优。

例 4.10 假设一台计算机具有以下特性,计算 CPU 访存占主存带宽的百分比。若现有 I/O 设备的输入输出占主存带宽的 1/2,那么主存是否允许增加 I/O 设备?

(1) CPU 发出访存请求的速率为 10^9 次/s,且 Cache 命中率为 96%,主存最大带宽为 5×10^8 字/s,且每次访问主存仅可以读或写一个字。

(2) Cache 存储器的块容量为 2 个字,当发生 Cache 未命中时则访问主存储器来完成访存,并把主存的相应块装入 Cache 存储器。任何时刻的 Cache 存储器平均有 25% 的块被修改过,且采用写回法维护 Cache 一致性。

解: 当访存 Cache 命中时,无论读还是写均不需要访问主存储器。当访存 Cache 未命中时,先访问主存的一个字,而后把主存的相应块装入 Cache 存储器。由于块容量为 2 个字,且每次访问主存仅可以读或写一个字,所以装入一个块需要访问主存 2 次。另外,当修改过的块被替换时还需要写回主存,同样需要访问主存 2 次。则有:

$$\text{CPU 平均访存次数}=10^9\times(4\%\times3+4\%\times25\%\times2)=10^9\times0.14 \text{ 次}/s$$

由于 CPU 每次访问主存时仅可以读或写一个字,所以 CPU 访存的平均速率为 $10^9\times0.14$ 字/s,则有:

$$\text{CPU 访存占主存带宽的百分比}=10^9\times0.14/5\times10^8=28\%$$

由于现有 I/O 设备的输入输出占主存带宽的 50%(1/2),CPU 访存占主存带宽的 28%,主存带宽还有 22% 的剩余,所以允许增加 I/O 设备。

4.4 提高 Cache 存储体系性能的方法

【**问题小贴士**】 由计算式"平均访问延迟=命中时间+未命中率×未命中开销"可以看出,命中时间、未命中率和未命中开销是影响 Cache 存储体系性能的基本因素,降低 Cache 未命中率以及减少 Cache 命中时间和 Cache 未命中开销是提高 Cache 存储体系性能的基本策略。但是,降低 Cache 未命中率的方法可能会增加 Cache 命中时间和 Cache 未命中开销,而减少 Cache 命中时间和 Cache 未命中开销的方法又可能会提高 Cache 未命中率。那么哪些方法存在这种矛盾呢?

4.4.1 Cache 未命中的类型

依据 Cache 未命中产生的原因,Cache 未命中可以分为强制未命中(Compulsory

Miss)、容量未命中(Capacity Miss)和冲突未命中(Conflict Miss)三种类型,且通常称为3C 未命中。

(1) 强制未命中。当第一次访问主存的一个块时,如果该块不在 Cache 存储器中,则发生 Cache 未命中,需要从主存储器装入,这种未命中称为强制未命中,也称为冷启动未命中或首次访问未命中。显然,强制未命中发生的概率很小。

(2) 容量未命中。如果程序运行时所需要的块不能全部装入 Cache,当某些块被替换后重新访问它们时,则发生 Cache 未命中,又需要从主存储器装入这些块,这种未命中称为容量未命中,只有通过增大 Cache 存储器容量来减少其发生概率。

(3) 冲突未命中。如果主存中有许多块可以映像到 Cache 存储器的同一个块,当出现块被替换后重新访问它时,则发生 Cache 未命中,又需要从主存储器装入该块,这种未命中称为冲突未命中,也称为干扰未命中。冲突未命中容易减少,如采用全相联映像则不会发生冲突未命中。

由实际测试表明,在块大小和替换算法确定时,Cache 的三种未命中情况所占比例和总未命中率与 Cache 存储器容量和相联度有关。相联度越高,冲突未命中就越少,但强制未命中和容量未命中与相联度无关;Cache 存储器容量越大,容量未命中就越少,但强制未命中与 Cache 容量无关。

4.4.2 降低 Cache 未命中率的方法

Cache 命中率的影响因素一般有:地址流分布、Cache 替换算法、Cache 容量、Cache 预取算法、地址映像规则、块大小和相联度等,其中地址流分布是由程序本身决定的,Cache 替换算法和地址映像规则前面已介绍过,仅需要根据具体的实际情况做出选择,下面重点讨论其他几个因素。

1. 采用 Cache 块硬预取

通常 Cache 存储器存放的信息是按需获取的,即当访问 Cache 未命中时,把包括访问字在内的一个块从主存储器装入 Cache 存储器,但也可以提前预取。所谓预取是指在CPU 提出访问请求之前,已将块从低一级存储器装入高一级存储器中。对于主存块的预取可以直接装入 Cache,也可以存放在一个访问速度比主存储器快的缓冲器中。当把主存块的预取直接装入 Cache 且由 Cache 之外的硬件完成时,则称为 Cache 块硬预取,Cache 块硬预取方法有两种。

(1) 恒预取。当 CPU 访问存储器时,无论 Cache 是否命中,均把紧邻访问字所在块的下一个块装入 Cache 存储器中。

(2) 需恒取。当 CPU 访问存储器时,如果 Cache 未命中,则把包括访问字所在块及其紧邻的下一个块均装入 Cache 存储器中。

在一般情况下,预取可以提高 Cache 命中率,但并不是绝对的,其效果与块大小等因素有关。块很小时,预取效果不大;块很大时,将会预取很多当前不需要使用的信息。另外,在 Cache 存储器容量确定时,块容量增大,块数减少,块替换的概率将会增大,Cache 命中率反而下降。对于块大小为 16B、Cache 存储器容量为 4KB 且采用直接相联映像的Cache 存储体系,Jouppi 研究结果表明:对于指令 Cache,容量为 1 个块的指令缓冲器可以捕获到15%~25%的未命中,容量为4个块的指令缓冲器可以捕获到50%左右的未命中,容量为16个块的指令缓冲器可以捕获到72%左右的未命中;对于数据Cache,设置多个缓冲器分别从不同地址进行预取,容量为1个块的数据缓冲器可以捕获到25%左右的未命中,容量为4个块的数据缓冲器可以将命中率提高43%,容量为8个块的数据缓冲器可以捕获到50%~70%的未命中。再者,预取必然增加Cache与主存之间的通信量与开销,且块替换写回主存储器的开销也会增加,使得Cache与主存的负担加重。预取是以利用存储器的空闲带宽(不预取,这些带宽将被浪费)为基础,如果因为预取影响到程序运行,则得不偿失。

因此,至于是否采用硬预取以及采用哪一种Cache块硬预取方法,需要综合考虑。模拟结果表明,恒预取可以使未命中率降低75%~80%,需恒取可以使未命中率降低30%~40%,但前者导致Cache与主存之间通信量的增加比后者大得多。

2. 采用Cache块软预取

软预取是指由编译器在程序中加入预取指令来实现的预取,软预取有两种:一是寄存器预取,一般是一个字,将预取信息直接存放于寄存器中;二是Cache预取,一般是一个块,所以又称为Cache块软预取,将预取信息装入Cache存储器中。

软预取的目的是使处理指令和读取数据可以重叠进行,即在预取数据的同时处理器可以处理指令,显然循环是预取优化的主要对象。如果未命中开销小,编译器仅需要将循环体展开一次或两次,并调度好预取和指令处理的重叠;如果未命中开销大,编译器需要将循环体展开许多次,以便为后续的循环预取数据。有效软预取对程序是"语义上不可见的",即既不会改变指令和数据之间的逻辑关系或存储单元的内容,也不会造成虚拟存储器故障(预取时,预取的指令或数据需要进行虚地址变换,从而可能出现虚地址故障或违反保护权限)。

预取的重点为在可能导致Cache未命中的访问上,使程序避免无效的预取,以减少平均访存延迟。特别地,每次预取需要花费一条指令的开销,因此需要注意保证该开销不超过预取所带来的收益。

3. 增加块容量

增加块容量是降低Cache未命中率的最为简单直接的方法,但并不是块越大命中率就越高。在组相联映像的Cache存储体系中,当Cache容量确定时,块的容量对命中率的影响非常敏感,它们之间的关系曲线如图4-38所示。当块容量很小(如为1时),Cache命中率很低。随着块容量的增加,由于程序访问局部性的作用,同一块中数据的利用率比较高,Cache命中率增加,这趋于在最佳块容量处达到最大值。在最佳块容量处之后,Cache

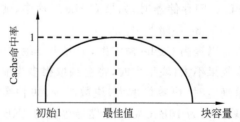

图4-38 组相联映像的Cache命中率与块容量的关系

命中率随着块容量的增加而减小,这时块容量过大,装入 Cache 存储器的许多数据可能用不上,程序访问局部性的作用减弱。最后,当块容量等于 Cache 存储器容量时,Cache 命中率将趋于 0。事实上,增加块容量具有双重作用:一是增强空间局部性,从而会减少强制性未命中;二是减少 Cache 中的块数,从而会增加冲突未命中。在块容量比较小时,前者的作用超过后者的作用,Cache 命中率上升;在块容量比较大时,后者的作用超过前者的作用,Cache 命中率下降。

块容量最佳值与 Cache 容量有关,不同 Cache 容量的 Cache 未命中率与块容量的关系如图 4-39 所示,具体数据如表 4-5 所示。从图 4-39 或表 4-5 可以看出,Cache 存储器容量越大,使 Cache 未命中率达到最低的块容量就越大,对于容量分别为 4KB、16KB、64KB 和 256KB 的 Cache 存储器,未命中率达到最低的块容量分别为 64B、64B、128B、128B(或 256B)。

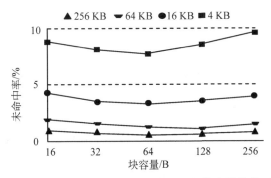

图 4-39　不同 Cache 容量的未命中率与块容量的关系

表 4-5　不同 Cache 容量的各种块容量的未命中率　　　　　　　　　　单位:%

块容量/B	Cache 容量			
	4KB	16KB	64KB	256KB
16	8.57	3.94	2.04	1.09
32	7.24	2.87	1.35	0.70
64	7.00	2.64	1.06	0.51
128	7.78	2.77	1.02	0.49
256	9.51	3.29	1.15	0.49

另外,增加块容量同时会增加未命中开销,如果其负面效应超过未命中率下降所带来的收益,那么也是得不偿失的。因此块容量的选择需要综合考虑。

4. 增加 Cache 容量

Cache 命中率随着 Cache 存储器容量的增加而上升,它们之间的关系如图 4-40 所示,函数

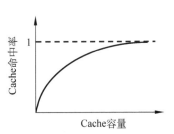

图 4-40　Cache 命中率与 Cache 容量的关系

方程近似为 $H=1-S^{-0.5}$。显然，当 Cache 存储器的容量比较小时，Cache 命中率将随着 Cache 容量增加而快速上升，而后上升速率逐渐下降；当 Cache 存储器的容量达到一定值时，Cache 命中率则基本不变。

另外，从表 4-5 也可以看出，增加 Cache 存储器的容量是降低 Cache 未命中率的最为简单直接的方法。但增加 Cache 存储器的容量不仅会增加成本，而且还可能增加命中时间。因此 Cache 存储器容量的配置也需要综合考虑。

5. 提高相联度

提高相联度可以减少 Cache 块冲突，从而降低 Cache 未命中率。当 Cache 存储器的容量确定时，提高相联度意味着增加组内块数，从而会使组数减少；而组数减少会导致 Cache 未命中率下降，但组数比较少时，Cache 未命中率下降很慢；当组数超过一定数量时，Cache 命中率下降比较快。

根据有关的研究结果可以得出两条经验规则：一是对于降低 Cache 未命中率，8 路组相联映像的作用和全相联一样，即相联度超过 8 的相联映像的实际意义不大；二是对于 Cache 未命中率，Cache 块容量为 C_b 的直接相联映像与 Cache 块容量为 $C_b/2$ 的 2 路组相联映像所产生的影响差不多。另外，相联度提高还会增加命中时间。因此相联度的选择也需要综合考虑。

6. 采用伪相联 Cache

当对伪相联(Pseudo-Associate)Cache 存储体系进行访问时，先是如同直接相联映像一样直接按地址(全相联用块号，组相联则用区内组号和组内块号)访问映像表，检查是否匹配。若匹配则 Cache 命中，命中速度与直接相联映像完全相同。若不匹配则 Cache 未命中，则访问映像表中另一个映像字，检查是否匹配；如果匹配，则称发生 Cache"伪命中"，否则访问主存储器，如图 4-41 所示。而选取另一个映像字的简单方法是将直接按地址访问的地址字段最高位取反。可见，伪相联 Cache 存储体系具有一快一慢两种命中时间，它们分别对应于正常命中和伪命中，正常命中时间、伪命中时间和未命中时间的长短相对关系为：

未命中时间 > 伪命中时间 > 正常命中时间

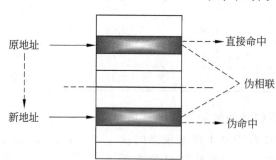

图 4-41 伪相联 Cache 存储体系的访问过程

伪相联技术不仅增加 CPU 访问的复杂性，而且在性能上存在潜在的不足，使得整体性能下降，通常仅在二级 Cache 存储体系中应用。一是连续访问的字往往在同一个块中，这样使得伪命中一旦发生后往往后续就会连续发生,从而导致后续访问原本是正常命中,却变为伪命中;所以当发生伪命中时,则将两个块的信息互换,使后续仍为正常命中。二是出现未命中时,未命中开销会增加。

7. 设置"牺牲"Cache

在 Cache 存储器和主存储器的数据通路上设置一个全相联映像的小 Cache 存储器,且称为"牺牲"Cache(Victim Cache)。"牺牲"Cache 用于存储因冲突而被替换出去的那些块(即"牺牲者")。当发生 Cache 未命中时,在访问主存储器前,先检查"牺牲"Cache 中是否存在所需要的块。如果存在,就将"牺牲"Cache 中的访问块与 Cache 存储器中某个块(按替换算法选取)交换。Jouppi 于 1990 年发现,含 1~5 项的"牺牲"Cache 对减少冲突未命中极为有效,特别是对于直接相联映像的数据 Cache 存储体系尤为明显。对于不同的程序,一个项数为 4 的"牺牲"Cache 可以使一个 4KB 的直接相联映像的数据 Cache 的冲突未命中减少 20%~90%。

从存储层次来看,"牺牲"Cache 可以认为是位于 Cache 存储器与主存储器之间的一级 Cache。"牺牲"Cache 不仅可以降低未命中率,还可以减少未命中开销。之所以把设置"牺牲"Cache 归属于降低未命中率的方法,是因为把"牺牲"Cache 看作 Cache 向下扩展,即把在"牺牲"Cache 中找到所需要的数据也看作 Cache 命中。如果把"牺牲"Cache 看作主存储器向上扩展,即把"牺牲"Cache 归属于减少未命中开销的方法,也是可以的。特别地,伪相联和预取等也均是如此。

8. 采用优化编译

处理器与主存储器之间的性能差距越来越大,促使编译器设计者分析存储层次的行为,以期通过编译优化来改进主存性能或降低对主存性能的要求。通过优化编译来降低 Cache 未命中率不需要硬件改进或增设,已成为编译器的重要功能之一。编译优化的基本策略是通过改善访问的局部性,以减少指令未命中和数据未命中。根据访问信息的内容来分,编译优化可分为代码优化和数据优化。

通过代码优化来降低指令未命中率的方法包括代码重组、基本块对齐和改变分支方向。代码重组是指在保证语义序的基础上,重新组织排列程序指令的处理顺序,以减少冲突未命中,降低指令 Cache 未命中率。基本块对齐是指使程序的入口点与 Cache 块的起始位置对齐,以提高 Cache 块的使用率,减少顺序处理指令时发生 Cache 未命中的概率。改变分支方向是指若编译器捕获到分支指令可能为转移成功,便将转移目标处的基本块和紧邻分支指令后的基本块进行对调,并把分支指令变换为语义相反的分支指令,以改善空间局部性。

数据族聚性比代码弱,访问局部性差,但数据对存储位置的限制更少,比代码更便于重新组织排列,如对数组进行运算时,可以使数组元素族聚于一块或连续的若干块中,这样同块的所有数据均会使用。通过数据优化来降低数据未命中率包括数组合并、内外循环交换、循环融合和分块四条途径。数组合并是指将相互独立的多个数组合并为一个复合数组,使原本分散存储的变为族聚存储,从而可以提高访问的局部性。循环融合是指若存在多个循环访问同一个数组,对相同数据做不同的运算,则将若干个独立循环融合为单个复合循环,以便在装入 Cache 的数据在被替换出去之前可以反复使用它们。下面重点讨论内外循环交换和分块两条途径。

1) 内外循环交换

当程序含有嵌套循环时,程序将不会按照数据存储的顺序进行访问。若将嵌套循环交换嵌套关系,可以使程序按数据的存储顺序进行访问,由此便可以通过提高空间局部性来减少未命中率。如程序代码为:

```
for(j=0; j<100; j=j+1)
  for(i=0; i<5000; i=i+1)
    X[i][j]=2*X[i][j];
```

若数组 X 在存储器中是按行存储的,那么程序将以 100 个字的跨距访问存储器,显然访问的空间局部性很差,未命中率较高。

如果将程序的内外循环进行交换,则程序代码为:

```
for(i=0; i<5000; i=i+1)
  for(j=0; j<100; j=j+1)
    X[i][j]= 2*X[i][j];
```

这样程序访问存储器的地址是连续的,访问的空间局部性良好,命中率很高。

2) 分块

若在程序中访问数组时,有的按行访问,有的按列访问,这样数组无论是按行存储还是按列存储,均不能满足访问的空间局部性,使得未命中率较高,对此内外循环交换将无能为力。分块不是对数组的整行或整列连续进行访问,而是对子矩阵连续进行访问,目的是尽量提高访问的空间局部性,以最大限度地使用块中的数据。

设有三个 $N \times N$ 的矩阵 X、Y、Z,用于计算 $X=Y \times Z$ 的矩阵乘法程序为:

```
for(i=0; i<N; i=i+1)
  for(j=0; j<N; j=j+1) {
    R=0;
    for(k=0; k<N; k=k+1)
      R=R+Y[i][k] * Z[k][j];
    X[i][j]=R; }
```

当 i 为 $0 \sim N-1$ 中的某个值时,两个内部循环读取了数组 Z 的所有 $N \times N$ 个元素,同时反复读取数组 Y 的某一行的 N 个元素,并将所产生的 N 个结果写入数组 X 的某一行中。如图 4-42 所示的是当 $N=6$、$i=1$、$j=3 \sim 5$ 时对 3 个数组的访问情况,其中黑色表示最近访问过,灰色表示早些时候访问过,而白色表示尚未访问过。显然,容量未命中率取决于 N 和 Cache 容量。如果 Cache 存储器可以存放一个 $N \times N$ 的数组和一行 N 个元素,则数组 Y 的第 i 行和数组 Z 的全部元素可以同时存放在 Cache 存储器中;但当 Cache 容量小时,对 Y 或 Z 的访问均可能全部未命中。

为了使访问元素在 Cache 存储器中,把源程序改为仅对大小为 $B \times B (B<N)$ 的子数组进行计算,而不是从数组第一个元素开始一直处理到最后一个元素。如图 4-43 所示的是分块后对 3 个数组的访问情况,由此访问 Y 时利用了空间局部性,而访问 Z 时利用了

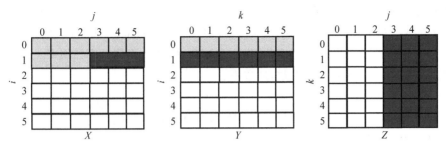

图 4-42 当 $N=6$、$i=1$、$j=3\sim5$ 时对 X、Y、Z 三个数组的访问情况

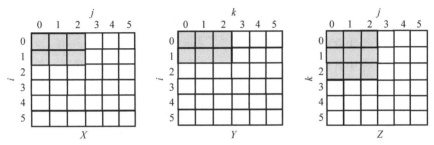

图 4-43 分块后对 X、Y、X 三个数组的访问情况

时间局部性。

特别地,分块还有助于寄存器分配,通过减小块容量,使得寄存器可以容纳整个块,从而减少存储器访问。

4.4.3 减少 Cache 未命中开销的方法

处理机速度的提高快于 DRAM 速度的提高,从而使得 Cache 未命中开销的相对代价随之不断增加。减少 Cache 未命中开销的主要措施有:设置二级 Cache、让读未命中优先于写、采用写缓冲合并、采用请求字处理技术以及采用非阻塞 Cache 技术,其中采用二级 Cache 与 CPU 无关,使得其应用极为广泛。

1. 设置二级 Cache

当一级 Cache 不能满足 CPU 的访问要求时,可以在原有 Cache 存储器与主存储器之间增设一级 Cache,构成二级 Cache。这样,第一级 Cache 容量可以足够小,使其速度与 CPU 相匹配;同时,第二级 Cache 容量可以足够大,使它可以捕获更多原本对主存储器的访问,从而降低未命中开销。也就是说,由于第二级 Cache 容量比第一级 Cache 大得多,那么第一级 Cache 存储器的所有信息均出现在第二级 Cache 存储器中,而大容量意味着第二级 Cache 可能不会出现容量未命中。特别地,第一级 Cache 的速度影响的是 CPU 的时钟频率,而第二级 Cache 的速度影响的是第一级 Cache 的未命中开销。

增加一级存储层次,概念上简单直观,但其性能分析将变得复杂。为避免二义性,引入(局部)未命中率与全局未命中率两个术语,即有:

$$未命中率 = Cache\ 未命中次数\ /\ 到达\ Cache\ 的访存次数 \tag{4-16}$$

$$全局未命中率 = Cache\ 未命中次数\ /CPU\ 发出的访存总次数 \tag{4-17}$$

而对于二级 Cache,分别采用下标 L1 和 L2 表示第一级和第二级 Cache,即有:(局部)未命中率$_{L1}$、(局部)未命中率$_{L2}$、全局未命中率$_{L1}$和全局未命中率$_{L2}$。特别地,由于到达第一级 Cache 的访存次数等于 CPU 发出的访存总次数,而到达第二级 Cache 的访存次数等于第一级 Cache 的未命中次数,所以有:

$$全局未命中率_{L2} = 未命中率_{L1} \times 未命中率_{L2} \qquad (4-18)$$

全局未命中率表明在 CPU 发出的访存总次数中,有多少比例越过二级 Cache 存储器而最终到达主存储器的;而二级 Cache 的(局部)未命中率会随第一级 Cache 存储器参数的变化而变化。可见,全局未命中率比(局部)未命中率可以更有效地衡量二级 Cache 的性能,下面讨论二级 Cache 性能。

由式(4-10)可知,二级 Cache 的平均访存延迟为:

$$平均访存延迟 = 命中时间_{L1} + 未命中率_{L1} \times 未命中开销_{L1}$$
$$未命中开销_{L1} = 命中时间_{L2} + 未命中率_{L2} \times 未命中开销_{L2}$$

则有:

$$平均访存延迟 = 命中时间_{L1} + 未命中率_{L1} \times$$
$$(命中时间_{L2} + 未命中率_{L2} \times 未命中开销_{L2}) \qquad (4-19)$$

由于未命中率$_{L2}$是以第一级 Cache 未命中而到达第二级 Cache 的访存次数为分母计算的,所以当第二级 Cache 容量比第一级 Cache 大得多时,可以将第一级 Cache 未命中视为在第二级 Cache 上均可以命中。这样,二级 Cache 的全局未命中率和容量与具有相同的第二级 Cache 的单级 Cache 的未命中率非常接近,可以当成单级 Cache 来处理。

根据式(4-12),二级 Cache 的指令平均访存停顿时间为:

$$指令平均访存停顿时间 = 指令平均未命中次数_{L1} \times 命中时间_{L2} +$$
$$指令平均未命中次数_{L2} \times 未命中开销_{L2} \qquad (4-20)$$

特别地,式(4-20)未区分读与写操作特性,且第一级 Cache 采用写回法,当第一级 Cache 采用写直达法时,所有写访问还需要送往第二级 Cache。

2. 让读未命中优先于写

在采用写直达法的 Cache 存储体系中,通常为写访问设置一个容量适中的写缓冲器。这样在读未命中时,所读单元的最新值可能还在写缓冲器中,尚未写入主存储器,导致主存储器访问复杂化。对此,最简单的方法是延迟读未命中对主存的访问,直至写缓冲器清空为止。由于在发生读未命中时,写缓冲器一般不可能为空,所以读未命中的延迟几乎都存在,从而增加了读未命中的开销。为了不增加读未命中的开销,可以采用让读未命中优先于写,即在读未命中时检查写缓冲器,如果所读的字不在写缓冲器中且主存储器可以访问,则从主存读取;如果所读的字在写缓冲器中,则从写缓冲器中读取,这时读未命中字还没有写入主存储器而被读取使用了,即读未命中优先于写。

在采用写回法的 Cache 存储体系中,也可以利用设置写缓冲器。当读未命中字所在块将替换一个修改过的块时,替换块可以先不写回主存储器,而是写入写缓冲器,在读未命中字所在块从主存储器装入 Cache 存储器后,再把替换块写入主存储器。这时读未命中字的读取优先于将替换块写入主存储器,也即读未命中优先于写。

3. 采用写缓冲合并

若设置了写缓冲器,为了减少写访存的时间,可以使 CPU 仅写写缓冲器,而写主存储器由写缓冲器实现,则需要把数据及其地址写入该缓冲器。这样,在写写缓冲器且写缓冲器不为空时,可以把本次写入数据的地址与写缓冲器中已有的所有地址进行检索匹配。如果地址匹配且对应位置还有空闲,就把本次需要写入的数据与地址匹配项合并,这就叫写缓冲合并。如果地址不匹配或地址匹配但对应位置没有空闲,那么只有增添一项,把数据及其地址写入该缓冲器。当然,若写缓冲器已满,那么它将只有等待。如写缓冲器有 4 项,每项可以存放 4 个 64 位的字,如图 4-44 所示,图中 V 为有效位。当不采用写合并时,写入 4 个连续存放的数据,就使写缓冲器填满,从而会浪费四分之三的空间;而当采用写合并时,仅需要占用一项。可见,写缓冲合并不仅可以提高写缓冲器的空间利用率,还可以减少因为写缓冲器填满而等待的时间。

写地址	V		V		V		V		
100	1	Mem[100]	0		0		0		不
108	1	Mem[108]	0		0		0		写
116	1	Mem[116]	0		0		0		合
124	1	Mem[124]	0		0		0		并

写地址	V		V		V		V		
100	1	Mem[100]	1	Mem[108]	1	Mem[116]	1	Mem[124]	写
	1		0		0		0		合
	1		0		0		0		并
	1		0		0		0		

图 4-44 写缓冲合并与不合并缓冲器数据的存储结构

4. 采用请求字处理技术

请求字(Requested Word)是指当向 Cache 装入一个块时 CPU 仅立即需要的那个字。请求字处理技术包含尽早重启动和请求字优先两种实现方法。

(1) 尽早重启动。在向 Cache 装入块的过程中,若请求字未到达,CPU 处于等待状态;一旦请求字到达,则立即把它发送给 CPU 并重启 CPU 继续执行,而不必等整个块装入 Cache 后再把它发送给 CPU。

(2) 请求字优先。当向 Cache 装入一个块时,让主存储器先发送 CPU 所需要的请求字,请求字一旦到达,则立即把它发送给 CPU 并重启 CPU 继续执行,同时从主存储器装入请求字所在块的其余部分。

显然,请求字处理技术仅当块较大时才有效。当块较小时,请求字优先对未命中开销影响不大。

5. 采用非阻塞 Cache 技术

当采用请求字尽早重启动技术时,在请求字未到达前,CPU 仍处于等待状态。而流水线处理机一般允许指令异步流动,即在数据 Cache 未命中发生后,CPU 仅让当前指令停止执行,而继续执行其后的指令。在 Cache 未命中时,CPU 不等待该访问完成而继续其他命中的访问,这就是非阻塞(nonblocking)Cache 技术。显然,"未命中下的命中"访问可以减少未命中开销。

如果 Cache 允许重叠未命中访问，即支持"多重未命中下的命中"或"未命中下的未命中"访问，则可以进一步减少未命中开销。但模拟研究表明，并不是未命中重叠次数越多越好，重叠次数对未命中开销影响不大。非阻塞 Cache 极大地增加了 Cache 控制器的复杂度，特别是重叠未命中的非阻塞 Cache 更是如此。综合考虑，简单的"一次未命中下的命中"访问最为适用。

4.4.4 减少 Cache 命中时间的方法

Cache 命中时间会限制处理机时钟频率的提高，而减少 Cache 命中时间的主要措施有：设置简单 Cache、Cache 访问流水线化、设置虚拟地址 Cache 以及设置踪迹 Cache 等。

1. 设置简单 Cache

硬件越简单，速度越快。为了有效地减少 Cache 的命中时间，可以设置容量小、结构简单的 Cache 存储器。如果 Cache 容量足够小，还可以集成于处理器芯片上，实现片内访问，从而极大地减少 Cache 命中时间。但 Cache 容量小又不利于降低 Cache 未命中率。

在 Cache 命中访问过程中，检索比较映像表是耗时最长的。对此，在 Cache 容量并非足够小时，可以将映像表 Cache 集成于处理器芯片上，而 Cache 存储器位于处理器芯片之外，这样不仅有利于快速进行检索比较，还可以保持 Cache 结构的简单性。

2. Cache 访问流水线化

当 Cache 访问流水线化后，Cache 访问的时钟周期增多，如 Intel 的 Pentium 访问指令 Cache 需要 1 个时钟周期、Pentium Pro 到 Pentium Ⅲ 需要 2 个时钟周期、Pentium 4 需要 4 个时钟周期。Cache 访问流水线化并没有真正减少 Cache 命中时间，但访问的时钟周期越多，时钟频率就越高，从而提高 Cache 访问的带宽。

3. 设置虚拟地址 Cache

由 4.3.2 节可知，虚拟地址 Cache 是可以由虚拟地址直接访问的 Cache，在 Cache 命中时不需要进行地址转换，省去了地址转换的时间，从而可以有效地减少 Cache 命中时间。即使 Cache 未命中，地址转换和访问 Cache 也是并行进行的，其速度比物理地址 Cache 快很多。

4. 设置踪迹 Cache

指令级高度并行实现的前提是一个周期可以输出足够多且互不相关的指令（如 4 条指令），对此设置踪迹 Cache 才能有效实现。

原 Cache 存储器存放的是静态指令序列。对于其中的一个块，如果通过分支成功指令转移到该块的某个位置，则块中该位置之前的信息可能不会被使用；如果块中存在分支指令，则块中位于分支指令之后的信息可能不会被使用。从而导致 Cache 空间的浪费，若 5～10 条指令出现一次成功分支，那么 Cache 空间的利用率就很低。踪迹 Cache 存储器存放的是 CPU 执行过的动态指令序列，仅存放从转入位置到转出位置之间的指令，包括由分支预测展开的指令（分支预测是否正确需要在取得指令时确认），从而避免上述空间开销，提高 Cache 空间的利用率。Intel 采用 NetBurst 体系结构的 Pentium 4 及其后续型号的处理器就设置了踪迹 Cache。

当然,设置踪迹 Cache 也存在不足,一是地址映像机制更复杂;二是可能把相同的指令序列当成条件分支的不同选择而重复存放。

4.4.5 提高 Cache 性能的方法比较

用于降低 Cache 的未命中率以及减少未命中开销和命中时间的方法通常会影响平均访存延迟中的若干因素和存储层次的复杂性,所以方法的选用需要综合权衡,如表 4-6 所示。表中"＋"号表示对相应性能指标的作用是正向的,"－"号表示对相应性能指标的作用是负向的,空格则表示对相应性能指标不起作用。表中对硬件复杂度的影响程度是主观判定的,0 表示最容易,3 表示最复杂。从表中可以看出,任何一种方法均不能同时对两项或三项产生正向作用。

表 4-6 提高 Cache 性能的方法比较

提高方法	未命中率	未命中开销	命中时间	硬件复杂度	说明
增加块容量	＋	－		0	Pentium 4 的第二级 Cache 块为 128B
增加 Cache 容量	＋			1	广泛应用,特别是第二级 Cache
提高相联度	＋		－	1	广泛应用
设置"牺牲"Cache	＋			2	AMD Athlon 采用 8 个项
采用伪相联 Cache	＋			2	MIPS R10000 的第二级 Cache
采用硬预取	＋			2~3	多数预取指令,UltraSPARC Ⅲ 预取数据
采用软预取	＋			3	与非阻塞 Cache 配合使用,有微 PC 应用
采用优化编译	＋			0	需软件支持,有些编译器有该选项
让读未命中优先于写		＋		1	广泛应用,在单处理机上容易实现
采用写缓冲合并		＋		1	广泛应用,与写直达配合使用
采用请求字处理技术		＋		2	广泛应用
采用非阻塞 Cache		＋		3	乱序执行时都会应用
设置二级 Cache		＋		2	硬件代价大,块容量不同时实现困难
设置简单 Cache	－		＋	0	广泛应用
设置虚拟地址 Cache			＋	2	小容量 Cache 易实现,UltraSPARC Ⅲ 采用
Cache 访问流水线化			＋	1	广泛应用
设置踪迹 Cache			＋	1	Pentium 4 采用

例 4.11 某二级 Cache 的第一级 Cache 为 L1,第二级 Cache 为 L2。

(1) 设在 1000 次访存中,L1 的未命中次数为 40,L2 的未命中次数为 20,求各种局部未命中率和全局未命中率。

(2) 设 L2 的命中时间为 10 个时钟周期,L2 的未命中开销为 100 个时钟周期,L1 的命中时间是1个时钟周期,平均每条指令访存1.5次,不考虑写操作的影响。试问平均访存延迟为多少?每条指令的平均停顿时间为多少个时钟周期?

解:(1)根据式(4-16)和式(4-17),则有:

第一级Cache的未命中率(全局和局部)为:$40/1000=4\%$

第二级Cache的局部未命中率为:$20/40=50\%$

第二级Cache的全局未命中率为:$20/1000=2\%$

(2)根据式(4-19)则有:

平均访存延迟 $=1+4\%\times(10+50\%\times100)=3.4$(时钟周期)

由于平均每条指令访存1.5次,且每次访存的平均停顿时间为:$3.4-1.0=2.4$个时钟周期,所以指令平均停顿时间$=2.4\times1.5=3.6$个时钟周期。

例4.12 某二级Cache的第二级Cache的性能如下:对于直接相联映像,命中时间$_{L2}=10$个时钟周期;二路组相联映像的命中时间增加0.1个时钟周期,即为10.1个时钟周期。对于直接相联映像,未命中率$_{L2}=25\%$;二路组相联映像的未命中率$_{L2}=20\%$,未命中开销$_{L2}=50$个时钟周期。试问第二级Cache的相联度对未命中开销有什么影响?

解:从直接相联映像的第二级Cache来看,第一级Cache的未命中开销为:

未命中开销$_{直接映像,L1}=10+25\%\times50=22.5$(时钟周期)

从二路组相联映像的第二级Cache来看,第一级Cache的未命中开销为:

未命中开销$_{二路组相联,L1}=10.1+20\%\times50=20.1$(时钟周期)

实际中,第二级Cache一般总是同第一级Cache及CPU同步,所以第二级Cache的命中时间必须是时钟周期的整数倍,即二路组相联映像时的命中时间取整为10或11个时钟周期,则有:

未命中开销$_{二路组相联,L1}=10+20\%\times50=20.0$(时钟周期)

或

未命中开销$_{二路组相联,L1}=11+20\%\times50=21.0$(时钟周期)

显然,二路组相联映像的未命中开销均比直接相联映像少,所以提高相联度有利于减少未命中开销。

复 习 题

1. 什么是存储系统?它应该具备哪些特征?
2. 简述存储系统的一般结构,其组织需要哪些功能操作?
3. 存储系统的性能指标有哪些?写出它们的计算式。
4. 计算机中的信息存储一般分为哪些层次?由低到高的存储器特性有什么变化规律?
5. 存储系统一般仅包含哪几个存储层次?简述三层二级存储系统的含义。
6. 存储系统一般可分为哪些二级存储体系?它们之间有什么不同?
7. Cache存储器的访问控制方式有哪些?简述它们的访问控制过程。
8. 对于Cache存储体系,什么是地址映像?什么是映像规则?什么是映像表?什么是相联度？

9. 简述Cache存储体系的结构原理。

10. 衡量Cache存储体系性能的主要参数有哪些？写出它们的计算式。

11. 衡量主存储器性能的参数有哪些？它们之间有什么关系？

12. 对于主存储器来说，什么是延迟？减少延迟的技术途径有哪些？

13. 对于主存储器来说，什么是带宽？什么是最大带宽？带宽扩展的技术途径有哪些？

14. 什么是并行存储器？面向带宽扩展的主存储器并行访问技术有哪两种？它们各有哪些并行存储器？

15. 什么是双端口存储器？简述双端口存储器的结构原理。

16. 对于双端口存储器来说，什么是冲突？简述避免冲突发生的方法。

17. 什么是相联存储器？什么是相联处理机？简述相联存储器的结构原理。

18. 从相联存储器的结构原理来看，它包含哪些数据寄存器？各用于存储什么信息？

19. 相联存储器除可以实现全等比较算法之外，还可以实现哪些基本的检索算法？

20. 什么是单体多字存储器？简述单体多字存储器的结构原理。

21. 对于单体多字存储器来说，什么是冲突？它们来自于哪些方面？

22. 什么是多体多字存储器？简述多体多字存储器的结构原理。

23. 多体多字存储器的访问方式有哪两种？解释它们的含义。

24. 多体多字存储器的编址方法分为哪两种？它们划分的依据是什么？写出存储单元地址 D 与模块体号 k 和体内地址 j 之间的关系式。

25. 存放一维数组或二维数组的交叉编址多体多字存储器实现无冲突访问的条件是什么？

26. 什么是地址变换？地址变换方法取决于地址映像规则，地址映像规则一般有哪些？划分地址映像规则的依据是什么？

27. 什么是全相联映像？其映像关系数为多少？相联度为多少？

28. 全相联映像的映像表又称为什么？其行数为多少？映像存储字包含哪些字段？

29. 简述全相联映像的地址变换过程及其优缺点。

30. 什么是直接相联映像？其映像关系数为多少？相联度为多少？

31. 直接相联映像的映像表又称为什么？其行数为多少？映像存储字包含哪些字段？

32. 简述直接相联映像的地址变换过程及其优缺点。

33. 简述直接相联映像加速访问的方法。

34. 什么是组相联映像？其映像关系数为多少？相联度为多少？

35. 组相联映像的映像表又称为什么？其行数为多少？映像存储字包含哪些字段？

36. 简述组相联映像的地址变换过程及其优缺点。

37. 简述组相联映像加速访问的方法。

38. 组相联映像通常有哪两种变形？简述它们的地址映像规则。

39. 以组相联映像Cache存储体系为例，简述虚拟地址Cache的地址变换方法。

40. 什么是 Cache 块替换算法？什么是"颠簸"？目前替换算法有哪几种？

41. 什么是先进先出替换算法？其常见实现方法有哪几种？解释它们的实现过程。

42. 什么是近期最少使用替换算法？其常见实现方法有哪几种？解释它们的实现过程。

43. 什么是 Cache 数据一致性维护？Cache 数据不一致性的形成原因有哪些？

44. 什么是（Cache 数据）更新算法？它包含哪几种？简述各种算法的实现策略。

45. Cache 未命中可以分为哪些类型？其分类依据是什么？解释它们的含义。

46. 什么是预取？什么是 Cache 块硬预取？块硬预取方法有哪几种？

47. 什么是软预取？软预取方法有哪几种？什么是 Cache 块软预取？

48. 简述 Cache 命中率与块大小以及增加 Cache 容量的关系。

49. 什么是伪相联 Cache？简述伪相联 Cache 存储体系的访问过程，它包含哪两种命中时间？

50. 什么是"牺牲"Cache？简述"牺牲"Cache 存储体系的访问过程。

51. 编译优化的基本策略是什么？根据访问信息的内容，可将编译优化分为哪两种类型？解释它们的含义。

52. 对于二级 Cache 存储体系，写出（局部）未命中率与全局未命中率的定义式以及它们之间的关系式。

53. 对于二级 Cache 存储体系，写出 Cache 性能的计算式。

54. 什么是请求字？请求字处理技术有哪两种？解释它们的含义。

55. 什么是非阻塞 Cache 技术？什么是踪迹 Cache？

56. 降低 Cache 未命中率、减少 Cache 未命中开销和减少 Cache 命中时间的方法各有哪些？

练　习　题

1. 为什么计算机中需要构建存储系统？构建存储系统的目的是什么？

2. 存储系统与存储器有什么不同？存储系统构建的理论基础是什么？

3. 计算机中信息存储一般包含 7 个层次，而存储系统仅包含 3 个层次，为什么？

4. 虚拟地址 Cache 实现的基础是什么？

5. 衡量主存储器的性能参数为延迟和带宽，采用存储层次之前与之后，影响 CPU 访问主存储器的关键参数分别是哪一个？为什么？

6. 双端口存储器的带宽可以达到单端口存储器的两倍吗？为什么？

7. 多体多字存储器的访问方式有顺序和交叉之分，它们是否均可以扩展带宽？为什么？

8. 多体多字存储器的编址方法有高位块选编址法和低位块选编址法之分，哪一种有利于交叉访问的实现？为什么？

9. 对于 N 个存储体的低位块选编址多体多字存储器，在理想情况下带宽可以提高多少倍？存储体的启动间隔是多少？为什么通常实际带宽要小于理想带宽？

10. 在 Cache 存储体系中,访问映像表存储器有哪两种方式?为加快地址变换速度,Cache 存储器需要采用哪一种并行存储器?

11. Cache 块替换算法评价的因素一般有哪些?不需要采用替换算法的条件是什么?

12. Cache 数据更新算法的选择评价因素有哪些?不同算法如何配套使用?

13. 从块大小对 Cache 命中率的双重作用来解释这一关系的变化趋势。

14. 二级 Cache 存储体系中第一级 Cache 与第二级 Cache 的主要区别是什么?

15. 在提高 Cache 性能的方法中,哪些仅有单一的正向作用?哪些具有正向和负向双重作用?

16. 在由 3 个存取速度、存储容量和位价格均不相同的存储器构成的存储系统中,3 个存储器 M_1、M_2 和 M_3 的访问周期分别为 R_1、R_2 和 R_3,存储容量分别为 S_1、S_2 和 S_3,位价格分别为 C_1、C_2 和 C_3,其中 M_1 靠近 CPU。

(1) 写出该存储系统的等效访问周期 T、等效存储容量 S 和等效位价格 C 的表达式。

(2) 在什么条件下,存储系统的位均价格接近于 C_3?

17. 设某存储体系所含有存储器的访问周期分别为 $T_1 = 10^{-5}$ s, $T_2 = 10^{-2}$ s,为使存储体系的访问效率达到最大值的 80% 以上,命中率 H 至少应为多少?

18. 对于 VAX-11/780,Cache 命中时的指令平均处理时间为 8.5 个时钟周期,Cache 失效时间为 6 个时钟周期,假设 Cache 未命中率为 11%,每条指令平均访存 3 次,试计算 Cache 未命中时的指令平均处理时间。

19. 在某 Cache 存储体系的设计中,主存储器容量为 4MB,Cache 存储器容量有三种选择:64KB、128KB 和 256KB,且相应命中率分别为 0.7、0.9 和 0.98。设两个存储器的访问时间分别为 T_1 和 T_2,字节价格分别为 C_1 和 C_2,如果 $C_1 = 20C_2$,则 $T_2 = 10T_1$。

(1) 当 $T_1 = 20$ns 时,分别计算三种 Cache 存储体系的等效访问时间。

(2) 当 $C_2 = 0.2$ 美元/KB 时,分别计算三种 Cache 存储体系的字节价格。

(3) 根据等效访问时间和字节价格的乘积,选择最优设计。

20. 某 Cache 存储体系要求造价不超过 15000 美元,已知 Cache 存储器容量为 512B、访问周期为 20ns、价格为 0.01 美元/B、命中率为 0.95,主存储器价格为 0.5 美元/KB。

(1) 在不超过预算的范围内,主存储器的最大容量为多少?

(2) 若使 Cache 存储体系的等效访问时间达到 40ns,主存储器的访问时间为多少?

21. 假设程序中出现转移指令且转移成功的概率为 0.1,设计一个低位交叉编址的多体存储器,要求每增加一个存储体,在一个存取周期内可以访问到的平均指令条数增加 0.2 以上,试问存储体个数最多为多少?

22. 一台处理机的运算速度为 1GIPS,执行一条指令平均需要取指令一次和读/写数据两次,输入输出设备对存储器的访问忽略不计,主存储器的访问周期为 150ns,请设计 Cache 存储体系,可以采取哪些措施来匹配 CPU 速度的需要?每种措施可以提供多大程度的改进?

23. 有 16 个存储器模块,每个模块的容量为 4MB,字长为 32 位。若采用这 16 个存储器模块组织一个主存储器,有以下几种组织方式:①16 个存储器模块采用高位块选编址来构建多体多字存储器;②16 个存储器模块构建单体多字存储器;③16 个存储器模块采用低位块选编址来构建多体多字存储器;④16 个存储器模块采用 2 路高位块选编址和 8 路低位块选编址来构建多体多字存储器;⑤16 个存储器模块采用 4 路高位块选编址和 4 路低位块选编址来构建多体多字存储器;⑥16 个存储器模块采用 4 路单体多字和 4 路低位块选编址来构建混合多字存储器。

(1) 写出各种主存储器的地址格式。

(2) 比较各种主存储器的优缺点。

(3) 不考虑访问冲突,计算各种主存储器的带宽。

(4) 画出各种主存储器的逻辑示意图。

24. 在某交叉编址的多体多字主存储器中,设每个分体的存取周期为 $2\mu s$,存储字长为 4B;由于各种原因,其实际带宽仅能达到最大带宽的 0.6 倍,现要求主存实际带宽为 4MB/s,试问主存储器分体数应该为多少?

25. 在采用组相联映像的 Cache 存储体系中,主存储器容量为 1MB,Cache 存储器容量为 32KB,块大小为 64KB,Cache 分为 8 组。

(1) 写出主存和 Cache 的地址格式,说明各字段的名称和位数。

(2) 如果 Cache 的存取周期为 20ns,命中率为 0.95,希望采用 Cache 后的加速比达到 10,主存的存取周期应该为多少?

26. 在采用组相联映像的 Cache 存储体系中,主存储器包含 8 个块 $B_0 \sim B_7$,Cache 存储器分为两组,每组 2 个块,块容量为 16B。某程序在运行过程中,访问主存的块地址流为:B_6、B_2、B_4、B_1、B_4、B_6、B_3、B_0、B_4、B_5、B_7、B_3,假设主存内容在初始时未装入 Cache 中。

(1) 写出主存地址格式,并标出各字段长度。

(2) 写出 Cache 地址格式,并标出各字段长度。

(3) 画出主存储器与 Cache 存储器之间各块的映像关系。

(4) 若 Cache 存储器的 4 个块号分别为 C_0、C_1、C_2 和 C_3,列出该程序运行过程中 Cache 块的地址流。

(5) 若采用 FIFO 替换算法,计算 Cache 的块命中率。

(6) 若采用 LRU 替换算法,计算 Cache 的块命中率。

(7) 若改为采用全相联映像,重做(5)和(6)。

(8) 若程序运行过程中从主存装入一个块到 Cache 中,平均需要对块访问 16 次,计算这时的 Cache 命中率。

27. 在采用全相联映像和相联目录表实现地址变换的 Cache 存储体系中,Cache 存储器容量为 2^c B,主存储器由 m 个交叉编址的存储体组成,容量为 2^m B,存储体字长为 w 位。

(1) 画出地址变换图。

(2) 写出主存地址和 Cache 地址的格式,并标出各字段长度。

(3) 写出目录表的行数、宽度和相联比较的位数。

28. 在采用组相联映像的 Cache 存储体系中,Cache 存储器容量为 1KB,要求在一个主存访问周期内可以把一个块从主存传送到 Cache 中;主存由 4 个交叉编址的存储体组成,存储体字长为 32 位,主存容量为 256KB。如按地址访问的存储器存放块表,且采用 4

个相等比较电路实现地址变换。

(1) 写出主存地址和 Cache 地址的格式,并标出各字段长度。

(2) 块表的行数和宽度为多少?每个比较电路的比较位数为多少?

29. 在采用组相联映像和 LRU 替换算法的 Cache 存储体系中,主存储器分为 8 个块($B_0 \sim B_7$),Cache 分为 4 个块($C_0 \sim C_3$),组内块数为 2;在某程序运行过程中,访问主存的块地址流为:B_1、B_2、B_4、B_1、B_3、B_7、B_0、B_1、B_2、B_5、B_4、B_6、B_4、B_7、B_2,假设主存内容在初始时未装入 Cache 中。

(1) 列出每次访问主存块后 Cache 存储器中各块的装入分配情况。

(2) 指出发生块失效且块争用的时刻,计算 Cache 的块命中率。

30. 在具有直接相联映像的 Cache 存储体系的 32 位计算机上,主存储器容量为 32MB,Cache 存储器容量为 8KB,假定块大小为 4 个 32 位字。

(1) 求该主存地址中区号、块号和块内地址的位数,并指出各个字段的作用。

(2) 求主存地址为 $ABCDEF_{16}$ 的单元在 Cache 中的位置。

31. 在具有 4 路组相联映像的 Cache 存储体系的 32 位计算机上,主存储器容量为 64MB,Cache 存储器容量为 16KB,假定块大小为 4 个 32 位字。

(1) 写出主存地址格式及其各个字段的位数和作用。

(2) 求主存地址为 $ABCDE8F8_{16}$ 的单元在 Cache 中的位置。

32. 在采用组相联映像和 FIFO 替换算法的 Cache-主存存储层次中,主存储器有 0~7 共 8 个块,Cache 有 4 个块,组内块数为 2,假设 Cache 已装入的主存块有 1、5、3、7,现访问主存的块地址流为 1、2、4、1、3、7、0、1、2、5、4、6。

(1) 写出 Cache 块替换过程,并标出命中时刻。

(2) 求此期间的 Cache 块命中率。

33. 在某组相联映像的 Cache 存储体系中,每组 4 个块,采用按地址访问 4 个相等比较电路来实现地址变换。Cache 存储器的容量为 16KB,主存储器的容量为 8MB,且采用模 8 低位交叉访问,每个存储体字长为 32 位,要求在一个主存周期内分别从 8 个存储体中取得 Cache 块。

(1) 写出主存地址格式,并标出各字段长度。

(2) 写出 Cache 地址格式,并标出各字段长度。

(3) 相联目录表的行数为多少?每个比较电路的位数为多少?

(4) 写出相联目录表行格式,并标出各字段长度。

(5) 画出地址变换的逻辑示意图。

34. 在采用全相联映像的 Cache 存储体系中,Cache 存储器有 n 个块。现设计一个 n 行×n 列的触发器阵列来实现 LRU 替换算法,其行和列的编号均为 1~n。当访问 Cache 的第 n 个块时,先把触发器阵列的第 n 行全部置"1",然后把第 n 列全部置"0"。这样在任何时刻,触发器阵列中二进制值最小的行号就是近期最少访问过的 Cache 块号。设 $n=4$,访问 Cache 的块地址流为 1、2、3、4、2、3、1、4、3、4、3、2,请验证结论的正确性。

35. 设对指令 Cache 和数据 Cache 的访问分别占全部访问的 75% 和 25%,Cache 的命中时间为 1 个时钟周期,未命中开销为 50 个时钟周期;混合 Cache 读写访问的命中时间均需要增加一个时钟周期。32KB 的指令 Cache 的未命中率为 0.39%,32KB 的数据 Cache 的未命中率为 4.82%,64KB 的混合 Cache 的未命中率为 1.35%。若采用写直达策略,且有一个写缓冲器,并忽略写缓冲的等待时间。试问指令 Cache 和数据 Cache 容量均为 32KB 的分离 Cache 和容量为 64KB 的混合 Cache 相比,哪种 Cache 的未命中率更低? 两种情况下的平均访存延迟各为多少?

36. 假设采用理想存储体系时的基本 CPI 为 1.5,主存访问延迟为 40 个时钟周期,传输速率为 4B/时钟周期,且 Cache 中 50% 的块是修改过的,每个块中有 32B,20% 的指令是数据传送指令。又假设没有写缓存,在 TLB(专用高速缓冲存储器)未命中时需要 20 个时钟周期,TLB 不会降低 Cache 命中率,CPU 产生指令地址或 Cache 未命中时产生的地址有 0.2% 没有在 TLB 中找到。另外还假设 16KB 直接相联映像混合 Cache、16KB 二路组相联映像混合 Cache 和 32KB 直接相联映像混合 Cache 的未命中率分别为 2.9%、2.2% 和 2.0%,其中 25% 的访存为写操作。

(1) 在理想 TLB 的情况下,采用写回法时,计算 16KB 直接相联映像混合 Cache、16KB 二路组相联映像混合 Cache 和 32KB 直接相联映像混合 Cache 的实际 CPI。

(2) 在实际 TLB 的情况下,采用写回法时,计算 16KB 直接相联映像混合 Cache、16KB 二路组相联映像混合 Cache 和 32KB 直接相联映像混合 Cache 的实际 CPI。

37. 设一台计算机具有以下特性:①95% 的访存在 Cache 中命中;②块大小为两个字,且未命中时调入整个块;③CPU 发出访存请求的速率为 10^9 字/s;④25% 的访存为写访问;⑤主存储器的最大流量为 10^9 字/s(包括读和写);⑥主存储器每次仅可以读或写一个字;⑦在任何时候,Cache 中均有 30% 的块被修改过;⑧写未命中时,Cache 采用按写分配法。现欲给该计算机增添一台外设,那么主存储器的带宽已用了多少? 试对于以下两种情况,计算主存带宽的平均使用比例。

(1) 更新算法采用写直达法。

(2) 更新算法采用写回法。

38. 在采用组相联映像和 LRU 替换算法的 Cache 存储体系中,为提高等效访问速度,提议:

(1) 增大主存储器容量。

(2) 增大 Cache 中的块数但块容量保持不变。

(3) 增大组的容量但块容量保持不变。

(4) 增大块的容量但组容量和 Cache 容量保持不变。

(5) 提高 Cache 存储器的访问速度。

试问分别采用上述措施后,等效访问速度会有什么样的显著变化? 其变化趋势如何? 如果采取措施后并未使等效访问速度明显提高,又是什么原因?

39. 在某一 Cache 存储体系中,Cache 存储器的访问周期为 10ns,主存储器的访问周期为 60ns,每个数据在 Cache 中平均重复使用 4 次。当块大小为 1 个字时,Cache 存储体系的访问效率仅有 0.5。现在打算通过增加块大小,使 Cache 存储体系的访问效率达到 0.94。

(1) 当 Cache 存储体系的访问效率为 0.5 时,计算命中率和等效访问周期。

(2) 为了使存储体系的访问效率达到 0.94,命中率和等效访问周期分别应该提高到多少?

(3) 为了使存储体系的访问效率从 0.5 提高到 0.94,块的容量至少应该增加到几个字?

40. 某计算机的时钟周期为 10ns,Cache 失效时的访问时间为 20 个时钟周期。

(1) 设失效率为 0.05,忽略写操作的其他延迟,求计算机的平均访存延迟。

(2) 若通过使 Cache 容量增加一倍而使失效率降低到 0.03,但 Cache 命中的访问时间却增加到 1.2 时钟周期,这样改进是否合适?

(3) 若通过延长时钟周期使 Cache 命中的访问时间等于时钟周期,上述改进是否合适?

41. 对于采用组相联映像和 FIFO 替换算法的 Cache 存储体系,由于其等效访问时间太长,便提出以下改进提议:

(1) 增大主存储器容量。

(2) 提高主存储器速度。

(3) 增大 Cache 存储器容量。

(4) 提高 Cache 存储器速度。

(5) 使 Cache 存储器的容量和组容量保持不变,只增大块的容量。

(6) 使 Cache 存储器的容量和块容量保持不变,只增大组的容量。

(7) 使 Cache 存储器的容量和块容量保持不变,只增加组数。

(8) 将替换算法改为 LRU。

请分析以上改进对等效访问时间的影响及其影响程度。

42. 在某二级 Cache 存储体系中,设在 3000 次访问中,第一级 Cache 未命中 110 次,第二级 Cache 未命中 55 次。试问该存储体系的局部未命中率和全局未命中率各为多少?

43. 对于以下假设,试计算直接相联映像和二路组相联映像的 Cache 存储体系的平均访存延迟以及 CPU 的性能,由计算结果可以得出什么结论?

(1) 理想 Cache 下的 CPI 为 2.0,时钟周期为 2ns,平均每条指令访存 1.2 次。

(2) 二者 Cache 的容量均为 64KB,块大小均为 32B。

(3) 组相联 Cache 的多路选择器使 CPU 的时钟周期增加了 10%。

(4) 两种 Cache 的未命中开销均为 80ns。

(5) 命中时间为 1 个时钟周期。

(6) 64KB 的直接相联映像 Cache 的未命中率为 1.4%,64KB 的二路组相联映像 Cache 的未命中率为 1.0%。

44. 在伪相联中,假设正常未命中而伪命中时不对两个位置的数据进行交换,这时需要 1 个额外的时钟周期。又假设未命中开销为 50 个时钟周期,2KB 的直接相联映像 Cache 的未命中率为 9.8%,二路组相联映像的未命中率为 7.6%;128KB 的直接相联映像 Cache 的未命中率为 1.0%,二路组相联映像的未命中率为 0.7%。

(1) 推导出平均访存延迟的计算式。

(2) 利用(1)中的计算式,对于 2KB 的 Cache 和 128KB 的 Cache,计算伪相联的平均访存延迟。

45. 某程序需访存 1 000 000 次,其在某 Cache 存储体系运行时,Cache 未命中率为 7%,其中强制性未命中和容量未命中各占 25%,冲突未命中占 50%。

(1) 当只允许提高相联度时,可以消除的最大未命中次数为多少?

(2) 当允许同时增大 Cache 容量和提高相联度时,可以消除的最大未命中次数为多少?

第 5 章 信息传输的互连网络技术

系统域互连网络是计算机的重要组成部分。系统总线是一种特殊的系统域互连网络,由于其带宽有限,仅适用于性能要求不高的单处理器计算机。本章将介绍互连网络的概念分类、描述方法、结构特性和性能参数等,讨论常用的互连函数、静态互连网络的分类及其结构特性,以及动态互连网络的分类及其组成逻辑。还将分析 Ω 和 STARAN 等常用多级交叉开关互连网络的结构特点与寻径控制,并将阐述互连网络信息传递的格式与方式、路由选择算法、死锁的避免与解除以及流量控制策略等。

5.1 系统域互连网络概述

【问题小贴士】 一台计算机包含许多功能部件,这些功能部件必须利用所谓的系统域互连网络连接在一起,以实现相互之间的信息交换。通过学习计算机组成原理课程可知:计算机所包含的功能部件是通过系统总线连接在一起,但它有一个致命的弱点,即通信带宽小,所以它仅适用于性能要求不高的计算机,可见系统总线是系统域互连网络的一种。①系统总线是由总线接口和链路组成,其属性有通信定时和仲裁分配,那么一般意义的系统域互连网络有哪些部分组成并且包含哪些属性?②系统总线带宽有限的根源在于分时共享,即在同一时刻仅存在一对节点连接通信,增加带宽的基本途径就是:使系统域互连网络在同一时刻实现更多节点对连接通信,这时应该怎样描述节点对之间的连接关系?节点对之间常用的连接关系有哪些类型?对于系统域互连网络,节点对连接关系的不同描述形式的应用和相互之间的转换还需要通过练习来掌握直至熟悉。

5.1.1 互连网络及其属性

1. 互连网络及其分类

"互连网络"是英文"interconnection network"的译名,有时又翻译为"互联网络",但"连"与"联"并不是同义字。"连"是指连接,偏重于物理性、直接复制性与时效性;"联"是指联系,偏重于逻辑性、间接变换性与功效性。从计算机工程领域来看,互连(联)网络是指利用电子线路,将许多电子产品(通常称为节点)连接在一起,以实现相互之间的信息交换。

根据互连网络连接节点的特性及其距离不同,可以分为系统域网络 SAN(0.5～25m)、局域网络 LAN(1～2000m)、城域网络 MAN(≥25km)和广域网络 WAN(全球)。长距离互连网络是由短距离互连网络连接而成,它们之间的分层连接的作用关系如图 5-1

所示。系统域网络带宽要求为100Mb/s~100Gb/s,通常可分为总线、交叉开关和多级交叉开关三种,涉及的技术主要有SCI、光纤通道、HiPPI与Myrinet等。局域网络带宽要求为10Mb/s~10Gb/s,通常主要包含以太网、HiPPI、光纤通道和FDDI四种。城域网络带宽要求为20Mb/s~5Gb/s,主要有光纤通道、FDDI和ATM三种。广域网络带宽要求为20Mb/s~0.55Gb/s,主要有光纤通道和ATM两种。

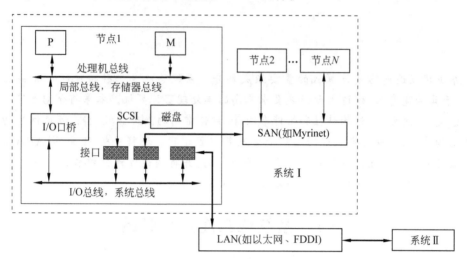

图 5-1 不同互连网络之间分层连接的作用关系

特别地,局域网、城域网和广域网用于网络之间互联,通常称为"互联网络"或"互联网";系统域网络用于计算机内部功能部件之间互连,通常称为"互连网络"。

2. 系统域互连网络及其属性

系统域互连网络简称为互连网络,它由开关元件按照一定的拓扑结构和控制方式构成,用于实现计算机内部多个处理机或功能部件之间的相互连接及其信息交换。随着各个领域对高性能计算机的要求越来越高,多处理机与多计算机的规模越来越大,处理器或处理单元与存储模块之间的通信要求越来越高,难度也越来越大。所以,互连网络已成为高性能计算机组成的核心,对高性能计算机的性能起着决定性作用。对于互连网络,其属性主要包括定时方式、交换方法、控制策略和拓扑结构四个方面。

(1) 定时方式。互连网络的定时方式有同步定时和异步定时之分。同步定时是指采用统一时钟,源节点与目的节点按照规定的时间进行通信操作;异步定时是指没有统一时钟,源节点与目的节点通过请求应答信号进行通信操作。阵列处理机是典型的同步定时,多处理机一般均为异步定时。

(2) 交换方法。互连网络的交换方法有线路交换和分组交换之分。线路交换是指在数据传输期间,源节点与目的节点之间的连接物理通路保持不变;分组交换是指源节点将传输数据分成若干个数据包,并分别送入互连网络,且可以通过不同的物理通路传送到目的节点,在数据传输期间,物理通路的链路连接是分段实现的。

(3) 控制策略。互连网络的控制策略有集中式和分散式之分。集中控制是指利用一个全局控制器接收所有通信请求,并设置相应开关来构成实际连接的物理通路;分散控制是指由分布在各个功能部件中的控制逻辑分散地对通信请求进行处理,并设置相应开关来构成实际连接的物理通路。

(4) 拓扑结构。互连网络的拓扑结构有静态拓扑和动态拓扑之分。静态拓扑是指各个节点之间的物理通路是专用的,且固定连接而不能重新组合;动态拓扑是指各个节点之间的物理通路可以通过设置相应开关状态重新组合,连接不固定。

5.1.2 互连网络的组成

互连网络是由交叉开关和链路、网络接口三部分组成(共享介质的互连网络无须交叉开关),其中交叉开关是核心。

1. 交叉开关

交叉开关也称为路由器,用于建立节点对之间连接的开关阵列,它主要包括输入输出端口、交点开关阵列及其控制逻辑,如图 5-2 所示为 4 输入 4 输出的交叉开关组成结构。交点开关可以在程序控制下接通与断开,以同时建立 N 个输入与 N 个输出之间的连接(N 为交叉开关的输入端口或输出端口数)。每个输入端口内有接收器和输入缓冲器,用于处理到达的消息包;每个输出端口内有发送器和输出缓冲器,用于把数据信号传送到链路上。

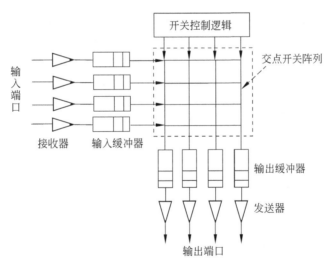

图 5-2 4×4 交叉开关的组成结构

2. 链路

链路也称为通道或电缆,用于实现计算机内部两个处理机或功能部件之间进行物理连接,是互连网络中相邻节点之间进行数据传送的通信线路。一条链路可以连接两个交叉开关,或者连接一个交叉开关与一台处理机或一个功能部件的网络接口。目前链路介质主要有铜线或光纤,铜线链路价格便宜,但长度有限;光纤价格较贵,但长度长,且带宽也高。链路的主要逻辑属性有长度、宽度和驱动时钟。因此,链路不仅可以从使用介质来分类,还可从逻辑属性来分类。

从长度来看,有短链路和长链路之分。一条短链路在任何时刻仅包含一个逻辑信号;

而一条长短链路在任何时刻允许传输一串逻辑信号。从宽度来看,有串行链路和并行链路之分。串行链路(窄链路)仅有一位信号线,多位信息以多路分时复用的方式共享单信号线;并行链路(宽链路)有多位信号线,多位信息可以并行传输。从驱动时钟来看,有同步链路和异步链路之分。同步链路是指链路两端的节点使用相同的时钟;异步链路是指通过嵌入时钟编码,使链路两端的节点使用不同的时钟。

3. 网络接口

网络接口(Network Interface Circuitry,NIC)也称为网卡,用于将处理机或功能部件连接到网络上,实现节点与网络之间的双向数据传输。网络接口功能主要包括消息包格式化、路由通路选择、一致性检查、流量与错误控制等,其复杂性由端口规模、存储容量、处理与控制能力等决定。典型网络接口通常包含嵌入式处理机、输入输出缓冲器、控制存储器和控制逻辑电路。网络接口的体系结构取决于网络与节点,在同一互连网络中,不同的节点可能需要不同的网络接口。

5.1.3 互连网络的描述方法

为了反映不同互连网络的连接特性,以在输入节点与输出节点之间建立相应的连接关系,通常采用图形、对应和函数三种方法来描述。

1. 图形表示法

图形表示法是采用连线图来描述输入节点与输出节点之间的连接关系,如某互连网络连接关系的图形表示法如图 5-3 所示,其表示输入节点 0、1、2、3 分别与输出节点 0、1、2、3 连接。图形表示法虽然直观,但比较烦琐,且难以体现连接的规律性,一般需要结合另外两种表示方法来描述。

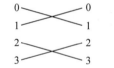

图 5-3 互连网络连接关系的图形表示法

2. 数组表示法

数组表示法是采用 2 行若干列的二维数组的表示形式来描述输入节点与输出节点之间的连接关系,如某互连网络连接关系的数组表示法的二维数组如下:

$$\begin{pmatrix} 0 & 1 & 2 & 3 \\ 1 & 0 & 3 & 2 \end{pmatrix}$$

其表示输入节点 0、1、2、3 分别与输出节点 1、0、3、2 连接。

3. 函数表示法

函数表示法是采用数学式来描述输入节点与输出节点之间的连接关系,若用 x 表示输入端变量,则用函数 $f(x)$ 表示输出端变量,函数 $f(x)$ 称为互连函数。互连网络的输入端与输出端通常采用二进制数编号来指示,则互连函数同数组表示法一样,描述了输入端与输出端之间一一对应相连的连接关系。若 x 为 n 位二进制数,则互连函数一般写成 $f(x_{n-1}x_{n-2}\cdots x_1x_0)$。特别地,有一种特殊的互连函数 $f(x)$ 称为循环互连函数,其所描述的连接关系为:$f(x0)=x1$、$f(x1)=x2$、$\cdots$、$f(xJ)=x0$,即输入端号 $x0$ 连接于输出端号 $x1$、输入端号 $x1$ 连接于输出端号 $x2$、$\cdots$、输入端号 xJ 连接于输出端号 $x0$,且可以把循环互连函数表示为:$(x_0x_1\cdots x_J)$,$J+1$ 称为循环长度。

在一般情况下,由于一个节点既可以作为输入端,也可以作为输出端,所以通常认为输入端数与输出端数是相等的。如果互连网络将 N 个节点连接在一起,则其有 N 个输入节点和 N 个输出节点;对于相应的互连函数来说,即有 N 个输入值和 N 个输出值,且输入变量和输出变量的值为 n 位二进制数,$n=\log N$。特别地,由于函数本身是一种置换关系,所以互连函数有时也称为置换函数。

5.1.4 常用互连函数

1. 恒等置换

二进制编号相同的输入端与输出端之间对应相连所实现的连接关系称为恒等置换,其互连函数表达式为:
$$I(x_{n-1}x_{n-2}\cdots x_1 x_0) = x_{n-1}x_{n-2}\cdots x_1 x_0$$

其中,$x_{n-1}x_{n-2}\cdots x_1 x_0$ 为输入端二进制编号或输出端二进制编号。当互连网络的 $N=8$ 时,恒等置换实现输入端与输出端连接的图形表示如图 5-4 所示,图中左边为输入端,右边为输出端。如 $I(010)=010$,即输入端 010 与输出端 010 连接。

图 5-4 $N=8$ 时的恒等置换连接关系

2. 方体置换(Cube)

二进制编号中第 k 位不同的输入端和输出端之间对应相连所实现的连接关系称为方体置换,其互连函数表达式为:
$$C(x_{n-1}x_{n-2}\cdots x_{k+1}x_k x_{k-1}\cdots x_1 x_0) = x_{n-1}x_{n-2}\cdots x_{k+1}\overline{x_k}x_{k-1}\cdots x_1 x_0$$

其中,$x_{n-1}x_{n-2}\cdots x_{k+1}x_k x_{k-1}\cdots x_1 x_0$ 和 $x_{n-1}x_{n-2}\cdots x_{k+1}\overline{x_k}x_{k-1}\cdots x_1 x_0$ 分别为输入端二进制编号和输出端二进制编号($0 \leqslant k \leqslant n-1$)。显然,对于 N 个节点的互连网络,可以有 n 个方体置换 C_0、C_1、$\cdots$、C_{n-1}。如 $N=8$,则有 $n=\log_2 8=3$ 个方体置换,且互连函数表达式分别为:
$$C_0(x_2 x_1 x_0) = x_2 x_1 \overline{x_0}, \quad C_1(x_2 x_1 x_0) = x_2 \overline{x_1} x_0, \quad C_2(x_2 x_1 x_0) = \overline{x_2} x_1 x_0$$

3 个方体置换输入端与输出端连接的图形如图 5-5 所示,图中左边为输入端,右边为输出端。对于方体置换,二进制编号中第 0 位不同的输入端和输出端之间对应相连所实现的连接关系 C_0 称为交换置换。如 $C_0(010)=011$,即输入端 010 与输出端 011 连接;$C_1(010)=000$,即输入端 010 与输出端 000 连接;$C_2(010)=110$,即输入端 010 与输出端 110 连接。

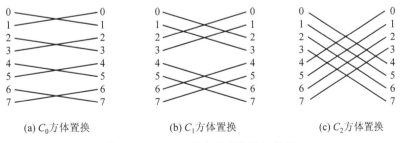

(a) C_0 方体置换   (b) C_1 方体置换   (c) C_2 方体置换

图 5-5 $N=8$ 时的方体置换连接关系

3. 均匀洗牌置换(shuffle)

将输入端二进制编号循环左移一位得到对应相连的输出端二进制编号,由此所实现的连接关系称为均匀洗牌置换,其互连函数表达式为:

$$\sigma(x_{n-1}x_{n-2}\cdots x_1x_0)=x_{n-2}\cdots x_1x_0x_{n-1}$$

其中,$x_{n-1}x_{n-2}\cdots x_1x_0$ 为输入端二进制编号,$x_{n-2}\cdots x_1x_0x_{n-1}$ 为输出端二进制编号。当互连网络的 $N=8$ 时,均匀洗牌置换实现输入端与输出端连接的图形如图 5-6(a)所示,图中左边为输入端,右边为输出端。如 $\sigma(010)=100$,即输入端 010 与输出端 100 连接。均匀洗牌的物理意义为:将输入端分成数量相等的两半,前一半与后一半按顺序一个隔一个地从头至尾依次与输出端相连。对于均匀洗牌置换,可以变形定义子洗牌、超洗牌、逆均匀洗牌与 q 洗牌四种互连函数。

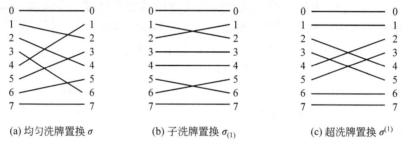

图 5-6 $N=8$ 时的均匀洗牌及子洗牌和超洗牌的置换连接关系

子洗牌是将输入端二进制编号的低 $k+1$ 位循环左移一位得到对应相连的输出端二进制编号,超洗牌则是将输入端二进制编号的高 $k+1$ 位循环左移一位得到对应相连的输出端二进制编号,它们的互连函数表达式分别为:

$$\sigma_{(k)}(x_{n-1}x_{n-2}\cdots x_{k+1}x_kx_{k-1}\cdots x_1x_0)=x_{n-1}x_{n-2}\cdots x_{k+1}x_{k-1}\cdots x_1x_0x_k$$
$$\sigma^{(k)}(x_{n-1}x_{n-2}\cdots x_{n-k}x_{n-k-1}x_{n-k-2}\cdots x_1x_0)=x_{n-2}\cdots x_{n-k}x_{n-k-1}x_{n-1}x_{n-k-2}\cdots x_1x_0$$

其中,$0 \leqslant k \leqslant n-1$。显然,对于 N 个节点的互连网络,则有 n 个子洗牌 $\sigma_{(0)}$、$\sigma_{(1)}$、$\cdots$、$\sigma_{(n-1)}$ 和 n 个超洗牌置换 $\sigma^{(0)}$、$\sigma^{(1)}$、$\cdots$、$\sigma^{(n-1)}$,且有:

$$\sigma_{(n-1)}(x)=\sigma^{(n-1)}(x)=\sigma(x),\quad \sigma_{(0)}(x)=\sigma^{(0)}(x)=x$$

当互连网络的 $N=8$ 时,子洗牌 $\sigma_{(1)}$ 置换和超洗牌 $\sigma^{(1)}$ 置换实现输入端与输出端连接的图形分别如图 5-6(b)和图 5-6(c)所示。如 $\sigma_{(1)}(010)=001$,即输入端 010 与输出端 001 连接;$\sigma^{(1)}(010)=100$,即输入端 010 与输出端 100 连接。从图 5-6(b)和图 5-6(c)中可以看出,子洗牌是将全部节点分成若干个小组,对每个小组进行均匀洗牌;而超洗牌仍对全部节点进行均匀洗牌,但增加了节点连接跨度。

逆均匀洗牌是将输入端二进制编号循环右移一位得到对应相连的输出端二进制编号,由此所实现的连接关系称为逆均匀洗牌置换,其互连函数表达式为:

$$\sigma^{-1}(x_{n-1}x_{n-2}\cdots x_1x_0)=x_0x_{n-1}x_{n-2}\cdots x_1$$

当互连网络的 $N=8$ 时,逆均匀洗牌实现输入端与输出端连接的图形如图 5-7 所示。如 $\sigma^{-1}(010)=001$,即输入端 010 与输出端 001 连接。

q 洗牌互连函数的表达式为:

$$\sigma_{qr}(i) = \lfloor qi + i/qr \rfloor \bmod qr$$

其中,q 和 r 是正整数,$q \times r = N$,$0 \leqslant i \leqslant qr-1$。$q$ 洗牌的物理意义为:将 $q \times r$ 张牌分成 q 组,每组 r 张牌,洗牌时将第一组的第一张牌放在第一个位置、第二组的第一张牌放在第二个位置……直至取第 q 组的第一张牌放在第 q 个位置之后,再取第一组的第二张牌放在第 $q+1$ 个位置,由此直到把各组牌全部取完为止。当互连网络的 $N=8$ 时,$q=2$ 且 $r=4$ 的 q 洗牌置换实现输入端与输出端连接的图形如图 5-8 所示。如 $\sigma_{24}(010)=100$,即输入端 010 与输出端 100 连接。

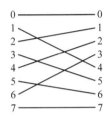
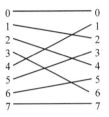

图 5-7　$N=8$ 时的逆均匀洗牌连接关系　　图 5-8　$N=8$ 且 $q=2$ 时的 q 洗牌连接关系

均匀洗牌置换及其变形互连函数在实现多项式求值、矩阵转置和 FFT 等并行排序方面得到广泛应用。

4. 蝶式置换(Butterfly)

将输入端二进制编号的最高位与最低位互换位置得到对应相连的输出端二进制编号,由此所实现的连接关系称为蝶式置换,其互连函数表达式为:

$$\beta(x_{n-1}x_{n-2}\cdots x_1 x_0) = x_0 x_{n-2} \cdots x_1 x_{n-1}$$

其中,$x_{n-1}x_{n-2}\cdots x_1 x_0$ 为输入端二进制编号,$x_0 x_{n-2}\cdots x_1 x_{n-1}$ 为输出端二进制编号。对于蝶式置换,可以变形定义子蝶式与超蝶式两种互连函数。

子蝶式是将输入端二进制编号的第 k 位与最低位互换位置得到对应相连的输出端二进制编号,超蝶式则是将输入端二进制编号的第 $n-k-1$ 位与最高位互换位置得到对应相连的输出端二进制编号,它们的互连函数表达式分别为:

$$\beta_{(k)}(x_{n-1}x_{n-2}\cdots x_{k+1}x_k x_{k-1}\cdots x_1 x_0) = x_{n-1}x_{n-2}\cdots x_{k+1}x_0 x_{k-1}\cdots x_1 x_k$$

$$\beta^{(k)}(x_{n-1}x_{n-2}\cdots x_{n-k}x_{n-k-1}x_{n-k-2}\cdots x_1 x_0) = x_{n-k-1}x_{n-2}\cdots x_{n-k}x_{n-1}x_{n-k-2}\cdots x_1 x_0$$

其中,$0 \leqslant k \leqslant n-1$。显然,对于 N 个节点的互连网络,可以有 n 个子蝶式置换 $\beta_{(0)}$、$\beta_{(1)}$、$\cdots$、$\beta_{(n-1)}$ 和 n 个超蝶式置换 $\beta^{(0)}$、$\beta^{(1)}$、$\cdots$、$\beta^{(n-1)}$,且有:

$$\beta^{(n-1)}(x) = \beta_{(n-1)}(x) = \beta(x),\quad \beta^{(0)}(x) = \beta_{(0)}(x) = \beta(x)$$

当互连网络的 $N=8$ 时,蝶式置换 β、子蝶式置换 $\beta_{(1)}$ 和超蝶式置换 $\beta^{(1)}$ 实现输入端与输出端连接的图形分别如图 5-9 所示。如 $\beta(010)=010$,即输入端 010 与输出端 010 连接;$\beta_{(1)}(010)=001$,即输入端 010 与输出端 001 连接;$\beta^{(1)}(010)=100$,即输入端 010 与输出端 100 连接。

5. 位序颠倒置换

将输入端二进制编号的位序颠倒过来得到对应相连的输出端二进制编号,由此所实

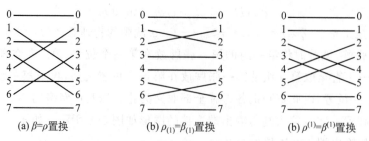

图 5-9 $N=8$ 时的蝶式置换和位序颠倒置换的连接关系

现的连接关系称为位序颠倒置换,其互连函数表达式为:

$$\rho(x_{n-1}x_{n-2}\cdots x_1x_0)=x_0x_1\cdots x_{n-2}x_{n-1}$$

其中,$x_{n-1}x_{n-2}\cdots x_1x_0$ 为输入端二进制编号,$x_0x_1\cdots x_{n-2}x_{n-1}$ 为输出端二进制编号。对于位序颠倒置换,可以变形定义子位序颠倒与超位序颠倒两种互连函数。

子位序颠倒是将输入端二进制编号的低 $k+1$ 位的位序颠倒过来得到对应相连的输出端二进制编号,超位序颠倒则是将输入端二进制编号的高 $k+1$ 位的位序颠倒过来得到对应相连的输出端二进制编号,它们的互连函数表达式分别为:

$$\rho_{(k)}(x_{n-1}x_{n-2}\cdots x_{k+1}x_kx_{k-1}\cdots x_1x_0)=x_{n-1}x_{n-2}\cdots x_{k+1}x_0x_1\cdots x_{k-1}x_k$$

$$\rho^{(k)}(x_{n-1}x_{n-2}\cdots x_{n-k}x_{n-k-1}x_{n-k-2}\cdots x_1x_0)=x_{n-k-1}x_{n-k}\cdots x_{n-2}x_{n-1}x_{n-k-2}\cdots x_1x_0$$

其中,$0 \leqslant k \leqslant n-1$。显然,对于 N 个节点的互连网络,可以有 n 个子位序颠倒置换 $\rho_{(0)}$、$\rho_{(1)}$、$\cdots$、$\rho_{(n-1)}$ 和 n 个超位序颠倒置换 $\rho^{(0)}$、$\rho^{(1)}$、$\cdots$、$\rho^{(n-1)}$,且有:

$$\rho_{(n-1)}(x)=\rho^{(n-1)}(x)=\rho(x),\quad \rho_{(0)}(x)=\rho^{(0)}(x)=x$$

当互连网络的 $N=8$ 时,位序颠倒置换 ρ、子位序颠倒置换 $\rho_{(1)}$ 和超位序颠倒置换 $\rho^{(1)}$ 实现输入端与输出端连接的图形分别如图 5-9 所示。如 $\rho(010)=010$,即输入端 010 与输出端 010 连接;$\rho_{(1)}(010)=001$,即输入端 010 与输出端 001 连接;$\rho^{(1)}(010)=100$,即输入端 010 与输出端 100 连接。

特别地,对于 $N=8$ 个节点的互连网络,正好有 $\rho=\beta$、$\rho_{(1)}=\beta_{(1)}$、$\rho^{(1)}=\beta^{(1)}$,但不能认为位序颠倒置换及其子颠倒与超颠倒置换等价于蝶式置换及其子蝶式与超蝶式置换。

6. 移数置换

将输入端二进制编号以 N 为模循环移动一定的位置得到对应相连的输出端二进制编号,由此所实现的连接关系称为移数置换,其互连函数表达式为:

$$\alpha_d(x)=(x+d)\bmod N,\quad 0 \leqslant x \leqslant (N-1)$$

其中,x 为输入端二进制编号,d 为移动位置常数。当互连网络的 $N=8$ 时,$d=2$ 的移数置换实现输入端与输出端连接的图形如图 5-10(a)所示。如 $\alpha_2(010)=100$,即输入端 010 与输出端 100 连接。

另外,可以将全部输入端分成若干组 M,在组内进行循环移数置换,组内循环移数置换的互连函数表达式为:

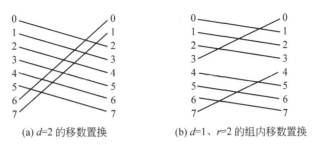

(a) $d=2$ 的移数置换   (b) $d=1$、$r=2$ 的组内移数置换

图 5-10 $N=8$ 时的移数置换的连接关系

$$\alpha_d(x)_{(N-1)\to(M-1)2^r} = ((x)_{(N-1)\to(M-1)2^r} + d) \bmod (M \times 2^r)$$

$$\alpha_d(x)_{(M-1)2^r-1\to(M-2)2^r} = ((x)_{(M-1)2^r-1\to(M-2)2^r} + d) \bmod ((M-1) \times 2^r)$$

$$\vdots$$

$$\alpha_d(x)_{(2^r-1)\to 0} = ((x)_{(2^r-1)\to 0} + d) \bmod 2^r$$

其中,$(N-1)\to(M-1)2^r$、$(M-1)2^r\to(M-2)2^r-1$、…、$(2^r-1)\to 0$ 分别为从 $N-1$ 节点到 $(M-1)2^r$ 节点、从 $(M-1)2^r-1$ 节点到 $(M-2)2^r$ 节点、…、从 2^r-1 节点到 0 节点,$r=\log_2 R$,R 为组内节点数。当互连网络 $N=8$ 时,$d=1$、$M=2$、$R=4(r=2)$ 的组内循环移数置换实现输入端与输出端连接的图形如图 5-10(b)所示。如 $\alpha_1(101)_{7\to 4}=110$,即输入端 101 与输出端 110 连接;$\alpha_1(010)_{3\to 0}=011$,即输入端 010 与输出端 011 连接。

从图 5-10 可以看出,移数置换是循环互连函数,可以采用循环互连函数来表示,即有:

$$\alpha = (0\ 2\ 4\ 6)(1\ 3\ 5\ 7), \quad \alpha = (0\ 1\ 2\ 3)(4\ 5\ 6\ 7)$$

7. 加减 2I 置换

将输入端二进制编号 x 与输出端编号以 N 为模的 $x \pm 2^i$ 对应相连,由此所实现的连接关系称为加减 2I 置换,其互连函数表达式为:

$$\mathrm{PM}_{+i}(x) = (x + 2^i) \bmod N, \cdots, \mathrm{PM}_{-i}(x) = (x - 2^i) \bmod N$$

其中,$0 \leqslant x \leqslant N-1$,$0 \leqslant i \leqslant (n-1)$,$n = \log_2 N$。显然,对于 N 个节点的互连网络,可以有 $2n$ 个加减 2I 置换 P_{+0}、P_{+i}、…、$P_{+(n-1)}$ 和 P_{-0}、P_{-i}、…、$P_{-(n-1)}$。当互连网络 $N=8$ 时,加减 2I 置换实现输入端与输出端连接的图形如图 5-11 所示。如 $\mathrm{PM}_{+0}(010)=011$,即输入端 010 与输出端 011 连接;$\mathrm{PM}_{+1}(010)=100$,即输入端 010 与输出端 100 连接;$\mathrm{PM}_{+2}(010)=110$,即输入端 010 与输出端 110 连接。从图 5-11 可见,加减 2I 置换实际也是一种移数置换。

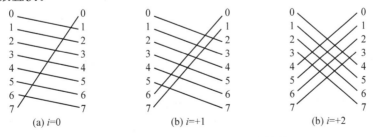

(a) $i=0$ (b) $i=+1$ (b) $i=+2$

图 5-11 $N=8$ 时的加减 2I 置换的连接关系

特别地，加减 2I 置换还是循环互连函数，对于 $N=8$ 的加减 2I 置换，共有 $2n=6$ 个互连函数，采用循环互连函数来表示分别为：

$PM2_{+0} = (0\ 1\ 2\ 3\ 4\ 5\ 6\ 7)$ $PM2_{-0} = (7\ 6\ 5\ 4\ 3\ 2\ 1\ 0)$

$PM2_{+1} = (0\ 2\ 4\ 6)(1\ 3\ 5\ 7)$ $PM2_{-1} = (6\ 4\ 2\ 0)(7\ 5\ 3\ 1)$

$PM2_{+2} = (0\ 4)(1\ 5)(2\ 6)(3\ 7)$ $PM2_{-2} = (4\ 0)(5\ 1)(6\ 2)(7\ 3)$

5.1.5 互连网络的结构特性与传输性能参数

1. 互连网络的结构特性参数

互连网络的拓扑结构可以采用有向边或无向边连接有限个节点的图来表示，利用图的有关参数可以定义若干互连网络的结构特性参数，这些参数分为物理结构和逻辑特性两个方面。

1) 物理特性参数

互连网络的物理特性参数主要有网络规模、节点度、节点距离、网络直径和节点线长等。

网络规模是指互连网络中的节点数，用于体现互连网络所能连接的部件数。节点线长是指互连网络中两个节点之间连接线的长度，它是影响通信时延等性能参数的因素之一。

节点度是指互连网络中与某节点相连的边（链路）数。当互连网络采用有向图来表示时，指向节点的边数为入度，从节点出来的边数为出度，入度与出度之和则是节点度。

节点距离是指互连网络中两个节点之间相连的最少边数。网络直径是指互连网络中任意两个节点之间节点距离的最大值，从通信时延来看，网络直径应尽可能小。

2) 逻辑特性参数

互连网络的逻辑特性主要有等分宽度、对称性和可扩展性等。

等分宽度又称为对剖宽度，它是指当将互连网络切分为相等的两半时，沿切口的最小边（通道）数，相应切口称为对剖平面（一组连线），而将 $B=b\times\omega$（b 为对剖宽度，ω 为通道宽度）称为线等分宽度。

若从任何节点看，互连网络的拓扑结构都是相同的，则称该互连网络具有对称性，该互连网络为对称网络。

可扩展性是指在互连网络性能保持不变的情况下可扩充节点的能力。

2. 互连网络的传输性能参数

两台计算机相连接是最简单的互连网络，从一台计算机向另一台计算机发送数据来看，互连网络的传输性能参数可分为时延参数和带宽参数两个方面。

1) 时延性能参数

互连网络时延性能参数有发送方开销、接收方开销、飞行时间、传送时间等基本参数和传输时间、总时延等扩展参数，时延性能参数的直观含义如图 5-12 所示。

发送方开销是指处理器把消息送到互连网络的时间，包含软硬件花费的时间。接收方开销是指处理器把消息从互连网络接收的时间，包含软硬件所花费的时间。

飞行时间是指从发送方开始发送消息至第一位信息到达接收方所花费的时间，它包

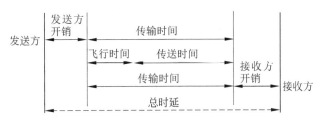

图 5-12 互连网络时延性能参数的含义

含由于网络中转发或其他硬件所花费的时间。

传送时间是指消息通过互连网络的时间,它等于消息长度除以网络带宽。传输时间是指消息在互连网络上传输所花费的时间,它等于飞行时间与传送时间之和。

总时延是指消息从发送方到达接收方所花费的全部时间,它等于发送方开销、接收方开销、飞行时间和传送时间之和。

2) 带宽性能参数

互连网络的带宽性能参数主要有端口带宽、聚集带宽、对剖带宽、网络带宽等,单位为 MB/s。

端口带宽是指互连网络中任一端口到另一端口传输信息的最大速率。对称网络的端口带宽与端口位置无关,非对称网络的端口带宽是所有端口带宽中的最小值。

聚集带宽是指互连网络中从一半节点到另外一半节点传输信息的最大速率。聚集带宽=端口带宽×节点数/2,如每个端口带宽为 10MB/s,那么 512 个节点的聚集带宽为 (10×512)/2≈2.5GB/s。

对剖带宽是指互连网络中对剖平面上传输信息的最大速率。网络带宽是指消息进入互连网络后传输信息的最大速率。

例 5.1 由 16 个处理单元组成的 Illiac Ⅳ 阵列处理机采用的互连网络如图 5-13 所示,该互连网络采用的是哪一种互连函数?

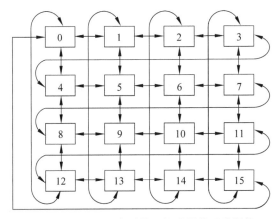

图 5-13 Illiac Ⅳ 阵列处理机采用的互连网络

解:横向处理单元的连接有两种:一是 0→1→2…→14→15→0,即循环互连(0 1 2…

14 15);另一是 15→14→…→2→1→0→15,即循环互连(15 14…2 1 0)。所以互连函数函数分别为 $PM2_{+0}$ 和 $PM2_{-0}$。

纵向处理单元的连接有两种:一是 0→4→8→12→0、1→5→9→13→1、2→6→10→14→2、3→7→11→15→3,即循环互连(0 4 8 12)、(1 5 9 13)、(2 6 10 14)、(3 7 11 15);另一是 12→8→4→0→12、13→9→5→1→13、14→10→6→2→14、15→11→7→3→15,即循环互连(12 8 4 0)、(13 9 5 1)、(14 10 6 2)、(15 11 7 3)。所以互连函数分别为 $PM2_{+2}$ 和 $PM2_{-2}$。

例 5.2 设 16 个处理器编号分别为 0、1、…、15,采用单级互连网络连接,当互连函数分别为(1)$Cube_3$、(2)PM_{+3} 和(3)Shuffle(Shuffle)时,第 13 号处理器分别与哪一个处理器相连?

解:(1)因为 $Cube_3(X_3 X_2 X_1 X_0) = \overline{X_3} X_2 X_1 X_0$,所以 13→$Cube_3$(1101)=0101→5。

(2)因为 $PM_{+3} = (X + 2^3) \text{MOD } N$,所以 13→$PM_{+3}$(13)=5。

(3)因为 Shuffle(Shuffle($X_3 X_2 X_1 X_0$))= Shuffle($X_2 X_1 X_0 X_3$) = $X_1 X_0 X_3 X_2$,所以 13→Shuffle(Shuffle(1101))= Shuffle(1011)=0111→7。

例 5.3 假设一个互连网络的频宽为 10Mb/s,发送方和接收方开销分别等于 230μs 和 270μs。如果两台计算机的距离为 100m,现在需要一台计算机发送一个 1000 字节的消息给另外一台计算机,试计算总时延。如果两台计算机的距离为 1000km,总时延是多少?

解:光的速度为 299 792.5km/s,信号在导体中传输的速度大约是光速度的 50%,从而可计算出飞行时间。

距离 100m 的总时延 T = 发送方开销 + 飞行时间 + 传送时间 + 接收方开销
= 230μs + 0.1km/(0.5 × 299 792.5km/s) +
(1000 × 8)/10Mb/s + 270μs
= 1301μs

距离 1000km 的总时延 T = 发送方开销 + 飞行时间 + 传送时间 + 接收方开销
= 230μs + 1000km/(0.5 × 29 9792.5km/s) +
(1000 × 8)/10Mb/s + 270μs
= 7971μs

5.2 静态互连网络

【问题小贴士】 通常人们都把信息产业领域的互连网络喻为公路网和铁路网,但在结构特性上仅有静态互连网络与公路网和铁路网极其相似,即节点之间的连接关系在运行期间是不能改变的,拓扑结构是关键属性。那么,静态互连网络有哪些拓扑结构?它们的结构特性是什么?

5.2.1 静态互连网络及其选用要求

1. 静态互连网络及其种类

静态互连网络又称直接互连网络或基于寻径器的互连网络,它是指在各节点之间有专用的连接链路且在运行期间不能改变连接关系的互连网络。对于静态互连网络,其中的每个开关元件固定地建立节点之间的连接,直接实现节点之间的通信。在静态互连网络中,相邻两个节点通常是通过一对相反方向的单向链路或通过一条双向链路进行连接,当采用双向链路连接时,必须有仲裁协议来决定使用链路的是哪一侧。由于静态互连网络一旦构成则连接关系固定不变,所以适合于通信模式可以预测的并行计算机与分布式计算机。

静态互连网络可以采用维数来分类,所谓 M 维是指将它们画在 M 维空间上,各条链路不会相交。一维静态互连网络为线性阵列;二维的有环形、星形、树形和网格形等;三维的有带弦环形、循环移数、全连接和立方体及其变形等;三维以上的则是超立方体。

2. 静态互连网络选用要求

(1) 节点度小且相等,还与网络规模无关。网络中节点度越小,节点成本越低;节点度相等意味着节点类同,可以采用同种开关元件与接口;节点度与网络规模无关则意味着增加节点,无须改变节点的开关元件与接口。

(2) 网络直径小且随网络规模变化也小。网络直径越小,节点之间通信引起的延时和一切开销越少。特别地,网络直径与节点度是相互关联的,一般节点度越小,网络直径就越大,所以网络直径与节点度应综合权衡来选取。

(3) 对称性好。对称性网络节点之间的通信概率一般是均匀分布的,使得节点与链路的信息流量也均匀,从而可以避免某些链路因流量过大带来阻塞现象的发生。另外,对称性网络的实现与编程较为容易。

(4) 路径冗余度高。节点之间路径冗余度越高意味着容错性越好,即当某些节点或链路出现故障时,仍可以继续通信。等分宽度可以反映节点之间路径的冗余度,等分宽度越小,节点之间的物理通路就越少。

5.2.2 静态互连网络的结构特性

1. 一维静态互连网络

一维静态互连网络又称线性阵列,其拓扑结构最为简单,N 个节点采用 $N-1$ 条链路连接成一行,如图 5-14 所示。一维静态互连网络内部节点度为 2,端节点度为 1,网络直径为 $N-1$,等分宽度为 1,结构不对称。特别地,它与总线有区别,总线是通过时分切换使多对节点分时进行通信,而线性阵列

图 5-14 一维静态互连网络的拓扑结构

允许不同的节点对并发使用不同链路进行通信。线性阵列的 N 较大时,直径比较大,通信效率比较低。直径随 N 线性增大,因此仅当 N 很小时,才使用线性阵列拓扑结构,且实现相当经济。

2. 二维静态互连网络

二维静态互连网络拓扑结构容易在 VLSI 芯片上实现,且可扩充性比较好,从而得到广泛应用,它主要有星形、环形、树形和网格形四种类型,且树形有多种不同形式,网格形网络有许多变形。

星形与环形二维静态互连网络的拓扑结构如图 5-15 所示。星形二维静态互连网络

是一种 2 层树,节点度较高为 $N-1$,直径较小为常数 2。环形二维静态互连网络是将线性阵列网络的两个端点用附加链路连接起来,它是对称的,节点度为常数 2;环形二维静态互连网络可以单向工作,也可以双向工作;单向环直径为 N,双向环直径是 $N/2$。

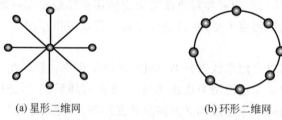

(a) 星形二维网　　　　　　　(b) 环形二维网

图 5-15　星形与环形二维静态互连网络的拓扑结构

网格形二维静态互连网络的基本拓扑结构为 $N=r\times r$ 格式($r=\sqrt{N}$),每个格点上有一个节点,如图 5-16(a)所示,内部节点度为常数 4,边节点度为常数 2 或 3,网络直径为 $2(r-1)$,是不对称网络。网格形网络的变形主要有环形网格网和 Illiac 网,分别如图 5-16(b)和图 5-16(c)所示。环形网格是在网格的基础上沿每行每列有环形连接,节点度为常数 4,网络直径为 $2\lceil r/2 \rceil$,比网格形的减少二分之一,是对称网络。Illiac 网格的网络直径为 $r-1$,也比网格形的减少二分之一,节点度为常数 4。

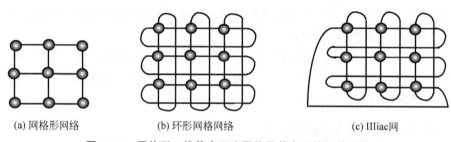

(a) 网格形网络　　　　　(b) 环形网格网络　　　　　(c) IIIiac 网

图 5-16　网格形二维静态互连网络及其变形的拓扑结构

树形二维静态互连网络的主要形式有完全平衡二叉树和二叉胖树,如图 5-17 所示。一棵 r 层的完全平衡二叉树有 $N=2^{r-1}$ 个节点,最大节点度为常数 3,网络直径很长为 $2(r-1)$,具有良好扩展性。二叉胖树的通道宽度从叶节点往根节点上行方向逐渐增宽,缓解了完全平衡二叉树的根节点通信忙的问题,更像真实的树。

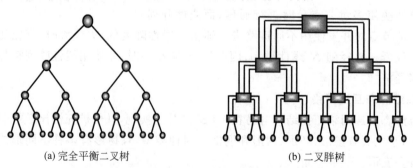

(a) 完全平衡二叉树　　　　　　　(b) 二叉胖树

图 5-17　不同形式的树形二维静态互连网络的拓扑结构

3. 三维静态互连网络

三维静态互连网络主要有带弦环形、循环移数、全连接和立方体四种类型,且它们均具有一定的变形。

带弦环形三维静态互连网络是环形二维静态互连网络的变形,即将环形网的节点度提高,以减小网络直径,节点度提高越多,网络直径越小。如图5-18所示的是将环形网的节点度2增加到3和4,即节点间分别增加一条和两条附加链路,使网络直径由4减小到3和2。

(a) 节点度为3的带弦环　　　　　　(b) 节点度为4的带弦环

图 5-18　带弦环形三维静态互连网络的拓扑结构

循环移数三维静态互连网络也是环形二维静态互连网络的变形,即在环形网的每个节点到与其距离为2的整数幂的节点之间增加一条附加链,它的连接特性与节点度较低的带弦环形网相比有改进,但复杂性比全连接网(图5-19(b))低得多。如图5-19(a)所示的循环移数网的节点度为常数5,网络直径为2。当环形二维静态互连网络节点均有链路连接时,则为全连接,网络直径为1。

(a) 循环移数网络　　　　　　　　(b) 全连接网络

图 5-19　循环移数与全连接三维静态互连网络的拓扑结构

立方体三维静态互连网络是典型的三维网络,如图5-20(a)所示。立方体网络的规模为8,节点度为常数3,网络直径为3。立方体网络的变形是带环立方体三维静态互连网络,如图5-20(b)所示,即采用3个节点环代替立方体角节点,其规模为24,节点度为常数3,网络直径为6。

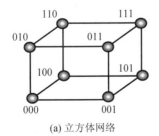 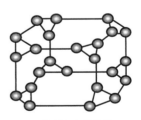

(a) 立方体网络　　　　　　　　(b) 带环立方体网络

图 5-20　立方体及其变形的三维静态互连网络的拓扑结构

4. 高维静态互连网络

高维静态互连网络的典型结构是 r 维方体网络或超方体网络,还具有一定的变形。一个 r 维方体网络有 $N=2^r$ 个节点,节点度为常数 r,网络直径为 r。当然在 N 很大时,节点度 r 也很大,硬件成本高。特别地,r 维方体网络容易扩展为 $r+1$ 维方体,即只要将两个 r 维方体的对应点用链路连接起来,共需要连接 2^r 条链路,如图 5-21 所示的四维方体网络即是将两个三维方体网络的对应点互连而形成的。

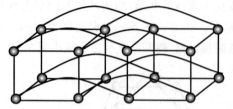

图 5-21 四维方体静态互连网络的拓扑结构

超方体静态互连网络的变形是带环超方体网络,即采用 r 个节点环代替超方体网络角节点,这样规模为 $r \times 2^r$,网络直径为 $2r$,节点度为常数 3。

特别地,立方体与超立方体网络的节点距离有一个特性,即两个节点之间的距离正好等于这两个节点二进制编号不同的位数。如图 5-20(a) 中的 000 节点连接到 001、010 和 100 节点,它们之间二进制编号不同的位数均为 1,则节点距离均为 1。

5.2.3 静态互连网络的结构特性比较

不同静态互连网络的主要结构特性如表 5-1 所示。

表 5-1 静态互连网络的结构特性比较

网络类型	节点度	网络直径	链路数	等分宽度	对称性	规格评注
线性阵列	2	$N-1$	$N-1$	1	非	N 个节点
二维星形	$N-1$	2	$N-1$	$\lceil N/2 \rceil$	非	N 个节点
二维环形	2	$\lceil N/2 \rceil$	N	2	是	N 个节点
二维网格	4	$2(r-1)$	$2(N-r)$	r	非	又称 $r \times r$ 网,$r=\sqrt{N}$
环形网格	4	$2\lceil r/2 \rceil$	$2N$	$2r$	是	$r \times r$ 网络,$r=\sqrt{N}$
Illiac	4	$r-1$	$2N$	$2r$	非	与 $r=\sqrt{N}$ 的带弦环等效
二叉树	3	$2(r-1)$	$N-1$	1	非	层数 $r=\lceil \log_2 N \rceil$
三维全连	$N-1$	1	$N(N-1)/2$	$(N/2)^2$	是	N 个节点
三维方体	3	$2r-1+\lceil r/2 \rceil$	$3N/2$	$N/(2r)$	是	$N=r \times 2^r$ 个节点,环长 $r \geq 3$
超立方体	r	r	$rN/2$	$N/2$	是	N 个节点,$r=\log_2 N$(维)

节点度越高,节点需要提供的通道越多。多数静态互连网络的节点度均小于 4,较为理想,但全连接网络与星形网络的节点度很高;超立方体的节点度随 $\log_2 N$ 增大而增大,当 N 很大时,其节点度也很高。

通常网络直径越大,网络传输性能越差,链路利用率越低。不同静态互连网络的网络直径变化差异很大,但随着寻径技术(如虫蚀)的发展,网络直径对传输性能影响有限,因为在虫蚀寻径时,节点之间的通信延迟几乎是固定不变的。

链路数影响网络造价,等分宽度影响网络带宽,对称性影响网络的可扩展性与寻径效率。网络造价随等分宽度与链路数增加而上升。由表 5-1 可知,环形、网格与方体等静态互连网络具备用来构造大规模并行处理机。

例 5.4 网格形网络及其变形的环形网格网和 Illiac 网的节点数均为 16,请指出这三种网络的网络规模、节点度、网络直径、链路数和等分宽度。

解:由题意可知,网格形网络及其变形的环形网格网和 Illiac 网的网络规模均为 $N=16$,而它们的格式参数为 $r=\sqrt{N}=4$,由表 5-1 可得:

(1) 网格形网络的节点度、网络直径、链路数和等分宽度分别为:4、$2(r-1)=6$、$2(N-r)=24$、$r=4$。

(2) 环形网格网的节点度、网络直径、链路数和等分宽度分别为:4、$2\lceil r/2 \rceil=4$、$2N=32$、$2r=8$。

(3) Illiac 网的节点度、网络直径、链路数和等分宽度分别为:4、$r-1=3$、$2N=32$、$2r=8$。

例 5.5 若采用节点度和网络直径的乘积作为静态互连网络的性能指标,当节点数为 4、16、64、256、1024、4096 时,试分析二维环形、二维网格和超立方体等静态网络的性能指标,并指出哪一种网络是最好的拓扑结构。

解:从静态互连网络的选用要求可知,若采用节点度和网络直径的乘积来度量静态互连网络的性能,则乘积越小性能越高。

二维环形网络:网络直径为 $\lceil N/2 \rceil$,节点度为 2,则乘积为 N;当节点数为 4、16、64、256、1024、4096 时,乘积性能分别为 4、16、64、256、1024、4096。

二维网格网络:网络直径为 $2(r-1)$,节点度为 4,乘积为 $8(r-1)$,且其中 $r=\sqrt{N}$;当节点数为 4、16、64、256、1024、4096 时,乘积性能分别为 4、24、56、120、248、504。

超立方体网络:网络直径与节点度均为 r,则乘积为 r^2,且其中 $r=\log_2 N$;当节点数为 4、16、64、256、1024、4096 时,乘积性能分别为 4、16、36、64、100、144。

可见,当节点数相同时,超立方体网络的乘积性能均为最小,所以其是最好的拓扑结构。

5.3 动态互连网络

【问题小贴士】 ①对于总线结构的计算机,为了提高通信带宽,可以增加总线数,那么计算机内部合理的总线条数最多为多少呢?这时的系统域互连网络称为交叉开关,可见交叉开关是一种系统域互连网络,那么它具有哪些特点呢?②交点开关极其复杂,其造价与互连节点数一半的平方成正比,所以交叉开关的规模通常均很小。为了降低大规模系统域互连网络的复杂性和造价,便如同在数字逻辑课程上所学习的那样,采用小规模逻辑器件来组建相同功能的大规模逻辑器件,如采用 3-8 译码器组建 6-64 译码器,同理可以利用小规模交叉开关来组建大规模系统域互连网络,这时的系统域互连网络称为多级交叉开关,那么它具有哪些特点?怎样组建呢?用于组建多级交叉开关的交叉开关有哪些呢？③多级交叉开关的连接关系在运行期间是可以改变的，因此控制策略是其关键属性，那么它有哪些控制策略呢？通过本节的学习，将对系统域互连网络进行总结性分类，并比较它们的结构特性与传输性能。

5.3.1 动态互连网络与总线

1. 动态互连网络及其种类

动态互连网络是指通过设置有源开关，在运行期间可以根据需要，借助控制信号对连接关系加以重新组合，实现所要求的通信。动态互连网络的节点之间不是通过直接相连的通道进行数据传递，而是通过网络中的可控开关来实现连接。显然，每个节点均带有一个连接到网络开关上的网络适配器，所以动态互连网络也称为基于开关的网络。动态互连网络主要有总线、交叉开关和多级交叉开关三种类型。

2. 总线及其特点

总线是指采用一组导线和插座将处理机、存储模块和各种外围设备互连起来，实现功能部件间的数据通信。总线与另外两种动态互连网络相比，具有以下几个方面的特点。

（1）信息传输的带宽低。多个功能部件共享总线，采用分时复用方式实现数据交换，即同一时刻只能有一个功能部件发送信息。

（2）组装方便且扩展性好。功能部件之间交换信息的总线标准化，使得功能部件之间连接的接口标准化，与总线标准相匹配的功能部件都可以连接在总线上。

（3）结构简单且成本低。功能部件之间的连接关系直观，从而简化了体系结构与软硬件设计，减轻了软硬件调试的负担。

5.3.2 交叉开关互连网络

1. 交叉开关及其特点

交叉开关是指利用一组纵横交错的开关阵列把各功能部件连接起来，实现功能部件之间的数据通信。开关阵列中的所有开关可以由程序控制，动态设置其处于"开"与"关"的状态，从而使节点对之间实现动态连接。交叉开关实际上是多总线中总线数量增加的极端情况，当总线数量等于全部相连的功能部件数时，便极大地增加了网络频带。如图 5-22 所示的是把横向的 S 个处理机及 I 个 I/O 设备与纵向的 N 个存储器连接起来，总线数等于全部相连的功能部件数（$N+I+S$），且 $N \geqslant I+S$，使 S 个处理机与 I 个 I/O 设备都能分到一套总线与 N 个存储器中的某个相连，以实现所有的处理机与 I/O 设备同时读写。

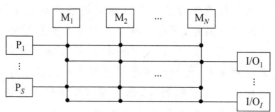

图 5-22　交叉开关互连的结构形式

交叉开关同多级交叉开关相比,其实际是一种单级交叉开关,采用无阻塞的形式实现输入端与输出端的连接,但在数据传送过程中仍然会有端口冲突的情况,即可能有多个输入端的数据分组转发到同一个输出端。而交叉开关与总线相比,交叉开关采用空间分配机制(即在众多输入端与输出端的连接中选择其中一种来连接),总线则采用时间分配机制。

2. 交点开关的组成结构

在图 5-22 所示的交叉开关中,每个交叉点即是一个开关,称为交点开关。交点开关主要由仲裁控制逻辑和多路转换电路两部分组成,其逻辑结构相当复杂,某 16×16 处理机-存储器交叉开关中的一个交点开关的组成结构如图 5-23 所示。16 个处理机或 I/O 设备均可以请求访问某存储器,并向相应交点开关的仲裁控制逻辑发送请求信号,由仲裁控制逻辑按一定算法响应具有最高优先级的请求,且返回一个应答信号。当处理机或 I/O 设备接收到应答信号后,经过多路转换电路访问相应的存储器。多路转换器是一个 16 选 1 的多路选择器,受制于仲裁控制逻辑,在仲裁控制逻辑选定的处理机与存储器之间建立连接,并进行数据、地址或读/写信息的传送。

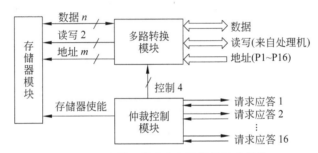

图 5-23 交叉开关中交点开关的组成结构

3. 交叉开关结构及其连接特性

一个交叉开关通常表示为 $a×b$,意指有 a 个输入端和 b 个输出端。理论上 a 和 b 不一定相等,但实际上常使 $a=b$,且为 2 的整数幂,即:$a=b=2^K$,$K \geqslant 1$,常用交叉开关为 $2×2$、$4×4$ 和 $8×8$。交叉开关的每个输入端可以与一个或多个输出端相连,即允许一对一或一对多的连接,但不允许多对一的连接。当多个输入端同时争用一个输出端时,称为冲突,通过交叉开关传送信息被阻塞的缘由便是冲突。

在仅允许一对一映射的 $N×N$ 交叉开关中,有 N 个输入端和 N 个输出端,交点开关数为 N^2,输入端与输出端的合法连接状态为 N^N,可实现的连接或置换为 $N!$。如 $4×4$ 的交叉开关含有 16 个交点开关,合法连接状态为 256,可实现的连接为 24。

5.3.3 多级交叉开关互连网络

1. 多级交叉开关及其产生的缘由

交叉开关可以认为是单级互连网络,即输入端的数据经过一个交叉开关就被输出。交点开关阵列是非常复杂的,当纵向和横向的总线数都为 N 时,交点开关阵列的所有交叉点数为 N^2。当 N 很大时,其成本可能超过连接的 $2N$ 个节点部件的成本,因此,采用交叉开关的多处理机一般 $N \leq 16$,少数有 $N=32$。

由于大规模交叉开关的复杂性,人们一直在改进交叉开关的组成结构和组织形式。交叉开关组织的基本思想为:将多个较小规模的交叉开关采用"串联"和"并联"的形式来构成一个多级交叉开关,以取代单个大规模交叉开关。如利用 8 个 4×4 的交叉开关可以构成一个 16×16 的二级交叉开关网络,每一级由 4 个 4×4 的交叉开关组成,二级交叉开关之间采用某种固定连接。8 个 4×4 的交叉开关构成的多级交叉开关的交点开关数是 128,而单一 16×16 的交叉开关的交点开关数是 256,因此前者的交点开关数仅为后者的一半。

多级交叉开关互连网络是把重复设置的多套组成结构相同的交叉开关串联或并联起来,级间串联的交叉开关之间采用固定连接,同级交叉开关之间相互独立,通过动态控制各级交叉开关上的交点开关状态来实现输入端与输出端之间所需要的连接。多级交叉开关互连网络一般简称为多级互连网络。许多 MIMD 和 SIMD 计算机都使用多级交叉开关互连。

2. 多级交叉开关的组成结构

多级交叉开关的组成结构如图 5-24 所示,它包含交叉开关及其特性、级间连接模式和控制策略三个属性。

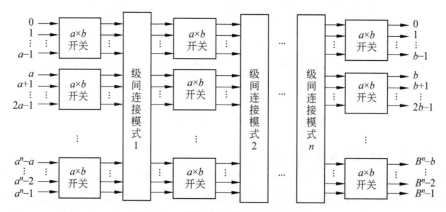

图 5-24 多级交叉开关的组成结构

1) 交叉开关特性

在多级交叉开关网络中一般采用最简单的 2×2 交叉开关,2×2 交叉开关有 4 种正常工作状态(连接特性),即直送、交叉、上播和下播,如图 5-25 所示。但这时的 2×2 交叉开关仅有两种类型:一是仅有"直送"和"交叉"两种工作状态,称为二功能交叉开关;另一是具有四种工作状态,称为四功能交叉开关。

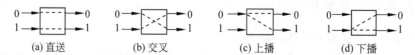

图 5-25 2×2 交叉开关的 4 种正常工作状态

2) 级间连接模式

级间连接模式是指多级交叉开关中上一级交叉开关的输出端和下一级交叉开关的输入端之间的相互连接关系。级间连接关系是固定的，其模式可以采用互连函数来表示，常用的有均匀洗牌、蝶式等。

3) 控制策略

为使多级交叉开关的输入端和输出端建立所需要的连接，可以通过控制信号动态控制交叉开关的工作状态来实现，这称为互连网络拓扑结构的动态重构。多级交叉开关的控制策略有三种。

(1) 级控制：同一级的所有交叉开关采用一个控制信号进行统一控制，使同一级的所有交叉开关同时处于同一种工作状态。

(2) 组控制：同一级的所有交叉开关采用不同数量的控制信号进行分组控制，同一组的交叉开关处于同一种工作状态，不同组的交叉开关可能处于同一种工作状态，也可能处于不同的工作状态。通常，第 i 级的所有交叉开关分为 $i+1$ 组，采用 $i+1$ 个控制信号进行控制，其中 $0 \leqslant i \leqslant n-1$，$n$ 为级数。

(3) 单元控制：每一个交叉开关均采用自己单独的控制信号进行控制，使各个交叉开关可以处于不同的工作状态。

3. 多级交叉开关的种类

虽然众多的多级交叉开关的组成结构都可以用图 5-25 来表示，但在交叉开关及其特性、级间连接模式和控制策略上各有不同，便形成各种不同的多级交叉开关网络。多级交叉开关网络可分为阻塞网、可重排非阻塞网和非阻塞网三种类型。

阻塞网络是指在一对以上的输入端与输出端之间可以同时实现互连的网络中，可能发生两个或两个以上的输入端发出对同一输出端的连接要求，从而产生路径争用冲突。对于阻塞网络，都可以实现某些互连函数，但不能实现任意互连函数。由于阻塞网所需要的交叉开关数量少、延迟时间短、路径控制较简单，又可以实现并行处理中许多常用的互连函数，所以得到广泛使用。代表性的阻塞网有：Ω 网络、STARAN 网络、间接方体网络、基准网络、δ 网络和数据变换网络等。

可重排非阻塞网络是指如果改变交叉开关状态，重新安排现有连接的路径通路，并为新连接安排路径通路，满足新节点对之间的连接请求，从而实现任意节点对的连接，即可实现任意互连函数。代表性的可重排非阻塞网络有：可重排 Clos 网络、Benes 二进制网络等。

非阻塞网络是指不必改变交叉开关状态，就可以满足任意输入端与输出端之间的连接请求。它与可重排非阻塞网是不同的，可重排非阻塞网要通过改变交叉开关状态来改变连接的路径通路，才能满足新节点对之间的连接请求。代表性的非阻塞网络有多级 Clos 网络等。

显然，在三种多级交叉开关互连网络中，非阻塞网连接能力最强，阻塞网连接能力最弱。特别地，所谓互连网络实现了某种互连函数是指该互连函数表示的连接关系在该互连网络中可同时建立，而不会产生路径争用冲突的现象。

5.3.4 动态互连网络性能比较

总线、交叉开关和多级交叉开关这三种系统域互连网络的主要特性如表 5-2 所示。在总线中，ω 为通路数据宽度，N 为连接的接口数；在交叉开关中，ω 为所有链路数据宽度的最小值，N 为交叉开关的行数与列数；在多级交叉开关中，ω 为所有链路数据宽度的最小值，N 为交叉开关级数，K 为 $K\times K$ 交叉开关的输入端或输出端数。

表 5-2 动态互连网络特性比较表

网络特性	总线	交叉开关	多级交叉开关
单位数据传输时延	恒定	恒定	$O(\log_K N)$
节点带宽	$O(\omega/N)\sim O(\omega)$	$O(\omega)\sim O(N\omega)$	$O(\omega)\sim O(N\omega)$
连线复杂性	$O(\omega)$	$O(N^2\omega)$	$O(N\omega\log_K N)$
开关复杂性	$O(N)$	$O(N^2)$	$O(N\omega\log_K N)$
节点对连接	一次仅一对一	一次可实现所有全互连或广播	不阻塞时，一次可实现某些全互连或广播

1. 硬件复杂性

动态互连网络的硬件复杂性采用连接线与开关来表示。

总线互连网络的硬件复杂性最低。总线的连接线复杂性由数据宽度与地址宽度之和（通路数据宽度 ω）决定，开关复杂性由连接的接口数 N 决定，所以总线的硬件复杂性随 N 与 ω 线性增加，可以采用函数 $O(N+\omega)$ 表示。

交叉开关网络的硬件复杂性最高。交叉开关的连接线复杂性由链路数据宽度 ω 决定，开关复杂性由交点开关数 N^2 决定，链路 ω 与交点开关数 N^2 成正比，所以，交叉开关的硬件复杂性随 N^2 与 ω 的乘积线性增加，可以采用函数 $O(N^2\omega)$ 表示。

多级交叉开关网络硬件复杂性介于总线与交叉开关之间，其硬件复杂性函数为 $O(N\omega\log_K N)$，其中 $N\log_K N$ 为所使用的交叉开关数（由 5.4 节的讨论可知）。

2. 节点带宽与传输时延

假设时钟频率 f 在三种互连网络中相同，且单位数据传输均仅需要一个时钟周期。总线仅有一条数据通路，由 N 个节点（功能部件）分时共享，即 N 个节点竞争总线带宽，则总线节点带宽为 $O(\omega f/N)\sim O(\omega f)$。交叉开关与多级交叉开关的数据通路随 N 线性变化，则它们的节点带宽为 $O(\omega f)\sim O(N\omega f)$。

但是当传输数据片时，总线与交叉开关仅需要 1～2 个时钟周期，而多级交叉开关互连网络由于需要经过多级交叉开关，则需要多个时钟周期。因此，总线节点带宽并不比多级交叉开关低很多。

3. 节点对连接

总线仅有一条数据通路，采用时分策略建立节点对连接，所以一次仅能一对一连接。交叉开关若仅允许一对一映射，可实现的数据通路为 $N!$，采用空分策略建立节点对连接，所以一次可以实现全连接；若允许一对多映射，还可以实现广播。多级交叉开关不阻塞时,一次可以实现某些全互连或广播。

例 5.6 一台多处理机包含 N 个功能节点,若采用交叉开关连接,那么该交叉开关含有多少个交点开关和多少条链路?若交点开关造价系数为 α、链路造价系数为 β,试写出交叉开关硬件造价的计算式。

解:由题意和交叉开关组成结构可知:用于互连 N 个功能节点的交叉开关由 $N/2$ 行、$N/2$ 列的交点开关按阵列排列组成,所以交点开关数为 $N/2 \times N/2 = N^2/4$ 个;交点开关阵列是二维网格网络,所以链路数为 $2(N-\sqrt{N})$。

硬件复杂性是由连线复杂性和交点开关复杂性决定的,即可以认为交叉开关硬件造价是链路造价和交点开关造价之和,所以交叉开关硬件造价的计算式为:

$$\alpha N^2/4 + 2\beta(N-\sqrt{N})$$

5.4 常用多级交叉开关互连网络

【问题小贴士】 带宽比较宽且连接关系多样的多级交叉开关应用极其广泛,那么常用多级交叉开关有哪些?这些多级交叉开关的组成结构是怎样的?各自可以实现怎样的拓扑结构或哪些连接关系(所有节点对同时实现连接)?怎样控制实现连接关系?这是本节需要讨论的问题。常用多级交叉开关连接关系的实现与应用涉及许多控制策略与方法,还需要通过练习来掌握直至熟悉。

5.4.1 Ω 多级交叉开关网络

1. Ω 网络的组成结构

Ω(Omega)网络又称为多级洗牌(因为级间连接采用均匀洗牌置换而得名)网络,若其输入端数或输出端数为 N,则有 $n = \log_2 N$。Ω 网络的组成结构如下。

(1) 交叉开关级数为 n,每级有 $N/2$ 个交叉开关,交叉开关数为 $N \log_2 N/2$。

(2) 采用 2×2 的 4 功能交叉开关,4 个功能为直送、交叉、上播、下播。

(3) 按输出端到输入端的顺序来编排交叉开关级号,n 级交叉开关从输入端到输出端依次分别表示为 K_{n-1}、$\cdots$、K_1、K_0。

(4) 按输出端到输入端的顺序来编排交叉开关级间连接号,$n+1$ 个交叉开关级间连接从输入端到输出端依次分别表示为 C_n、$\cdots$、C_1、C_0,其中 $C_n \sim C_1$ 为均匀洗牌置换,C_0 为恒等置换。

可见,Ω 网络输入端对输出端的互连函数表达式为:

$$\Omega(n) = \sigma_n H_{n-1} \sigma_{n-1} H_{n-2} \cdots \sigma_1 H_0 I_0 = (\sigma H)^n$$

其中,H_i 为 K_i 级交叉开关实现的置换函数($0 \leqslant i \leqslant n-1$),$\sigma_j$ 为 C_j 级间连接实现的均匀洗牌置换函数($1 \leqslant j \leqslant n$),$I_0$ 为 C_0 级间连接实现的恒等置换函数。$N = 8$ 的 Ω 网络的组成结构如图 5-26 所示。

2. Ω 网络的寻径控制

Ω 网络交叉开关的控制策略为单元控制,采用终端标记寻径控制算法来建立所需要的输入端到输出端的连接路径。所谓终端标记寻径控制算法是指:以输出端的二进制编

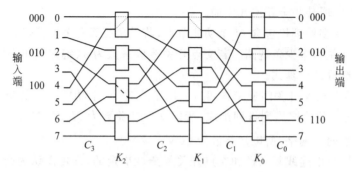

图 5-26 $N=8$ 的 Ω 网络的组成结构及其寻径控制与争用冲突

号 D 的各位作为控制信号,来控制从输入端到输出端所经过路径上的交叉开关的工作状态,实现输入端到输出端的连接。

设 Ω 网络输入端的二进制编号为 $S=s_{n-1}s_{n-2}\cdots s_1s_0$,输出端二进制编号为 $D=d_{n-1}d_{n-2}\cdots d_1d_0$。从输入端 S 开始,K_i 级交叉开关由输出端编号 D 中的二进制数位 d_i 控制。若 $d_i=0$,则 K_i 级上对应交叉开关的输入端与上输出端相连;若 $d_i=1$,则 K_i 级上对应交叉开关的输入端与下输出端相连。如若 $S=010$、$D=110$,连接输入端 S 的 K_2 级交叉开关,由于输出端 D 的 $d_2=1$,则对应交叉开关的输入端与下输出端相连;由于输出端 D 的 $d_1=1$,则 K_1 级对应交叉开关的输入端与下输出端相连;由于输出端 D 的 $d_0=0$,则 K_0 级对应交叉开关的输入端与上输出端相连。从而实现了输入端 $S=010$ 到输出端 $D=110$ 的连接,如图 5-26 所示。

对于 Ω 网络,输入端集合到输出端集合的连接都可以采用终端标记法和单元控制来控制交叉开关的工作状态。但由于终端标记法使任何输入端与输出端对的连接路径均是唯一的,所以不可能保证不发生争用交叉开关状态的冲突。如需要实现(000,000) 和(100,010) 两对输入端与输出端同时连接,就会发生 K_2 级交叉开关的冲突,如图 5-26 所示,可见 Ω 网络是一种阻塞网。

3. Ω 网络实现的互连函数

Ω 网络可以实现的互连函数有恒等置换和移数置换,但不可以实现均匀洗牌、蝶式和位序颠倒等互连函数。在多体交叉编址的并行存储器中,利用 Ω 网络来实现按行、列、对角线和子块等的无冲突访问。

(1) 恒等置换。Ω 网络实现的恒等置换函数为 $f(x)=x$,其中 $0\leqslant x<N$。

(2) 移数置换。Ω 网络实现的移数置换有两种:一是按 c 序散播加 d 移数置换,其置换函数为 $f(x)=cx+d$,其中 $0\leqslant x<N$,c 为奇数;二是 a 序向量收集加 b 移数置换,其置换函数为 $f(ax+b)=x$,其中 $0\leqslant x<N$,a 为奇数。

5.4.2 STARAN 多级交叉开关网络

1. STARAN 网络的组成结构

若 STARAN 网络的输入端数或输出端数为 N,则有 $n=\log_2 N$,其组成结构如下。

(1) 交叉开关级数为 n，每级有 $N/2$ 个交叉开关，交叉开关数为 $N\log_2 N/2$。

(2) 采用 2×2 的二功能交叉开关，两个功能为直送和交叉。

(3) 按输入端到输出端的顺序来编排交叉开关级号，n 级交叉开关从输入端到输出端依次分别表示为 K_0、K_1、…、K_{n-1}。

(4) 按输入端到输出端的顺序来编排交叉开关级间连接号，$n+1$ 个交叉开关级间连接从输入端到输出端依次分别表示为 C_0、C_1、…、C_n，其中 $C_1 \sim C_n$ 为逆洗牌置换，C_0 为恒等置换。

可见，STARAN 网络输入端对输出端的互连函数表达式为：

$$\text{STARAN}(n) = I_0 H_0 \sigma_1^{-1} H_1 \sigma_2^{-1} \cdots H_{n-1} \sigma_n^{-1} = (H\sigma^{-1})^n$$

其中，H_i 为 K_i 级交叉开关实现的置换函数（$0 \leqslant i \leqslant n-1$），$\sigma_j^{-1}$ 为 C_j 级间连接实现的逆洗牌置换函数（$1 \leqslant j \leqslant n$），$I_0$ 为 C_0 级间连接实现的恒等置换函数。$N=8$ 的 STARAN 网络的组成结构如图 5-27 所示。

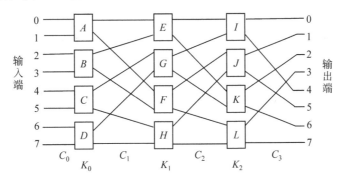

图 5-27 $N=8$ 的 STARAN 网络的组成结构

2. STARAN 网络的开关控制

STARAN 网络的二功能交叉开关仅需要一位控制信号 f 即可以控制其工作状态，交叉开关输出 $V(x)$ 与输入 x 的连接和控制位 f 的关系为：

$$V(x) = x \oplus f$$

即若 $f=0$，则 $V(x)=x$，交叉开关为直送状态；若 $f=1$，则 $V(x)=\bar{x}$，交叉开关为交叉状态。

STARAN 网络的交叉开关有级控制和组控制两种策略。对于级控制策略，若采用二进制向量 $\boldsymbol{F}=(f_{n-1}f_{n-2}\cdots f_1 f_0)$ 来表示网络的控制信号，其 f_i 则是 K_i 级所有交叉开关的控制信号。对于组控制策略，第 i 级的 $N/2$ 个交叉开关分为 $i+1$ 组，每组需要一位控制信号，则 $0 \sim n-1$ 级交叉开关所需控制信号的位数分别为 $1, 2, \cdots, n$，即二进制控制向量 $\boldsymbol{F}$ 包含 $n(n+1)/2$ 位。当 $N=8$ 时，则需要 6 位控制信号，相应的二进制控制信号向量可以记为 $\boldsymbol{F}=(f_{23}f_{22}f_{21}f_{12}f_{11}f_0)$，$K_0$ 级具有一位控制信号 f_0，控制交叉开关 A、B、C、D；K_1 级具有两位控制信号 f_{11} 和 f_{12}，其中 f_{11} 控制交叉开关 E 和 G，f_{12} 控制开关 F 和 H；K_2 级具有三位控制信号 f_{21}、f_{22} 和 f_{23}，其中 f_{21} 控制交叉开关 I，f_{22} 控制交叉开关 J，f_{23} 控制交叉开关 K 和 L。

3. STARAN 网络实现的互连函数

1) 级控制实现方体置换

在级控制方式下,包含 n 级的 STARAN 网络需要的二进制控制信号为 n 位,n 位二进制数有 $N=2^n$ 种不同组合,可使 $N\times N$ 的 STARAN 网络实现 N 种互连函数。如 $N=8$,则二进制控制信号为 3 位,3 位二进制数有 000~111 共 8 种不同组合。在 8 种级控制信号作用下,相应实现的输入端与输出端的连接关系及其实现的方体函数如表 5-3 所示。由表 5-3 可见,除控制信号(000)实现的是恒等置换外,其他 7 种级控制信号实现的置换均是分组方体置换。如级控制信号(010)实现的置换可以认为是:将输入端编号序列[0 1 2 3 4 5 6 7]先分成 4 组[0 1]、[2 3]、[4 5]、[6 7],组内进行 2 元交换后变为[1 0]、[3 2]、[5 4]、[7 6],输入端编号序列变为[1 0 3 2 5 4 7 6];再将其分成 2 组[1 0 3 2]、[5 4 7 6],组内进行 4 元交换后变为[2 3 0 1]、[6 7 4 5],输入端编号序列变为[2 3 0 1 6 7 4 5],该序列为输出端编号序列。

表 5-3 采用级控策略时的 3 级 STARAN 网络的输入和输出端的连接关系及其实现的方体置换

输入端与对应方体函数		在级控制信号 $f_2 f_1 f_0$ 作用下的输出端编号,f_i 为 K_i 级控制信号							
		000	001	010	011	100	101	110	111
输入端编号	0	0	1	2	3	4	5	6	7
	1	1	0	3	2	5	4	7	6
	2	2	3	0	1	6	7	4	5
	3	3	2	1	0	7	6	5	4
	4	4	5	6	7	0	1	2	3
	5	5	4	7	6	1	0	3	2
	6	6	7	4	5	2	3	0	1
	7	7	6	5	4	3	2	1	0
对应方体函数	恒等	4 组 2 元	4 组 2 元 + 2 组 4 元	2 组 4 元	2 组 4 元 + 1 组 8 元	4 组 2 元 + 2 组 4 元 + 1 组 8 元	4 组 2 元 + 1 组 8 元	1 组 8 元
	I	$Cube_0$	$Cube_1$	$Cube_0$ + $Cube_1$	$Cube_2$	$Cube_0$ + $Cube_2$	$Cube_1$ + $Cube_2$	$Cube_0$ + $Cube_1$ + $Cube_2$

$N=8$ 的 STARAN 网络实现方体置换的图形表示如图 5-28 所示。把图 5-28 中的级控制信号为(001)、(010)和(100)的 3 个置换图形表示与图 5-5 所示的 $N=8$ 的方体置换图形表示做比较,可看出:级控制信号(001)、(010)和(100)实现的方体置换分别为 $Cube_0$、$Cube_1$ 和 $Cube_2$。所以,$f_i=1$ 实现的方体置换为 $Cube_i$,如当级控制信号为(011)时,3 级 STARAN 网络实现的方体置换为:

$$C(x_2x_1x_0) = \text{Cube}_1(\text{Cube}_0(x_2x_1x_0)) = x_2\overline{x_1}\,\overline{x_0}$$

简记为 $\text{Cube}_0 + \text{Cube}_1$。同样有：

$$C(x_2x_1x_0) = (x_2 \oplus f_2, x_1 \oplus f_1, x_0 \oplus f_0)$$
$$= (x_2 \oplus 0, x_1 \oplus 1, x_0 \oplus 1)$$
$$= x_2\overline{x_1}\,\overline{x_0}$$

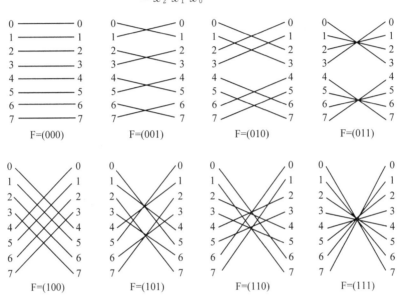

图 5-28　$N=8$ 的 STARAN 网络实现的方体置换

2) 组控制实现移数置换

在组控制策略下，包含 n 级的 STARAN 网络需要的二进制控制信号为 $n(n+1)/2$ 位，$n(n+1)/2$ 位二进制数有 $2^{n(n+1)/2}$ 种不同组合，但仅有 $(n^2+n+2)/2$ 种不同组合有效，可以使 STARAN 网络不会发生交叉开关争用冲突，即 $N\times N$ 的 STARAN 网络可以实现 $(n^2+n+2)/2$ 种互连函数。如 $N=8$，则二进制控制信号为 6 位，6 位二进制数有 64 种不同组合，但仅有 7 种（见表 5-4）不同组合有效；在 7 种组控制信号作用下，相应实现的输入端与输出端的连接关系及其实现的移数函数如表 5-4 所示。

表 5-4　采用组控策略时的 3 级 STARAN 网络的输入和
输出端的连接关系及其实现的移数置换

组控制信号										
	2 级	f_{23}	K,L	0	0	1	0	0	0	0
		f_{22}	J	0	1	1	0	0	0	0
		f_{21}	I	1	1	1	0	0	0	0
	1 级	f_{12}	F,H	0	1	0	0	1	0	0
		f_{11}	E,G	1	1	0	1	1	0	0
	0 级	f_0	A,B,C,D	1	0	0	0	1	0	1

续表

输入端编号	0	1	2	4	1	2	1	0
	1	2	3	5	2	3	0	1
	2	3	4	6	3	0	3	2
	3	4	5	7	0	1	2	3
	4	5	6	0	5	6	5	4
	5	6	7	1	6	7	4	5
	6	7	0	2	7	4	7	6
	7	0	1	3	4	5	6	7
对应移数函数		移1 mod 8	移2 mod 8	移4 mod 8	移1 mod 4	移2 mod 4	移1 mod 2	恒等

$N=8$ 的 STARAN 网络实现移数置换的图形表示如图 5-29 所示,且移数置换互连函数可以记为：$\alpha(x)=(x+2^m) \bmod 2^p$,其中 p 和 m 均为整数,且 $0 \leqslant m < p \leqslant n$。

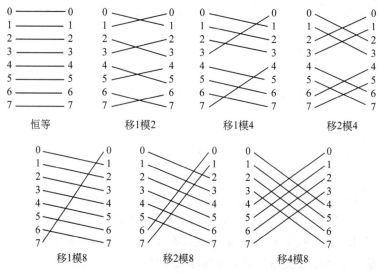

图 5-29 $N=8$ 的 STARAN 网实现的移数置换

5.4.3 间接方体多级交叉开关网络

1. 间接方体网络的组成结构

若间接方体网络的输入端数或输出端数为 N,则有 $n=\log_2 N$,其组成结构如下。

(1) 交叉开关级数为 n,每级有 $N/2$ 个交叉开关,交叉开关数为 $N\log_2 N/2$。

(2) 采用 2×2 的二功能交叉开关,两个功能为直送和交叉。

(3) 按输入端到输出端的顺序来编排交叉开关级号,n 级交叉开关从输入端到输出端依次分别表示为 K_0、K_1、…、K_{n-1}。

（4）按输入端到输出端的顺序来编排交叉开关级间连接号，$n+1$ 个交叉开关级间连接从输入端到输出端依次分别表示为 C_0、C_1、$\cdots$、C_n，其中 C_0 为恒等置换，$C_1 \sim C_{n-1}$ 为子蝶式置换，C_n 为逆洗牌置换。

可见，间接方体网络输入端对输出端的互连函数表达式为：

$$方体(n) = I_0 H_0 \beta_{(1)} H_1 \cdots \beta_{(n-1)} H_{n-1} \sigma_n^{-1}$$

其中，H_i 为 K_i 级交叉开关实现的置换函数($0 \leqslant i \leqslant n-1$)，$\beta_{(j)}$ 为 C_j 级间连接实现的子蝶式置换函数($1 \leqslant j \leqslant n-1$)，$\sigma_n^{-1}$ 为 C_n 级间连接的逆洗牌置换函数，I_0 为 C_0 级间连接实现的恒等置换函数。$N=8$ 的间接方体网络的组成结构如图 5-30 所示。

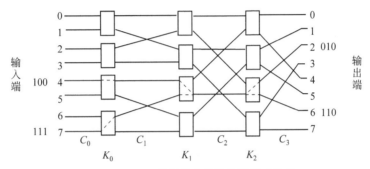

图 5-30 $N=8$ 的间接方体网络的组成结构

2. 间接方体网络的寻径控制

间接方体网络交叉开关的控制策略为单元控制，采用终端标记寻径控制算法或输入输出端二进制编号按位异或寻径控制算法来建立所需要的输入端到输出端的连接路径。输入输出端二进制编号按位异或寻径控制算法为：以输入端与输出端二进制编号位异或的各位作为控制信号，来控制从输入端到输出端所经过路径上的交叉开关的工作状态，实现输入端到输出端的连接。

设间接方体网络输入端与输出端的二进制编号分别为 $S = s_{n-1} s_{n-2} \cdots s_1 s_0$，$D = d_{n-1} d_{n-2} \cdots d_1 d_0$，则由 $s_i \oplus d_i$ 的值决定交叉开关 K_i 级上的相应开关状态。若 $s_i \oplus d_i = 0$，则 K_i 级上的相应交叉开关为直送状态；若 $s_i \oplus d_i = 1$，则 K_i 级上的相应交叉开关为交叉状态。如若 $S = 100$ 且 $D = 010$ 时，$S \oplus D = 110$，从输入端 4 到输出端 2 路径上的 K_0 级相应交叉开关为直送，K_1 级和 K_2 级的相应交叉开关为交叉，如图 5-30 所示。当然，间接方体网络可能发生交叉开关状态争用冲突，如在(100,010)连接的同时实现(111,110)，则发生交叉开关争用冲突，可见间接方体网络是一种阻塞网。

3. 间接方体网络实现的互连函数

间接方体网络的连接能力很强，可实现多种常用的置换函数，如移数置换、子移数置换、p 序加移数置换和交换置换等。

5.4.4 δ 多级交叉开关网络

1. δ 网络的组成结构

δ(Delta)网络的一般表示为 $a^n \times b^n$ 形式，其组成结构如下。

(1) 交叉开关级数为 n，采用 $a\times b$ 交叉开关，a、b 分别为其输入端数和输出端数，且 a、b 不相等。

(2) 按输入端到输出端的顺序来编排交叉开关级号，n 级交叉开关从输入端到输出端依次分别表示为 K_1、K_2、$\cdots$、K_n。各级交叉开关数为：K_1 级交叉开关数为 a^{n-1} 个，K_n 级交叉开关为 b^{n-1} 个，中间 K_i 级交叉开关数为 $a^{n-i}b^{i-1}$ 个。

(3) 相邻二级交叉开关左侧输出端数与右侧输入端数相等。K_1 级交叉开关输入端数为 $a^{n-1}\times a=a^n$，输出端数为 $a^{n-1}\times b=a^{n-1}b$；K_n 级交叉开关输入端数为 $b^{n-1}\times a=ab^{n-1}$，输出端数为 $b^{n-1}\times b=b^n$；中间 K_i 级交叉开关输入端数为 $a^{n-i}b^{i-1}\times a=a^{n-i+1}b^{i-1}$，输出端数为 $a^{n-i}b^{i-1}\times b=a^{n-i}b^i$；中间 K_{i+1} 级交叉开关输入端数为 $a^{n-i-1}b^i\times a=a^{n-i}b^i$，输出端数为 $a^{n-i-1}b^i\times b=a^{n-i}b^{i+1}$。显然，$K_i$ 级交叉开关输出端数与 K_{i+1} 级交叉开关输入端数相等。

(4) 按输入端到输出端的顺序来编排交叉开关级间连接号，$n+1$ 个交叉开关级间连接从输入端到输出端依次分别表示为 C_0、C_1、$\cdots$、C_n，其中 C_0 和 C_n 为恒等置换，$C_1 \sim C_{n-1}$ 为 q 洗牌置换。级间连接为：K_1 级和 K_2 级的级间连接是将 K_1 级的 $a^{n-1}b$ 个输出端依序分为 $q_1=a^{n-1}$ 组，每组有 $r=a^{n-1}b/a^{n-1}=b$ 个输出端，按 q 洗牌连接到 K_2 级的 $a^{n-1}b$ 个输入端；K_{n-1} 级和 K_n 级的级间连接是将 K_{n-1} 级的 ab^{n-2} 个输出端依序分为 $q_{n-1}=ab^{n-3}$ 组，每组有 $r=ab^{n-2}/ab^{n-3}=b$ 个输出端，按 q 洗牌连接到 K_n 级的 ab^{n-2} 个输入端；K_i 级和 K_{i+1} 级的级间连接是将 K_i 级的 $a^{n-i}b^i$ 个输出端依序分为 $q_i=a^{n-i}b^{i-1}$ 组，每组有 $r=a^{n-i}b^i/a^{n-i}b^{i-1}=b$ 个输出端，按 q 洗牌连接到 K_{i+1} 级的 $a^{n-i}b^i$ 个输入端。由 r 恒为 b 可见，实际上是将一个交叉开关的 b 个输出端作为一组，对任何交叉开关级的所有输出端进行 q 洗牌，连接到其后级交叉开关的输入端。

当 $n=2$、$a=4$、$b=3$ 时，$4^2\times 3^2$ 的 δ 网络的组成结构如图 5-31 所示。

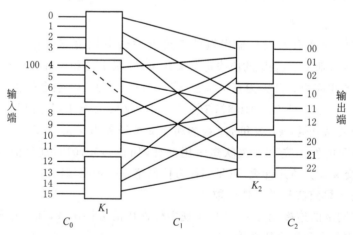

图 5-31 $4^2\times 3^2$ 的 δ 网络的组成结构

2. δ 网络的寻径控制

δ 网络交叉开关的控制策略为单元控制，采用终端标记寻径控制算法来建立所需要的输入端到输出端的连接路径，但终端编号 D 不是二进制数字，对于 $a\times b$ 交叉开关，其

是以 b 为基数的 b 进制数字。若终端编号为 $D=(d_{n-1}d_{n-2}\cdots d_1d_0)_b$，由 d_i 控制第 $n-i$ 级上的交叉开关，且使交叉开关从输出端 d_i 输出（$0\leqslant i\leqslant n-1$）。如图 5-31 所示的 $4^2\times 3^2$ 的 δ 网络中，其 $n=2$、$a=4$、$b=3$；若需要使输入端 $S=(100)_2$ 连接到输出端 $D=(21)_3$，$i=0$ 时由 $d_0=1$ 控制 K_2 级的相应交叉开关从输出端 1 输出，$i=1$ 时由 $d_1=2$ 控制 K_1 级的相应交叉开关从输出端 2 输出，从而实现了相应连接。

5.4.5 DM 多级交叉开关网络

1. DM 网络的组成结构

DM 网络即数据变换（Data Manipulator）网络，$N\times N$ 的数据变换网络有 $n=\log_2 N$，其组成结构如下。

（1）交叉开关级数为 $n+1$，每级有 N 个交叉开关，则交叉开关数为 $N(\log_2 N+1)$，级间连接数为 n 个。

（2）按输出端到输入端的顺序来编排交叉开关级号，$n+1$ 级交叉开关从输入端到输出端依次分别表示为 K_n、K_{n-1}、$\cdots$、K_0。

（3）网络输入端的 K_n 级采用 1 个输入端和 3 个输出端的交叉开关，网络输出端的 K_0 级采用 3 个输入端和 1 个输出端的交叉开关，其余中间 $K_1\sim K_{n-1}$ 级采用 3 个输入端和 3 个输出端的交叉开关。

（4）按输出端到输入端的顺序来编排交叉开关级间连接号，n 个交叉开关级间连接从输入端到输出端依次分别表示为 C_{n-1}、$\cdots$、C_0，级间连接均为 PM2I 置换。即交叉开关 K_i（$0\leqslant i<n$）级的交叉开关 j（$0\leqslant j\leqslant N-1$）的 3 个输入端分别连接左侧交叉开关 K_{i+1} 级的交叉开关（$j-2^i \bmod N$）、j 和（$j+2^i \bmod N$）的输出端，交叉开关 K_i（$0<i\leqslant n$）级的交叉开关 j（$0\leqslant j\leqslant N-1$）的 3 个输出端分别连接右侧交叉开关 K_{i-1} 级的交叉开关（$j-2^{i-1} \bmod N$）、j 和（$j+2^{i-1} \bmod N$）的输入端。如 $i=2$ 时，K_2 级交叉开关 $j=3$ 的 3 个输入端分别连接 K_3（$i+1=3$）级的（$j-2^i \bmod N=3-2^2 \bmod 8=7$）、$j=3$ 和（$j+2^i \bmod N=3+2^2 \bmod 8=7$）交叉开关的输出端，3 个输出端分别连接 K_1（$i-1=1$）级的（$j-2^{i-1} \bmod N=3-2^1 \bmod 8=1$）、$j=3$ 和（$j+2^{i-1} \bmod N=3+2^1 \bmod 8=5$）交叉开关的输入端。另外，$K_n$ 级交叉开关的 N 个输入端就是 DM 网络的 N 个输入端，K_0 级交叉开关的 N 个输出端就是 DM 网络的 N 个输出端。

（5）输入输出节点对之间的连接具有冗余路径，有利于避免冲突和提高网络可靠性。对于图 5-32 所示的 DM 网络，若要求实现输入端 7 到输出端 2 的连接，则有路径 7→3→3→2、7→7→1→2、7→3→1→2 等。

$N=8$ 的 DM 网络的组成结构如图 5-32 所示。

2. DM 网络的寻径控制

由于除 K_0 级交叉开关外，其余 $K_1\sim K_n$ 级交叉开关的 3 个输出端可以分别连接右侧级的 3 个交叉开关，因此需要采用 3 个控制信号来控制一个交叉开关与右侧级的那一个交叉开关连接，这 3 个控制信号分别称为平控 H、下控 D 和上控 U，分别选择水平输出、向下输出和向上输出。对于图 5-32 所示的 DM 网络，如若按路径 7→7→1→2 来实现输入端 7 到输出端 2 的连接，则 K_3 的 7 号交叉开关、K_2 的 7 号交叉开关和 K_1 的 1 号交

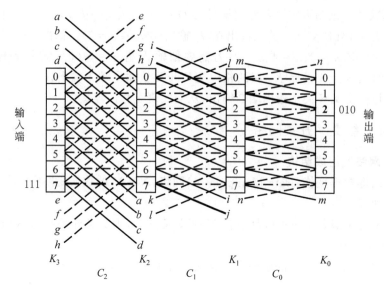

图 5-32　$N=8$ 的数据变换网络的组成结构

叉开关级分别采用平控 H^3、下控 D^2 和下控 D^1。

DM 网络交叉开关的控制策略为组控制,每级交叉开关分为两组,分别由两组控制信号控制,即 H_1^i、D_1^i、U_1^i 和 H_2^i、D_2^i、U_2^i。K_i 级交叉开关的分组为:对于 K_i 级交叉开关,二进制编号第 i 位为"0"的分为一组,由 H_1^i、D_1^i 和 U_1^i 控制;二进制编号第 i 位为"1"的分为一组,由 H_2^i、D_2^i 和 U_2^i 控制。对于图 5-32 的 DM 网络,如 $K_1(i=1)$ 级交叉开关的二进制编号第 1 位为"0"的 000、001、100 和 101 为一组,二进制编号第 1 位为"1"的 010、011、110 和 111 为另一组。

数据变换网络可以用于实现数据的排列、重复和间隔等变换。另外,交叉开关的控制策略还可以采用单元控制,即每个交叉开关有自己的控制信号 H、D 和 U,这时则称为强化数据变换网络。

5.4.6　3 级 Clos 交叉开关网络

1. 3 级 Clos 网络的组成结构

3 级 Clos 网络由 m、n 和 r 三个参数来描述,可以记为 $C(m,n,r)$,其中:m 为输入级交叉开关的输出端数或输出级交叉开关的输入端数,n 为输入级交叉开关的输入端数或输出级交叉开关的输出端数,r 是中间级交叉开关的输入端数和输出端数。3 级 Clos 网络的组成结构如图 5-33 所示。

(1) 交叉开关级数为 3,3 级交叉开关分别称为输入级、中间级和输出级,且记为 K_0、K_1 和 K_2;输入级与输出级有 r 个交叉开关,中间级有 m 个交叉开关,则交叉开关数为 $2r+m$。

(2) 输入级 K_0、中间级 K_1 和输出级 K_2 分别采用交叉开关 $n \times m$、$r \times r$ 和 $m \times n$,网络的输入端数与输出端数相等,均为 $N=r \times n$。

第 5 章 信息传输的互连网络技术

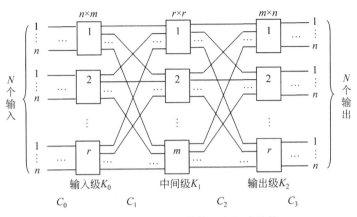

图 5-33 3 级 Clos 网络的一般组成结构

(3) 按输入端到输出端的顺序来编排交叉开关级间连接号,4 个交叉开关级间连接从输入端到输出端依次分别表示为 C_0、C_1、C_2、C_3,其中:C_0 和 C_3 为恒等置换、C_1 和 C_2 为 q 均匀洗牌置换。级间连接 C_1 是把输入级 K_0 的输出端数 $r \times m$ 分成 $q=r$ 组(每组 m 个输出端),与中间级 K_1 的输入端数 $m \times r$ 以 q 均匀洗牌置换实现;级间连接 C_2 是把中间级 K_1 的输出端数 $m \times r$ 分成 $q=m$ 组(每组 r 个输出端),与输出级 K_2 的输入端数 $r \times m$ 也以 q 均匀洗牌置换实现。

2. 3 级 Clos 网络的可重排寻径控制

当 $m=n=r$ 时,3 级 Clos 网络采用单元控制则可以实现可重排寻径控制,这时交叉开关为 2×2、4×4 或 8×8。若 $m=n=r=2$,交叉开关为 2×2,这时组成结构如图 5-34 所示。如需要实现 (1,4)、(2,2)、(3,1) 和 (4,3) 连接,若先按图 5-34(a) 所示连接好 1→4 和 3→1 的路径后,就无法实现 2→2 和 4→3 的连接。因此,需要再次控制交叉开关状态来重新安排连接路径,如图 5-34(b) 或图 5-34(c) 所示,以实现所需要的置换。特别地,重排次数可能大于 1。

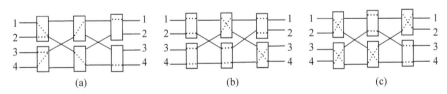

图 5-34 $m=n=r=2$ 的 3 级可重排 Clos 网络

当 $m \geq 2n-1$ 时,3 级 Clos 网络是一个非阻塞网络。对于 $C(3,2,2)$ 的 3 级 Clos 网络,每级有 12 个交叉点,需要 36 个交点开关。采用单级交叉开关,由于输入与输出节点各为 4 个,有 $4^2=16$ 个交叉点,需要 16 个交点开关,显然更为经济。但当输入端数较大时,3 级 Clos 网络所需要的交点开关少于 N^2 个,如当 $N=36$ 时,3 级 Clos 网络仅需要 1188 个交点开关,而单级交叉开关则需要 $36^2=1296$ 个。因此,3 级 Clos 网络在 N 比较大时作为非阻塞网更具优势,在工程上也比较容易实现。

5.4.7 Benes 多级交叉开关网络

1. Benes 网络的组成结构

若 Benes 网络的输入端或输出端数为 N，则有 $n=2\log_2 N-1$，其组成结构如下。

(1) 交叉开关级数为 n，每级有 $N/2$ 个交叉开关，则交叉开关数为 $N(2\log_2 N-1)/2$。

(2) 采用 2×2 的 2 功能交叉开关，2 个功能为直送、交叉。

(3) 按输入端到输出端的顺序来编排交叉开关级号，n 级交叉开关从输入端到输出端依次分别表示为 K_0、K_1、…、K_{n-1}。

(4) 按输入端到输出端的顺序来编排交叉开关级间连接号，$n+1$ 个交叉开关级间连接从输入端到输出端依次分别表示为 C_0、C_1、…、C_n，且将两个基准网络背对背互连来形成级间连接。（级数为 $n=\log_2 N$ 的基准网络 C_0 和 C_n 为恒等，C_1 为逆均匀洗牌，$C_2 \sim C_{n-1}$ 均为子逆均匀洗牌。）

可见，Benes 网络输入端对输出端的互连函数表达式为：

$$\beta(n)=I_0 H_0 \sigma_1^{-1} H_1 \sigma_{(2)}^{-1} \cdots \sigma_{(n-2)}^{-1} H_{n-2} \sigma_{n-1}^{-1} H_{n-1} I_n$$

其中，H_i 为 K_i 级交叉开关实现的置换函数（$0 \leqslant i \leqslant n-1$），$\sigma_{(j)}^{-1}$ 为 C_j 级间连接实现的子逆均匀洗牌置换函数（$2 \leqslant j \leqslant n-2$），$\sigma_1^{-1}$ 与 σ_{n-1}^{-1} 分别为 C_1、C_{n-1} 级间连接的逆均匀洗牌置换函数，I_0 与 I_n 分别为 C_0、C_n 级间连接实现的恒等置换函数。$N=8$ 的 Benes 网络的组成结构如图 5-35 所示（K_2 与 K_3 同级）。

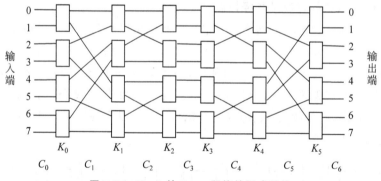

图 5-35　$N=8$ 的 Benes 网络的组成结构

2. Benes 网络的寻径控制

Benes 网络交叉开关的控制策略为单元控制，通常采用改进终端标记寻径控制算法来建立所需要的输入端到输出端的连接路径，有时也采用其他控制算法。

对于终端标记法，一个交叉开关的两个输入端由输出端编号 D 的 d_i 位控制。当一个 $d_i=1$ 而另一个 $d_i=0$ 时，交叉开关不会发生连接冲突；当一个 $d_i=1$ 或 0 而另一个 $d_i=1$ 或 0 时，交叉开关将会发生状态冲突，如图 5-36(a)所示。

对于改进终端标记法，一个交叉开关仅由一个输入端控制信号 d_i 来控制，另一个输入端的连接服从相应状态。交叉开关的控制既可以由上输入端的 d_i 来控制（称为上控法），也可以由下输入端的 d_i 来控制（称为下控法），但在一次置换中仅可以采用一种控

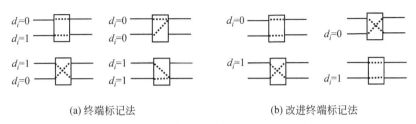

(a) 终端标记法　　　　　　(b) 改进终端标记法

图 5-36　2×2 的二功能交叉开关控制的比较

制。上控法在 $d_i=0$ 时交叉开关为直送，$d_i=1$ 时交叉开关为交叉；下控法在 $d_i=0$ 时交叉开关为交叉，$d_i=1$ 时交叉开关为直送，如图 5-36(b)所示。

改进终端标记法使连接的灵活性受到限制，但防止了交叉开关发生冲突，且通过增加交叉开关级来弥补连接的灵活性。Benes 网络的交叉开关级增加了一倍，某种连接中的某个交叉开关可能被动连接地处于某状态，经过级间置换，通常还有不少于 $n-1$ 次作为主动控制的机会，从而可以准确地实现连接。

另外，Benes 网络交叉开关级数是输出端编号 D 的二进制数位的一倍，因此一位 d_i 控制 K_i 和 K_{n-1-i} 级上的两个交叉开关。如采用改进终端标记法，在 Benes 网络上实现位序颠倒置换(0,0)、(1,4)、(2,2)、(3,6)、(4,1)、(5,5)、(6,3)、(7,7)，如图 5-37 所示。若实现(3,6)连接，即输入端 $S=011$ 由位序颠倒连接到输出端 $D=110$，采用改进终端标记寻径控制算法中的上控法有：K_0 级交叉开关 2 的上输入端 $d_0=0$ 使其为直送状态，再由级间连接 σ^{-1} 置换到 K_1 级的交叉开关 7；交叉开关 7 的上输入端 $d_1=0$(因为交叉开关 7 的上输入端为(1,4)连接，而 4 的编号 D 的二进制数为 100，即 $d_1=0$)使其为直送状态。以此类推有：K_2 级交叉开关 12 为交叉状态，K_3 级交叉开关 16 为直送状态，K_4 级交叉开关 20 为直送状态，K_5 级交叉开关 24 为交叉状态，从而完成从网络输入端 3 到输出端 6 的连接。

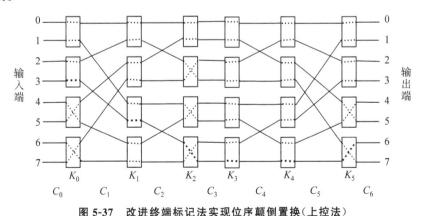

图 5-37　改进终端标记法实现位序颠倒置换(上控法)

3. Benes 网络实现的互连函数

Benes 网络至少有两个以上的连接来满足同一节点对的互连，从而避免可能发生的冲突。Benes 网络不但可以满足输入输出对之间所有可能的 $N!$ 种连接，还有多余的路径冗余量。因此 Benes 网络属于可重排非阻塞网络,即当发生冲突时,可以通过重新设置交叉开关的状态来加以避免。

特别地,N 个输入端与 N 个输出端之间可能的连接排列有 $N!$ 种,多级交叉开关网络要实现无阻塞,其所包含的交叉开关状态也应该至少有 $N!$ 种组合。但当多级交叉开关网络采用 2×2 的交叉开关时,在输入与输出之间交叉开关的级数一般只有 $\log_2 N$ 种,每一级交叉开关数为 $N/2$,交叉开关的总数为 $N\log_2 N/2$,那么交叉开关状态仅有 $2^{N\log_2 N/2}=(\sqrt{N})^N$ 种组合,这个数要小于 $N!$,必然有一些连接被阻塞。多级交叉开关网络要实现无阻塞,就需要增加交叉开关。

例 5.7 对于具有 N 个输入端的 Ω 网络,通过一次可以实现多少种不同的一对一的置换连接?通过一次实现的置换数占全部输入排列的百分比为多少?

解:Ω 网络采用的是 2×2 的交叉开关,开关数量为 $(N/2)\log_2 N$;2×2 交叉开关一对一连接的合法状态只有两种:直送与交叉,所有交叉开关连接合法时才能实现一种无冲突的置换。所以,通过一次可以实现不同置换数为:$2^{(N/2)\log_2 N}=N^{N/2}$。$N$ 个输入的排列数为 $N!$,所以百分比 $N^{N/2}/N!$。

例 5.8 对于 $N=8$ 个节点($P_0\sim P_7$)的 Ω 网络,如果节点 P_6 需要把数据播送于节点 $P_0\sim P_4$,节点 P_3 需要把数据播送于节点 $P_5\sim P_7$,那么 Ω 网络能否为两种数据发送要求提供连接?如果可以请画出连接实现时的开关状态图。

解:Ω 网络采用的是 2×2 的 4 功能交叉开关,一对一的置换连接仅能使用直送与交叉,一对多的播送连接则还需要使用上播与下播。由题意可知,现在需要实现的是一对多的播送连接,所以交叉开关的直送与交叉以及上播与下播均可能需要使用。

根据节点 P_6 和节点 P_3 的播送要求,使用交叉开关的功能状态,如果没有交叉开关状态冲突和交叉开关输出端争用冲突,那么 Ω 网络就可以为两种数据播送要求提供连接,否则不能提供。实际没有任何冲突,两种数据播送可以同时实现,这时 Ω 网络的开关状态图如图 5-38 所示。

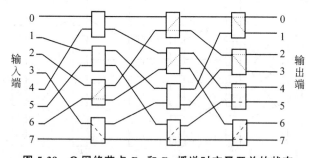

图 5-38 Ω 网络节点 P_6 和 P_3 播送时交叉开关的状态

例 5.9 对于 $N=16$ 的 STARAN 网络,若节点编号为 0、1、2、$\cdots$、F,当采用级控制方式且第 1 级控制信号为 0 时,将不能实现哪些输入端与输出端之间的通信?为什么?

解:$N=16$ 的 STARAN 网络有四级,采用级控制方式时,控制信号需要 4 位二进制数,假设为 $F=f_3f_2f_1f_0$,这时输入端 $x_3x_2x_1x_0$ 连接到输出端 $V(x_3x_2x_1x_0)$ 实现的互连函数为:

$$V(x_3x_2x_1x_0) = (x_3 \oplus f_3, x_2 \oplus f_2, x_1 \oplus f_1, x_0 \oplus f_0)$$

由于 $f_1=0$，则 $x_1 \oplus f_1 = x_1$，这样连接到输出端 $V(x_3x_2x_1x_0)$ 为：

$$V(x_3x_2x_1x_0) = (x_3 \oplus f_3, x_2 \oplus f_2, x_1, x_0 \oplus f_0)$$
$$= y_3y_2x_1y_0$$

其中，$y_3=x_3 \oplus f_3, y_2=x_2 \oplus f_2, y_0=x_0 \oplus f_0$。

可见，输入端 $x_3x_20x_0$ 不可能与输出端 $y_3y_21y_0$ 连接通信，输入端 $x_3x_21x_0$ 也不可能与输出端 $y_3y_20y_0$ 连接通信。由此可知：二进制编号第 1 位为 0 的输入端 0、1、4、5、8、9、C、D 不能与二进制编号第 1 位为 1 的输出端 2、3、6、7、A、B、E、F 连接通信，二进制编号第 1 位为 1 的输入端 2、3、6、7、A、B、E、F 不能与二进制编号第 1 位为 0 的输出端 0、1、4、5、8、9、C、D 连接通信。

例 5.10 分别画出 4×9 单级交叉开关和使用二级 2×3 交叉开关组成的 4×9 的 Delta 网络，并比较这两种互连网络的开关设备量。

解：4×9 单级交叉开关的组成结构如图 5-39 左图所示，其中每个交叉点为一个交点开关，该交点开关应包含 4 选 1 多路转换逻辑和 4 输入冲突仲裁电路，数量为 $4 \times 9 = 36$。

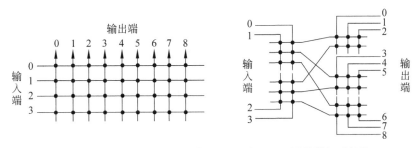

图 5-39 4×9 单级交叉开关与 4×9 二级 Delta 网络的组成结构

二级 2×3 交叉开关组成 $2^2 \times 3^2 (4 \times 9)$ Delta 网络的组成结构如图 5-39 右图所示，其包含 2×3 的交叉开关 5 个，每个交叉开关含有 6 个交点开关，交点开关数量为 $5 \times 6 = 30$，交点开关应包含 2 选 1 多路转换逻辑和 2 输入冲突仲裁电路。

5.5 系统域互连网络消息传递

【问题小贴士】 对于一个城市的路网，当你想由 A 处到 B 处时，首先将面临"出行方式（自驾、公交、骑车等）与出行路径"的选择，这个选择一定基于某个或某几个目标，如时间短、路况良好等。其次若你自驾出行，在行进过程中可能出现拥堵、死路等，这时你将采用绕行、等待等方法来处理；自驾行进过程中出现拥堵或死路的原因是出行路径选择不好。道路拥堵可能是局部的也可能全局的，若整个路网都出现拥堵，则是车流量太大；为控制车流量，便对汽车行驶制定了许多限制措施。①消息在互连网络中传递时，有哪些传递方式？不同传递方式的传输时延如何计算？②消息在互连网络中传递时，路由选择有哪些算法？各有什么特点？③消息通过一定路径在互连网络中传递时，可能出现死锁与拥堵或包冲突，那么死锁产生的缘由是什么？如何解除与避免？死锁与拥堵产生的根源是什么?流量控制策略有哪些?包冲突如何处理?路由选择还需要通过练习来掌握直至熟悉。

5.5.1 消息及其传递格式

为与通常意义下的信息区分开,把系统域互连网络中的节点之间一次性交换的数据集合称为消息,显然消息是节点之间信息通信或数据交换的逻辑单位。由于消息所包含的数据量或数据长度是可变的,为便于消息传递,则将消息分为长度相等的若干组,组中的数据集合称为消息包,所以可以将消息看作由数目不等、长度固定的消息包组成,其传递格式如图 5-40 所示。

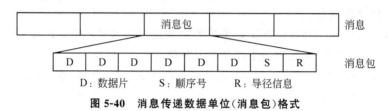

图 5-40 消息传递数据单位(消息包)格式

消息包是消息传递的最小单位,它又分为长度固定的数据片,数据片则是消息传递过程中在节点处缓冲的基本单位。由于同一消息的不同消息包可能异步达到目的节点,每个消息包必须配置一个序号,以便在目的节点把消息所包含的消息包重新装配起来。另外,为实现路由选择,消息包还必须配置一个导径信息,其传递格式如图 5-40 所示。消息包与数据片的长度与消息传递方式、通道频宽、路由器结构、网络结构和路由选择算法等因素有关,典型消息包的长度为 64~512 位。

5.5.2 消息包传递方式

对于系统域互连网络,消息传递方式可以分为线路交换和包交换两类,其中包交换又包括存储转发、虚拟直通和虫蚀三种。

1. 线路交换传递

线路交换传递是指在传送一个消息之前,先建立一条从源节点到目的节点的物理通路,然后再传送消息,其传递时空图如图 5-41 所示。因此,线路交换传递需要提前预订整个物理通路及其交叉开关端口,通路与端口一旦预订成功,消息包就可以全速地由源节点流向目的节点。线路交换传递的传输时延包括通路建立时间与数据传输时间,即有:

$$T_{cs} = (L_T \times D + L)/B$$

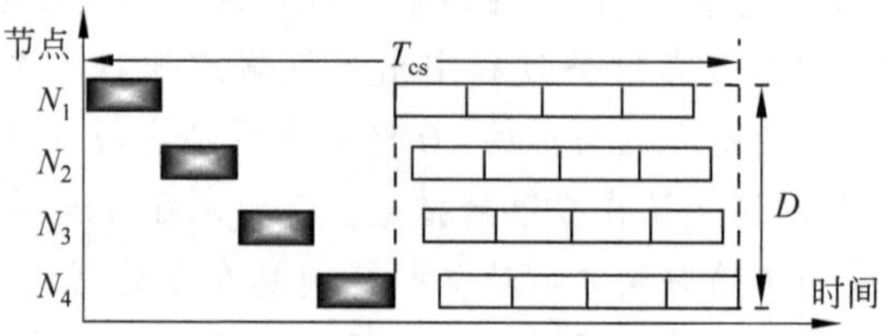

图 5-41 线路交换传递的时空图(N_1 为源节点,N_4 为目的节点)

式中：L_T 为通路建立所需的小消息包长度，L 为消息包长度，D 为源节点与目的节点之间的距离，B 为通路频宽。

线路交换的优点为可以实现无竞争、无干扰全速地进行消息包传递，其缺点在于需要提前预留链路而导致使用效率低。特别是在多处理机中，往往需要频繁地传递小消息包，从而需要频繁地建立源节点到目的节点的物理通路，开销很大。

2. 存储转发传递

存储转发传递是指消息包在传送过程中，当其到达一个中间节点时，先被存入节点的包缓冲区中。当所需要的交叉开关输出端口及其链路和接收节点的包缓冲区可以使用时，才往下一节点传输，其传递时空图如图 5-42 所示。显然，采用存储转发传递消息包时，每个节点必须设置包缓冲区，以存储消息包。存储转发传递的传输时延是存储转发节点所花费时间之和，即有：

$$T_{\mathrm{CS}} = D \times (T_D + L/B)$$

式中，T_D 为消息包在存储转发节点的排队等待时间。

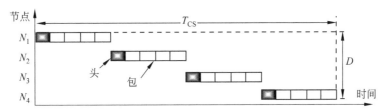

图 5-42　存储转发传递的时空图（N_1 为源节点，N_4 为目的节点）

存储转发传递与线路交换相比的优点为不需要提前预留链路，因此使用效率高。其缺点在于传输时延与源节点和目的节点之间的距离成正比，传输时延大；另外为避免多个消息包同时在同一节点传递时造成包丢失，每个节点需要设置较大的包缓冲区。

3. 虚拟直通传递

虚拟直通传递是指为减少存储转发传递的时延，在传送消息包的过程中，没有必要等到整个消息包全部到达节点缓冲区，只要包头片到达后即可以进行交叉开关输出端口及其链路的选择，其传递时空图如图 5-43 所示。虚拟直通传递的传输时延是包头片在存储转发节点所花费的总时间与数据传输时间之和，即有：

$$T_{\mathrm{CS}} = L/B + (L_H/B + T_D) \times D$$

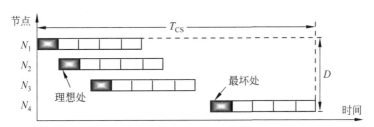

图 5-43　虚拟直通传递的时空图（N_1 为源节点，N_4 为目的节点）

式中，L_H 为消息包中的包头片长度。一般 L 远大于 $L_H \times D$，则时延为：
$$T_{CS} = L/B + T_D \times D$$
可以看出，在 $T_D = 0$ 时，传输时延与源节点和目的节点之间的距离无关。

虚拟直通传递的前提是物理通路通畅无阻，最理想的是物理通路上的每个节点均如同线路交换，这时传输时延最小。当出现节点阻塞时，虚拟直通传递的数据片也需要存储，所以每个节点仍需要包缓冲区。最坏的是物理通路上的每个节点均如同存储转发，这时传输时延最大，且与存储转发传递一样。

4. 虫蚀传递

虫蚀传递是指消息包在传送过程中，消息包的数据片在节点之间以流水线方式顺序传送，其传输时空图与虚拟直通类同。显然，采用虫蚀传递消息包时，每个节点必须设置片缓冲区，以存储消息包的数据片。由于只有包头片含有目的地址，当由包头片建立一条从源节点到目的节点的物理通路时，所有数据片必须紧跟其后。因此，不同消息的消息包可以交替地传送，但不同消息包的数据片不可以交替地传送，否则同一消息包的数据片可能被送到不同的目的节点。虫蚀传递的传输时延是数据传输时间与消息包在源节点的排队等待时间之和，即有：
$$T_{CS} = L/B + L_H \times D/B + T_D$$
一般有 L 远大于 $L_H \times D$，则时延为：
$$T_{CS} = L/B + T_D$$
可以看出，即使 $T_D \neq 0$，源节点和目的节点之间的距离对传输时延影响也不大。

虫蚀传递与虚拟直通相比的优点有：

(1) 对于节点缓冲区，虫蚀传递用于存储数据片，虚拟直通传递用于存储消息包，消息包的信息量比数据片大得多，所以采用虫蚀传递时节点所需缓冲区的容量比虚拟直通小得多。

(2) 对于节点排队等待时间，虫蚀传递利用时间并行性避免了节点排队等待，源节点和目的节点之间的距离对传输时延影响不大。

(3) 对于传输时延，在 $L \gg L_H \times D$ 且包头片畅通无阻（$T_D = 0$）等理想情况下，虫蚀传递与虚拟直通虽然均为 L/B，但虫蚀更接近实际情况。

(4) 对于物理通路，采用虫蚀传递时，新链路建立与旧链路释放同时进行，即一旦建立一条新链路，就释放另一条旧链路，所以虫蚀传递比虚拟直通的链路共享性好、利用率高。

虫蚀的缺点在于包头片被阻塞于某节点时，消息包的所有数据片将同时被阻塞而停止向前传送，并暂存于它们所在节点的片缓冲区中，从而占用多个节点资源即链路；而虚拟直通传递的对应消息包的数据片会继续向前传送，直至到达包头片所在节点的包缓冲区。

5.5.3 路由选择与虚拟通道

1. 路由选择及其度量参数

对于系统域互连网络，当两个节点之间没有直接的链路相连接时，消息就需要通过中间节点进行传输。当消息在源节点或中间节点中时，消息传递可能存在多条有效链路。为了充分利用互连网络的带宽，就应该选择一条合适的链路。两个节点之间所谓合适的链路包含两个方面的含义：路径最短且传输时延少以及避免链路选择冲突。链路选择冲突是指多对节点之间利用互连网络进行消息传递时在某节点交叉开关上发生输出端口争用的现象。这就是路由选择需要解决的问题。

路由选择即链路选择或路径选择，有时简称为寻径，它是指节点对之间经中间节点进行消息传递时对中间节点的选择。路由选择就是为源节点或中间节点上的交叉开关有效地建立输入端口与输出端口之间的连接，即对于从任一输入端口输入的消息包，均为其选择一个合适的输出端口输出。使并行处理机节点之间高效率地实现消息传递是系统域互连网络路由选择的根本目的，而路由选择效率的常用度量参数为通道流量和传输时延。

通道流量采用消息传递所使用的链路数来表示，它反映网络通信负载。传输时延采用消息传递所需要的时间来表示，它反映网络通信速度。显然，路由选择的基本目标就是使网络以最小流量和最短时延来实现节点之间的连接通信，但通道流量与传输时延是相互制约的。要使通道流量小，传输时延就会长；要使传输时延短，通道流量就会大。可见，路由选择类似于多目标优化，仅能在最小流量和最短时延这两个目标之间进行折中。对于不同的消息传递方式，优化有所侧重，如存储转发偏重于时延短（因其传输时延长），而虫蚀则偏重于流量小（因其占用链路多）。

2. 虚拟通道

链路通常是指一段物理通道，但在虫蚀传递方式中，链路实际上被许多节点对所共享，由此从链路共享来看，便可以引出虚拟通道的概念。虚拟通道是指多节点对共享一条物理链路而形成的各节点对之间的逻辑链路。所以，节点对之间的链路有物理链路与逻辑链路之分，或节点对之间的通道有物理通道与虚拟通道之分。节点对之间的虚拟通道由源节点片缓冲区、节点间的物理链路和目的节点片缓冲区组成，如图 5-44 所示为 4 条虚拟通道共享一条物理链路，源节点和目的节点各有 4 个片缓冲区。当将物理链路分配于某缓冲区对时，这对缓冲区和物理链路便构成一条虚拟通道，且赋予其一种状态，即不同虚拟通道是通过状态来表示的。源缓冲区存放等待使用物理链路的数据片，目的缓冲区存放由物理链路刚传送过来的数据片，物理链路是它们之间进行消息传递的媒介。

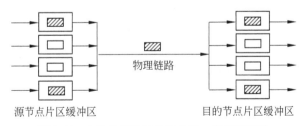

图 5-44 4 条虚拟通道分时共享一条物理链路

当然，虚拟通道会使节点对之间可用的有效带宽降低，至于一条物理链路配置多少条虚拟通道需要综合权衡。虚拟通道有单向与双向之分，两条单向通道组合在一起可以构成一条双向通道。双向通道可以增加物理链路利用率与通道带宽，但双向通道的仲裁复杂，从而增加延迟与成本。

5.5.4　路由选择算法及其分类

路由选择算法是指节点对之间经中间节点进行消息传递时选择中间节点的方法。路由选择算法可以分为确定性与自适应两种。

1. 确定性选择算法

确定性选择算法是指节点对之间的连接路径在消息传递之前已确定,在通信过程中不可能改变,节点对之间仅有一条通信通道。显然,由确定性选择算法建立的通信通道的路径最短,但不一定最合理,如传输时延不一定最少,还可能存在链路选择冲突等。确定性选择算法的算法简单、实现方便,但当发生链路选择冲突或通信通道有阻塞或出故障时,无法改变连接路径,而将沿着原先选择的路径进行通信。确定性选择算法主要有三种:算术寻径算法、源寻径算法和查表寻径算法。

算术寻径算法是指所有节点对之间的连接路径由源地址和目的地址完全确定,与网络负载无关,如维序寻径就是算术寻径算法中的最短寻径算法。源寻径算法是指源节点为消息建立一个头部,其包含连接路径上经过的所有交叉开关的输出端口,交叉开关从消息头部则可以得到输出端口号。源寻径算法的交叉开关简单、通用性强,但消息头部长且长度不固定。查表寻径算法是指网络中每个交叉开关维护一张寻径表 R,消息头部包含一个寻径域 I,以 I 为索引查寻径表得到输出端口号 R[I]。查表寻径算法的寻径表容量可能很大,且要求节点之间的连接路径相对稳定,对系统域互连网络不太合适。

确定性选择算法仅有一条链路,因此一方面单个连接失效会使网络断开,导致消息传送失败;另一方面会给网络带来大量竞争,当多个节点对使用相同的链路时,多个通信仅能串行顺序进行。

2. 自适应选择算法

自适应选择算法是指根据网络资源和状态来选择节点对之间连接的链路,以躲避拥堵或故障节点,提高网络资源利用率。对于自适应选择算法,路径上的寻径器可以根据路径的通道流量动态地进行链路选择。若交叉开关期望的输出端口之一被阻塞或失效,寻径器可以选择另外的链路传递消息。自适应选择算法的路由选择较宽松,允许节点对之间的连接存在多条合法路径。一方面当存在链路失效时,可以绕开故障点进行消息传递,提高容错能力;另一方面可以在可用链路上更广泛地分布流量,将网络负载分布到多个链路上,提高网络的利用率。如若有 4 个消息包从不同的源节点向不同的目的节点传递,当采用确定性选择算法时,可能均被迫沿同一路径传递,这时该路径则可能形成通信瓶颈,而其他最短路径上的链路却闲置未用。

自适应选择算法的交叉开关复杂,从而降低了通信速度;另外,路由选择灵活且具有动态性,则容易发生死锁。对于系统域互连网络,由于每隔几个时钟周期交叉开关就需要为所有输入的消息进行路由选择,因此路由选择算法应该尽可能简单快速,而自适应选择算法极其复杂,在系统域互连网络中通常不使用。

5.5.5　算术寻径算法

算术寻径算法在系统域互连网络中应用最为广泛,它既不会像源寻径算法那样要求消息包的包头很大,从而降低消息包的有效传输率;也不需要像查表寻径算法那样占用大量节点资源——缓冲区,在互连网络规模很大时,这会导致查表速度变慢。对于系统域互连网络,拓扑结构一般都是规则的,算术寻径算法就可满足路由选择的需要。最典型的算术寻径算法是维序路由选择算法,即根据物理链路的坐标维来决定消息包如何流过相继的链路。特别地,当维序路由选择算法用于二维网格网络时则称为 X-Y 寻径算法,用于超立方体网络时则称为 E-立方寻径算法。

1. X-Y 寻径算法

X-Y 寻径算法主要用于二维网格网络,它是指先沿 X 维或 Y 维方向选择链路,后沿 Y 维或 X 维方向选择链路。如源节点 $S=(X_1,Y_1)$,目的节点 $D=(X_2,Y_2)$,则可从 S 开始,先沿 X 方向寻径到 D 所在的 X_2 列为止,后沿 Y 方向寻径到 D。X-Y 寻径算法包含 4 种寻径模式,其路径分别为:先东后北、先东后南、先西后北、先西后南。16 个节点的二维网格网络如图 5-45 所示,图中 4 对源节点和目的节点的路径分别为:节点(0,0)到节点(2,1)是"先东后北",节点(0,3)到节点(1,2)是"先东后南",节点(3,3)到节点(2,2)是"先西后南",节点(1,1)到节点(0,2)是"先西后北"。

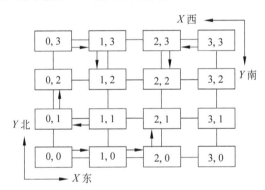

图 5-45 16 个节点的二维网格网络的 X-Y 寻径模式

X-Y 寻径算法建立的源节点和目的节点之间的物理通道一般是距离最短的,但有时为了减少网络流量与避免死锁,路径距离也可能是非最短的。由于 X-Y 寻径算法不会产生死锁,因此可用于存储转发和虫蚀传递。但对于环形网络,采用 X-Y 寻径算法则得不到距离最短的路径。

2. E-立方寻径算法

E-立方寻径算法主要用于超立方体互连网络。设有一个包含 $N=2^n$ 个节点的 n 方体,源节点编号 $S=S_{n-1}\cdots S_1 S_0$,目的节点编号 $D=D_{n-1}\cdots D_1 D_0$,$V=V_{n-1}\cdots V_1 V_0$ 为物理链路的中间节点编号。维号 $i=1,2,\cdots,n$,其中第 i 维对应于节点编号中的第 $i-1$ 位,选择一条 S 到 D 的路径距离最短的 E-立方寻径算法如下。

(1) 计算方向位向量:$r_i=S_{i-1}\oplus D_{i-1}$,其中 $i=1,2,\cdots,n$。

(2) $i=1$,$V=S$。

(3) 若 $r_i=1$,则从当前节点 V 选择下一节点 $V=V\oplus 2^{i-1}$;若 $r_i=0$,则跳过。

(4) $i \leftarrow i+1$,若 $i\leqslant n$,则转到第(3)步,否则退出。

E-立方寻径算法可以在源节点和目的节点之间建立多条距离最短的路径,而最短路径判定依据为:路径所经过的最少链路数与源节点和目的节点间的海明距离相等(源节点和目的节点的二进制编号的位号相同但位值不同的位数)。在如图 5-46 所示的 3-立方体网络中,当源节点为(011)且目的节点为(110)时,其方向位向量为(101);由于 $r_2=0$,则二维方向上源节点和目的节点之间没有距离,所以有两条距离最短的路径。①先沿一维将消息由源节点(011)传送至中间节点 $(011)\oplus 2^0=(010)$,再沿三维将消息传送至节点 $(010)\oplus 2^2=(110)$。②先沿三维将消息传送至节点 $(011)\oplus 2^2=(111)$,再沿一维将消息传送至节点 $(111)\oplus 2^0=(110)$。显然,两条路径的最少链路数均为 2,源节点与目的节点间的海明距离也为 2,所以两条路径的距离均为最短。

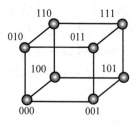

图 5-46　3-立方体网络的 E-立方寻径算法

设源节点与目的节点间的海明距离为 h,则最短路径有 $h!$ 条。如节点(000)与节点(111)之间的海明距离为 3,则它们之间共有 $3\times 2\times 1=6$ 条最短路径,且分别是 000→001→011→111、000→001→101→111、000→010→011→111、000→010→110→111、000→100→101→111 和 000→100→110→111。除最短路径外,还有多条非最短路径。所以立方体网络的可寻径很多,可靠性比较高;若某个或某些节点出现故障,剩下的节点仍可以进行源节点和目的节点间的通信。

5.5.6　死锁及其解除和避免方法

1. 死锁及其类型

死锁是指消息包在网络中传送时,等待一个不可能发生的事件。如当互连网络中所有节点的缓冲区已满时,在网络中传递的消息包均等待相关节点释放缓冲区,而又没有节点可以释放缓冲区,这样所有消息包都不可能进行传递,也就没有消息包可以到达目的节点。根据死锁是否可以解除来分,可将其分为无限延期与活锁。无限延期是指消息包在等待一个可能出现但永远不会发生的事件,如由于节点缓冲区的相关共享和公平性欠佳,某些消息包永远不可能占用到节点缓冲区。活锁是指消息包在网络中传递但无法到达目的节点的情况,它又有迎面死锁和寻径死锁之分,通常所说的死锁指的是活锁。采用一定的方法,可以解除活锁,但无限延期是不可能解除的。

对于两个节点,如果它们均需要向对方发送消息包,并且在接收到对方的消息包之前就发送,由此便发生迎面死锁。如若网络中采用半双工链路,则任何节点均不可能在同一链路上同时发送与接收消息包,否则将可能出现迎面死锁。

当互连网络中,多个消息包竞争同一网络资源时,便可能发生寻径死锁。对于如图 5-47 所示的互连网络,其包含 4 个交叉开关,且每个交叉开关均有 4 个输入端口和 4 个输出端口。当 4 个消息包在网络中传递时,任一条物理链路都与一定数量的缓冲区(包括目的交叉开关的输入缓冲区和源交叉开关的输出缓冲区)相关。在网络中传递的 4 个消息包都选择"左转",则各自相应的 4 条通道均占用了一个交叉开关的一个输入端口和一个输出端口以及另外一个交叉开关的一个输入端口,但还需要另外一个交叉开关的一个输出端口。而 4 条通道链路还需要的源交叉开关的输出缓冲区(输出端口)被占用,且在申请到新的输出缓冲区之前每个消息包都不会释放自己占用的缓冲区。如果没有消息包释放缓冲区(端口),就进入了死锁。

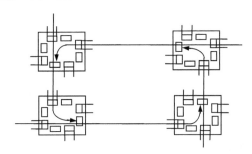

图 5-47　4 个交叉开关的互连网络的寻径死锁

2. 死锁产生的原因

从寻径死锁概念可以看出,当若干消息包在互连网络中传递时,由于消息包传递所需要的网络资源被另外的消息包所占用,且彼此之间形成循环等待而导致死锁。

对于存储转发传递,共享的网络资源是节点缓冲区,死锁则是由于节点缓冲区的循环等待而产生的,如图 5-48 所示。在图 5-48 所示的存储转发互连网络中,4 个消息包分别占用了 4 个节点的 4 个缓冲区,每个消息包均在等待另一消息包释放节点缓冲区,如果没有消息包释放节点缓冲区,便形成循环等待而出现缓冲区死锁。如果没有节点缓冲区释放,死锁将持续下去。

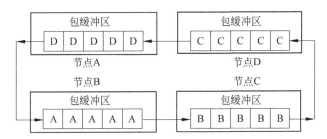

图 5-48　存储转发传递时缓冲区循环等待而产生的寻径死锁

对于虫蚀传递,共享的网络资源是链路,死锁则是由于链路的循环等待而产生的,如图 5-49 所示。在图 5-49 所示的虫蚀互连网络中,4 个消息沿 4 条通道同时传送,4 个消息的 4 个片同时占用了 4 条通道而产生链路死锁。如果循环中没有一条链路被释放,则死锁状态将持续下去。

显然,无论是存储转发还是虫蚀,均可能发生寻径死锁,但由于虫蚀将消信包分解为许多数据片序列分布到多个数据片缓冲区中,所以造成死锁的概率要大一些。

3. 死锁解除方法

从现象来看,死锁是由于网络资源(链路与缓冲区)的循环等待引起的,而循环等待的根源是众多消息在网络中进行传递时,由于不同消息传递所需网络资源相关共享,导致某些网络资源的需求量大于供给量。所以当出现死锁时,若能够增加某些网络资源,使其供

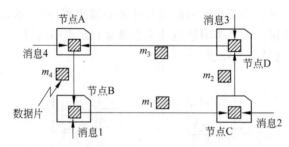

图 5-49 虫蚀传递时通道循环等待而产生的寻径死锁

给量大于需求量,则可以把死锁解除。在物理网络资源无法增加时,利用虚拟通道,可以有效地增加链路与缓冲区数,从而解除死锁。

利用虚拟通道解除死锁的基本思想为:允许节点在无法发送消息而释放网络资源时,仍可以继续接收消息,使该节点相对应的源节点释放出网络资源,从而打破网络资源的循环等待,解除死锁。如图 5-50 左图所示的链路死锁,A→B 的消息占用了链路 C1,且其通过节点 B 后希望使用链路 C2,使消息实现 B→C,但链路 C2 被 B→C 的消息占用,使得 A→B 的消息无法向目的节点方向继续传递,而停留在链路 C1 上。同样,B→C 的消息停留在链路 C2 上,C→D 的消息停留在链路 C3 上,D→A 的消息停留在链路 C4 上。由此,便形成了链路之间的循环等待,相应的通道相关如图 5-50 右图所示,其中节点表示链路,带方向的箭头表示通道之间的依赖关系。为解除死锁,可以增加两条虚拟通道 V3 和 V4,如图 5-51 左图所示,使通道相关循环链变成螺旋线,如图 5-51 右图所示。

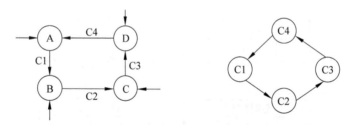

图 5-50 链路循环等待死锁及其通道相关图

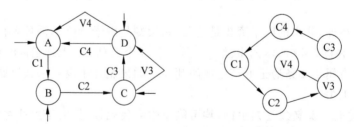

图 5-51 利用虚拟通道解除死锁及其通道相关图

虚拟通道解除死锁的实现方法是:为每个物理链路提供多个缓冲区,并将缓冲区劈开而构成一组虚拟通道,如图 5-52 所示。一组虚拟通道并不要求增加物理连接与开关数目,但需要在交叉开关中添加更多的多路选择器输入端和多路分配器输出端,以允许更多虚拟通道共享物理通道。

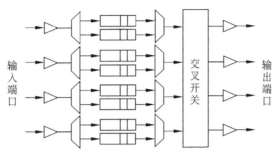

图 5-52 劈开缓冲区而构成一组虚拟通道

显然,无论活锁是如何产生的,解除的办法就是允许节点在无法发送消息时仍然可以接收消息。一个可靠的互连网络要免除活锁,就要求节点即使无法发送消息包,也应能将无用的消息从节点中剔除。

4. 死锁避免方法

死锁的循环等待实质是由于消息包寻径转弯不当而形成的,如果通道的链路之间相关不存在环,就不可能发生死锁。如蝶式置换寻径的链路之间相关是无环的,则不可能发生死锁;对于树及其胖树网络,当向上链路与向下链路互不相关时,也不可能发生死锁。在网络拓扑结构中,链路是按维分组。在消息包寻径时,从一维转到另一维则产生一个转弯。特别地,如果消息包传递不转弯而仅改变方向,则认为是 180°转弯;而在物理通道被分成虚拟通道后,在同一维同一方向上从一个虚拟通道转到另一个虚拟通道,则认为是 0°转弯。由于转弯可以合并成环,因此转弯寻径避免死锁的基本思想是:禁止最小数量的转弯来防止环的出现,也就是说,只要禁止足够的转弯就可以避免死锁。

在二维网络中,有 8 种可能的转弯和 2 个可能形成链路环的转弯寻径,如图 5-53 所示。当采用维序寻径(X-Y 寻径)时,可以通过禁止 4 种转弯(虚转弯线是非法的,实转弯线是合法的)来避免死锁。在禁止 4 种转弯后,4 种合法转弯不可能形成链路环,但也不可能实现任何自适应寻径。

对于二维网格,实际禁止少于 4 种的转弯也可以避免链路环的形成,如只禁止 2 种转弯,如图 5-54 所示的实线箭头表示采用西向优先(不允许往-X 方向转弯)寻径算法时允许的 6 种转弯。可以看出,图 5-54 中禁止的 2 种转弯均是向西转弯,说明如果消息包需要向西传递,那么开始就向西传递。西向优先寻径算法为:如果需要,先向西寻径,然后向南、向东和向北。如图 5-55 所示的是西向优先算法的 3 条路径,标记为不可用的链路

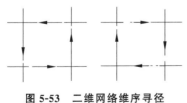

图 5-53 二维网络维序寻径
　　　允许的 4 种转弯

图 5-54 二维网络维序寻径西向优先
　　　允许的 6 种转弯

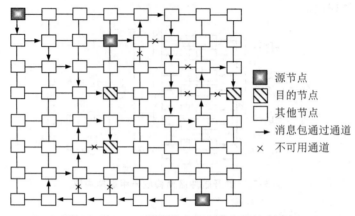

图 5-55 8×8 二维网络中西向优先的转弯寻径

要么出现故障,要么被别的数据包占用;3 条路径中有一条为最短路径,其他两条由于在寻径时绕开了不可用的链路而成为非最短路径。西向优先算法由于可以避免链路环的形成,所以它是无死锁的寻径算法。

为了避免链路环的形成,还可以选择其他 6 种转弯,但被禁止的 2 种转弯不能任意选择。如图 5-56 左图所示,3 个左转弯等价于一个右转弯;如图 5-56 中图所示,3 个右转弯等价于一个左转弯。如果允许图 5-56 左图所示的 3 个左转弯和图 5-56 中图所示的 3 个右转弯,这 6 种未被禁止的转弯则还可以形成链路环,如图 5-56 右图所示。所以在 8 种可能的转弯中,禁止 2 种转弯的组合有 4×4=16 种(从图 5-53 的两个环中各取任一种转弯的组合被禁止),但仅有 12 种转弯组合可以避免死锁(从图 5-56 可以看出,左图所示的环中由北往西转弯被禁止,中图所示的环中由西往北转弯被禁止,这两种转弯组合被禁止后,仍然可以形成链路环;类推可知在一个环中取一种转弯被禁止,在另一个环中相反转弯也被禁止,那么仍然可以形成链路环)。特别地,如果考虑对称性,只有三种转弯组合是独立的,它们分别为西向优先、北向最后和负向优先。北向最后是不允许由北往东和由北往西转弯(禁止来自+Y 方向的转弯),负向优先不允许由北往西和由东往南转弯(禁止从正方向转弯到负方向)。

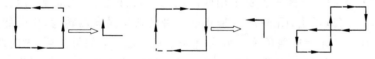

图 5-56 二维网络允许 6 种转弯构成的通道环

转弯寻径除用于二维网络外,还可以用于 n 维方体网络的自适应寻径来避免死锁,其算法如下。

(1) 根据消息包在网络内的寻径方向将链路分为若干方向维。

(2) 识别不同方向之间的转弯和可能形成的链路环。

(3) 在每个链路环中禁止一个转弯。

(4) 在不引入新环的前提下,尽可能多地合并转弯和添加 0°与 180°的转弯(如果在一个方向上有多个链路且是非最小寻径,这些转弯就是需要的)。

5.5.7 流量控制及其控制策略

1. 流量控制层次及其控制策略

消息包在互连网络中传递时,产生死锁的根源是所需求的网络资源超过了现有的网络资源。利用虚拟通道来解除死锁,其前提条件是网络中的缓冲区还未完全饱和,若缓冲区资源完全被利用,虚拟通道对于死锁的解除也无能为力。利用转弯寻径可以避免死锁,但在网络资源一定时,若流量太大则会产生拥堵,使传输时延很大。而无论是死锁还是拥堵,导致其产生的最基础原因是网络中传输的流量太大,从而需要对互连网络中传输的流量加以控制,即当网络中有多个数据流需要同时使用共享网络资源时,就需要有一种流量控制机制来控制这些数据流。所谓流量控制策略是指对互连网络上的消息包的流量进行控制,以避免死锁与拥堵。流量控制机制实际上是一个调节器,当输入速率与输出速率不匹配时,才需要进行提示与控制。所以在数据流传输较为平缓的理想情况下,只需要提供足够的网络资源即可,而不需要进行流量控制。

互连网络具有层次性,一般说来,在不同层次中都需要进行流量控制,但由于系统域互连网络的一些特点,使得其流量控制与局域网和广域网中的流量控制有很大的区别。如在并行计算机中,可能在很短的时间内产生大量的并发数据流,并且对网络传输的可靠性要求很高。因此,系统域互连网络的流量控制分为网络层和链路层,其中网络层流量控制即是包冲突处理。

2. 包冲突及其处置方法

所谓包冲突是指当多个消息包在互连网络中传输时在某个节点上发生若干消息包竞争缓冲区或链路资源的现象。对包冲突的处理一般来说应有利于网络层的流量控制,且主要包括两个问题:将资源分配于哪个包和如何处置没有得到资源的包。根据没有得到资源的包的不同处置方法,可以把包冲突处理方法分为 4 种,两个包竞争资源的 4 种处置方法如图 5-57 所示。

(1) 缓冲法。若包 1 和包 2 在节点中出现冲突,则包 1 继续传输,并将包 2 暂时存放于包缓冲区中,如图 5-57(a)所示。显然,缓冲法适用于存储转发传递。

(2) 阻塞法。若包 1 和包 2 在节点中出现冲突,则包 1 继续传输,包 2 被阻塞而停止传输,但并不被扬弃,如图 5-57(b)所示。显然,阻塞法适用于虫蚀传递。

(3) 重发法。若包 1 和包 2 在节点中出现冲突,包 1 继续传输,包 2 被扬弃,并要求源节点重新发送,如图 5-57(c)所示。

(4) 绕道法。若包 1 和包 2 在节点中出现冲突,包 1 继续传输,包 2 选择另一链路绕道传输,如图 5-57(d)所示。

3. 链路层流量控制方法

数据从一个节点的输出端口通过链路传输到另一个节点的输入端口,在这个过程中数据可能存储在一个锁存器、队列或主存中,链路可能是长的或短的、宽的或窄的、同步的或异步的。但影响链路传输数据的根本因素在于目的节点输入端口的存储区域可能被填

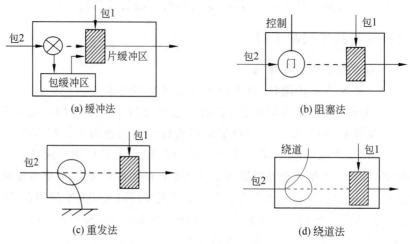

图 5-57 两个包竞争资源的 4 种处理方法

满,从而要求将数据保存在源节点的存储区域中,直到目的节点的存储区域变得可用,这样也可能造成源节点的存储区域也被填满。以此类推,直至起始源节点无法发送数据为止。为了实现链路层流量控制,链路应该具备信息反馈功能,即目的节点向源节点提供反馈信息,指示是否可以继续接收链路上传输过来的数据。若目的节点反馈不能接收数据为止,源节点则保持数据,一直到目的节点显示可以继续接收数据为止。对于不同特性的链路,链路层流量控制的方法有所不同。根据目的节点反馈信息的不同,链路层流量控制方法可以分为两种:应答法和信用量法。

对于长度短的链路,网络中的数据传输如同机器内部寄存器之间的数据传输一样,其区别仅在于扩展了一组应答信号,如图 5-58 所示,这就是应答法。当源节点存储区域填满时,向目的节点发送请求信号;目的节点接收到请求信号后,若目的节点存储区域为空,就向源节点发送就绪信号;源节点接收到就绪信号后,就向目的节点发送数据,目的节点就从输入端口接收数据;目的节点接收到数据后,就向源节点发送确认信号。目的节点接收到请求信号后若存储区域已满,则不发送就绪信号;源节点没有接收到就绪信号则不会发送数据。当链路长度短时,无论带宽是宽还是窄,应答法的操作过程均相似,仅在于带宽比较宽时应答信号是位,而带宽比较窄时是位片。

对于长度比较长的链路,则采用信用量法。当目的节点释放出输入缓冲区时,就向源节点发送一个信用量,源节点则根据信用量来发送对应容量的数据片,如图 5-59 所示。通常,信用量是采用在源节点设置一个计数器来计量,计数器被初始化为输入缓冲区中空项的数目。每发送一个数据片,计数器就减 1;当计数器为 0 时,就停止发送。当目的节点从输入缓冲区中取出一个数据片时,就向源节点发送信用量信号,源节点接收到信用量信号,计数器就加 1。显然,信用量法可以保证目的节点输入缓冲区不会产生溢出。当链路长度比较长时,无论带宽是宽还是窄,信用量法的操作过程也是相似的,但带宽比较宽时信用量信号采用专线,带宽比较窄时则采用复用线。

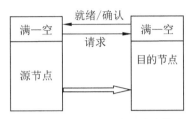
图 5-58 链路层流量控制的应答法

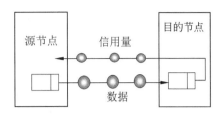
图 5-59 链路层流量控制的信用量法

5.5.8 选播和广播路径选择

1. 互连网络的通信模式

对于系统域互连网络,其通信模式可以分为单播、选播、广播和会议等四种。单播是指一对一通信,即一个源节点发送消息到一个目的节点。选播是指一对多通信,即一个源节点发送同一个消息到多个目的节点。广播是指一对全体通信,即一个源节点发送同一个消息到所有节点,而会议是指多对多通信。

在系统域互连网络中,单播模式应用最为广泛,前面所介绍的寻径算法均是针对单播模式的。会议模式极其复杂,目前还没有很有效的寻径算法。

2. 选播与广播模式的实现途径

无论是选播还是广播,均可以通过多次单播来实现,但其通信时延和通道流量都比较大,即寻径效率不高。

若在 3×4 网格网络上实现选播模式,如从源节点 S 传送一个消息包到 5 个目的节点 $D_1 \sim D_5$。当采用单播 X-Y 寻径算法来实现时,其总的通道流量为 $1+3+4+3+2=13$ 条链路,通信时延为 4,即从 S 到 D_3 的路径长度,如图 5-60(a)所示。而采用选播 X-Y 寻径算法时,其寻径效率要高一些。所谓选播是指在一个中间节点上复制所传送的消息包,然后把该消息包的多个备份送到目的节点,以减少通道流量。同一选播要求的选播途径很多,如本例选播则有两种不同途径,分别如图 5-60(b)和图 5-60(c)所示。图 5-60(b)所示方法的通道流量为 7,通信时延为 4,更适合用于对时延要求较高的存储转发网络;图 5-60(c)所示方法的通道流量为 6,通信时延为 5,更适合用于注重通道流量的虫蚀网络。

若在 3×4 网格网络上实现广播模式,如从源节点 S 传送一个消息包到所有其他网格节点,当采用扩展选播 X-Y 寻径算法(将目的节点扩展到所有节点,可以称为广播树寻径算法)时,寻径路线使所有网络节点构成一棵 4 层的生成树,且到达树的第 i 层上节点的通信时延为 i,如图 5-60(d)所示,节点中的数字为生成树的层号。这时,通信时延和通道流量均达到最小。

3. 贪婪选播寻径算法

n-立方体互连网络是一种常用的网络拓扑,下面就以它为例来讨论选播与广播的贪婪寻径算法。

贪婪选播寻径算法的基本思想是:以选播 X-Y 寻径算法为基础,把节点复制的消息包向可以到达最多剩余目的节点的维方向发送,以使所需的链路数少。显然,贪婪选播寻径算法所需要的链路数比单播 X-Y 寻径算法、选播 X-Y 寻径算法和广播树寻径算法均

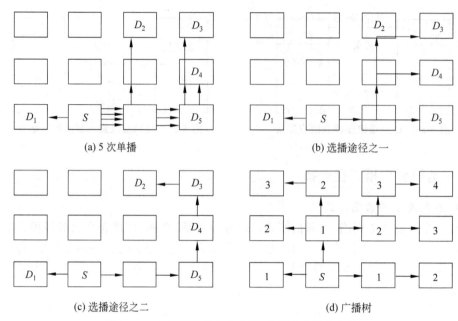

图 5-60 3×4 网格网络上单播、选播和广播的比较

要少。如图 5-61 所示的是一棵贪婪选播树,源节点为 0101,7 个目的节点分别为 1100、0111、1010、1110、1011、1000 和 0010。以 0101 为源节点开始,由维 2 方向可以到达两个目的节点,由维 4 方向可以到达 5 个目的节点,则树的第一层所用链路是 0101→0111 和 0101→1101。然后以 1101 为源节点,由维 2 方向可以到达 3 个目的节点,由维 1 方向可以到达 4 个目的节点,则树的第二层所用链路是 1101→1111、1101→1100 和 0111→0110。同理,树的第三层所用链路是 1111→1110、1111→1011、1100→1000 和 0110→0010,第四层所用链路是 1110→1010。

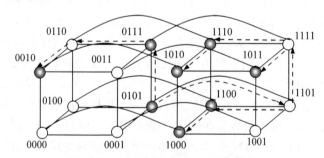

图 5-61 4-立方体寻径的贪婪选播树

贪婪选播寻径算法也可以将目的节点扩展到所有节点,这时可以称为贪婪广播寻径算法。贪婪广播寻径算法首先应该比较所有各维方向的可达性,然后选择某些维发送消息包,以使剩余目的节点的集合最小。如果某两维之间有链路,那么选择其中任何一维都可以,所以贪婪广播寻径算法所生成的树不是唯一的。采用贪婪广播寻径算法来实现广播时,其寻径路线同样使所有网络节点构成一棵贪婪广播树,且通信时延不超过 n,通道

流量为最小。如一棵根节点(源节点)为 0000 的 4-立方体广播树的通信时延不超过 4。

特别地,为了避免中间节点增加缓冲区,在选播树或广播树中,同一层的所有输出链路必须在传输向前推进一层之前处于就绪状态。

例 5.11 如图 5-62 所示为四维超立方体,即 $n=4$。现设源节点的地址为 $S=0110$,目的节点的地址为 $D=1101$,请用 E-立方寻径算法为 S 与 D 之间选择一条最短路径。

解:方向位向量 $R(r_4r_3r_2r_1)=S\oplus D=0110\oplus 1101=1011$,$V=S=0110$(源节点)

$r_1=1,V=V\oplus 2^{i-1}=0110\oplus 0001=0111$;

$r_2=1,V=V\oplus 2^{i-1}=0111\oplus 0010=0101$;

$r_3=1$,跳过;

$r_4=1,V=V\oplus 2^{i-1}=0101\oplus 1000=1101$(目的节点)。

所以 S 与 D 之间的最短路径为:$S=0110\to 0111\to 0101\to D=1101$。

例 5.12 某互连网络的通道频宽为 512b/s,用于路径建立的小消息包长度为 32 位,数据消息包长度为 512 位,源节点与目的节点之间的距离分别为 4 和 64。当采用线路交换、存储转发和虫蚀来进行消息传递时,在互连网络负载很小的情形下,试计算比较它们的传输时延,可以得出什么结论?

解:当互连网络负载很小时,存储转发与虫蚀在节点上的等待时间可以认为是 0,即 $T_D=0,B=512b/s,L=512b,L_T=L_H=32b$,由线路交换、存储转发和虫蚀传输时延的计算式则有:

线路交换:
$$T_{CS4}=(L_T\times D+L)/B=(32\times 4+512)/512=1.25(s)$$
$$T_{CS64}=(L_T\times D+L)/B=(32\times 64+512)/512=5.00(s)$$

存储转发:
$$T_{CS4}=D\times(T_D+L/B)=4\times(0+512/512)=4.00(s)$$
$$T_{CS64}=D\times(T_D+L/B)=64\times(0+512/512)=64.00(s)$$

虫蚀传递:
$$T_{CS4}=L/B+L_H\times D/B+T_D=0+(32\times 4+512)/512=1.25(s)$$
$$T_{CS64}=L/B+L_H\times D/B+T_D=0+(32\times 64+512)/512=5.00(s)$$

从它们的传输时延可以看出:在互连网络负载很小的情形下,存储转发的传输时延比线路交换和虫蚀传递要长,线路交换和虫蚀传递的传输时延相等。但当互连网络负载很大时,消息包在节点上的等待时间不可能为 0,这时虫蚀传递的传输时延要比线路交换长一些。所以若仅从传输时延来看,线路交换最为理想。

复 习 题

1. 什么是互连网络?它可以分为哪几类?指出各类互连网络的适用场合。
2. 什么是系统域互连网络?它一般包含哪几个方面的属性?由哪几部分组成?
3. 从定时方式来分,互连网络可以分为哪两种?从拓扑结构来分,互连网络可以分为哪两种?从控制策略来分,互连网络可以分为哪两种?

4．交叉开关由哪几部分组成？从逻辑属性长度来看，链路可分为哪两种？网络接口主要有哪些功能？

5．互连网络有哪些描述方法？它们用于描述互连网络哪方面的特性？

6．什么是互连函数？什么是循环互连函数？写出循环互连的简易表示式。

7．常用互连函数有哪些？它们各有哪些变形？写出这些互连函数及其变形的变换方法与表达式。

8．互连网络的物理特性参数有哪些？写出它们的含义。

9．互连网络的逻辑特性有哪些？写出它们的含义。

10．互连网络的时延性能参数有哪些？写出它们的含义。

11．互连网络的带宽性能参数有哪些？写出它们的含义。

12．什么是静态互连网络？选用时应考虑哪些因素？

13．静态互连网络的分类依据是什么？它可以分为哪几类？写出各类静态互连网络的物理特性和逻辑特性参数。

14．什么是动态互连网络？它可以分为哪几类？

15．什么是交叉开关？一个交叉开关可以表示为 $a \times b$，其表示什么含义？

16．常用的交叉开关有哪些？写出交叉开关输入端与输出端的连接特性。

17．什么是交点开关？交点开关主要包含哪两部分逻辑电路？

18．什么是多级交叉开关？简述它的组成结构。

19．多级交叉开关一般采用 2×2 交叉开关来组建，这种交叉开关包含哪几种正常的工作状态？这时它有哪两种类型？写出每种类型所包含的正常工作状态。

20．对于多级交叉开关结构，什么是级间连接模式？如何表示？

21．对于多级交叉开关结构，控制策略有哪几种？写出各种控制策略的含义。

22．多级交叉开关可以分为哪几种类型？写出各种类型的定义。

23．写出总线、交叉开关和多级交叉开关的节点带宽、连线复杂性和开关复杂性的函数表示式。

24．常用的多级交叉开关有哪些？简述它们的组成结构。

25．Ω 多级交叉开关采用哪种控制策略？简述 Ω 多级交叉开关的寻径控制算法，写出它可以实现的互连函数表达式。

26．STARAN 多级交叉开关采用的控制策略有哪两种？这两种控制策略各实现哪种常用的互连函数？

27．间接方体多级交叉开关采用哪种控制策略？简述间接方体多级交叉开关的寻径控制算法，写出它可以实现的互连函数表达式。

28．δ 多级交叉开关一般表示为 $a^n \times b^n$，其表示什么含义？

29．δ 多级交叉开关采用哪种控制策略？简述 δ 多级交叉开关的寻径控制算法。

30．DM 多级交叉开关一般表示为 $N \times N$，其表示什么含义？它采用的交叉开关有哪些？

31．DM 多级交叉开关采用哪种控制策略？简述 DM 多级交叉开关的寻径控制算法。

32．Benes 多级交叉开关采用哪种控制策略？简述 Benes 多级交叉开关的寻径控制算法,写出它可以实现的互连函数表达式。

33. 在改进终端标记寻径算法中,对 2×2 的二功能交叉开关的控制有哪两种方法? 这两种控制方法各使交叉开关处于什么工作状态?

34. 3 级 Clos 多级交叉开关可以表示为 $C(m,n,r)$,其表示什么含义?

35. 什么是消息与消息包? 消息包必须配置哪两种数据片?

36. 消息包有哪几种传递方式? 简述各种传递方式的具体含义,并写出各种传递方式的通信时延的计算式。

37. 什么是路由选择? 路由选择常用的度量参数有哪些?

38. 路由选择有哪两种算法? 简述它们的基本思想。

39. 什么是虚拟通道? 它一般由哪几部分组成?

40. 什么是路由选择算法? 它可以分为哪两种类型? 它有什么特点?

41. 什么是确定性路由选择算法? 它有什么特点?

42. 什么是自适应路由选择算法? 它包含哪几种算法?

43. 简述 E-立方路由选择算法,它可以建立多少条距离最短的路径?

44. 什么是死锁? 它可以分为哪两种类型? 通常讲的死锁是指哪种类型?

45. 什么是活锁? 它可以分为哪两种类型? 各举一例说明。

46. 死锁产生的原因是什么? 以存储转发与虫蚀传递为例加以解释。

47. 简述利用虚拟通道解除死锁的基本思想与实现方法。

48. 死锁循环等待形成的原因是什么? 简述通过转弯寻径避免死锁的基本思想。

49. 什么是流量控制策略? 系统域互连网络从哪两个层次进行流量控制?

50. 什么是包冲突? 包冲突的处置方法有哪些? 简述各种方法的处置策略。

51. 链路层流量控制方法有哪几种? 简述各种方法的控制策略。

52. 互连网络的通信模式有哪几种? 简述贪婪选播寻径算法。

练 习 题

1. 交叉开关的形成与总线结构的发展有什么关系? 交叉开关与总线各采用什么机制来分配链路?

2. 仅允许一对一映射的 $N\times N$ 的交叉开关的交点开关数为多少? 输入端与输出端的合法连接状态和可实现的置换各为多少? 举一例来说明。

3. 多级交叉开关一般是阻塞网,而交叉开关是非阻塞网,为什么还要采用多级交叉开关? 多级交叉开关的结构由哪些属性来决定?

4. 对于总线、交叉开关和多级交叉开关来说,哪种网络的硬件复杂性最高,为什么? 哪种网络的传输时延最长,为什么?

5. 对于包含 n 级的 STARAN 多级交叉开关,当采用组控制策略时,需要多少位二进制控制信号? 这些二进制数的组合都可以用于控制吗,为什么? 举一例说明。

6. 对于包含 n 级的 STARAN 多级交叉开关,当采用级控制策略时,需要多少位二进制控制信号? 这些二进制数的组合都可以用于控制吗,为什么? 举一例说明。

7. 对于δ多级交叉开关 $a^n \times b^n$，试说明相邻二级交叉开关的左侧输出端数与右侧输入端数是相等的。

8. 对于图 5-32 所示的 DM 网络，若要求实现输入端 2 到输出端 7 的连接，可以选择哪几条路径？由此说明 DM 多级交叉开关的节点之间的路径具有什么特性？

9. 在终端标记寻径算法与改进终端标记寻径算法中，分别是如何控制 2×2 的二功能交叉开关的？控制结果有什么不同？各有什么优缺点？

10. 对于 3 级 Clos 多级交叉开关 $C(m,n,r)$，实现可重排的条件是什么？举一例说明。

11. 试比较虫蚀传递与虚拟直通操作上的异同点及各自的优缺点。

12. 路由选择的目标是什么？为什么说路由选择是多目标优化问题？

13. 试比较确定性与自适应路由选择算法的异同点及各自的优缺点。

14. 源节点与目的节点之间路径距离最短的判断依据是什么？

15. 死锁产生的根源是什么？为什么死锁可以解除？

16. 在二维网格网络中，有多少种可能的转弯？因为转弯寻径不当，可能形成多少个环？

17. 对于二维网格网络，至少应该禁止多少种转弯才可能避免链路环的形成？禁止的转弯可以任意选择吗，为什么？

18. 在链路层流量控制信用量法中，信用量表示什么含义？它是如何计量的？链路应具备什么功能？

19. 设 16 个处理器编号分别为 0、1、…、15，若采用单级交叉开关，当互连函数分别如下所列时，第 13 号处理器分别与哪一个处理器相连？

(1) $Cube_3(Cube_1)$ (2) PM_{+2} (3) PM_{-3} (4) Shuffle
(5) Butterfly(Butterfly)   (6) $\sigma_{(2)}$ (7) $\sigma^{(3)}$ (8) σ^{-1}
(9) $\beta_{(1)}$ (10) $\beta^{(3)}$ (11) $\rho_{(\rho)}$ (12) $\rho_{(0)}$ (13) $\rho^{(2)}$

20. 设 PM2I 网络有 8 个节点，请画出 $PM_{\pm 0}$、$PM_{\pm 1}$ 和 $PM_{\pm 2}$ 互连网络的连接图。

21. $N=16$ 的互连网络入出端编号分别为 0~15，若实现的互连关系由互连函数 $f(x_3x_2x_1x_0)=x_0x_1x_2x_3$ 表示，该互连函数是否为循环互连函数？如是，写出循环互连函数的简易表示式。

22. 画出 16 台处理器仿 Illiac Ⅳ 模式进行互连的连接图，指出 PE_0 分别经一步、两步和三步传送可以将信息传送到的各处理器号，并写出任意一台处理器 $PU_i(0 \leqslant i \leqslant 15)$ 与其他处理器直接互连的一般表达式。

23. 在有 16 个处理器的均匀洗牌互连的网络中，若需要使第 0 号处理器与第 15 号处理器连接通信，需要经过多少次均匀洗牌和交换置换？

24. 设 E 为交换函数，S 为均匀洗牌函数，PM2I 为移数函数，且入出端编号用十进制数表示，现有 32 台处理器。

(1) 采用 E_0 和 S 构建均匀洗牌交换互连网络（每一步仅可使用一次 E_0 和 S），请问网络直径为多少？从 5 号处理器发送数据到 7 号处理器，最短路径需要经过几步？列出最短路径所经过的处理器编号。

（2）采用移数函数构建互连网络，网络直径和节点度各为多少？与 2 号处理器距离最远的是几号处理器？

25. 若分别采用直径最小的三维网络、六维二元超立方体网络和带环立方体（CCC）网络来构建由 64 个节点组成的直接网络，令 d、D 和 L 分别为网络的节点度、直径和链路数，且采用 $(d\times D\times L)^{-1}$ 来衡量其性能，按性能排列出这三种构建网络的顺序。

26. 采用单级方体网络模仿 $N=16$ 的单级 PM2I（$i=0$）网络，最差情况下需要使用几次单级循环传送？

27. 对于采用级控制的三级 STARAN 多级交叉开关网络，当第 i 级开关（$0\leqslant i\leqslant 2$）为直送状态时，不能实现哪些节点之间的通信，为什么？当第 i 级开关为交叉状态时，不能实现哪些节点之间的通信？

28. 在编号分别为 0、1、…、9、A、B、…、F 的 16 个处理器之间，若要求按下列配对通信：(B、1)、(8、2)、(7、D)、(6、C)、(E、4)、(A、0)、(9、3)、(5、F)，试选择所使用多级交叉开关网络的类型与控制方式，并画出拓扑结构和各级交换开关状态图。

29. 画出编号分别为 0、1、…、9、A、B、…、F 共 16 个节点之间的 STARAN 多级交叉开关网络，当采用的级控制信号为 1100 时，9、A、B、…、F 号节点分别连接哪个节点？

30. 写出 $N=8$ 的蝶式置换的互连函数，如果采用 Ω 网络，需要通过多少次才能实现蝶式置换？画出 Ω 网络实现蝶式置换的控制状态图。

31. 某并行处理机采用 STARAN 多级交叉开关连接 16 个处理器，若需要实现相当于先 4 组 4 元交换、后 2 组 8 元交换、再 1 组 16 元交换的交换函数功能，请写出此时各处理器之间所实现的互连函数一般式，画出相应网络拓扑结构图，并标出交叉开关状态。

32. 分别利用方体交叉开关和均匀洗牌交叉开关将某处理器的数据播送到所有 2^n 个处理器，试问各需要循环传送多少次？假设交叉开关每次仅可以进行一种置换，方体交叉开关第 i 次实现 $Cube_i$ 置换传送。

33. 具有 $N=2^n$ 个输入端的 Ω 网络采用单元控制。

（1）N 个输入共应有多少种不同的排列？

（2）该 Ω 网络一次实现的置换共有多少种是不同的？

（3）设 $N=8$，计算一次实现的置换数占全部排列的百分比。

34. 设具有 N 个输入端的 Ω 网络采用单元控制。

（1）给定任意一个源（S）-目的（D）对，连接通路可以由终端地址唯一控制。若不采用终端地址 D 为寻径标记，而定义 $T=S\oplus D$ 为寻径标记来建立连接通路，那么将 T 作为寻径标记的优点有哪些？

（2）Ω 网络可以实现播送（一源对多目的）功能，若目的数为 2 的幂，试写出实现该功能的寻径算法。

35. 画出 $N=8$ 的间接方体多级交叉开关网络，当需要同时实现 0→3、1→7、2→4、3→0、4→2、5→6、6→1 和 7→5 的数据传送时，标出单元控制下各交叉开关的状态，说明为什么不会发生阻塞？

36. 如图 5-62 所示的是一个 $2^3\times 2^3$ 的 δ 多级交叉开关，存储模块二进制编号为 $d_2d_1d_0$、处理机二进制编号为 $p_2p_1p_0$，K_0、K_1、K_2 级的控制信号分别为 x_0、x_1、x_2。

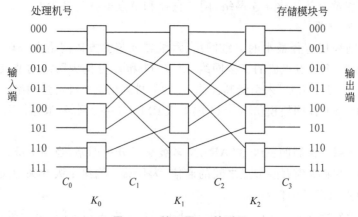

图 5-62 练习题 36 的附图

(1) 该网络是否可以使任何处理机与任何存储模块之间均存在一个通路?

(2) 若采用级控制,且 $x_i=0$ 时为直送连接,$x_i=1$ 时为交叉连接。为了可以根据处理机对存储模块的访问要求来建立网络通路,请写出 x_0、x_1、x_2 与 $d_0d_1d_2$ 和 $p_0p_1p_2$ 的逻辑关系式。

(3) 若在 0 号处理机访问 2 号存储模块的同时,4 号处理机要访问 4 号存储模块,6 号处理机要访问 3 号存储模块,试问是否会发生阻塞?

37. 对于包含 16 个输入端的 Ω 网络。

(1) 若节点对 1011 与 0101、0111 与 1001 需要同时进行数据传送,画出相应寻径连接的交叉开关设置,这时会出现阻塞吗?

(2) 试计算该 Ω 网络通过一次实现的置换个数及其占全部置换的百分比?

(3) 该网络实现任一个置换所需的通过次数最多为多少?

38. 画出采用 4×4 交叉开关组建的一个 16×16 三级网络,其设备数量比单级 16×16 交叉开关节省多少?举例说明在输入与输出之间存在较多的冗余路径。

39. 假设将 8×8 矩阵 $A=(a_{ij})$ 按顺序存放于存储器的 64 个单元中,那么采用什么单级交叉开关可以实现对该矩阵进行转置变换?共需要传送多少次?

40. 若将 $2^m \times 2^m$ 矩阵 A 按行存放于主存储器中,试证明在对 A 进行 m 次完全均匀洗牌置换后可以得到转置矩阵 A^T。

41. 根据推理分析或反例来证明下列命题的正确性。

(1) 在采用虫蚀传递的超立方体多处理机中,相邻节点之间有一对方向相反的单向通道,在该计算机上实现 E-立方体传递不会产生死锁。

(2) 在二维网格网络上实现 X-Y 传递不会产生死锁。

(3) 在三维网络(k 元 n 方体)上实现 E-方体传递不会产生死锁。

42. 在一个 8×8 的网格网络上,根据下列给定条件选择优化选播路径,设源节点为 (3,5),目的节点有 (1,1)、(1,2)、(1,6)、(2,1)、(4,1)、(5,5)、(5,7)、(6,1)、(7,1)、(7,5)。

(1) 选播路径所使用的链路最少。

(2) 选播路径从源节点到所有目的节点的距离最短。

43. 假设有一个具有 64 个节点的超立方体单级网络,根据 E-方体寻径算法,画出从节点 101101 发送数据到节点 011010 的路径,并标出这条路径上的所有中间节点。

44. 设有一个具有 16 个节点的超立方体网络,若源节点为(1010),目的节点有(0000)、(0001)、(0011)、(0101)、(0111)、(1111)、(1101)、(1001)。根据贪婪选播寻径算法,选择一条流量尽可能少的选播路径,使从源节点到所有目的节点的距离最短。

45. 对于具有 16 个节点的二维网格网络,采用 X-Y 维序寻径算法,标出从节点(3,0)到节点(0,3)以及从节点(0,0)到节点(3,3)的路径。

46. 对于 4 方体网络,从节点 0000 到节点 1111 有多少条最短路径,为什么?用 E-方维序寻径算法找出其中一条距离最短的路径。

第 6 章 指令级高度并行处理机

根据处理的数据是标量还是向量,通常把处理机分为标量处理机和向量处理机两大类,目前标量处理机均采用流水线技术来实现指令级(含操作步骤)并行。本章介绍指令级高度并行处理机的系列概念、分类与实现技术,分析指令调度的概念、实现途径及其策略方法,讨论超标量处理机、超流水线处理机、超标量超流水线处理机和超长指令字处理机的时空图、结构组织及其性能。

6.1 指令级高度并行及其静态指令调度

【问题小贴士】 ①利用时间重叠技术实现的流水线处理机可以并发地处理多条指令,这是提高处理机性能的主要途径。为了直观地反映指令级的高度并行性,引入什么指标来度量流水线处理机的并行处理能力?它与 CPI 有怎样的关系?目前指令级高度并行的实现技术有哪些?②由流水线技术可知,当指令之间存在相关时,则不可能并行处理;虽然通过有关技术可以消除许多指令相关,但无法完全消除它们,因此需要尽量避免。那么怎样才能避免指令相关?可以采取哪些途径来避免它们?③通过编译器可以避免指令相关,其避免指令相关的策略有哪些?举例说明。上述问题的解决涉及许多具体方法,还需要通过练习来掌握直至熟悉。

6.1.1 标量处理机及其指令级高度并行

1. 标量处理机及其分类

原子类型数据即是标量,如常量和数组中的元素等。同一时刻仅可以对一个、一对或一组标量数据进行运算或操作且仅能得到一个结果的指令称为标量指令,通常简称为指令。

仅有标量数据表示和标量指令的处理机称为标量处理机,简称为处理机,它是最通用、最普及的处理机。由于实现标量指令级并行的技术方法很多,便形成了不同体系结构的标量处理机,目前主要有普通流水线处理机、超流水线处理机、超标量处理机、超流水线超标量处理机、超长指令字处理机和传统串行处理机等。

2. 指令级高度并行及其并行度

提高处理机性能的本质是缩短指令处理时间,提高指令处理速度。提高指令处理速度有以下三条途径:一是提高器件速度及其工作频率,但对半导体器件来说是有限的,目前速度提高明显减缓;二是减少指令处理的时钟周期数,采用 RISC 技术可以在一定程度上得以实现,但也是有限的;三是使多条指令并行处理,即实现指令级并行,这是提高指令处理速度的根本途径。

使处理机实现指令级并行,实质上是要减少指令处理的平均时钟周期数 CPI。在提高处理机性能的三条途径中,前两条途径不可能使 CPI 小于1,要做到这一点,就需要开发指令级并行性。为直观反映 CPI 小于 1 的处理机的指令级并行性,可以采用指令级并行度来描述。所谓指令级并行度(Instruction Level Parallism,ILP)是指在一个周期内完成的指令数,即:

$$ILP = 程序指令数 / 程序处理时钟周期数$$

当 ILP>1 时,则处理机实现了高度并行。因此,所谓指令级高度并行是指在一个周期内完成的指令数大于1,相应的处理机即是指令级高度并行处理机。目前,指令级高度并行处理机有超标量处理机、超流水线处理机、超标量超流水线处理机和超长指令字处理机 4 种。

3. 指令级并行实现技术

提高并行性的技术途径有时间重叠、资源重复和资源共享,其中资源共享仅适合于实现进程与作业间并行,指令及其操作步骤并行性实现仅能利用时间重叠和资源重复,由此便形成三种指令级并行实现技术。一是从时间重叠出发,采用流水线或超流水线(Superpipelining)技术,通过细分指令处理过程,实现指令或指令操作步骤之间的并发执行,即实现时间并行性,相应有普通流水线处理机和超流水线处理机。二是从资源重复出发,采用超标量(Superscalar)技术,通过设置多个独立的操作运算部件,实现指令或指令操作步骤之间的同时执行,即实现空间并行性,相应有超标量处理机。三是从资源重复和指令格式组合优化出发,采用超长指令字(Very Long Instruction Word,VLIW)技术,通过在一条指令中设置多个独立的操作字段和设置多个不同的操作运算部件,每个独立操作字段可以分别控制相应的操作运算部件,实现超长指令字处理,相应有超长指令字处理机。另外,还可以把超流水线技术和超标量技术结合起来,使指令或指令操作步骤之间既并发执行,也同时执行,相应有超标量超流水线处理机。

6.1.2 指令发射与指令调度

1. 指令发射及其类型

指令的处理过程一般分为取指、译码、执行和保存结果 4 个子过程,相应的指令流水线则包含取指令、译码、执行和保存结果 4 个功能段。由于指令间存在数据相关,有些指令不能并行执行,但可以并行取指与译码。因此,可以在译码和执行两个功能段之间设置一个缓冲栈,以调整指令进入执行功能段的顺序。指令发射是指启动指令进入取指或启动指令进入执行,即指令发射有取指发射和执行发射之分。

执行发射是指启动指令进入执行段,它可以分为按序发射和无序发射两种。当启动指令进入执行的顺序与取指顺序一致时称为按序发射,不一致时则称为无序发射。

指令级并行度是度量标量处理机性能的基本指标,而时钟周期是处理机内部的最小时间单位。ILP<1 的标量处理机是容易实现的,但 ILP>1 的标量处理机则难以实现,通常需要采用一些特殊技术。因此,以 ILP=1 为基准,区分出有本质不同的标量处理机。

取指发射是指启动指令进入取指段,它可以分为单发射和多发射两种,多发射的控制比单发射复杂得多。

单发射是指在一个时钟周期内平均至多仅能够使一条指令进入取指,相应的标量处理机称为单发射处理机。多发射是指在一个时钟周期内能够使多条指令进入取指,相应的标量处理机称为多发射处理机。超标量处理机、超流水线处理机和超标量超流水线处理机都属于多发射处理机,普通流水线处理机则属于单发射处理机。显然,ILP=1是单发射处理机的期望值,但它仅仅是多发射处理机的最低值。不过,由于指令相关等原因,单发射处理机的实际ILP不可能达到1;通过指令调度和有效处理指令相关等,可以使ILP接近于1,而不可能大于或等于1。

2. 指令调度及其基本途径

由流水线的特点可知,只有连续不断地提供同种任务,才能充分发挥流水线的效率。但由于指令间存在相关,有些指令不可以并行处理。如果强调指令按程序指令序列处理并按序发射,当一条指令在流水线中被迫停顿时,则其后的指令均会停止流动。这样就可能导致许多功能段处于空闲状态,使得流水线效率下降。因此指令的处理顺序不一定与程序指令序列完全相同,在满足指令语义序的前提下,可以在一定范围内调整程序的指令序列,以使指令间尽可能地并行处理。

所谓指令调度是指通过重排程序指令序列,以消除邻近指令间的相关,使指令间尽可能地并行处理,提高指令级并行度。指令调度包含基于软件的静态指令调度和基于硬件的动态指令调度两条途径,为了充分开发指令级并行性,实际中往往两条途径同时进行。但超标量处理机、超流水线处理机和超标量超流水线处理机则主要依赖于动态指令调度,超长指令字处理机则主要依赖于静态指令调度。

当然,通过指令调度使指令级并行度提高的程度受限于程序代码可开发的并行性,即是否存在可以并行执行的不相关指令。如果每条指令均与前面的指令相关,那么任何指令调度策略均无法使指令并行处理。

6.1.3 软件静态指令调度

1. 静态调度及其基本策略

静态调度(Static Scheduling)是由优化编译程序来重排程序指令序列,拉开具有相关的指令间的距离,以使指令多发射时减少可能产生的流水线停顿。由于利用编译程序判断潜在指令间的相关,并在程序运行之前完成调度,故称为静态调度或软件调度。静态指令调度并不是真正消除指令间的相关,而是通过重排程序指令序列,使指令间的相关尽可能少地引起流水线空转。

通过优化编译程序进行指令调度的能力受限于两个特性:一是程序固有的指令并行性,二是流水线功能段的段数与延迟。静态指令调度可分为局部指令调度和全局指令调度两种策略,全局指令调度比局部指令调度复杂得多,其调度方法很多,最简单有效的方法为循环展开法。

2. 局部指令调度

局部指令调度是指仅在顺序结构的程序段或基本块(所谓基本块是指仅有一个入口

与出口而无分支的代码段)内重排程序指令序列,而不能跨越分支指令。局部指令调度仅能在基本块内进行,而一般程序基本块所包含的指令数为6～8条,所以调度范围极其有限,在避免转移相关的基础上,来解决数据相关和资源相关。特别地,指令被调度到分支延迟槽中,不属于跨越分支指令。例如对于源代码:

```
for(i=1000; i>0; i--)
X[i]=X[i]+S;
```

转换成汇编语言为(假定指令延迟时钟数):

```
Loop: LD F0, (R1)          //取一个向量元素放入 F0, 延迟时钟数为 2
      ADD F4, F0, F2       //加上 F2 标量, 延迟时钟数为 3
      SD F4, (R1)          //存结果, 延迟时钟数为 1
      SUB R1, R1, #-8      //指针减 8(每个数据占 8 字节), 延迟时钟数为 2
      BNE R1, R2, Loop     //若 R1 不等于 R2, 未结束转 Loop, 延迟时钟数为 2
```

其中,R1、R2为整数寄存器,R1用于指示向量的当前元素且初值指示第一个元素,R2用于指示向量的最后元素;F0、F2、F4为浮点寄存器,其中F2用于存放常数。

在不进行指令调度的情况下,程序指令序列为:

```
Loop: LD F0, (R1)          1(时钟序号, 下同)
      (空转)                2
      ADD F4, F0, F2       3
      (空转)                4
      (空转)                5
      SD F4, (R1)          6
      SUB R1, R1, #-8      7
      (空转)                8
      BNE R1, R2, Loop     9
      (空转)                10
```

可以看出,每个元素的操作需要10个时钟周期,其中5个是空转的。在采用编译器对上述程序进行指令调度之后,程序指令序列为:

```
Loop: LD F0, (R1)          1(时钟序号, 下同)
      SUB R1, R1, #-8      2
      ADD F4, F0, F2       3
      (空转)                4
      BNE R1, R2, Loop     5
      SD F4, (R1+8)        6
```

把 SUB 指令调度到 LD 指令与 ADD 指令之间的"空转"时钟周期,把 SD 指令调度到分支指令的延迟槽中。由于修改指针的 SUB 指令被调度到 SD 指令之前,提前对指针进行减 8 操作,所以需要对 SD 指令中的偏移量进行修正,即把"(R1)"改为"(R1+8)"。这样,经过指令调度后,每个元素的操作时间从10个时钟周期减少到6个时钟周期,且其中1个是空转的。

3. 循环展开法

对于上例，虽然每个元素的操作时间从 10 个时钟周期减少到 6 个时钟周期，但其中仅 LD、ADD 和 SD 这三条指令是有效操作，占用了 3 个时钟周期，而 SUB、空转和 BEN 这三个时钟周期都是为了控制循环或解决数据相关等待而附加的，因此程序运行过程中有效操作的比率并不高。其原因在于每次循环仅有 5 条指令，指令调度的余地很小。通过循环展开(Loop Unrolling)来增加每次循环的指令数，为指令调度提供更大的空间。所谓循环展开就是指把循环体代码复制多次并按循环次序进行顺序排列，并相应调整循环结束条件。当循环体为简单的顺序结构时，通过循环展开，使多次循环代码合并为一个更大的顺序结构程序段，为编译器进行指令调度带来更大的空间，以开发循环级并行性（循环之间的并行性）。另外，通过循环展开，还可以消除循环之间的分支指令和控制指令引起的开销。

对于上例，由于循环之间不存在相关，所以多次循环可以并行执行。假定 R1 的初值为 32 的倍数，即循环次数为 4 的倍数，将其循环展开 3 次得到 4 个循环体。当然，如果循环次数不是 4 的倍数，则需要在循环之后增加补偿代码。为消除冗余指令，并不需要重复使用寄存器，对寄存器做如下分配：F2 用于存放常数，F0、F4 用于展开后的第 1 个循环体，F6、F8 用于展开后的第 2 个循环体，F10、F12 用于展开后的第 3 个循环体，F14、F16 用于展开后的第 4 个循环体。上例进行循环展开后，指令调度之前的程序指令序列为：

```
Loop: LD F0, (R1)           1(时钟序号，下同)
      (空转)                 2
      ADD F4, F0, F2        3
      (空转)                 4
      (空转)                 5
      SD F4, (R1)           6
      LD F6, (R1-8)         7
      (空转)                 8
      ADD F8, F6, F2        9
      (空转)                 10
      (空转)                 11
      SD F8, (R1-8)         12
      LD F10, (R1-16)       13
      (空转)                 14
      ADD F12, F10, F2      15
      (空转)                 16
      (空转)                 17
      SD F12, (R1-16)       18
      LD F14, (R1-24)       19
      (空转)                 20
      ADD F16, F14, F2      21
      (空转)                 22
      (空转)                 23
      SD F12, (R1-24)       24
```

```
        SUBR1, R1, #-32                    25
        (空转)                              26
        BNE R1, R2, Loop                   27
        (空转)                              28
```

显然,循环展开后的前 3 个循环体中的 SUB 指令删除了,并对 LD 指令中的偏移量和余下的 SUB 指令中的立即数进行了相应修正。

循环展开后包含 4 个循环体,共需要 28 个时钟周期来实现 4 个元素的操作,平均每个元素需要 28/4=7 个时钟周期。与源代码的每个元素需要 10 个时钟周期相比较,节省了不少时间,这主要是从减少循环控制的开销中获得的。但在展开后的循环体中,实际指令仅有 14 条,另外 14 个周期均是空转,效率并不高。对程序指令序列进行指令调度,可以减少空转周期。上述程序在进行指令调度之后,程序指令序列为:

```
Loop: LD F0, (R1)                1(时钟序号,下同)
      LD F6, (R1-8)              2
      LD F10, R1-16)             3
      LD F14(R1-24)              4
      ADD F4, F0, F2             5
      ADD F8, F6, F2             6
      ADD F12, F10, F2           7
      ADD F16, F14, F2           8
      SD F4, (R1)                9
      SD F8, (R1-8)              10
      SUB R1, R1, #-32           11
      SD F12, (R1+16)            12
      BNE R1, R2, Loop           13
      SD F16, (R1+8)             14
```

由于循环没有数据相关引起的空转,使得包含 4 个循环体的循环仅需要 14 个时钟周期,平均每个元素需要 14/4=3.5 个时钟周期。可见,当循环体为简单的顺序结构时,通过循环展开、寄存器重命名和局部指令调度,可以有效地开发出指令级并行性,且效果非常明显。但如果循环体是分支结构,即使进行循环展开,它仍将是全局指令调度问题。

6.2 硬件动态指令调度

【问题小贴士】 ①拉大相关指令之间的距离是软件指令调度的基本目标,但是硬件指令调度无法实现这个目标,它仅能在读取指令之后,对并发处理指令进行相关分析,决定哪些指令停止进入执行或在执行过程中停顿,那么硬件指令调度的基本目标是什么?指令停止执行的依据有哪些?②为了给指令停止执行提供依据,以实现硬件指令调度的目标,需要记录指令执行过程中哪些方面的状态信息?它们各有什么用途?③动态指令调度方法有哪些?比较它们的异同点和优缺点。

6.2.1 动态指令调度概述

1. 动态指令调度策略

对于流水线处理机,若指令采用顺序流动时,如果流水线中相近的两条指令相关,流水线就会停顿,从而导致许多功能段处于空闲状态。如指令序列为:

```
DIV  R4, R0, R2
ADD  R1, R4, R3
SUB  R5, R7, R8
```

由于 DIV 指令和 ADD 指令存在 R4 相关,导致流水线停顿,则 SUB 指令停止流动。而 SUB 指令与已在流水线上的 DIV 指令和 ADD 指令不存在相关,可以进入流水线处理,但这样则变为乱序流动。

如果采用乱序流动,便需要在译码段进行资源相关与数据相关检查,并将译码后的指令放至指令队列中。指令队列中的指令一旦满足执行条件,就从队列中发射,转入执行阶段。如前面三条指令的执行顺序则为:

```
DIV  R4, R0, R2
SUB  R5, R7, R8
ADD  R1, R4, R3
```

为了支持乱序执行,应该将译码段进一步细分为译码、资源相关检测和读操作数(含数据相关检测),译码与资源相关检测是按序进行的,读操作数则可以跨越,使指令在后续功能段的流动是乱序的,由此使多条指令同时处于执行阶段,这就是硬件动态指令调度。可见,动态调度策略是在没有资源冲突时,尽可能早地执行没有数据相关的指令,实现指令无序发射,使执行阶段的功能段处于忙碌状态,达到每个时钟周期处理一条指令的目的,其策略结构如图 6-1 所示。

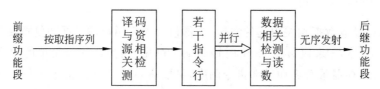

图 6-1 动态调度策略的基本结构

当采用动态调度实现指令乱序执行时,若出现中断异常,这时异常现场与指令顺序执行的现场可能不同。因此,根据指令乱序执行出现异常时的处理机状态是否与指令顺序执行时的状态相同,可将异常分为不精确的和精确的。如果指令乱序执行出现异常时处理机状态与指令顺序执行时的不同,则称为不精确异常;否则称为精确异常。由于精确异常产生的概率很小,所以在动态调度处理机中,异常处理均是不精确时实现的。这样,为了保持正确的异常行为,对于会产生异常的指令,只有处理机确切地知道指令执行时,才允许它产生异常。

2. 动态指令调度及其特点

从上述分析可知,动态调度是由硬件在程序运行时实现的,其技术途径是对指令流水线互锁控制机制进行改进,以实时地判断出是否存在数据相关,并利用硬件绕过或防止数据相关出现,以有效地支持多条指令并行执行。所谓动态指令调度是指在保持数据流和异常行为的情况下,利用硬件对程序指令序列进行重新排列,以减少数据相关导致的流水线指令流动停顿,提高流水线利用率。目前,典型的动态指令调度方法有 Tomasulo 令牌法和 CDC 记分牌法两种,但它们实现的基本原理是一致的。Tomasulo 令牌法比 CDC 记分牌法更有效,许多指令级并行的处理机均采用 Tomasulo 令牌法及其变形。

同静态指令调度相比,动态指令调度的优点主要在于:①可以处理编译时情况不明的数据相关(如存储器访问等),简化编译器;②可以使面向某一流水线而优化编译的高效代码在其他动态调度流水线上也可以高效运行。而动态指令调度的缺点主要在于:①并行处理指令的实现需要多个加工部件或加工部件流水化,或者二者兼而有之(在此假设处理机采用多个加工部件),即动态调度是以硬件复杂性显著增加为代价来实现的;②乱序发射增添了先读后写和写后写相关。

6.2.2 CDC 记分牌指令调度方法

1. 记分牌法的技术策略

CDC 记分牌法(Scoreboard)是由 J.E.Thornton 于 1970 年提出,最早在大型计算机 CDC6600 中采用,所以称为 CDC 记分牌法。从动态调度策略可知,其关键是在指令乱序发射时,控制寄存器向加工部件传送数据,以避免数据相关,为此便设置一个记分牌集中控制电路。记分牌集中控制电路一方面记录流水线上各条指令处理的状态信息,另一方面负责指令行中指令的相关检测、读操作数和启动执行,通过与加工部件的通信来控制指令逐条执行。

记分牌法的技术策略为:①记分牌控制电路根据自身数据结构,通过与加工部件的通信来控制指令处理过程及其记录状态信息和写目标寄存器的时机。②记分牌控制电路根据自身记录的信息,判断什么时间指令可以读操作数与启动执行,且通常规定只有所有的操作数准备就绪才可以读。③当指令读取操作数后,记分牌控制电路则判断是否可以立即启动执行,如果可以则启动执行,否则检测硬件变化来决定何时启动执行。④由于操作数到寄存器的总线有限,从而可能导致资源阻塞,记分牌控制电路必须保证加工部件总数不能超过可用总线数。

由于加工部件与寄存器之间有限地配置几条总线来连接,从而可能发生资源冲突。记分牌控制电路为保证允许同时执行的加工部件个数不超过可用的总线数,则把加工部件分为若干组,每组配备一套总线(两入一出),在每个时钟周期,每组仅有一个加工部件可以进行读操作或写结果。

2. 指令执行阶段的过程步骤

对于采用 CDC 记分牌法的流水线处理机,其指令执行阶段的过程分为如下 4 个步骤:

(1) 指令发射(Issue,IS)。如果指令所需的加工部件空闲,且正在执行的指令使用的目的寄存器与该指令不同,记分牌控制电路便发射该指令,并改变记分牌内部的数据结构。显然,指令发射功能段动态地解决资源相关和写相关。

(2) 读操作数(Read Operands,RO)。如果正在执行的指令不对该指令的源操作数寄存器进行写操作或已经完成了写操作,则该指令的源操作数有效,记分牌控制电路便发送读操作数信号给读操作功能段,读取操作数。显然,读操作功能段动态地解决先写后读相关。

(3) 执行(Execution,EX)。读操作数后便启动执行,产生结果后通知记分牌控制电路执行已经结束。

(4) 写结果(Write Result,WR)。记分牌控制电路检测指令目的寄存器是否存在先读后写相关,若先读后写不存在或消失,便发送写结果信号给写结果功能段,将结果写入目的寄存器,释放该指令使用的所有资源;否则记分牌控制电路将暂停该指令写结果,直到先读后写相关消失。显然,写结果功能段动态地解决先读后写相关。

3. 指令调度实现需要记录的信息

记分牌集中控制电路监测每条指令,并维护指令的有关状态信息,而状态信息包含3个部分,利用三张表来记录相应的信息。为叙述方便,假设在一台具有动态指令调度的处理机上,其浮点流水线加减法、乘法和除法加工部件的延迟分别为 2、10 和 40 个时钟周期,且采用该处理机运行下列程序代码:

```
LD      F6, (R2+34)
LD      F2, (R3+45)
MUL     F0, F2, F4
SUB     F8, F6, F2
DIV     F10, F0, F6
ADD     F6, F8, F2
```

显然,该程序代码存在的相关性有:①先写后读相关存在于第二条 LD 指令到 MUL 指令和 SUB 指令之间、MUL 指令到 DIV 指令之间以及 SUB 指令到 ADD 指令之间;②先读后写相关存在于 DIV 指令到 ADD 指令之间以及 SUB 指令到 ADD 指令之间;③资源相关存在于 SUB 指令到 ADD 指令关于浮点加减运算部件。

(1) 指令执行状态表。指令状态表用于记录正在执行的指令处于 4 个步骤中的哪一步。在某一时间,上述程序代码的指令状态表如表 6-1 所示。

表 6-1 指令执行状态表

指　　令	指令发射	读操作数	加工	写结果
LD　F6,(R2+34)	√	√	√	√
LD　F2,(R3+45)	√	√	√	
MUL　F0,F2,F4	√			
SUB　F8,F6,F2	√			
DIV　F10,F0,F6	√			
ADD　F6,F8,F2				

在指令状态表中,第一行 LD 指令已经执行结束,结果已经写入 F6;第二行 LD 指令也已经执行结束,但结果还没有写入目的寄存器 F2。由于第二行的 LD 指令与其后的 MUL 和 SUB 指令之间存在寄存器 F2 的先写后读相关,因此 MUL 和 SUB 在指令行中等待发射,还不能进入读操作数功能段。同样,MUL 与 DIV 之间存在寄存器 F0 的先写后读相关,DIV 也只能在指令行中等待发射。指令 ADD 与指令 SUB 之间存在加减运算器的资源相关,后面的 ADD 则还没有进入指令行中,必须等待前面的 SUB 指令执行结束并释放减运算器后才可以进入指令行中。

（2）加工部件状态表。加工部件状态表用于记录加工部件的状态,每个加工部件在状态表中有一行,每行有 9 个域,它们的含义如下。Busy：指示加工部件是否在工作；Op：指示加工部件当前或即将执行操作的指令；Fi：目的寄存器编号；Fj 和 Fk：源寄存器编号；Qj 和 Qk：指示向 Fj 和 Fk 写结果的加工部件；Rj 和 Rk：指示 Fj 和 Fk 中的操作数就绪且还没有被读取。对于上述程序代码,与表 6-1 同一时间的加工部件状态表如表 6-2 所示,其中 Integer 为整数部件,Mult1 与 Mult2 为乘法部件,Add 为加减部件,Divide 为除法部件。

表 6-2 加工部件状态表

部件名称	Busy	Op	Fi	Fj	Fk	Qj	Qk	Rj	Rk
Integer	yes	LD	F2	R3				no	
Mult1	yes	MUL	F0	F2	F4	Integer		no	yes
Mult2	no								
Add	yes	SUB	F8	F6	F2		Integer	yes	no
Divide	yes	DIV	F10	F0	F6	Mult1		no	yes

在加工部件状态表中,第一行 Integer 部件的 Busy 域为 yes 表示忙,且由同行的 Op 域可知正在执行 LD 指令,目的寄存器 Fi 为 F2(相应地在结果寄存器状态表中的 F2 域为 Integer)；第一个源操作数寄存器的 Fj 域为访存地址寄存器 R3,Rj 域为 no 表示 R3 的数据已经被读取。第二行 Mult1 部件的 Busy 域也为 yes 表示忙,且由同行的 Op 域可知正在执行 MUL 指令,目的寄存器 Fi 为 F0(相应地在结果寄存器状态表中的 F0 域为 Mult1)；第一个源操作数寄存器的 Fj 域为 F2,Qj 域为 Integer 表示 F2 的数据将来自 Integer 部件的操作结果,Rj 域为 no 表示 F2 的数据还没有就绪,从而可以判断并解决数据的写后读相关；第二个源操作数寄存器 Fk 域为 F4,Qk 为空表示 F4 当前不依赖于任何部件,Rk 域为 yes 表示 F4 的数据已经就绪。第三行 Mult2 部件的 Busy 域为 no,表示该部件当前空闲。第四、五行分析类同。

（3）结果寄存器状态表。结果寄存器状态表用于记录当前执行指令的目的寄存器由哪个加工部件写结果,其仅有一行且域与寄存器一一对应,即域数等于寄存器。对于上述程序代码,与表 6-1 同一时间的结果寄存器状态表如表 6-3 所示。

表 6-3 结果寄存器状态表

结果寄存器	F0	F2	F4	F6	F8	F10	...	F30
部件名称	Mult1	Integer			Add	Divide		

在结果寄存器状态表中，写 F0 的为 Mult1 部件，写 F2 的为 Integer 部件，写 F8 的为 Add 部件，写 F10 的为 Divide 部件。域为空表示空闲，即对应的寄存器没有被任何加工部件作为目的寄存器使用。

对于上述程序代码，以表 6-1～表 6-3 记分牌信息为起始点，若继续往下运行，可以得到 MUL 指令将写结果时记分牌的状态见表 6-4～表 6-6。从表 6-4～表 6-6 可以知道，在 MUL 指令准备写结果之前，由于 DIV 指令与 MUL 指令之间存在寄存器 F0 的先写后读相关，因此 DIV 指令被阻塞在指令行中，而不能进入读操作数功能段。同时，由于 ADD 指令与 DIV 指令之间存在寄存器 F6 的先读后写相关，因此在 DIV 指令从 F6 中读出操作数之前，ADD 指令被阻塞在加工段，而无法进入写结果功能段。另外，SUB 指令与 MUL 指令不存在相关，且 SUB 指令执行周期短，则跨越 MUL 指令进入写结果功能段。当 MUL 指令将写结果时，其前面的两条 LD 指令已处理结束，并释放出了所需要的资源，使得 Integer 部件由忙变为空闲状态。

表 6-4 MUL 指令将写结果时的指令执行状态表

指令	指令发射	读操作数	加工	写结果
LD F6,(R2+34)	√	√	√	√
LD F2,(R3+45)	√	√	√	√
MUL F0,F2,F4	√	√	√	
SUB F8,F6,F2	√	√	√	√
DIV F10,F0,F6	√			
ADD F6,F8,F2	√	√		

表 6-5 MUL 指令将写结果时的加工部件状态表

部件名称	Busy	Op	Fi	Fj	Fk	Qj	Qk	Rj	Rk
Integer	no								
Mult1	yes	MUL	F0	F2	F4			no	no
Mult2	no								
Add	yes	SUB	F8	F6	F2			no	no
Divide	yes	ADD	F10	F0	F6	Mult1		no	yes

表 6-6　MUL 指令将写结果时的结果寄存器状态表

结果寄存器	F0	F2	F4	F6	F8	F10	…	F30
部件名称	Mult1			Add		Divide		

同样，对于上述程序代码，可以得到 DIV 指令将写结果时记分牌的状态，如表 6-7～表 6-9 所示。从表 6-7～表 6-9 可以知道，在 DIV 指令准备写结果之前，其前面的指令已经全部处理结束，并释放出了各自所需要的资源。而 DIV 指令后面的 ADD 指令执行周期短，虽然 DIV 指令和 ADD 指令之间存在先读后写相关，但在 DIV 读取源操作数后便已消失，使得 ADD 指令跨越 DIV 指令进入写结果功能段而结束处理，从而也释放出了所需要的资源。所以仅剩下 DIV 指令的写结果没有执行，还占用着自己所需要的资源。

表 6-7　DIV 指令将写结果时的指令执行状态表

指　令	指令发射	读操作数	加工	写结果
LD　F6,(R2+34)	√	√	√	√
LD　F2,(R3+45)	√	√	√	√
MUL　F0,F2,F4	√	√	√	√
SUB　F8,F6,F2	√	√	√	√
DIV　F10,F0,F6	√	√	√	
ADD　F6,F8,F2	√	√	√	√

表 6-8　DIV 指令将写结果时的加工部件状态表

部件名称	Busy	Op	Fi	Fj	Fk	Qj	Qk	Rj	Rk
Integer	no								
Mult1	no								
Mult2	no								
Add	no								
Divide	yes	DIV	F10	F0	F6			no	no

表 6-9　DIV 指令将写结果时的结果寄存器状态表

结果寄存器	F0	F2	F4	F6	F8	F10	…	F30
部件名称						Divide		

4. 记分牌法的实现算法

指令在流水线中向前流动是有条件的，在指令向前流动时，记分牌控制电路会记录有关信息，这些信息便是指令向前流动的条件。所以记分牌法的实现算法包含两方面内容：执行阶段各步骤进入的条件和各步骤进入后有关信息的维护。为了便于算法描述，做以下约定。

- Regs[S]：表示寄存器 S 的内容，其中 S 为寄存器名称。
- FU：表示当前指令所用加工部件。

- D:表示目的寄存器名称。
- S1、S2:表示源操作数寄存器名称。
- Op:表示需要进行的操作。
- Fj[FU]:表示加工部件 FU 的 Fj 域(其他域类推)。
- Result[D]:表示结果寄存器状态表中与寄存器 D 相对应的内容,其中存放的是将把结果写入寄存器 D 的加工部件名称。

1) 指令发射

进入条件:

```
Not Busy[FU] & Not Result[D];        //加工部件空闲且不存在写后写相关
```

信息维护项目:

```
Busy[FU]←yes;          //加工部件置为忙
Op[FU]←Op;             //记录操作码
Fj[FU]←D;              //记录目的寄存器名称
Fj[FU]←S1;             //记录第一个源寄存器名称
Fk[FU]←S2;             //记录第二个源寄存器名称
Qj[FU]←Result[S1];     //记录将生成第一个源操作数的加工部件
Qk[FU]←Result[S2];     //记录将生成第二个源操作数的加工部件
Rj[FU]←Not Qj[FU];     //置第一个源操作数是否可以使用标志,如果 Qj[FU]为 no,表示没
                       //有加工部件写 S1 而可用,置 Rj[FU]为 yes,否则置 Rj[FU]为 no
Rk[FU]←not Qk[FU];     //置第二个源操作数是否可以使用标志
Result[D]←FU;          //记录将把结果写入指令目的寄存器 D 的加工部件 FU
```

2) 读操作数

进入条件:

```
Rj[FU] & Rk[FU];       //两个源操作数均已就绪
```

信息维护项目:

```
Rj[FU]←no;             //已经读取了就绪的第一个源操作数
Rk[FU]←no;             //已经读取了就绪的第二个源操作数
Qj[FU]←0;              //不再等待其他 FU 的计算结果
Qk[FU]←0;
```

3) 执行

无进入条件。

信息维护项目:

```
Busy[FU]←no;           //加工部件置为闲
```

4) 写结果

进入条件:

```
∀f((Fi[f]≠Fi[FU] or Rj[f]←no) & (Fk[f]≠Fi[FU] or Rk[f]=no));
                       //不存在先写后读相关
```

信息维护项目：

∀f(if Qj[f]=FU then Rj[f]←yes);   //如果有指令在等待该结果(作为第一个源操作数)，
                                    //则将其 Rj 置为 yes 以表示数据可用
∀f(if Qk[f]=FU then Rk[f]←yes);   //如果有指令在等待该结果(作为第二个源操作数)，
                                    //则将其 Rk 置为 yes 以表示数据可用
Result(Fi[FU])←0;   //释放目的寄存器 Fi[FU]
Busy[FU]=no;   //释放加工部件 FU

5. 记分牌法性能受限的因素

指令调度的目的是消除邻近指令间的相关，使指令间尽可能地并行处理，减少功能段空闲，因此指令级并行度是度量记分牌法性能的核心指标。记分牌法是否可以有效地提高指令级并行度受到许多因素的限制，其中自身因素主要有记分牌容量和加工部件数及其种类，而增加记分牌容量和加工部件数不仅会导致成本增加，还可能影响系统时钟周期。

(1) 记分牌容量。记分牌容量决定流水线可以在多大范围内寻找不相关指令，目前记分牌指令窗口(流水线可以同时容纳的指令数)仅可以容纳一个基本块，因此可以不考虑分支指令。

(2) 加工部件数。加工部件数决定资源相关的严重程度，当采用动态调度后资源相关更加频繁。

6.2.3 Tomasulo 指令调度方法

1. Tomasulo 法的技术策略

Tomasulo 指令调度法是由 R.M.Tomasulo 于 1967 年提出的，最早在 IBM 360/91 大型计算机的浮点处理部件中采用。对于记分牌法，由指令乱序流动所带来的写后写相关和先读后写相关是在指令执行过程中解决和消除的，使得在指令执行过程中仍是乱序流动，即指令在执行过程中还可能产生停顿。为此，Tomasulo 法便将记分牌法与寄存器重命名相结合，在指令执行之前，通过预防来解决和消除由指令乱序流动所带来的写后写相关和先读后写相关。所谓寄存器重命名是通过保留站来存放等待发射和正在发射的指令所需要的操作数，使指令发射时，存放操作数的寄存器被重命名为对应的保留站(即虚拟寄存器)名称(或编号)。特别地，每个加工部件均有保留站，相关专用通路也是通过寄存器重命名来实现的。

Tomasulo 法的技术策略为：①只要指令执行结果有效，就将其存放到相应加工部件保留站，当连续写寄存器时，仅最后一个写才更新寄存器。②通过虚拟寄存器来替换源代码寄存器，避免指令直接从寄存器读操作数。③记录检测资源冲突，当指令所需操作数一旦就绪就立即发射，把先写后读相关发生的可能性减少到最少。④指令发射时所需操作数来源于保留站，从而消除写后写相关和先读后写相关。

Tomasulo 法与记分牌法在组织结构上有三点显著的不同之处。一是冲突检测和指令执行控制机制分开，至于一个加工部件的指令何时开始执行，Tomasulo 法由加工部件的保留站分散控制，记分牌法则由记分牌控制电路集中控制。二是 Tomasulo 法将执行结果直接从加工部件写入相应保留站,而不一定写入寄存器,所有等待该结果的加工部件(或指令)可以同时读取;记分牌法则将结果写入寄存器,可能出现加工部件竞争读取现象。三是保留站数量远多于实际寄存器数量,可以消除一些编译无法消除和解决的相关。

2. 指令执行阶段的过程步骤

在采用 Tomasulo 法的流水线处理机上,指令执行阶段的过程分为以下三个步骤。

(1) 指令发射。当指令所需的加工部件空闲时,若保留站还有空,便发射指令;否则等待,直至保留站有空。显然,寄存器重命名是由指令发射功能段实现的。

(2) 执行。如果操作数未就绪,则监视公共数据总线,等待所需要的寄存器结果,任一结果操作数生成后就存放到需要该结果的保留站中,当操作数均就绪后则执行指令。显然,执行功能段动态地解决先写后读相关。

(3) 写结果。结果操作数生成后,则将其写入公共数据总线,传输至等待该结果的功能部件和寄存器。

Tomasulo 法执行阶段的过程步骤和记分牌法相比有 4 点不同之处:一是没有检查数据写后写相关和先读后写相关,因为在指令发射时通过寄存器重命名已将它们消除。二是通过公共数据总线来广播结果操作数,发送到所有等待该结果的保留站(目的寄存器也相当于一个保留站)。三是存储器存取作为加工部件来实现。四是利用保留站有效地解决先写后读,即其读也被消除。

3. 指令调度实现需要记录的信息

同记分牌法一样,Tomasulo 法也是利用三张表来记录指令三个方面的有关状态信息,且运行程序代码也与上述记分牌法相同。特别地,状态信息附加于加工部件的保留站、寄存器或存取缓冲器上,不同加工部件附加的信息不同。除读缓冲部件外,各加工部件的每一项均有一个标志域,用于保存寄存器重命名所使用的虚拟寄存器名,且当指令发射到保留站后,不再引用原来操作数的寄存器名。

(1) 指令执行状态表。对于上述程序代码,当第一条指令结束并写入结果时,指令执行状态表如表 6-10 所示。从表 6-10 可以看出,所有指令均已发射,但仅第一条 LD 指令执行结束并把结果写到公共数据总线,第二条 LD 指令已经完成有效地址计算,正在等待存储器的响应。

表 6-10 指令执行状态表

指　　令	指令发射	加工	写结果
LD　F6,(R2+34)	√	√	√
LD　F2,(R3+45)	√	√	
MUL　F0,F2,F4	√		
SUB　F8,F6,F2	√		
DIV　F10,F0,F6	√		
ADD　F6,F8,F2			

(2) 加工部件保留站状态表。加工部件保留站状态表包含 8 个域,它们的含义分别

如下。Busy：指示加工部件及其保留站是否空闲；Op：指示所需要操作的指令；Vj 和 Vk：指示两个源操作数的值(最多仅一个有效)；Qj 和 Qk：指示生成 Vj 和 Vk 结果的保留站号(Qj 仅对寄存器和存缓冲有效,指示操作结果需要写入寄存器或存储器的指令保留站号,若 Qj 为空,则当前没有指令需要将结果写入寄存器或存储器),空表示操作数在 Vj 和 Vk 中或不需要操作数；Address：仅对存和取缓冲有效,用于记录存或取的地址；V：仅对存缓冲有效,用于保存需要写入存储器的数据。对于上述程序代码,与表 6-10 同一时间的加工部件状态表如表 6-11 所示(未列出 V 域),其中 Load1 和 Load2 为取数部件,Mult1 与 Mult2 为乘除法部件,Add1 和 Add2 为加减部件。另外,用 Regs[] 表示寄存器组,用 Mem[] 表示存储器。

表 6-11 加工部件保留站状态表

部件名称	Busy	Op	Vj	Vk	Qj	Qk	Address
Load1	no	MUL					
Load2	yes						45+Regs[R3]
Add1	yes	SUB		Men[34+Regs[R2]]	Load2		
Add2	yes	ADD			Add1	Load2	
Mult1	Yes		Regs[F4]		Load2		
Mult2	Yes			Men[34+Regs[R2]]	Mult1		

(3) 结果寄存器状态表。对于上述程序代码,与表 6-10 同一时间的结果寄存器状态表如表 6-12 所示。

表 6-12 结果寄存器状态表

结果寄存器	F0	F2	F4	F6	F8	F10	...	F30
部件名称	Mult1	Load2		Add2	Add1	Mult2		

假设加工部件 Load、加减法、乘法和除法的延迟时间分别为 1、2、10 和 40 个时钟周期,指令序列往下执行到 MUL 指令准备写结果时各状态表的内容分别如表 6-13～表 6-15 所示。特别地,ADD 指令与 DIV 指令存在先读后写相关,但可以跨越 DIV 并将结果写入 F6,也不会导致错误。当 DIV 指令发射时有两种可能,但均与 ADD 没有关系。一是为 DIV 指令提供操作数的 LD 指令已经执行结束,操作数已经就绪,将之取到保留站的 Vk 中；二是 LD 指令执行尚未结束,操作数未就绪,让 Qk 指向保留站 Load1。

表 6-13 MUL 指令准备写结果时的指令执行状态表

指令	指令发射	加工	写结果
LD F6,(R2+34)	√	√	√
LD F2,(R3+45)	√	√	√
MUL F0,F2,F4	√	√	

续表

指　　令	指令发射	加工	写结果
SUB　F8,F6,F2	√	√	√
DIV　F10,F0,F6	√		
ADD　F6,F8,F2	√	√	√

表 6-14　MUL 指令准备写结果时的加工部件保留站状态表

部件名称	Busy	Op	Vj	Vk	Qj	Qk	Address
Load1	no						
Load2	no						
Add1	no						
Add2	no						
Mult1	Yes	MUL		Men[45+Regs[R3]]	Regs[F4]		
Mult2	Yes	DIV			Men[34+Regs[R2]]	Mult1	

表 6-15　MUL.D 指令准备写结果时的结果寄存器状态表

结果寄存器	F0	F2	F4	F6	F8	F10	…	F30
部件名称	Mult1					Mult2		

4. Tomasulo 法的实现算法

为了便于算法描述,做以下约定。

- r:分配给当前指令的保留站或缓冲器单元(编号)。
- rd:目的寄存器编号。
- rs、rt:源操作数寄存器编号,对于 LD 指令 rt 是存放所取数据的寄存器编号,对于 SD 指令 rt 是存放所需存储数据的寄存器编号。而与 rs 对应的保留站为 Vj 和 Qj,与 rt 对应的保留站为 Vk 和 Qk。
- imm:符号扩展后的立即数。
- RS:保留站。
- Result:浮点部件或 load 缓冲器返回的结果。
- Qi:寄存器状态表,为 0 表示相应寄存器数据就绪,为正整数表示相应寄存器、保留站或缓冲器单元正在等待结果,正整数即是将生成结果的保留站或 load 缓冲器单元的编号。
- Regs[]:寄存器组。
- Op:当前指令的操作码。

1) 浮点运算指令发射

进入条件:

保留站有空闲(设为 r)。
信息维护项目：

if(Qr[rs]≠0)	//检测第一个操作数是否就绪
{RS[r].Qj←Qi[rs]}	//第一个操作数未就绪,将生成该操作数的保留站编号(大于 0
	//的整数)写入当前保留站的 Qj,实现寄存器换名
else{RS[r].Vj←Regs[rs];	//第一个操作数就绪,将寄存器 rs 的操作数取到当前保留站
	//的 Vj
RS[r].Qj←0};	//置 Qj 为 0,表示当前保留站的 Vj 操作数就绪
if(Qr[rt]≠0)	//检测第二个操作数是否就绪
{RS[r].Qk←Qi[rt]}	//第二个操作数未就绪,将生成该操作数的保留站编号(大于 0
	//的整数)写入当前保留站的 Qj,实现寄存器换名
else{RS[r].Vk←Regs[rt];	//第二个操作数就绪,将寄存器 rt 的操作数取到当前保留站的 Vk
RS[r].Qk←0};	//置 Qk 为 0,表示当前保留站的 Vk 操作数就绪
RS[r].Busy←yes;	//置当前保留站为"忙"
RS[r].Op←Op;	//设置操作码
Qi[rd]←r;	//将当前保留站编号 r 写入 rd 所对应的寄存器状态表项,以便
	//rd 将来接收结果

2) 存数取数指令发射

进入条件：

缓冲器有空闲单元(设为 r)。

信息维护项目：

if(Qi[rs]≠0)	//检测第一个操作数是否就绪
{RS[r].Qj←Qi[rs]}	//第一个操作数未就绪,将生成该操作数的保留站编号(大于 0
	//的整数)写入当前保留站的 Qj,实现寄存器换名
else{RS[r].Vj←Regs[rs];	//第一个操作数就绪,把寄存器 rs 的操作数取到当前保留
	//站的 Vj
RS[r].Qj←0};	//置 Qj 为 0,表示当前保留站的 Vj 操作数就绪
RS[r].Busy←yes;	//置当前缓冲器单元为"忙"
RS[r].A←Imm;	//符号位扩展后的偏移量写入当前缓冲器单元 A

If 是 LD 指令：

Qi[rt]←r;	//当前缓冲器单元编号 r 写入 LD 指令目的寄存器 rt 所对应的
	//寄存器状态表项,rt 准备接收所取数据

If 是 SD 指令：

if(Qi[rt]≠0)	//检测存储数据是否就绪
{RS[r].Qk←Qi[rt]}	//数据未就绪,将生成该数具的保留站编号(大于 0 的整数)写
	//入当前缓冲器单元的 Qk,实现寄存器换名
else{RS[r].Vk←Regs[rt]};	//该数据就绪,将其从寄存器 rt 取到 SD 指令缓冲器单元 Vk
RS[r].Qk←0};	//置 Qk 为 0,表示当前缓冲器单元 Vk 数据就绪

3) 浮点运算指令执行

进入条件：

(RS[r].Qj=0)且(RS[r].Qk=0);   //两个源操作数就绪

信息维护项目：

加工计算，生成结果。

4) 存数取数指令执行

进入条件：(RS[r].Qj＝0)且 r 成为 LD/SD 缓冲队列的头部。

信息维护项目：

RS[r].A←RS[r].Vj+RS[r].A;   //计算有效地址

If 是 LD 指令：从 Mem[RS[r].A]读取数据。

5) 浮点运算与取数指令写结果

进入条件：

保留站 r 执行结束，且公共数据总线就绪。

信息维护项目：

```
∀x(if Qi[x]=r)                  //对于任何正在等该结果的浮点寄存器 x
{Regs[x]←result;                //向该寄存器写入结果
Qj[x]←0};                       //将该寄存器状态置为就绪
∀x(if(RS[x].Qj=r)               //对于任何正在等该结果为第一个操作数的保留站 x
{RS[x].Vj←result;               //向该保留站的 Vj 写入结果
RS[x].Qj←0};                    //置 Qj 为 0,表示该保留站的 Vj 操作数就绪
∀x(if(RS[x].Qk=r)               //对于任何正在等该结果为第二个操作数的保留站 x
{RS[x].Vk←result;               //向该保留站的 Vk 写入结果
RS[x].Qk←0};                    //置 Qk 为 0,表示该保留站的 Vk 操作数就绪
RS[r].Busy←no;                  //释放当前保留站，并置为空闲状态
```

6) 存数指令写结果

进入条件：

保留站 r 执行结束, 且 RS;r].Qk=0   //存储数据已经就绪

信息维护项目：

```
Mem[RS[r].A]←RS[r].Vk           //数据写入存储器，地址来源于 SD 指令缓冲器单元 A
RS[r].Busy←no                   //释放当前缓冲器单元，并置为空闲状态
```

另外，对于 Tomasulo 法的实现算法，还需要注意以下三个事项。

(1) 当浮点运算指令流到一个保留站 r 时,将指令目的寄存器 rd 的状态置为 r,以便后期从 r 接收运算结果(相当于预约或定向)。如果指令所需操作数就绪,便将其取到保留站 r 的 V 字段；否则等待由其他保留站(设为 s)为其生成操作数,并把保留站 r 的 Q 字段置为指向保留站 s。指令在保留站 r 中等待操作数,直到保留站 s 把结果送来且将该 Q 字段置为 0。当指令执行结束且公共数据总线就绪时,则把结果写到公共数据总线,所有 Qj

和 Qk 字段对应的保留站、缓冲器单元及寄存器均可以在同一个时钟周期内接收结果。

(2) 存取数指令的处理与浮点运算指令不同。LD 指令在执行阶段分为两步：计算有效地址和访存读数据，且只要 LD 指令缓冲器有空闲单元便可以流出执行，执行结束后，一旦获得公共数据总线的使用权，便可以将结果写到公共数据总线上。SD 指令的写入操作在执行过程中的"写结果"段进行：如果写入数据就绪，则进行写入操作，否则等待写入数据生成后从公共数据总线获取，并写入存储器，而后释放当前缓冲器单元，且置为空闲状态。

(3) 对于指令执行有一个限制，如果流水线中有分支指令没有执行，则当前指令不能进入"执行"阶段，因为在指令"发射"后，程序顺序不可能得到保证。

5. Tomasulo 法的优缺点

Tomasulo 法的主要缺点在于：实现复杂，硬件代价高，性能受到公共数据总线限制。因此，单流出的流水线一般不采用这种方法，往往在多流出的流水线中采用它。同记分牌法相比，Tomasulo 法的主要优点有：

(1) 冲突检测逻辑是分布式的（由保留站和公共数据总线实现）。如果多条指令已经获得一个操作数，并同时等待同一操作结果，那么该结果一旦生成，则通过公共数据总线同时播送到所有等待指令，使它们同时执行。

(2) 在指令执行阶段之前，通过保留站来实现寄存器重命名，消除了写后写相关和先读后写相关。因此，如果能够准确地预测分支，采用 Tomasulo 法将获得很高的性能。

6.3 基于动态指令调度的多发射处理机

【问题小贴士】 指令调度分为硬件动态调度与软件静态调度，基于硬件动态指令调度的指令级高度并行处理机有超标量处理机、超流水线处理机和超标量超流水线处理机三种，这些处理机均是在一般流水线处理机的基础上演变而来的。①三种指令级高度并行的处理机采用了哪些技术措施来改进一般流水线处理机，以实现指令级高度并行？指令级并行度由什么因素决定？②为什么说其指令并行处理实现主要依赖于动态指令调度？同一般流水线处理机相比，三种指令级高度并行处理机的时空图和性能有哪些变化？③写出三种指令级高度并行处理机处理 N 条指令的时间和相对于一般流水线处理机的加速比。

6.3.1 超标量处理机

1. 单发射指令流水线结构

单发射处理机的目标是在一个时钟周期内平均处理一条指令，即指令级并行度 ILP=1 是它的期望值。为此单发射处理机一般都采用指令流水线，以使 ILP 尽可能接近于 1。若指令流水线分为取指(IF)、指令译码(ID)、执行指令(EX)和保存结果(WR) 4 个阶段，则单发射处理机的时空图如图 6-2 所示。

在单发射处理机中，取指令部件、指令译码部件和保存结果部件各设置一套，执行指令(运算操作)部件可以设置一个多功能操作部件，也可以设置多个单功能操作部件，如设置独立的定点算术逻辑部件 ALU、存取数部件 LSU、浮点加法部件 FAD 和乘除法部件

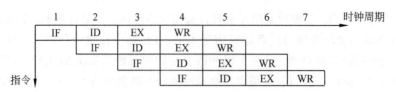

图 6-2 单发射处理机的时空图

MDU 等,并且运算操作部件还可以采用流水线结构,如图 6-3 所示。

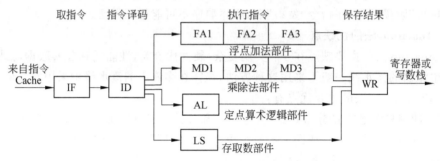

图 6-3 单发射处理机的组织结构

2. 超标量处理机的组织结构

从图 6-3 可以看出,由于执行指令部件设置了多个单功能操作部件,若各功能段的执行时间相等,那么有四分之三的单功能操作部件处于空闲状态,执行指令部件的效率没有得到充分发挥。为此,便增加取指令部件、指令译码部件和保存结果部件,实现同时发射多条指令到运算操作部件,提高运算操作部件的效率,实际也就构成了多条指令流水线,超标量处理机的组织结构如图 6-4 所示。从图 6-4 可以看出,处理机可以同时读取和译码三条指令,但仅可以同时保存两个结果,其原因在于多数指令不需要保存结果。若超标量处理机每个时钟周期读取 M 条指令,则其指令级并行度 ILP 的期望值就为 M,但由于相关和资源冲突等因素影响,实际 ILP 为:1<ILP<M。

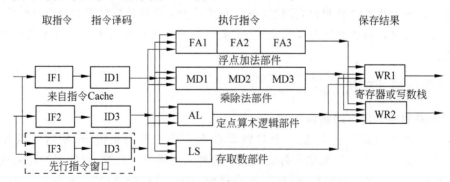

图 6-4 超标量处理机的组织结构

对于指令多发射,不仅需要配置多个取指令部件和指令译码部件,而且需要设置一套交叉开关,把多个指令译码器的输出分配到多个运算操作部件中去。在指令进入运算操作部件之前,需要判断指令之间是否存在部件冲突、数据相关以及由于条件转移引起的控制相关等。当出现数据相关、控制相关或部件冲突时,必须把不能进入运算操作部件的指令保存下来,因此通常需要设置一个先行指令窗口,以便后续再发射。

先行指令窗口的功效与先行控制技术中的先行指令缓冲栈相似。设置先行指令窗口后,可以从指令 Cache 中读取更多的指令,通过硬件来判断哪些指令可以进入运算操作部件,实现指令的乱序流动。先行指令窗口的大小对超标量处理机的性能影响很大,窗口太小,调度效果不佳;窗口太大,判断调度复杂。目前,多数超标量处理机的先行指令窗口的大小为 2～8 条指令,且每个时钟周期读取两条指令,通常不超过 4 条,对此则要求指令 Cache 带宽要大。指令 Cache 的实现方法很多,最常用的是单体多字存储器,一个存储字存放两条或更多条指令。如 Transputer 系列的 T9000 处理机,最短的堆栈型指令仅 8 位,指令 Cache 存储字长 64 位,可见一个存储字最多可以存放 8 条指令。当然,这还需要优化编译器的配合。

3. 超标量处理机及其性能

超标量处理机是指在单发射处理机的基础上,采用资源重复的技术途径,设置多条指令流水线,使多条指令可以同时发射,通过空间并行性来提高指令的平均执行速度,其时空图如图 6-5 所示。

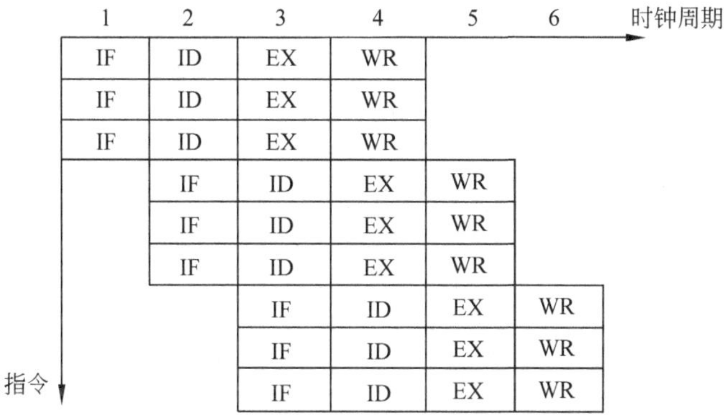

图 6-5 超标量处理机的时空图

在理想情况下,N 条指令在普通标量处理机中的处理时间为:
$$T(1) = (K + N - 1)\Delta t \tag{6-1}$$

其中,K 为指令流水线功能段数,Δt 为功能段的延迟时间。如果 N 条指令在可以同时发射 P 条指令的超标量处理机上处理,这时每个 Δt 可以有 M 条指令通过指令流水线,则 N 条指令的处理时间为:
$$T(P) = (K + (N-P)/P)\Delta t \tag{6-2}$$

因此,超标量处理机相对于普通标量处理机的加速比为:
$$S(P) = \frac{T(1)}{T(P)} = \frac{P(K+N-1)}{N+P(K-1)} \tag{6-3}$$

当 $N \to \infty$ 时,在不存在资源冲突、数据相关和控制相关的理想情况下,超标量处理机的最大加速比为:
$$S(P)_{\max} = P \tag{6-4}$$

4. 超标量处理机实例——Pentium 微处理器

1) Pentium 微处理器的组织结构

Pentium 微处理器是 Intel 公司推出的典型超标量处理机,它具有 CISC 和 RISC 双重特性,即其有些指令是由硬布线电路解释实现的,而有些指令则是由微程序段解释实现的。Pentium 微处理器包含 U、V 两条指令流水线,即包含两个 32 位可以并行的算术逻辑运算部件(ALU),其组织结构如图 6-6 所示。U 和 V 均可以处理整数指令,但 U 流水线还可以处理浮点指令,V 流水线仅可以处理浮点数交换指令 FXCH。所以,Pentium 微处理器的每个时钟周期可以处理两条整数指令或一条浮点指令,若两条浮点指令中有一条为 FXCH 指令,一个时钟周期也可以处理两条浮点指令。只有简单且不存在寄存器→存储器或存储器→寄存器操作的算术逻辑指令才能在一个时钟周期内处理结束,少数存在寄存器→存储器或存储器→寄存器操作的算术逻辑指令均需要 2~3 个时钟周期才能处理结束。

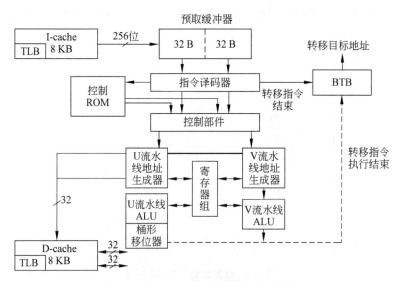

图 6-6 Pentium 微处理器的组织结构

Pentium 微处理器为有效支持两条指令流水线,设有容量均为 8KB 的指令 Cache(I-cache)和数据 Cache(D-cache),以及两个负责取指且容量均为 32 字节的预取缓冲器。指令译码器除负责指令译码外,还负责指令配对检查,如果遇到转移指令,译码之后将转移指令地址送至转移目标缓冲器 BTB 进行查找。控制 ROM 存储的部分指令的微程序段。两个地址生成器用于计算生成存储器操作数地址,以访问 D-cache,而后援缓冲器 TLB 可以加速将逻辑地址转换为物理地址。D-cache 是双端口存储器,一个时钟周期可以存取两个 32 位数据或一个 64 位浮点数。通用寄存器组包含 8 个 32 位整数寄存器,用于地址计算以及保存 ALU 的源操作数和目的操作数。

2) Pentium 微处理器的指令流水线

Pentium 微处理器的两条整数指令流水线分为预取(PF)、译码Ⅰ(D_1)、译码Ⅱ(D_2)、执行(EX)和写结果(WB)5 个段,前两个段由 U、V 共享。浮点指令流水线分为 8 段,前 5

段与整数指令流水线共享。U、V 两条流水线的调度采用按序流动策略,即检查合格的一对指令将同时转入 U、V 流水线的译码Ⅱ段,也必须同时离开译码Ⅱ段进入 EX 段。若一条指令在译码Ⅱ段滞留,另一条指令也必须在译码Ⅱ段停顿。一旦成对进入 EX 段,若不能同时结束,则使 U 流水线指令先处理结束。

译码Ⅰ段用于确认指令操作码和寻址方式等有关信息,负责指令配对检查和转移指令预测。两条连续流动指令 I_1、I_2 前后被译码,判断是否成对进入 EX 段。成对进入 EX 段的指令必须满足 4 个条件:一是两条指令是简单指令;二是两条指令间不存在先写后读和写后写相关;三是每条指令不同时含有立即数和偏移量;四是只有 I_1 指令允许带指令前缀。如果不满足上述条件,则仅允许 I_1 指令转入 U 流水线的下一段。

译码Ⅱ段用于计算并生成存储器操作数地址,但不是所有指令都包含存储器操作数,不过也必须流经该段。

6.3.2 超流水线处理机

1. 超流水线处理机及其时空图

在一般标量流水线处理机中,通常把一条指令的处理过程分为取指令、指令译码、指令执行和写结果 4 个功能段。若把其中的每个功能段再细分,如再分解为 3 个延迟时间更短的功能段,那么一条指令的处理过程便包含 12 个功能段,这样 1 个时钟周期则可以取 3 条指令、译码、执行 3 条指令以及写 3 条指令的结果,即指令并行度为 3,其时空图如图 6-7 所示。当然,一般对标量流水线处理机 4 个功能段进行进一步细分时,各段分解数通常是不一样的,如 ID 段可以再细分为"译码""取第一个操作数""取第二个操作数"3 个功能级,而 WB 段一般不可以再细分。

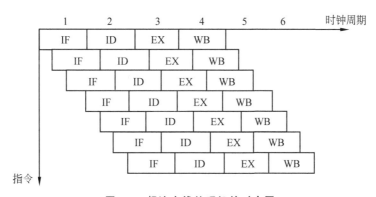

图 6-7 超流水线处理机的时空图

超流水线处理机是指在单发射处理机的基础上,采用时间重叠的技术途径,将指令流水线分解为大于或等于 8 段,通过时间并行性来提高指令的平均执行速度,这种流水线处理机可以在 1 个时钟周期内分时发射多条指令。超流水线处理机也是一种多发射处理机,它仅需要增加少量硬件,便可以提高处理机性能。显然,若超流水线处理机的并行度为 Q,则可以在 1 个时钟周期内发射 Q 条指令,但这 Q 条指令不是同时发射的,而是每隔 $1/Q$ 个时钟周期发射一条指令,且通常把 $1/Q$ 个时钟周期称为流水周期。

2. 超流水线处理机的性能

在理想情况下,如果在并行度为 Q 的超流水线处理机上处理 N 条指令,这时每个 Δt 可以有 Q 条指令通过指令流水线,N 条指令的处理时间为:

$$T(Q) = (K + (N-1)/Q)\Delta t \tag{6-5}$$

其中,K 为指令流水线功能段细分前的功能段数,细分后的功能段数为 KQ。超流水线处理机相对于普通标量处理机的加速比为:

$$S(Q) = \frac{T(1)}{T(Q)} = \frac{Q(K+N-1)}{QK+N-1} \tag{6-6}$$

当 $N \to \infty$ 时,在不存在资源冲突、数据相关和控制相关的理想情况下,超流水线的最大加速比为:

$$S(Q)_{max} = Q \tag{6-7}$$

3. 超流水线处理机实例——MIPS R4000 微处理器

1) MIPS R4000 微处理器的组织结构

在微处理器中,仅有 SGI 公司的 MIPS(Microprocessor Without Interlocked Piped Stages)系列处理机属于超流水线处理机。MIPS 系列的微处理器主要有 R2000、R3000、R4000、R5000 和 R10000 等,其中 R4000 是典型的超流水线处理机,其组织结构如图 6-8 所示。

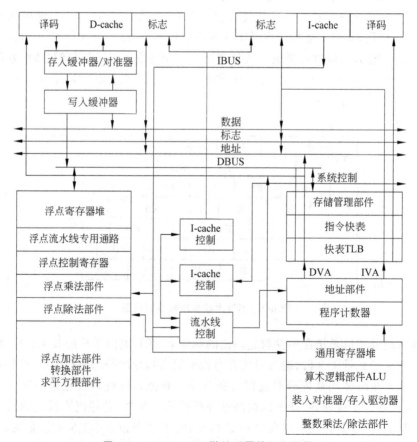

图 6-8 MIPS R4000 微处理器的组织结构

MIPS R4000 微处理器的整数功能部件主要包括一个 32×32 位的通用寄存器堆、一个算术逻辑运算部件（ALU）以及一个专用乘/除运算部件，负责取指令、整数操作的译码与执行以及存取操作的执行等。通用寄存器堆有两个输出端口和一个输入端口，用于标量整数操作和地址计算，并设有专用数据通路。算术逻辑运算部件包括一个整数加法器和一个逻辑部件，负责执行算术运算操作、地址运算和所有移位操作。乘/除运算部件可以执行 32 位带符号和不带符号的乘除操作，并可以和 ALU 并行处理指令。

浮点功能部件包括一个通用寄存器堆和一个执行部件。浮点通用寄存器堆由 16 个 64 位的通用寄存器组成，并可以设置为 32 个 32 位的浮点寄存器，其中浮点控制寄存器用于设置浮点协处理器的状态和控制信息。浮点执行部件由浮点乘法部件、浮点除法部件和浮点加法/转换/求平方根部件等组成，它们可以并行操作。浮点操作有浮点加、减、乘、除、求平方根、定点与浮点格式的转换、浮点格式之间的转换、浮点数比较等 15 种。

MIPS R4000 微处理器还有两个容量均为 8KB 的直接相联映像 Cache：I-cache 和 D-cache，每个 Cache 的数据宽度均为 64 位。由于每个时钟周期可以访问二次 Cache，因此在一个时钟周期内，可以从 I-cache 读出两条指令，或从 D-cache 中读出或写入两个数据。

2）MIPS R4000 微处理器的指令流水线

MIPS R4000 微处理器的指令流水线分为 8 个功能段，如图 6-9 所示，流水周期为时钟周期的一半。IF 段和 IS 段在连续的两个流水周期中访问指令 Cache，在一个时钟周期分时读取两条指令。从 RF 段起，指令已经读到指令寄存器中，可以进行指令译码，如果指令所需操作数在寄存器堆中，则可以由 RF 段访问寄存器堆读取操作数。因此，对于非存储访问指令，当取指令时 Cache 命中，指令译码后即刻可以执行（EX），在 EX 段的末尾得到指令的处理结果，由 WB 段把结果写入通用寄存器堆。对于存储访问指令，则由 DF 段和 DS 段访问数据 Cache，来获取两个操作数。对此，由存储器管理部件（MMU）在 DF 段和 DS 段把数据的虚拟地址变换为主存物理地址，后由 TC 段从数据 Cache 中读出数据区号，并与主存地址的区号进行比较，如果相等，数据 Cache 命中，则把数据的主存地址变换为 Cache 地址，从数据 Cache 中读取数据。如果是存数指令，则在数据 Cache 命中和 Cache 地址变换后，由 WB 段把数据送到写缓冲器，由写缓冲器把数据写入数据 Cache。

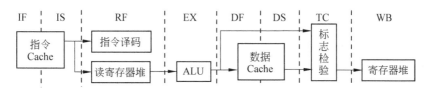

IF: 取第一条指令；IS: 取第二条指令；RF: 读寄存器堆和指令译码；EX: 执行指令；
DF: 取第一个数据；DS: 取第二个数据；TC: 数据标志检验；WB: 写回结果

图 6-9 MIPS R4000 处理器的指令流水线

6.3.3 超标量超流水线处理机

1. 超标量超流水线处理机及其时空图

超标量超流水线处理机是指把超标量技术与超流水线技术结合在一起，采用时间重叠和资源重复的技术途径，通过时间和空间并行性来进一步提高指令的平均执行速度。若一般指令流水线的每个时钟周期分为 3 个流水周期，每个流水周期同时发射 3 条指令，则每个时钟周期可以发射并处理完成 9 条指令，其时空图如图 6-10 所示。可见，在理想情况下，超标量超流水线处理机运行程序的速度是超标量处理机和超流水线处理机运行速度的乘积。

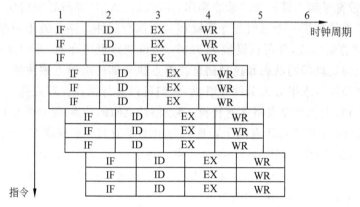

图 6-10　超标量超流水线处理机的时空图

2. 超标量超流水线处理机的性能

在理想情况下，如果在并行度为 PQ 的超流水线处理机上处理 N 条指令，这时每个 Δt 可以有 PQ 条指令通过指令流水线，N 条指令的处理时间为：

$$T(P,Q) = (K + (N-P)/PQ)\Delta t \qquad (6-8)$$

超标量超流水线处理机相对于普通标量处理机的加速比为：

$$S(P,Q) = \frac{T(1)}{T(P,Q)} = \frac{PQ(K+N-1)}{PQK+N-P} \qquad (6-9)$$

当 $N \to \infty$ 时，在不存在资源冲突、数据相关和控制相关的理想情况下，超标量超流水线的最大加速比为：

$$S(P,Q)_{max} = P \times Q \qquad (6-10)$$

3. 超标量超流水线处理机实例——Aplha 21064 处理器

1) Alpha 21064 微处理器的组织结构

在微处理器中，仅有 DEC 公司的 Alpha 系列处理器为超标量超流水线处理机，其中最为典型的是 Alpha 21064 微处理器。Alpha 21064 微处理器有三条指令流水线，且每条指令流水线在每个时钟周期内可以发射 2 条指令，即 P=3、Q=2，其主要由 4 个部件和两个 Cache 组成，组织结构如图 6-11 所示。4 个部件为整数操作部件 EBOX、浮点操作部件 FBOX、地址部件 ABOX 和中央控制部件 IBOX，两个容量均为 8KB 的 Cache 是 I-cache 和 D-cache。

中央控制部件 IBOX 包括地址发生器、存储管理部件、读数缓冲器和写数缓冲器，负责取指令、指令译码、指令发射、流水线控制以及程序计数器 PC 的计算等。IBOX 可以同时从 I-cache 中读取两条指令并加以译码，还对读入的两条指令进行资源冲突检查、数据

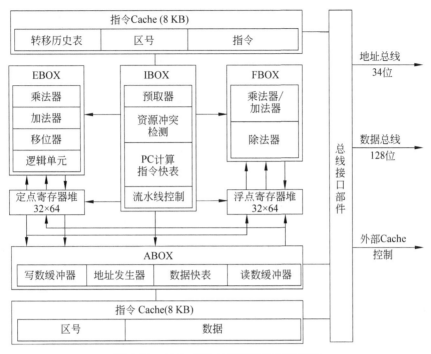

图 6-11　Alpha 21064 处理器的组织结构

相关和控制相关分析。如果没有相关与冲突，IBOX 就把这两条指令同时发射给 EBOX、ABOX 和 FBOX 这三个指令执行部件中的两个。

整数操作部件 EBOX 配有一个 32×64 位的定点寄存器堆，它有 4 个读出端口和 2 个写入端口。可以同时把 2 个源操作数或结果送到整数操作部件和地址部件。EBOX 的数据宽度为 64 位，它包括加法器、移位器、逻辑单元和整数乘法器等。浮点操作部件 FBOX 配有一个 32×64 位的浮点寄存器堆，它有 3 个输出端口和 2 个输入端口；另外还有一个用户可以访问的控制寄存器 FRCR，它包含舍入控制、陷阱允许、异常事故标志等信息。除除法指令外，FBOX 在每个流水周期可以接收一条指令，指令执行延迟为 6 个流水周期。特别地，执行部件 EBOX、ABOX 和 FBOX 内部均设有多条专用数据通路，当有数据相关时，可以将某操作单元的运算结果直接写到相应操作单元，而不必先写到寄存器。

两个 Cache 均采用直接相联映像，则两个 Cache 每个数据块（32 字节）均包含一个区号字段，用于实现主存地址到 Cache 地址的变换。由于采用动态转移预测技术，在 I-cache 中有一个转移历史表，它与 IBOX 中的转移预测逻辑一起实现条件转移的动态预测。

2）Alpha 21064 微处理器的指令流水线

Alpha 21064 微处理器包含三条指令流水线，即 7 个功能段的整数操作指令流水线、7 个功能段的存储访问指令流水线和 10 个功能段的浮点操作指令流水线，三条指令流水线在每个流水周期可以发射两条指令，它们的结构如图 6-12 所示。

```
IF→SWAP→I0→I1→A1→A2→WR(整数操作流水线)
IF→SWAP→I0→I1→AC→TB→HM(存储访问流水线)
IF→SWAP→I0→I1→F1→F2→F3→FR→FS→FWR(浮点操作流水线)
```
IF：取指令；SWAP：交换双发射指令和转移预测；I0：指令译码；I1：访问通用寄存器堆和发射校验；A1：IBOX 计算新 PC 值；A2：查指令快表；WR：写整数寄存器堆和 I-cache 检测；AC：IBOX 计算有效地址；TB：查数据快表；HM：写读数据缓冲器；F1、F2、F3、FR 和 FS：浮点计算流水线；FWR：写回浮点寄存器堆

图 6-12 Alpha 21064 处理器的指令流水线

三条指令流水线均可以分为前后两个部分，前 4 个功能段为前一个部分，它是由中央控制部件 IBOX 控制实现的静态流水线；后 3 个功能段（EBOX 和 ABOX 部件）或 6 个功能段（FBOX 部件）为后一个部分，它是分别由整数操作部件 EBOX、地址部件 ABOX 和浮点操作部件 FBOX 控制实现的动态流水线。由于资源冲突、数据相关或控制相关等原因，指令在前一部分静态流水线中，可以停留若干个流水周期。当指令进入后一部分动态流水线之后，必须一直往前流动，不允许停留。所以每条指令必须在前一部分（即 IBOX）实现资源冲突检测、数据相关或控制相关分析。

Alpha 21064 微处理器采用顺序发射乱序执行控制指令流水线。如果同时从 I-cache 读取到 IBOX 的两条指令，由于资源冲突或数据相关等原因，第一条指令可以发射，而第二条指令不能发射，则 IBOX 仅发射第一条指令；如果第一条指令不能发射，那么即使第二条指令可以发射，IBOX 也不会发射它，而是让流水线暂停，直到第一条指令可以发射再启动流水线。

6.3.4 4 种流水线处理机的性能比较

一般流水线技术是计算机中普遍使用的一种并行处理技术，其他类型的标量处理机都是在一般流水线标量处理机（普通标量处理机）的基础上应用其他技术对其进行改进而形成的。假设普通标量处理机的流水周期和指令发射等待时间均为 1 个时钟周期，且每次发射一条指令，指令级并行度为 1。其他流水线处理机均以此为基准，定义超标量处理机、超流水线处理机和超标量超流水线处理机的相应性能，如表 6-16 所示，它们与普通标量处理机的相对性能如图 6-13 所示。

表 6-16 4 种流水线处理机的性能比较

机器类型	K 段普通标量处理机	P 度超标量处理机	Q 度超流水线处理机	(P,Q) 超标量超流水线处理机
机器流水周期	1 个时钟周期	1 个时钟周期	$1/Q$ 个时钟周期	$1/Q$ 个时钟周期
同时发射指令条数	1 条	P 条	1 条	P 条
指令发射等待时间	1 个时钟周期	1 时钟周期	$1/Q$ 时钟周期	$1/Q$ 时钟周期
指令级并行度 ILP	1	P	Q	$P \times Q$

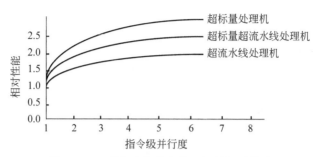

图 6-13 三种指令级并行处理机的相对性能

在图 6-13 中，横坐标是三种指令级高度并行处理机的指令级并行度 ILP，纵坐标是三种处理机相对于普通标量处理机的加速比，或者认为是这三种处理机所能达到的实际指令级并行度，可以得出以下两个结论。

（1）超标量处理机的相对性能最高，其次是超标量超流水线处理机，而超流水线处理机的相对性能最低。形成这种性能层次的主要原因有：第一，超标量处理机依靠多条指令流水线在每个时钟周期的开始就同时发射多条指令；而超流水线处理机是把一条指令流水线的各功能段再进一步细分，把一个时钟周期平均分为多个流水周期，并在每个流水周期发射一条指令。因此，超流水线处理机的启动延迟比超标量处理机大。第二，超流水线处理机的条件转移造成的损失比超标量处理机大。第三，超标量处理机重复设置多个相同功能段，而超流水线处理机仅是把一个功能段进一步细分，因此超标量处理机的功能段争用冲突比超流水线处理机少。

（2）当横坐标表示的指令级并行度较小时，纵坐标表示的相对性能随指令级并行度的提高而增长较快，但当指令级并行度进一步增加时，相对性能增长越来越平缓。因此，三种指令级高度并行处理器的指令级并行度选择要适当，否则可能会花费较高的硬件代价，而处理器所能达到的相对性能并不像期望的那样高。目前，一般认为 P 和 Q 都不要超过 4。

一个程序在指令级高度并行的处理机上运行，可以达到的实际指令级并行度还与调度算法有关。目前，已经提出多种开发指令级并行性的优化调度算法。对于基本块程序，实现最优调度并不十分困难。但对于一般程序，最优调度的实现极其复杂，已经证明这是一个 NP 完全问题，需要编译器与硬件结合才能获得比较好的调度效果。

6.4 基于静态指令调度的多发射处理机

【问题小贴士】 ①指令调度分为硬件动态调度与软件静态调度，基于软件静态指令调度的指令级高度并行处理机为超长指令字处理机，那么超长指令字处理机是采用了哪些技术措施来组织实现的？为什么说其指令并行处理实现主要依赖于静态指令调度？②超长指令字处理机有哪些特征？从时空图来看，它与超标量处理机有哪些区别？

6.4.1 超长指令字处理机及其结构原理

1. 超长指令字处理机及其时空图

超长指令字处理机是指由编译程序在编译时找出指令之间的潜在并行性,并进行适当调度安排,把多个可以并行执行的操作组合在一起,构成一条具有多个操作字段的超长指令去控制处理机中多个互相独立的操作部件,其中每个操作字段控制一个操作部件,相当于同时处理多条指令。VLIW 处理机利用一条长度为一个字的指令实现多个操作的并行执行,以减少对存储器的访问。并行操作是在流水线的执行阶段进行的,若每个时钟周期启动一条指令,在执行阶段并行执行 3 个操作,相应的时空图如图 6-14 所示,这时指令级并行度相当于 3。

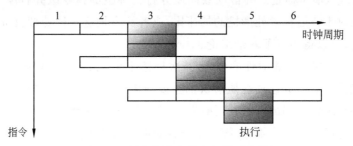

图 6-14 超长指令字处理机的时空图

超长指令字的字长与处理机中的操作部件数有关,一般来说,对于每一个操作部件,都需要有一个长度为 16~32 位的操作字段。因此,超长指令字的字长为 100~1000 位,如 Cydrome 公司的 Cydra 5(1989 年)和飞利浦公司的 TM-1(1996 年)的超长指令的字长均达数百位。

2. 超长指令字处理机的结构原理

超长指令字处理机是水平微码和超标量处理两种概念相结合的产物,是单指令多操作码多数据的体系结构,如图 6-15 所示。超长指令字包含三个字段:可以并行执行的 R 个操作部件的控制字段、若干个访问存储器的控制字段和其他控制字段。R 个操作部件的控制字段控制指定的 R 个操作部件,各操作部件所需要的操作数或生成的结果可以直接来自或存入寄存器堆,也可以由访问存储器的控制字段对指定存储单元进行读出或写入。互连网络在其他控制字段的控制下,提供存储模块与操作部件之间的数据链路,也可

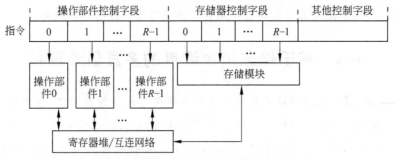

图 6-15 超长指令字处理机的结构原理

以为操作部件之间提供直接的数据链路,把一个操作部件的输出直接设置为其他操作部件的输入。

超长指令字中的一个操作部件的控制字段相当于程序中的一条操作指令,由一个操作部件来执行。由于 VLIW 处理机可以在一个时钟周期内处理一条超长指令字,也就要求其在一个时钟周期内发射一条超长指令字,相当于发射多条指令,所以 VLIW 处理机也是一种多发射处理机。虽然 VLIW 的控制方式是由水平微指令派生出来的,但 VLIW 的控制功能强得多。微指令仅对一个操作部件进行控制,而一个超长指令字可以对多个操作部件进行并行控制。

6.4.2 超长指令字处理与超标量处理的比较

1. 超长指令字处理的特征

根据 VLIW 处理方式和推出的有代表性的 VLIW 处理机,VLIW 处理具有以下 4 个主要特征。

(1) 编译组装超长指令字。在程序编译时,编译器判定指令之间并行操作的可能性,并抽取可能并行操作的指令组装成一条超长指令字,使指令级并行度尽可能接近于 VLIW 处理机中并行操作的部件数。当指令级并行度小于 VLIW 处理机中并行操作的部件数时,VLIW 中操作部件控制字段就会出现空闲,VLIW 字段的利用率降低。可见,VLIW 的并行程度依赖于编译的并行化能力和应用程序本身的并行化程度。

(2) 硬件结构简单。由于 VLIW 处理机的指令调度是由编译器实现的,所以在程序运行时,不需要硬件来实现指令并行性检测和动态调度,且仅有一个控制器,每个时钟周期启动一条指令,硬件功能比较简单。

(3) 适用细粒度并行处理。VLIW 处理由指令字字段直接控制多个操作部件,相当于在指令级实现并行处理;另外,在 VLIW 处理机中,由指令字字段直接控制相连于操作部件的多条总线,为操作部件提供所需要的数据链路,通信开销很小。可见,VLIW 处理适用于低级细粒度的并行处理。

(4) 指令系统不兼容。超长指令字格式是根据 VLIW 处理机中并行操作部件数来选择设计的,在 VLIW 处理机的硬件组成结构确定之后,超长指令字格式也就固定了。这样,虽然使 VLIW 处理机的指令系统与指令译码比较简单,但使不同 VLIW 处理机的指令系统不可能兼容,与传统的软硬件更不可能兼容。VLIW 处理机的指令系统不兼容,是理论上极其合理的并行性实现方法(即 VLIW 处理)一直没有进入实际应用的原因。

2. 超长指令字处理与超标量处理的区别

从一个时钟周期内同时发射多条指令来看,VLIW 处理与超标量处理类似,但它们在实现方法及其组织结构方面是有区别的,如图 6-16 所示,具体包含 4 个方面。

(1) 指令调度的支持平台不同。VLIW 处理是由编译器从程序中抽取可以并行的若干指令组装成一条超长指令字,程序运行时并行处理的指令不能改变,指令是静态调度,支持平台仅能是软件。超标量处理可以由编译器对程序中的指令序列进行重排,但由于多指令发射依赖于多个指令处理模块,程序指令的并行主要由硬件来检测和进行动态调度,程序运行时并行处理的指令可以改变,支持平台是软件和硬件,但主要是硬件。

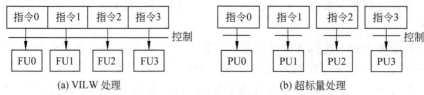

PU: 处理模块；FU: 操作模块

图 6-16　VLIW 处理与超标量处理的比较

（2）执行部件的结构特性不同。VLIW 处理机中的操作模块 FU 一般分别是整数逻辑运算部件、浮点运算部件、访存操作部件及顺序控制部件等专用单功能部件，各 FU 之间是异构的。若 VLIW 处理机中仅有一个浮点运算部件，那么仅能将程序中两条相邻的可以并行处理的浮点运算指令，组装到两条超长指令字中。若程序中连续的若干条指令均不是浮点运算指令，那么超长指令字中相应的浮点运算指令控制字段只能空闲。超标量处理机的各处理模块 PU 必须是可以实现所有指令功能的通用部件，并且一定是同构的。只要指令是可以并行的，就可以同时发射。

（3）并行处理指令的要求不同。由于 VLIW 处理机中的 FU 个数是固定的，一条超长指令字可以容纳的运算控制字段数也是固定的，因此并行执行的指令不仅需要避免相关，还需要与 FU 相匹配。超标量处理机的一个 PU 是一条指令流水线，每个 PU 各自处理一条指令，指令之间只要没有相关就可以并行执行。

（4）提高指令并行的难度不同。即使把 VLIW 处理机中的 FU 数量增加一倍，也不可以同时处理两条超长指令字。若希望提高 VLIW 处理机同时发射的指令数，需要重新设计 VLIW 格式和编译器。超标量处理机的指令并行性在程序运行时还可以由硬件来检测与判断，所以增加 PU 的个数就可以提高同时发射的指令数。

另外，在静态指令调度中，存储访问等操作在程序运行前不可能确定主存物理地址，也就不可能完全解决数据相关问题。因此，通过编译生成的 VLIW 中还有不可以并行执行的操作，即 VLIW 操作控制字段实际利用率低。另外 VLIW 的格式固定，因此 VLIW 处理的译码比超标量处理容易，而超标量处理机的兼容性优于 VLIW 处理机。

6.4.3　超长指令字处理机实例——Cydra 5 处理器

Cydra5 处理器的体系结构如图 6-17 所示，它包含 3 个部分：执行部件、指令部件和系统存储器控制器，处理器通过存储器接口与系统存储器相连接，且系统存储器为双端口存储器。

Cydra 5 处理器采用超长指令字处理方式，其指令字长度为 256 位，指令格式为包含 7 个操作字段的多操作码（MultiOp），每个操作字段对应一个操作，控制 7 个操作部件。在 7 个操作字段中，其中一个是转移操作码或杂项操作码，用于控制指令处理顺序，所以 Cydra 5 处理器设有 6 个操作部件。前 4 个操作字段对应的操作部件分别为 FADD/IALU（浮点加法器/整数算术逻辑部件）、FMPY（浮点/整数乘法器）、Mem1（存储器端口 1）和 Mem2（存储器端口 2），第 5、6 个操作字段对应的操作部件为两条地址计算流水线：

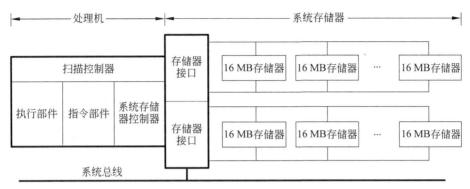

图 6-17　Cydra 5 处理器的体系结构

AADD1（地址加法器）和 AADD2/AMPY（地址加法器/乘法器），第 7 个操作字段对应的操作部件为指令与杂项部件。每个操作字段的典型格式为一个操作码、两个源寄存器描述码、一个目的寄存器描述码和一个判定寄存器描述码。

特别地，为了避免程序指令并行性很低时造成超长指令字操作字段和处理器能力的浪费，便设置了一种单操作码（UniOp）的指令格式。在 256 位的 VLIW 中，可以容纳 6 条单操作码指令，通过编译调度，使处理机尽可能并行处理多条单操作码指令。

复　习　题

1. 什么是标量处理机？目前标量处理机主要有哪些？
2. 什么是指令级高度并行？什么是指令级并行度？目前指令级高度并行的处理机主要有哪些？
3. 指令级并行实现技术有哪些？它们对应实现的处理机有哪些？
4. 什么是指令发射？取指发射和执行发射各分为哪两种？
5. 什么是按序发射与无序发射？什么是单发射与多发射？
6. 什么是指令调度？指令调度有哪两条途径？
7. 什么是静态指令调度？静态指令调度有哪两种策略？
8. 什么是局部指令调度？什么是循环展开？什么是基本块？什么是先行指令窗口？
9. 什么是动态指令调度？动态指令调度的策略是什么？典型的动态指令调度有哪两种方法？
10. 同静态指令调度相比，动态指令调度有哪些优缺点？
11. 动态指令调度需要记录哪些方面的状态信息？
12. CDC 记分牌动态指令调度法将指令执行阶段分为哪几个步骤？写出记录状态信息的表结构。
13. Tomasulo 动态指令调度法将指令执行阶段分为哪几个步骤？写出记录状态信息的表结构。
14. 什么是超标量处理机？简述它的组织结构，并画出它的时空图。

15. 什么是超流水线处理机？简述它的组织结构，并画出它的时空图。

16. 什么是超标量超流水线处理机？画出它的时空图。

17. 对于超标量处理机、超流水线处理机和超标量超流水线处理机，写出它们各自处理 N 条指令所需的时间和相对于普通标量处理机的加速比计算式。

18. 超标量处理机、超流水线处理机和超标量超流水线处理机的指令级并行度和流水周期、同时发射指令条数以及指令发射等待时间各为多少（可由参数表示）？

19. 什么是超长指令字处理机？简述它的组织结构，并画出它的时空图。

20. 超长指令字处理有哪些特征？它与超标量处理有哪些不同？

21. 超长指令字包含哪几个字段？各字段的功用是什么？

练 习 题

1. 单发射处理机的 ILP 期望值为多少？多发射处理机的 ILP 最低值为多少？为什么？

2. 静态指令调度可以消除指令间的相关吗？为什么？

3. 局部静态指令调度的实现策略是什么？举例说明。

4. 循环展开静态指令调度的实现策略是什么？举例说明。

5. 简述 CDC 记分牌动态指令调度法的实现策略。

6. 采用 C 语言，描述记分牌指令调度法指令发射的实现算法。

7. 采用 C 语言，描述记分牌指令调度法读操作数的实现算法。

8. 采用 C 语言，描述记分牌指令调度法写结果的实现算法。

9. 简述 Tomasulo 动态指令调度法的实现策略。

10. 采用 C 语言，描述 Tomasulo 指令调度法指令发射的实现算法。

11. 采用 C 语言，描述 Tomasulo 指令调度法指令执行的实现算法。

12. 采用 C 语言，描述 Tomasulo 指令调度法写结果的实现算法。

13. 试比较动态指令调度 CDC 记分牌法与 Tomasulo 法实现的异同点，它们之间最根本的区别是什么？

14. Pentium 微处理器、MIPS R4000 微处理器和 Aplha 21064 处理器的指令级并行度和流水周期、同时发射指令条数以及指令发射等待时间各为多少？

15. 比较并行度为 (P,Q) 的超标量超流水线处理机与并行度为 $(1,1)$ 的基准标量处理机的性能。在如下限制条件下，试分析下列加速比表达式。

$$S(P,Q)=\frac{T(1,1)}{T(P,Q)}=\frac{K+N-1}{K+(N-P)/PQ}=\frac{PQ(K+N-1)}{PQK+N-P}$$

(1) 在 $1 \leqslant P \leqslant 4$ 和 $1 \leqslant Q \leqslant 6$ 的范围内，对加速比 $S(P,Q)$ 最大化后的最佳流水线段数是多少？

(2) 阻碍超标量度 P 增长的实际限制是什么？

(3) 阻碍超流水度 Q 增长的实际限制是什么？

16. 由一台在每个时钟周期内发射 2 条指令的超标量处理机运行下面一段程序。

```
I1   LOAD  R0, M(A);       R0←M(A)
I2   ADD   R1, R0;         R1←(R1)+(R0)
I3   LOAD  R2, M(B);       R2←M(B)
I4   MUL   R3, R4;         R3←(R3)×(R4)
I5   AND   R4, R5;         R4←(R4)∧(R5)
I6   ADD   R2, R5;         R2←(R2)+(R5)
```

所有指令都要经过取指(IF)、译码(ID)、执行(EX)和写结果(WB)4个步骤,其中 IF、ID 和 WB 三个步骤各为 1 个功能段,延迟时间均为 10ns。在"执行"步骤,LOAD 操作和 AND 操作延迟时间均为 10ns,ADD 操作延迟时间为 20ns,MUL 操作延迟时间为 30ns。这4种操作各设置一个加工部件,且可以并行工作。ADD 部件和 MUL 部件均采用流水线结构,每级流水线的延迟时间为 10ns。请列出程序代码中所有的数据相关及其相关类型。

17. 对于第 16 题,假设所有运算型指令均在译码(ID)功能段读寄存器,在写结果(WB)功能段写寄存器,并且采用顺序发射顺序执行调度策略。

(1) 画出流水线处理指令序列的时空图,并计算各条指令的处理时间。

(2) 计算程序运行所需的时间。

18. 对于第 16 题,假设每个加工部件的输出端均存在直接数据通路与输入端相连,并且采用顺序发射乱序执行调度策略。

(1) 画出流水线处理指令序列的时空图,并计算各条指令的处理时间。

(2) 计算程序运行所需的时间。

19. 现有 A、B、C、D 四个存储器操作数,要求实现 (A×B)+(C+D) 运算,原程序如下:

```
I1   LOAD  R1, M(A);        R1←M(A)
I2   LOAD  R2, M(B);        R2←M(B)
I3   MUL   R5, R1, R2;      R5←(R1)×(R2)
I4   LOAD  R3, M(C);        R3←M(C)
I5   LOAD  R4, M(D);        R4←M(D)
I6   ADD   R2, R3, R4;      R2←(R3)+(R4)
I7   ADD   R2, R2, R5;      R2←(R2)+(R5)
```

(1) 若采用静态指令调度方法,请写出该程序调度后的指令序列。

(2) 若采用如图 6-18 所示的 7 段指令流水线:①执行段划分为 3 个功能段(共 3 个时钟周期);②LOAD/STORE 部件、加法器、乘法器均是执行段的多功能部件;③存储器采用流水方式,存取操作需要 3 个时钟周期,如果相邻两次存取操作仅需要延迟 1 个时钟周期,就无资源冲突;④每个加工部件均有自己的"写回"部件;⑤当发射段(I)判定一条指令所需的加工部件可用时,则读取寄存器操作数并进入执行段 E(发射段 I 允许与前面指令的 W 段重叠)。画出静态调度后的指令序列流水线时空图。

图 6-18 练习题 18 的 7 段指令流水线

20. 现有原程序指令序列如下：

```
I1   LOAD  R1, M(A);      R1←M(A)
I2   ADD   R2, R1;        R2←(R2)+(R1)
I3   SUB   R3, R4;        R3←(R3)+(R4)
I4   MUL   R4, R5;        R4←(R4)×(R5)
I5   LOAD  R6, M(B);      R6←M(B)
I6   MUL   R6, R7;        R6←(R6)×(R7)
```

(1) 采用如图 6-19 所示的超标量流水线结构模型，其中 A1 和 A2 为加法器，M1、M2 和 M3 为乘法器，由优化编译程序重排上述指令序列。

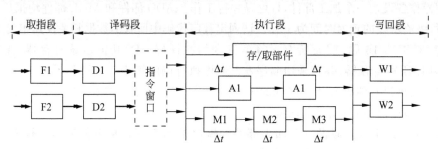

图 6-19 练习题 19 的超标量流水线的结构模型

(2) 画出无序发射无序执行的超标量流水线时空图。

21. 下面是循环实现点积运算的程序段，寄存器 F2 的初值为 0，试结合循环展开和基本块指令调度技术，消除所有流水线"空转"周期。

```
Loop: LD    F0, (R1)       //取一个向量元素放入 F0,延迟时钟数为 2;
      LD    F4, (R2)       //取一个向量元素放入 F4,延迟时钟数为 2;
      MUL   F0, F0, F4     //F0 乘以 F4 放入 F0,延迟时钟数为 4;
      ADD   F2, F0, F2     //F0 加上 F2 放入 F2,延迟时钟数为 3;
      SUB   R1, R1, #-8    //将指针减 8(每个数据占 8 字节),延迟时钟数为 2;
      SUB   R1, R1, #-8    //将指针减 8,延迟时钟数为 2;
      BNE   R1, R2, Loop   //若 R1 不等于 R2,表示未结束,转 Loop 继续,延迟时钟数为 2
```

第 7 章

数据操作级高度并行处理机

对数组各元素进行运算被认为是数据操作,数据操作级的并行属于细粒度并行,采用时间并行技术和空间并行技术可有效地提高数组运算操作的速度。本章阐述三种数据操作级高度并行处理机(向量处理机、阵列处理机和脉动处理机)的组织结构、工作机理和性能特点,介绍各种数据操作级高度并行处理机的典型结构,讨论提高向量处理机性能的方法和适用于阵列处理机的几个算法。

7.1 向量处理机

【问题小贴士】 ①指令级并行与数据操作级并行均属于细粒度并行,均可以利用流水线技术来实现,前者称为流水线处理机,后者称为向量处理机。那么从流水线级别来看,向量处理机的流水线属于什么流水线?该流水线对存储器的基本要求是什么?有哪些途径来实现这个基本要求?向量处理机有哪两种组织结构?②若 A、B、C、D 均是元素个数为 N 的向量,表达式 $D=A\times(B+C)$ 的计算包含哪些运算?这些运算实现的次序不同即是不同的向量处理方式。那么向量处理方式有哪几种?两种不同组织结构的向量处理机分别采用哪种向量处理方式?③向量运算或操作包含系列标量运算或操作,在向量处理机中,它是通过一条所谓的向量指令来实现的。那么向量指令与标量指令有什么区别?根据操作数存放的部件不同,向量指令可以分为哪两种类型?各包含哪些指令?④通常可以采用 MIPS、MFLOPS、CPI 等参数来衡量标量处理机的性能,可以采用这些参数来衡量向量处理机的性能吗?为什么?衡量向量处理机的性能参数有哪些?上述问题的解决涉及许多具体方法,还需要通过练习来掌握直至熟悉。

7.1.1 向量处理机与向量处理方式

1. 向量处理及其与标量处理的区别

向量是一组互相独立且具有相同类型的原子数据(标量)集合,其中每个原子数据称为向量元素。由于向量中所包含向量元素的个数差异很大,所以向量一般存放于存储器的一段连续的存储单元中。在向量中,向量元素通常是有序的,相邻元素之间的存储单元地址增量是固定的,且称之为跳距。利用向量处理机与标量处理机处理向量的差异很大。若将两个元素个数为 N 的一维向量相加,其高级语言程序为:

```
DO 10 I=1, N
```

```
10    A(I)=B(I)+C(I)
```

当利用标量处理机来处理时,编译程序生成的指令序列如下(K1、K2、K3 为 A、B、C 三个向量在存储器中的起始地址):

```
        CL   F0, 0                 //F0 寄存器清 0
    AB  LD   F1, MEM(K1+(F0))      //把 K1+(F0)存储单元数据取到 F1 寄存器
        LD   F2, MEM(K2+(F0))      //把 K1+(F0)存储单元数据取到 F2 寄存器
        ADD  F3, F1, F2            //将 F1 与 F2 寄存器数据相加并把结果放在 F3 寄存器
        STD  MEM(K3+(F0)), F3      //把 F2 寄存器数据存到 K3+(F0)存储单元
        INC  F0                    //F0 寄存器数据自增 1
        CMP  F0, N                 //F0 寄存器数据-N
        JS   AB                    //F0 寄存器数据-N 为负转 AB
```

该指令序列中的每一条指令为标量指令,运行该指令序列即为"标量处理"过程。

当利用向量处理机来处理时,编译程序生成的指令序列为:

```
VADD A(1: N), B(1: N), C(1: N)
```

显然,该指令序列中仅有一条指令,该指令可以对多个或多对操作数进行运算或操作,生成多个结果,即它具有"向量处理"功能。所以把由硬件资源(含向量寄存器、流水线加工部件和计数器等)对向量进行运算或操作称为向量处理。向量处理与标量处理的区别在于:一是标量处理一次仅可以处理一个或一对数据,而向量处理一次可以处理相同类型的多个或多对数据;二是向量处理比标量处理的效率与速度高得多。

标量程序代码通过编译器可以转换为向量代码,通常把将标量程序代码转换为向量代码的过程称为向量化,相应的编译器称为向量编译器。可见,向量处理是利用向量代码来实现的,向量处理的性能不仅与硬件有关,还与软件编译器有关。

2. 向量指令与向量处理机

把可以对一个、一对或一组向量数据进行运算或操作的指令称为向量指令。显然,向量指令的处理效率比标量指令高得多,处理一条向量运算指令可以生成多个结果。具有向量数据表示和向量指令系统的处理机称为向量处理机。向量处理机将数据表示和流水线技术相结合,采用流水线技术实现数据操作的高度并行;从标量处理来看,可将其视为指令级高度并行处理的另一类处理机。目前,向量处理机已成为用于数值计算的一种高性能体系结构,原因在于它具有效率高和适用性广两个特点。

向量处理机既有价格便宜的与微处理器相连而组合成微型计算机的向量协处理机,也有价格昂贵的高性能超级向量处理机。超级向量处理机的速度可达 Gflops,且性价比极佳,与相同价格的串行处理机相比,向量运算吞吐量高出 1~2 个数量级。当然,超级向量处理机的吞吐量一般仅对特定结构有效,局限于可以转化为向量运算的问题,只有向量运算才能充分有效地利用向量处理的硬件资源。

3. 向量处理方式及其适用性

向量处理分为横向、纵向和纵横结合三种方式,现以计算表达式 $D=A\times(B+C)$ 为例,说明三种向量处理方式,其中 A、B、C、D 均是元素个数为 N 的向量。

1) 横向(水平)处理方式

横向处理方式是按计算要求对向量元素从左至右横向逐个串行计算,向量元素计算为:先相加 $k_1 \leftarrow (b_1+c_1)$,后相乘 $d_1 \leftarrow k_1 \times a_1$,$k_1$ 为暂存单元,计算的过程如图 7-1 所示。

若采用运算操作流水线计算,每个向量元素的加乘运算会发生数据相关;而当使用静态多功能流水线时,每个向量元素还需进行乘加功能 2 次转换。这样向量 D 的计算会出现 N 次数据相关和 $2N$ 次功能转换,因此如果由静态多功能流水线来实现,流水线吞吐率比串行处理还要低。因此,横向处理方式不适合于流水线处理。

2) 纵向(垂直)处理方式

纵向处理方式是按计算要求对向量的全体元素按相同运算处理完后再去处理下一个运算,即是按列自上至下纵向进行,计算的过程如图 7-2 所示。

图 7-1　向量横向处理的计算过程　　　　图 7-2　向量纵向处理的计算过程

若采用运算操作流水线计算,数据相关与加乘功能切换均仅发生 1 次,如果由静态多功能流水线来实现,流水线吞吐率极高。因此,纵向处理方式适合于流水线处理。

向量处理机采用纵向方式处理向量运算,向量处理机需要具备支持向量运算的硬件及其对应的一组向量指令。为便于向量指令并行获取向量的 N 个元素,可以把向量元素存储于一个容量足够大的向量寄存器中。如果向量长度 N 大于向量寄存器的容量,那么源向量、目的向量和中间结果向量都只能存储于存储器阵列中,所有运算向量指令都要进行访存操作,由于存储器带宽有限,这会严重影响运算向量指令处理速度。因此,为保持高速的向量处理,便提出纵横处理方式。

3) 纵横(分组)处理方式

纵横处理方式是横向处理与纵向处理相结合的一种向量处理方式,又称为分组处理方式,即按向量处理机中向量寄存器的容量 M,把长度为 N 的向量中的元素分为若干元素个数为 M 的组,并且组内采用纵向处理,组间采用横向处理。由此,利用向量寄存器作为缓冲栈,可以使运算操作与存储访问重叠进行,避免存储器带宽对向量指令处理的限制。设向量长度为 N,分为 S 组,每组长度为 M;还有一组长度为 R,R 为余数,共 $S+1$ 组。显然,$N=S \times M+R$,且 $M \leqslant N$,$R<M$,所有参数均为正整数。先计算第一组,再计算第二组,直到 $(S+1)$ 最后一组,计算过程如图 7-3 所示。

若采用运算操作流水线计算,各组内存在一次数据相关,需要 2 次流水线功能切换和 M 个中间向量暂存单元。纵横处理方式对向量长度 N 不加限制,但以 M 个元素为一组进行分组处理。在各组运算中,采用长度为 M 的向量寄存器作为运算寄存器并保留中间结果,从而极大地减少访存次数。

7.1.2　向量处理机的指令集

处理机的功能是由指令集来体现的,向量处理机的向量指令集反映向量处理机处理

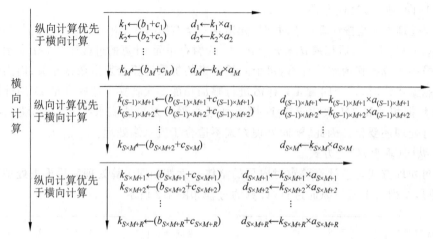

图 7-3　向量纵横处理的计算过程

向量的能力。根据操作数存放的部件不同,向量指令可以分为寄存器-寄存器型和存储器-存储器型两种。假设采用 V_i 表示长度为 N 的向量寄存器,用 S_i 表示标量寄存器,下标 i 是寄存器的序号,用 $M(1:N)$ 表示长度为 N 的存储器阵列,用 Δ 表示向量的运算操作符。

1. 寄存器-寄存器型向量指令

寄存器-寄存器型向量指令是指参加运算操作的向量来自于向量寄存器,或把结果向量写入向量寄存器,该类指令是向量指令集中最重要的指令,一般有 6 种(向量处理机中的这类指令均是这 6 种指令的一个子集或超集)。

1) 向量-向量指令

向量-向量指令包含一元向量指令和二元向量指令。

一元向量指令的功能是把 V_j 寄存器中的向量数据进行某运算操作后的结果向量传送到 V_i 向量寄存器中,通常记为 $\Delta V_j \to V_i$。

二元向量指令的功能是把 V_k 与 V_j 寄存器中的向量数据进行某运算操作后的结果向量传送到 V_i 向量寄存器中,通常记为 $V_k \Delta V_j \to V_i$。

2) 向量-标量指令

向量-标量指令的功能是把 V_k 寄存器中的各元素数据与 S_j 寄存器中的标量数据进行某运算操作(如乘运算),并把得到的一个长度与 V_k 相等的结果向量传送到 V_i 向量寄存器中,通常记为 $S_j \Delta V_k \to V_i$。

3) 向量存取指令

向量存取指令包含向量取指令和向量存指令。

向量取指令的功能是把存储器阵列 $M(1:N)$ 中的向量数据传送到 V_i 向量寄存器中,通常记为 $M(1:N) \to V_i$。

向量存指令的功能是把 V_i 寄存器中的向量数据传送到存储器阵列 $M(1:N)$ 中,通常记为 $V_i \to M(1:N)$。

4）向量归约指令

向量归约指令包含一元向量归约指令和二元向量归约指令。

一元归约指令的功能是把 V_i 寄存器中的向量数据进行某种运算操作后的结果送入标量寄存器，如求向量 V_i 各元素中的最大值或最小值等，通常记为 $\Delta V_i \to S_j$。

二元归约指令的功能是把 V_i 与 V_j 寄存器中的向量数据进行某种运算操作后的结果传送到 S_k 寄存器中，如两个向量的点积等，通常记为 $V_i \Delta V_j \to S_k$。

5）收集散播指令

对于稀疏向量（包含大量零元素），为了节省对零元素运算的开销，需要把稀疏向量的零元素压缩掉。为此，便需要采用两个向量寄存器来存放压缩后的稀疏向量，若 V_1 向量寄存器用于存储稀疏向量中的所有非零元素，V_0 向量寄存器用于存放对应非零元素在存储器阵列 $M(1:N)$ 中相应的变址值。收集散播指令包含收集指令和散播指令。

收集指令的功能是把存储器阵列 $M(1:N)$ 中的稀疏向量的非零元素存放到 V_1 向量寄存器，并把非零元素的变址值存放到 V_0 向量寄存器，通常记为 $M(1:N) \to V_1 \Delta V_0$，如图 7-4(a) 所示。

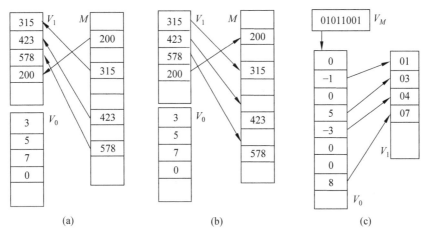

图 7-4 基于寄存器-寄存器的部分向量指令功能

散播指令的功能是把 V_1 向量寄存器中的非零元素按 V_0 向量寄存器中的变址值写入存储器阵列 $M(1:N)$ 中，展开为稀疏向量，通常记为 $V_1 \Delta V_0 \to M(1:N)$，如图 7-4(b) 所示。

6）屏蔽指令

向量处理机中往往配有一个专用的屏蔽向量寄存器 V_M，用于存放屏蔽向量，屏蔽向量的元素仅一位。屏蔽指令则利用屏蔽向量把一个向量压缩成一个较短的向量，以节省向量运算的开销。

屏蔽指令的功能是顺序测试 V_0 向量寄存器中的各元素是否是零元素，如果是，则在 V_M 中的相应位置"0"；否则，就在 V_M 中的相应位置"1"，并将非零元素在 V_0 中的变址值依次存放于 V_1 向量寄存器中，通常记为 $V_0 \Delta V_M \to V_1$，如图 7-4(c) 所示。

2. 存储器-存储器型向量指令

存储器-存储器型向量指令是指参加运算操作的向量来自于存储器，且把操作后的结果也直接写入存储器。该类指令一般有：

- 二元向量指令：$M_1(1:N) \Delta M_2(1:N) \rightarrow M_1(1:N)$。
- 一元向量指令：$\Delta M_1(1:N) \rightarrow M_2(1:N)$。
- 向量-标量指令：$S_1 \Delta M_1(1:N) \rightarrow M_2(1:N)$。
- 二元归约指令：$M_1(1:N) \Delta M_2(1:N) \rightarrow M(k)$。

其中，$M_1(1:N)$ 和 $M_2(1:N)$ 均是长度为 N 的存储器阵列或向量，$M(k)$ 为存储器单元中的一个标量。存储器中的向量长度可以不受向量寄存器和存储器字长的限制，存储器中的长向量可以配合向量寄存器长度或存储器存储字长以流的形式出现。

7.1.3 向量处理机的组织结构

1. 向量处理机数据并行访问途径

向量处理机的组织策略为：采用运算操作流水线来对两个向量中的各元素进行并行运算操作，产生一个结果向量。由于运算操作流水线可以连续不断地并行工作，在一个时钟周期内可以完成一次运算操作，这就要求向量处理机的存储部件可以为流水线运算操作部件连续不断地提供数据和接收来自它的运算结果。假设从存储器取操作数、执行运算操作和写数据到存储器都是在一个时钟周期内完成，则要求存储部件能在一个时钟周期内读出两个操作数并写回一个结果。

一般的随机访问存储器在一个时钟周期内最多可以完成一次读操作或写操作，因此，向量处理机组织的主要问题在于：使存储部件的访问带宽满足流水线运算操作部件的要求。目前，主要采用两种途径来实现满足存储访问的带宽要求。

(1) 多体多字存储器并发访问。利用多个独立的存储模块来支持相互独立的数据并发访问，从而达到所要求的存储访问带宽。如果一个存储模块在一个时钟周期内最多可以访问一个数据，那么由 N 个独立存储模块组成的多体多字存储器在一个时钟周期内最多可以访问 N 个独立数据。

(2) 设置多层次存储缓冲访问。构造一个可以满足所要求带宽的高速中间存储器（向量寄存器），并可以与主存储器快速进行数据交换。中间存储器速度快、容量小，还可以按行、按列、按对角线或按子阵进行访问，数据来自主存储器，使得主存储器带宽不必与向量处理机所要求的带宽一样。

根据数据并行访问途径的不同，可将向量处理机分为两种：多体多字存储器并发访问的存储器-存储器型和设置多层次存储缓冲访问的寄存器-寄存器型。

2. 存储器-存储器型向量处理机

存储器-存储器型向量处理机在对向量进行运算操作时，源向量和目的向量都存放在主存储器中，流水线运算操作部件的输入和输出直接或通过缓冲器与主存储器相连接，从读写操作数来看，构成存储器-存储器型的运算操作流水线。早期的向量处理机（如 Star 100、Cyber 205 等）都采用存储器型结构，它对处理的向量长度 N 没有限制，无论 N 多大都可由一条向量指令实现，适合于纵向处理。

在存储器-存储器型向量处理机中,主存储器是由多个存储模块组成的并行存储器,流水线运算部件与主存储器之间有三条相互独立的数据通路,各数据通路可以并行工作,但是一个存储模块在某一时刻只能为一条数据通路服务。在如图 7-5 所示的向量处理机的结构模型中,存储器由 8 个存储模块组成,其带宽为单模块存储器的 8 倍,即若一个存储模块在一个存取周期内最多可以存取一个数据,那么期望在一个存取周期内存取 8 个独立的数据就需要 8 个独立的存储模块。

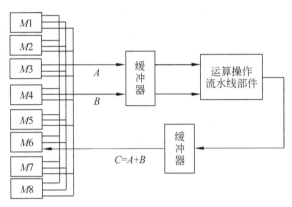

图 7-5 存储器-存储器型向量处理机的结构模型

假设运算操作流水线包含 4 个功能段,各段延迟时间为一个时钟周期,一个存取周期等于两个时钟周期。若向量 A、B、C 均包含 8 个元素,为了不发生读写冲突,则安排各向量元素分别存放于 $M0$、$M1$、$\cdots$、$M7$ 存储模块中。R_{Ai}、R_{Bj} 分别表示从相应的存储模块中读取分量 A_i、B_j,W_{Ck} 表示写回结果 C_k。在理想情况下,采用存储器-存储器型向量处理机实现 $C=A+B$ 向量计算的时空图如图 7-6 所示。由于运算操作流水线分为 4 段,因此输入数据 4 个时钟周期之后才能产生相应的输出值。当数据充满后,运算操作流水线就一直处于忙碌状态。特别地,向量 A 和 B 的相应一对分量安排在同一个存储器模块

功能段 4							0	1	2	3	4	5	6	7	
功能段 3						0	1	2	3	4	5	6	7		
功能段 2					0	1	2	3	4	5	6	7			
功能段 1				0	1	2	3	4	5	6	7				
存储体 M7				R_{A7}	R_{A7}	R_{B7}	R_{B7}					W_7	W_7		
存储体 M6				R_{A6}	R_{A6}	R_{B6}	R_{B6}				W_6	W_6			
存储体 M5			R_{A5}	R_{A5}	R_{B5}	R_{B5}				W_5	W_5				
存储体 M4			R_{A4}	R_{A4}	R_{B4}	R_{B4}			W_4	W_4					
存储体 M3			R_{A3}	R_{A3}	R_{B3}	R_{B3}		W_3	W_3						
存储体 M2		R_{A2}	R_{A2}	R_{B2}	R_{B2}			W_2	W_2						
存储体 M1		R_{A1}	R_{A1}	R_{B1}	R_{B1}		W_1	W_1							
存储体 M0	R_{A0}	R_{A0}	R_{B0}	R_{B0}			W_0	W_0							

图 7-6 存储器型向量处理机实现两个向量相加的时空图

中,只能被串行读取,运算操作流水线需要延迟两个存取周期才能开始操作。若将向量 A 和 B 的相应一对分量安排在不同的存储器模块中,使它们可以并行读取,就可以缩短运算操作流水线的延迟时间。

3. 寄存器-寄存器型向量处理机

寄存器-寄存器型向量处理机在对向量进行运算时,源向量和目的向量都存放在向量寄存器中,流水线运算操作部件的输入和输出通过一级或多级缓冲器与主存储器相连接,从读写操作数来看,构成寄存器-寄存器型的运算操作流水线。虽然寄存器-寄存器型向量处理机对处理的向量长度 N 也没有限制,但当向量长度 N 大于向量寄存器长度时,需要对向量元素分组,组的长度 M 为固定不变的向量寄存器长度,同一向量运算需要多条向量指令才能实现,适合于纵横向处理。

在寄存器-寄存器型向量处理机中,由多级层次结构的存储系统代替存储器-存储器型向量处理机的并行主存储器,速度越快的存储器距离处理器越近,与处理器直接相连的是向量寄存器,存储层次之间可以快速实现数据交换,主存储器与向量寄存器间的存储器则作为数据缓存器。在如图 7-7 所示的向量处理机的结构模型中,存储系统包含主存储器、向量缓冲器和向量寄存器或标量寄存器三级,向量处理机除存储系统外,还包含有向量存取部件、指令处理部件、向量指令控制部件、向量加工部件和标量加工部件等。

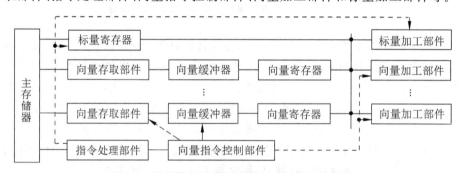

图 7-7　寄存器-寄存器型向量处理机的结构模型

7.1.4　提高向量处理机性能的常用技术

提高向量处理机性能的常用技术有:多加工部件并行技术、向量指令链接技术、循环分段开采技术、稀疏矩阵零元素避免技术和向量寄存器递归技术 5 种。

1. 多加工部件并行技术

在向量处理机中,为使多条向量指令并行处理,以减少程序的运行时间,通常设置多个独立的加工部件,并使它们并行工作。如图 7-8 所示的是 Cray-1 向量处理机的基本结构,它有 4 组 12 个独立的单功能流水线部件,其中每个加工部件左边的数字为流水线延迟的时钟周期数。第一组向量部件包含向量加、移位和逻辑运算 3 个加工部件;第二组浮点部件包含浮点加、浮点乘和浮点求倒数 3 个加工部件;第三组标量部件包含标量加、移位、逻辑运算和数"1"/计数 4 个标量部件;第四组地址运算部件包含地址加、乘运算 2 个加工部件。对于 Cray-1 向量处理机中的 12 个加工部件,若不存在向量寄存器与加工部件使用冲突,便可以并行处理不同的指令。

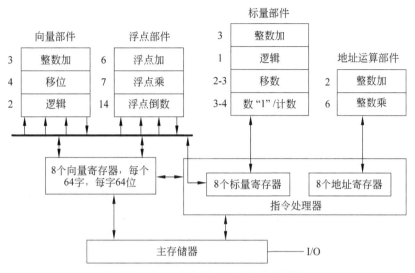

图 7-8 Cray-1 向量处理机的基本结构

所谓向量寄存器使用冲突是指向量指令所需要的源向量或结果向量使用相同的向量寄存器,如向量指令 $V_4 \leftarrow V_1 + V_2$ 与 $V_5 \leftarrow V_2 \times V_3$,它们的源向量均使用 V_2 寄存器;又如向量指令 $V_5 \leftarrow V_1 + V_2$ 与 $V_5 \leftarrow V_3 \times V_4$,它们的结果向量均使用 V_5 寄存器。因此,这两个示例中的两条向量指令出现向量寄存器使用冲突,均不能并行处理,必须在前一条指令处理结束后,才可以处理后一条指令。原因在于:对于第一组两条向量指令,当使用同一向量寄存器 V_2 时,首元素下标与向量长度均可能不同,从而难以保证由 V_2 同时向两条指令提供所需的源向量。

所谓加工部件使用冲突是指向量指令需要使用同一加工部件,如 $V_3 \leftarrow V_1 + V_2$ 与 $V_6 \leftarrow V_4 + V_5$,它们均需要使用浮点加这个加工部件,使得两条向量指令出现加工部件使用冲突,不能并行处理。

在理想情况下,若设置 M 个独立的加工部件,可以使运算速度提高 M 倍。但由于程序本身并行性有限,并可能发生上述两种冲突,不可能完全并行地处理 M 条指令。

2. 向量指令链接技术

当处理向量指令时,需要占用相关的加工流水线和向量寄存器,且直到指令处理结束才释放,以实现相关的运算操作。而加工流水线和向量寄存器所需占用时间的多少取决于向量长度和流水线延迟。两条向量指令占用加工流水线和向量寄存器存在 5 种情况。

(1) 指令不相关。如 $V_0 \leftarrow V_1 + V_2$ 与 $V_6 \leftarrow V_4 \times V_5$ 两条指令分别使用各自所需的加工流水线和向量寄存器,可以并行处理。

(2) 加工部件冲突。如 $V_3 \leftarrow V_1 + V_2$ 和 $V_6 \leftarrow V_4 + V_5$ 两条指令发生加工部件冲突,当处理前一条指令时,占用加法流水线部件,后一条指令则需要等待,它们不可以并行处理。

(3) 源寄存器冲突。如 $V_3 \leftarrow V_1 + V_2$ 和 $V_6 \leftarrow V_1 \times V_4$ 两条向量指令的源向量均来自

V_1,发生源寄存器冲突,它们不可以并行处理;前一条指令占用 V_1 后,后一条指令只有等待其处理结束并释放 V_1 之后,才能开始处理。

(4) 目的寄存器冲突。如 $V_4 \leftarrow V_1+V_2$ 和 $V_4 \leftarrow V_3 \times V_4$ 两条向量指令的结果向量均指向 V_4,发生目的寄存器冲突,它们不可以并行处理;前一条指令占用 V_4 后,后一条指令只有等待其处理结束并释放 V_4 之后,才能开始处理。

(5) 向量寄存器存在先写后读相关。如 $V_3 \leftarrow V_1+V_2$ 和 $V_6 \leftarrow V_3 \times V_4$ 两条向量指令,前一条指令的结果寄存器是后一条指令的源寄存器,这时可以将加与乘两个加工部件链接起来,即可以将加法加工部件生成的元素立即送到乘法加工部件进行运算,并不需要等待其后续元素全部生成之后,再送到乘法加工部件进行运算。可见,这两条向量指令可以并行处理,当前一条指令生成 V_3 的第一个元素后,后一条指令就可以开始处理。

所谓向量指令链接技术是指当相邻的向量指令之间存在先写后读相关时,向量寄存器同时既可以作为目的寄存器接收加工部件传送来的数据,也可以作为源寄存器将数据传送到另一加工部件,使两个加工部件链接起来并行工作,实现向量指令并行处理,以提高向量处理机性能。但在进行向量指令链接时,除要求不存在向量寄存器和加工部件使用冲突外,还具有三个方面的限制。

(1) 不可以随时链接。链接仅可以在前一条指令的第一个结果元素送入结果向量寄存器的那一个时钟周期进行,其他时间无法链接。

(2) 结果元素的生成时间相等时才可以链接。当一条向量指令的两个源操作数分别来自于前面紧邻的两条向量指令时,若两个源操作数的生成时间相等,则三条向量指令可以链接并行处理。

(3) 向量长度相等的向量指令之间才可以进行链接。

3. 循环分段开采技术

对于寄存器-寄存器型向量处理机,当向量长度大于向量寄存器长度时,需要把向量分为若干长度固定的段,再循环分段处理,每次循环仅处理一个向量段,这种技术称为循环分段开采技术。特别地,将长向量分段循环处理由系统自动实现,所以对程序员是透明的。

4. 稀疏矩阵零元素避免技术

在许多科学与工程的计算中,稀疏矩阵极其常见。当对稀疏矩阵进行运算操作时,零元素的运算操作往往是无效的。为了避免对零元素进行运算操作,以提高矩阵运算操作速度,可以采用稀疏向量法和稀疏数组法两种方法来实现。

当采用稀疏向量法来处理稀疏矩阵时,稀疏矩阵由两个向量表示:即一个非零向量和一个位向量,前者仅存放稀疏矩阵的非零元素;在后者中,"1"指示对应位置为非零元素,"0"指示对应位置为零元素,且长度与稀疏矩阵元素个数相等。当访问稀疏矩阵时,便根据位向量来决定对相应元素是否进行存取;当位向量位为零时,则不访问相应元素。稀疏向量法虽然可以减少访问主存的次数,但被访问元素发生存储模块冲突的概率增大,导致流水线加工部件停顿的延迟增加,使得避免访问零元素而获得的性能被抵消。

当采用稀疏数组法来处理稀疏矩阵时,稀疏矩阵采用一个二维数组表示:一个非零元素及其在原矩阵中的逻辑位置由一数组行表示。当访问稀疏矩阵时,可以采用 Hash 方法把非零元素的逻辑位置转换为主存储器地址。如果 Hash 查找到一个逻辑位置,则表示对应元素为非零,Hash 表中包含对应元素的主存储器地址;如果 Hash 查找失败,表示相应元素为零。

5. 向量寄存器递归技术

在向量指令链接中,一个向量寄存器同时用于存放源操作数和结果操作数,以减少向量处理过程中所占用的寄存器,但这时流水线加工部件的递归操作可能发生数据阻塞。为了避免发生这种情况,当一个操作数分量(元素)移出向量寄存器而进入流水线加工部件时,一个结果分量可以在同一时钟周期进入腾空的分量寄存器。这样从分量来看,向量寄存器如同移位寄存器,为此便为每个向量寄存器设置分量计数器来跟踪所谓的"移位操作",直到结果向量的所有分量均装入向量寄存器为止。

假设采用浮点加法流水线来实现递归向量求和 $V0 \leftarrow V0+V1$,其中向量寄存器 $V1$ 存放的是递归相加的浮点数,向量寄存器 $V0$ 同时用于操作数寄存器和结果寄存器。令 C_0 和 C_1 分别为向量寄存器 $V0$ 和 $V1$ 的分量计数器,初始时 C_0 和 C_1 均置为 0,且 $V0$ 的第一个分量寄存器 $V0_0$ 的初始值也置为 0。若浮点加法流水线的延迟为 6 个时钟周期,寄存器与浮点加法流水线之间的往返传送各需要 1 个时钟周期,则一次加法计算共需要 $1+6+1=8$ 个时钟周期。另假设向量长度为 64,且仅做一个向量循环,向量分量递归求和的时序如图 7-9 所示。

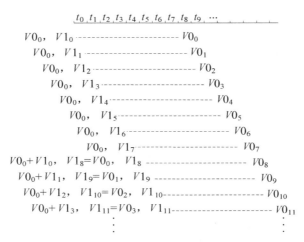

图 7-9 向量分量递归求和时序

从 t_0 起,在随后的 64 个时钟周期内,$V1_0$、$V1_1$、$\cdots$、$V1_{63}$ 相继发送到浮点加法流水线,计数器 C_1 在每个时钟周期后均加 1。在 t_8 前,计数器 C_0 一直为 0,且 $V0_0$(为 0)也不断发送到浮点加法流水线。在 t_8 及之后,每个时钟周期后 C_0 均加 1,流水线相继输出的和将与来自 $V1$ 的一个分量进行递归相加;且每 8 个时钟周期内,递归相加分量数相同,64 个分量分为 8 个求和组,它们的递归相加分量数依次为 1、2、$\cdots$、8。$V0_{56} \sim V0_{63}$ 为最后一个求和组,其中每个寄存器保存了 $V1$ 的 8 个不同分量的和。运算结束后,将装入 $V0$ 的分量寄存器,且内容如下:

第 1 组 $(V0_0) = (V0_0) + (V1_0) = 0 + (V1_0)$

$(V0_1) = (V0_0) + (V1_1) = 0 + (V1_1)$

$$(V0_2) = (V0_0) + (V1_2) = 0 + (V1_2)$$
$$(V0_3) = (V0_0) + (V1_3) = 0 + (V1_3)$$
$$(V0_4) = (V0_0) + (V1_4) = 0 + (V1_4)$$
$$(V0_5) = (V0_0) + (V1_5) = 0 + (V1_5)$$
$$(V0_6) = (V0_0) + (V1_6) = 0 + (V1_6)$$
$$(V0_7) = (V0_0) + (V1_7) = 0 + (V1_7)$$

第 2 组
$$(V0_8) = (V0_0) + (V1_8) = (V1_0) + (V1_8)$$
$$(V0_9) = (V0_1) + (V1_9) = (V1_1) + (V1_9)$$
$$(V0_{10}) = (V0_2) + (V1_{10}) = (V1_2) + (V1_{10})$$
$$(V0_{11}) = (V0_3) + (V1_{11}) = (V1_3) + (V1_{11})$$
$$(V0_{12}) = (V0_4) + (V1_{12}) = (V1_4) + (V1_{12})$$
$$(V0_{13}) = (V0_5) + (V1_{13}) = (V1_5) + (V1_{13})$$
$$(V0_{14}) = (V0_6) + (V1_{14}) = (V1_6) + (V1_{14})$$
$$(V0_{15}) = (V0_7) + (V1_{15}) = (V1_7) + (V1_{15})$$

第 3~7 组
$$(V0_{16}) = (V0_8) + (V1_{16}) = (V1_0) + (V1_8) + (V1_{16})$$
$$\vdots$$
$$(V0_{55}) = (V0_{47}) + (V1_{55}) = (V1_7) + (V1_{15}) + (V1_{23}) + (V1_{31}) + (V1_{39}) + (V1_{47}) + (V1_{55})$$

第 8 组
$$(V0_{56}) = (V0_{48}) + (V1_{56}) = (V1_0) + (V1_8) + (V1_{16}) + (V1_{24}) + (V1_{32}) + (V1_{40}) + (V1_{48}) + (V1_{56})$$
$$(V0_{57}) = (V0_{49}) + (V1_{57}) = (V1_1) + (V1_9) + (V1_{17}) + (V1_{25}) + (V1_{33}) + (V1_{41}) + (V1_{49}) + (V1_{57})$$
$$(V0_{58}) = (V0_{50}) + (V1_{58}) = (V1_2) + (V1_{10}) + (V1_{18}) + (V1_{26}) + (V1_{34}) + (V1_{42}) + (V1_{50}) + (V1_{58})$$
$$(V0_{59}) = (V0_{51}) + (V1_{59}) = (V1_3) + (V1_{11}) + (V1_{19}) + (V1_{27}) + (V1_{35}) + (V1_{43}) + (V1_{51}) + (V1_{59})$$
$$(V0_{60}) = (V0_{52}) + (V1_{60}) = (V1_4) + (V1_{12}) + (V1_{20}) + (V1_{28}) + (V1_{36}) + (V1_{44}) + (V1_{52}) + (V1_{60})$$
$$(V0_{61}) = (V0_{53}) + (V1_{61}) = (V1_5) + (V1_{13}) + (V1_{21}) + (V1_{29}) + (V1_{37}) + (V1_{45}) + (V1_{53}) + (V1_{61})$$
$$(V0_{62}) = (V0_{54}) + (V1_{62}) = (V1_6) + (V1_{14}) + (V1_{22}) + (V1_{30}) + (V1_{38}) + (V1_{46}) + (V1_{54}) + (V1_{62})$$
$$(V0_{63}) = (V0_{55}) + (V1_{63}) = (V1_7) + (V1_{15}) + (V1_{23}) + (V1_{31}) + (V1_{39}) + (V1_{47}) + (V1_{55}) + (V1_{63})$$

7.1.5 向量处理机的性能参数

衡量向量处理机性能的主要参数有：一条向量指令的处理时间、向量指令序列的总执行时间、向量流水线的最大性能、半性能向量长度及长度临界值等。

1. 向量指令的处理时间

在向量处理机的流水线加工部件中，一条向量长度为 N 的向量指令的执行时间 T_{vp} 为：

$$T_{vp} = T_s + T_{vf} + (N-1)T_c \tag{7-1}$$

式中：T_s 为向量流水线的建立时间，包括向量起始地址与计数设置以及条件转移指令处理等，经过该时间流水线才可以流入数据开始工作。T_{vf} 为第一对向量元素通过向量流水线的时间，T_c 为向量流水线的"瓶颈"段的延迟时间。

如果向量流水线不存在瓶颈，且各功能段延迟时间均为一个时钟周期时间 τ，即 $T_c=\tau$，则式(7-1)可以写为：

$$T_{vp} = [s + e + (N-1)] \times \tau \tag{7-2}$$

式中：s 和 e 分别为 T_s 和 T_{vf} 所对应的时钟周期数。

如果忽略 T_s，并令 $T_{start}=e-1$，T_{start} 则为从向量指令开始执行到生成第一个结果之前一个时钟周期所需要的时钟周期数，且称之为向量指令启动时间。此后每个时钟周期可以生成一个结果。这样，式(7-2)可以写为：

$$T_{vp} = (T_{start} + N) \times \tau \tag{7-3}$$

2. 向量指令序列的总执行时间

一组向量指令的执行时间主要取决于向量长度、向量运算操作之间是否存在流水线加工部件的使用冲突和数据相关三个因素。通常把几条可以在一个时钟周期内一起开始处理的向量指令称为一个编队。显然，同一个编队中的向量指令不存在使用冲突和数据相关，如果存在使用冲突和数据相关，则需要把它们调整在不同的编队之中。编队后向量指令序列的总执行时间 T_{all} 为：

$$T_{all} = \sum_{i=1}^{Q} T_{vp}^{(i)} \tag{7-4}$$

式中：$T_{vp}^{(i)}$ 为第 i 编队的执行时间；Q 为编队数量。特别地，当一个编队仅有一条指令时，$T_{vp}^{(i)}$ 为这条向量指令的执行时间；当一个编队包含若干条指令时，$T_{vp}^{(i)}$ 为该编队中各指令执行时间的最大值。

由于向量长度相同均为 N，即均生成 N 个结果，所以向量指令执行时间主要在于 T_{start}。若令 $T_{start}^{(i)}$ 为第 i 编队中各指令启动时间的最大值，将式(7-3)代入式(7-4)则有：

$$T_{all} = \sum_{i=1}^{Q}(T_{start}^{(i)} + N)\tau = \left(\sum_{i=1}^{Q} T_{start}^{(i)} + QN\right)\tau = (T_{start}^{(i)} + QN)\tau \tag{7-5}$$

其中：$T_{start} = \sum_{i}^{Q} T_{start}^{(i)}$ 为编队后向量指令序列的总启动时间（时钟周期数）。特别地，对于一定的向量指令序列，T_{start} 和 Q 与编译和处理机有关，且寄存器分配与指令调度既会影响编队的组合，也会影响编队的启动时间。

对于寄存器-寄存器型向量处理机，当向量长度 N 大于向量寄存器长度 M 时，则需要分段开采。当进行分段开采时，需要引入额外操作而产生额外时间 T_{loop}。设 $\lfloor N/M \rfloor = S$，余数为 R，由式(7-5)可知前 S 次循环中每次循环的执行时间 T_{step} 为：

$$T_{step} = (T_{start} + T_{loop} + QM)\tau \tag{7-6}$$

最后一次循环的执行时间 T_{last} 为：

$$T_{\text{last}} = (T_{\text{start}} + T_{\text{loop}} + QR)\tau \tag{7-7}$$

所以编队后向量指令序列的总执行时间 T_{all} 为：

$$T_{\text{all}} = (T_{\text{step}} \times S + T_{\text{last}})\tau = \{(S+1) \times (T_{\text{start}} + T_{\text{loop}}) + MN\}\tau$$
$$= \{(\lceil N/M \rceil + 1) \times (T_{\text{start}} + T_{\text{loop}}) + MN\}\tau \tag{7-8}$$

3. 向量流水线的最大性能

向量流水线的最大（峰值）性能（R_∞）是指当向量长度为无穷大时的最大吞吐率，通常采用 MFLOPS 参数来度量，即有：

$$R_\infty = \lim_{N \to \infty} \frac{\text{向量指令序列中浮点运算次数} \times \text{时钟频率}}{\text{向量指令序列执行所需要的时钟周期数}} \tag{7-9}$$

或

$$R_\infty = \lim_{N \to \infty} \frac{\text{一个元素浮点运算次数} \times \text{时钟频率}}{\text{一个元素执行所需要的平均时钟周期数}} \tag{7-10}$$

若长度为 N 的向量计算的总时钟周期数为 T_N，则向量的一个元素执行的平均时钟周期数为 T_N/N，则式(7-10)可以写为：

$$R_\infty = \frac{\text{一个元素浮点运算次数} \times \text{时钟频率}}{\lim_{N \to \infty}(T_N/N)} \tag{7-11}$$

4. 半性能向量长度

半性能向量长度（$N_{1/2}$）是指为达到最大性能的一半所需要的向量长度。半性能向量长度用于评价向量流水线建立时间对性能的影响，反映建立向量流水线而导致的性能损失。若向量长度 $N = N_{1/2}$，则表明向量流水线工作中仅有一半时间在有效工作，所以通常希望向量流水线的半性能向量长度尽量小。

5. 向量长度临界值

向量长度临界值（N_v）是指使向量流水线处理方式的速度优于标量串行处理方式所需要的向量长度的最小值。向量长度临界值既用于衡量建立时间，也用于衡量标量处理与向量处理的速度比对向量处理机性能的影响。

7.1.6 向量处理机实例

典型的向量处理机主要有 Cray、NEC SX 和 Fujitsu VP 三个系列。

1. Cray Y-MP 向量处理机

Cray Y-MP 816 向量处理机可以配置 1、2、4 和 8 台处理机，相应配置 8 个 CPU 共享中央存储器、I/O 子系统、处理机通信子系统、实时钟和大量寄存器的体系结构如图 7-10 所示。CPU 计算时钟周期为 6ns，包含 14 个加工部件，分为向量、标量、地址和控制 4 个部分，向量和标量指令可以并行执行，且算术运算均为寄存器-寄存器型，向量指令可以使用 14 个加工部件中的 8 个。浮点与整数算术运算均是 64 位，指令高速缓存可以同时存放 512 条 16 位的指令。

中央存储器是按多体多字来组织的，包含 256 个交叉访问的存储模块，通过 4 个存储器端口，CPU 可以交叉访问，实现对存储器的重叠存取。4 个存储器端口允许每个 CPU 同时执行两个标量或向量取操作、一个存操作和一个独立的 I/O 操作。中央存储器的容

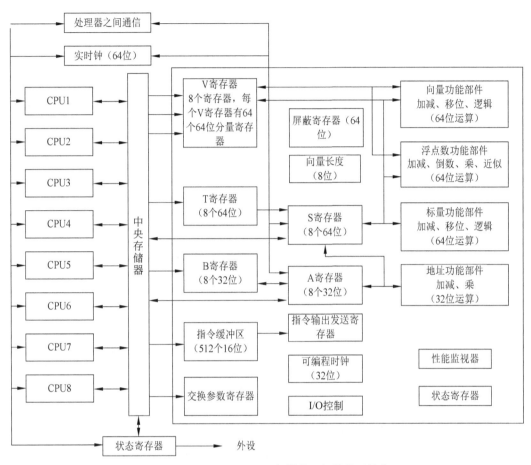

图 7-10 Cray Y-MP 816 向量处理机的体系结构

量可以是 16、32、64 和 128MB,最大可以为 1GB;固态存储器的容量可以是 32～512MB,最大可以为 4GB。

处理机之间的通信系统包括用于快速同步目的的共享寄存器群,每个群由共享地址寄存器、共享标量寄存器和信号灯寄存器组成,CPU 之间的向量数据通信是通过共享存储器实现的。大量寄存器包含地址寄存器、标量寄存器、向量寄存器、中间寄存器和临时寄存器,通过使用寄存器及多条存储器和加工部件流水线,可以实现加工部件流水线的灵活链接。

实时钟是 64 位的计数器,每个时钟周期计数器加 1,用于准确计时。I/O 子系统支持三种不同类型的通道,传输速率分别为 6、100 和 1GB/s。另外,还配有分解冲突部件,可以将存储器冲突引起的延迟减到最小;为了保护数据,在中央存储器及其输入输出数据通道中,均采用了单错校正/双错检测逻辑。

2. NEC SX-X44 向量处理机

NEC SX-X44 向量处理机由于采用了基于 VLSI 高密度封装技术的 2.9ns 的时钟周期,使得其是当时同类计算机中性能最高的,峰值速度可以达到 22GFLOPS,体系结构如

图 7-11 所示。

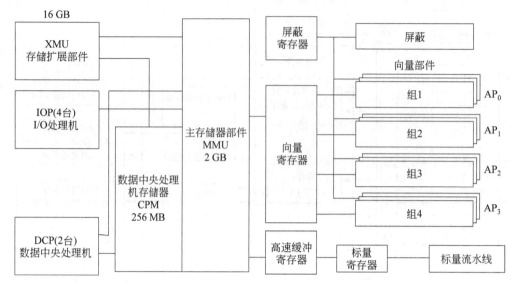

图 7-11　NEC SX-X44 向量处理机的体系结构

4 台处理机通过共享寄存器或通过 2GB 的共享存储器进行通信,每台处理机包含 4 组向量流水线,每组包括 2 条加法移位流水线和 2 条乘法逻辑流水线,可见其可以 64 路并行。除向量部件外,还有采用 RISC 体系结构的高速标量部件,且包含 128 个标量寄存器,通过指令重排来开发并行性。主存储器为 1024 路的交叉访问存储器,其最大容量可达 16GB,最大传输率为 2.75GB/s。另外,最多可以配置 4 台 I/O 处理机,每台 I/O 处理机的数据传输率为 1GB/s;且最多可以提供 256 个通道,用于高速网络、图形和外围操作,支持 100MB/s 的通道传输。

3. Fujitsu VP2000 和 VPP500 向量处理机

Fujitsu VP2000 系列向量处理机可以配置 1～2 台处理机,Fujitsu VPP500 系列向量处理机则可以配置 7～222 个处理部件(PE)单 MPP,二者可以联合使用。

Fujitsu VP2000 系列包含十种不同型号的处理机,最大向量性能为 0.5～5GFLOPS,其中 VP-2600/10 单处理机的体系结构如图 7-12 所示。VP-2600/10 可以扩展为双处理机(VP-2400/40),时钟周期为 3.2ns,主存储器容量为 1GB 或 2GB,且可扩展到 32GB。向量处理部件由两条装入/存储流水线、三条加工流水线和两条屏蔽流水线组成,它与两个标量部件相连,所以 VP-2400/40 可以有 4 个标量部件。

Fujitsu VPP500 系列是 MIMD 并行向量处理机,1993 年问世的第一台向量计算机的目标峰值为 335GFLOPS,以 VP2000 为主机、VPP500 为后端的体系结构如图 7-13 所示。VPP500 采用全局虚拟共享存储器,使物理上分布的所有 PE 的本地存储器变为统一的地址空间,主存储器容量最大可以达 55GB。

VPP500 中的每一个 PE 包含一个标量处理部件和一个向量处理部件,采用 IEEE 754 浮点标准,它们与 VP2000 相似,但功能有所改进。PE 的峰值处理速度为 1.6GFLOPS,自有静态 RAM 存储器容量最大可以达 256MB。PE 之间通过商用无冲突

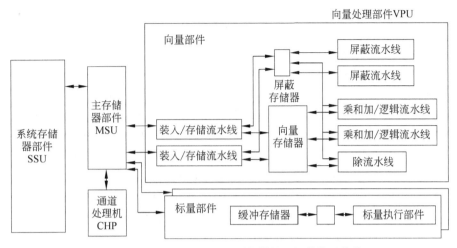

图 7-12 Fujitsu VP2000 系列向量处理机的体系结构

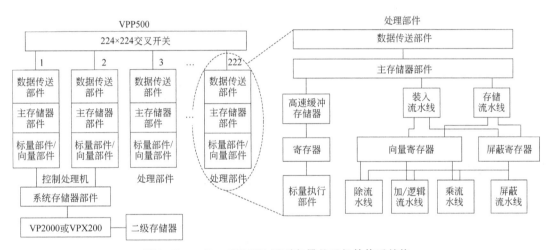

图 7-13 Fujitsu VPP500 系列向量处理机的体系结构

的 224×224 交叉开关相连，由每个 PE 中的数据传输部件管理 PE 之间的通信，且单向数据交换速度为 400MB/s，双向数据交换速度为 800MB/s。每个 PE 中的数据传输部件将逻辑地址转换为物理地址，以便访问虚拟全局存储器，其配置有专门用于快速栅栏同步的硬件。两台控制处理机通过交叉开关协调 PE 操作，单个控制处理机可以控制多达 9 个 PE。

VPP500 与其主机一起运行于基于 UNIX 系统 V 第 4 版的 UXP/VPP 操作系统上，该操作系统支持紧密耦合的 MIMD 操作。将 FORTRAN 77 编译器的优化功能和基于 UNIX 的操作系统的并行调度功能配合起来，可最大限度地发掘并行向量处理能力。

4. FPS-164 向量协处理器

上述介绍的向量处理机均是巨型计算机，规模大、价格高，适用于解决大工程、大系统的问题。向量协处理器可以与中小型计算机组合起来，专门承担向量处理的任务，以得到较高的吞吐率和精度,其价格又可以为一般中小用户所接受,如 AP-12OB、FPS-164 和 FPS-5000 系列等都是向量协处理器。向量协处理器可以连接在各种中小型宿主机上,由宿主机控制来进行专门的高速向量运算。

FPS-164 向量协处理器是较为典型的向量协处理器,它的体系结构如图 7-14 所示。向量协处理器有自己的容量为 120MB 的主存、高速标量处理器和数量最多可达 15 个的流水线向量处理器。FPS-164 通过高速总线与宿主计算机相连,宿主机的功能是为向量协处理器提供数据和指令以及接收其计算结果。向量协处理器专门用于高速地处理浮点操作,一般应用问题由宿主计算机处理。相对于标量运算部件,向量处理器的工作是被动的。一般运算过程是:首先标量运算部件把原始数据按单送方式装入向量寄存器,然后标量运算部件把标量数据和指令播送到所有的向量处理器。这样,所有的向量处理器就可以同步地进行运算,但它们处理的数据是各不相同的。当标量运算部件以单送方式发送数据和指令时,除接收数据和指令的那个向量处理器之外,其他向量处理器都是空闲的,处理器的效率较低,因此单送方式应尽量少用。

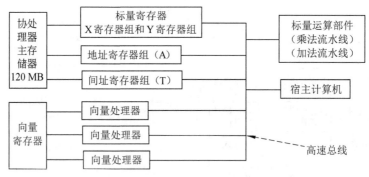

图 7-14 FPS-164 向量协处理器的体系结构

FPS-164 中的标量运算部件用于标量操作,它包括流水线乘法器和加法器、两组标量操作数寄存器(X 寄存器组和 Y 寄存器组)、一组地址寄存器(A 寄存器组)和一组间址寄存器(T 寄存器组)。标量运算部件可以向所有的向量处理器以单送或播送方式发送指令和数据,还可以有选择地从向量处理器的寄存器取回运算结果。

向量处理器包含两个乘-加部件、两组向量寄存器、两组标量寄存器和一个接收标量处理器数据的输入端,每个乘-加部件每个时钟周期可以输出一个结果。为了最有效地使用向量处理器,则要求有足够的缓冲空间以减少存取向量数据的次数。对此,向量寄存器长度达 2K,每个数据 4 字节;一组向量寄存器包含 4 个向量寄存器,所以向量处理器可以存放 2×4K×2=16K 个向量元素。每组标量寄存器可以存放 4 个操作数,这样一个向量最多可以与 4 个不同的标量进行运算,即一旦把一个向量装入向量处理器,最多可以把它使用 4 次,从而减少访问主存的次数。

例 7.1 若在 Cray-1 上进行向量运算:$D=A\times(B+C)$,假设向量长度 $N\leqslant 64$,向量元素为浮点数,且向量 B、C 已存放在 V_0 和 V_1 中。画出链接示意图,并分析非链接处理和链接处理两种情况下的处理时间。

解：采用以下三条向量指令实现上述运算：

V₃←A　　　　　　　　　//访存取向量 A；
V₂←V₀+V₁　　　　　　//向量 B 和向量 C 进行浮点加；
V₄←V₂×V₃　　　　　　//浮点乘,将结果存到 V₄

第①、②条向量指令既无 V_i 冲突,也无加工部件冲突,可以并行执行。第③条指令与第①、②条指令之间均存在且仅存在先写后读相关,但不存在加工部件冲突,所以可以将第③条指令与第①、②条指令链接执行,如图 7-15 所示。

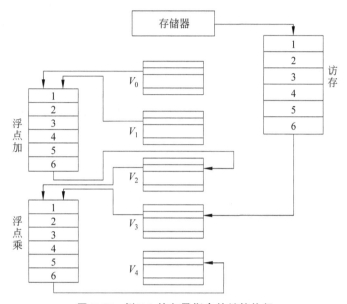

图 7-15　例 7.1 的向量指令的链接执行

(1) 如果三条指令全部用串行处理,则处理时间为：
$$[(1+6+1)+N-1]+[(1+6+1)+N-1]+[(1+7+1)+N-1]$$
$$=3N+22(时钟周期)$$

(2) 如果前两条指令并行执行,然后再串行执行第③条指令,则处理时间为：
$$[(1+6+1)+N-1]+[(1+7+1)+N-1]=2N+15(时钟周期)$$

(3) 如果第①、②条向量指令并行执行("访存"所需时钟周期数与"浮加"所需时钟周期相同),并与第③条指令链接执行,则处理时间最短为：
$$(1+6+1)+(1+7+1)+(N-1)=N+16(时钟周期)$$

例 7.2　设向量 A 和 B 的长度为 N,在 Cray-1 向量处理器上实现以下循环操作：

```
    DO 10 I=1, N
10  A(I)=5.0×B(I)+C
```

其中,N 和 C 为常数,试分析 N 的取值对循环操作的影响。

解：(1) 当 $N \leqslant 64$ 时,可以由以下指令序列实现上述循环：

S₁←5.0　　　　　　　　//第 1 条：将常数 5.0 装入标量寄存器；

```
S₂←C              //第 2 条：将常数 C 装入标量寄存器；
VL←N              //第 3 条：在 VL 寄存器中设置向量长度；
V₀←B              //第 4 条：将向量 B 读入向量寄存器；
V₁←S₁×V₀          //第 5 条：计算 5.0×B(x)；
V₂←S₂+V₁          //第 6 条：5.0×B(x) 和 C 相加；
A←V₂              //第 7 条：将结果向量存入数组 A
```

第 5、6 条指令存在先写后读相关，但不存在加工部件冲突，所以可以链接执行，最后将结果存入数组 A。

(2) 当 $N>64$ 时，就需要进行分段开采。在进入循环之前，把 N 除以 64，所得到的商就是循环次数，而余数则是需要单独处理的元素个数。在进入循环前，先对余数个元素进行计算，然后采用循环方式计算向量 A 的其他部分，每次循环计算 64 个元素，而循环体则是由上述第 4~7 条向量指令组成。

例 7.3 A、B 两个向量存放于存储器中，其向量长度均为 64。设流水线加法器包含 4 个功能段，流水线时钟周期为 10ns，将 A、B 向量的第一对元素读出到流水线始端所需时钟周期数为 2，求处理向量加法指令 VADD 所需的时间。

解：由题意和式(7-2)可知：$N=64, e=4, s=2, \tau=10\text{ns}$

$$T_{vp} = (s+e+N-1)\tau = (2+4+64-1) \times 10\text{ns} = 690\text{ns}$$

例 7.4 在某向量处理机上实现 $Y=a \times X+Y$ 运算，其中 X、Y 是向量，最初存放在内存中，a 是一个标量，实现的指令序列如下：

```
LV V1, M(x)           //取向量 X；
VMUL V2, F0, V1       //向量 X 和标量相乘；
LV V3, M(y)           //取向量 Y；
VADD V4, V2, V3       //向量加；
SV M(y), V4           //保存结果
```

假设每种流水线加工部件仅有一个，则向量操作可以分为几个编队？

解：第 1 条指令为第(1)个编队。第 2 条指令与第 1 条指令之间存在数据相关，所以它们不能在同一个编队中。第 2 条指令与第 3 条指令之间不存在加工部件冲突和数据相关，所以它们为第(2)个编队。VADD 指令与第 3 条指令数据相关，所以 VADD 为第(3)个编队。第 5 条指令与 VADD 指令有数据相关，所以 SV 指令是第(4)个编队。因此这一组向量操作分为以下 4 个编队：

(1) LV
(2) VMUL   LV
(3) VADD
(4) SV

例 7.5 假设向量处理机中存取数部件、乘法部件和加法部件的启动时间分别为 12、7 和 6 个时钟周期，请计算例 7.4 中每个编队的开始时间、获得第一个结果元素的时间和获得最后一个结果元素的时间。

解：设向量长度为 N，则每个编队的开始时间、获得第一个结果元素的时间和获得最后一个结果元素的时间如表 7-1 所示。

表 7-1 例 7.4 中每个编队的相关时间

编 队	开始时间	获得第一个结果元素的时间	获得最后一个结果元素的时间
(1) LV	0	12	11+N
(2) VMUL LV	12+N	12+N+12	24+2N
(3) VADD	25+2N	25+2N+6	31+3N
(4) SV	32+3N	32+3N+12	42+4N

例 7.6 在一台向量处理机上实现 $A=B\times s$ 操作,其中向量 A、B 长度均为 200,s 为标量,向量寄存器长度为 64,存取数部件和乘法部件的启动时间分别为 12 和 7 个时钟周期,$T_{\text{loop}}=15$ 个时钟周期,求操作实现的总执行时间和一个结果元素的平均执行时间。

解:由于向量长度大于向量寄存器长度,所以需要分段开采。而每次循环由三条向量指令组成:

```
LV V1, Rb              //取向量 B,初始时将其存放于 Rb 中;
VMUL V2, V1, Fs        //向量 B 和标量 s 相乘;
SV Ra, V2              //保存向量 A,初始时将其存放于 Ra 中
```

由于三条指令存在相关性,因此必须出现在不同编队,所以每次循环均包含 3 个编队,即 $Q=3$;$T_{\text{loop}}=15$,而 T_{start} 为三条指令的启动时间之和,即 $T_{\text{start}}=12+7+12=31$(时钟周期)。由式(7-8)有:

$$T_{200}=(\lceil 200/64 \rceil+1)\times(15+31)+200\times 3=784(\text{时钟周期})$$

一个结果元素的平均执行时间(含启动开销)为:$784/200=3.9$(时钟周期)。

例 7.7 设 $T_{\text{loop}}=15$ 个时钟周期,存取数部件、乘法部件和加法部件的启动时间分别为 12、7 和 6 个时钟周期,向量寄存器长度为 64,求例 7.4 中一组向量操作的总执行时间。

解:将 5 条向量指令分为 3 个编队,采用链接技术把前两个编队的 2 条向量指令组成一个链接:

```
LV V1, M(x)    VMUL V2, F0, V1     //编队 1:取向量与向量乘链接;
LV V3, M(y)    VADD V4, V2, V3     //编队 2:取向量与向量加链接;
SV M(y), V4                        //编队 3:保存结果
```

由题意可知:$Q=3$,$T_{\text{loop}}=15$,$T_{\text{start}}=12+7+12+6+12=49$,$M=64$,由式(7-8)有:

$$T_5=(\lceil N/64 \rceil+1)\times(15+49)+N\times 3=4N+64(\text{时钟周期})$$

例 7.8 对于例 7.7,假设时钟频率为 200MHz,求半性能向量长度 $N_{1/2}$。

解:对于例 7.7,由式(7-9)可知向量处理机的最大性能为:

$$R_{\infty}=\lim_{N\to\infty}\frac{2\times 200\text{MHz}}{(4N+64)/N}=\frac{2\times 200\text{MHz}}{4}=100\text{MFLOPS}$$

根据半性能向量长度的定义有:

$$\frac{2\times 200\text{MHz}}{[(\lceil N/64 \rceil+1)\times 64+N_{1/2}\times 3]/N_{1/2}}=50\text{MFLOPS}$$

若 $N_{1/2}\leqslant 64$,则有:$64+3N_{1/2}=8N_{1/2}$,$N_{1/2}=12.8$,取 $N_{1/2}=13$。

例 7.9 在例 7.4 中,假设 $N_v < 64$,建立循环的开销为 10 个时钟周期,存取数部件、乘法部件和加法部件的启动时间分别为 12、7 和 6 个时钟周期,求向量长度临界值 N_v。

解:在标量串行方式下,执行一次循环所需的时钟周期数为:
$$T_s = (10+12+7+12+6+12) \times N_v = 59N_v$$
在向量并行方式下,计算循环所需要的时钟周期数为:
$$T_v = 64 + 3N_v$$
根据向量长度临界值的定义,有:
$$T_v = T_s, \quad 64 + 3N_v = 59N_v$$
所以 $N_v = (\lceil 64/59 \rceil + 1) = 2$。

7.2 阵列处理机

【问题小贴士】 ①细粒度的数据操作级并行不仅可以利用流水线技术来实现,也可以利用资源重复技术来实现,前者称为向量处理机,后者称为阵列处理机。那么阵列处理机通过重复设置哪种部件来实现数据操作级并行?从 Flynn 分类法来看,向量处理机与阵列处理机各属于哪种体系结构?从并行性实现来看,它们各属于哪种形式?②阵列处理机有哪两种组织结构?划分依据是什么?阵列处理机的并行处理指令分为向量指令和屏蔽指令两种,为什么要配置屏蔽指令?③阵列处理机是专用计算机,为什么?其计算效率同哪些因素有关?举例说明。

7.2.1 阵列处理机及其体系结构

1. 阵列处理机及其操作模型

阵列处理机是指一个控制部件同时控制和管理多个处理单元,所有处理单元均接收到从控制部件广播来的同一条指令,但操作对象却是不同的数据。阵列处理机利用资源重复实现空间并行,结构形式为单指令流多数据流(SIMD)。特别地,由于多个处理单元通常按阵列排布,故称之为阵列处理机。

阵列处理机的操作模型可由五元组来表示,即 $M = (N, C, I, M, R)$。其中:N 为处理机的处理单元 PE 数量;C 为控制部件 CU 直接执行的指令集,即标量指令和程序流控制指令;I 为由 CU 广播至所有 PE 进行并行处理的指令集,即向量指令和屏蔽指令等;M 为屏蔽方案集,即将所有 PE 划分成允许操作和禁止操作两种工作模式;R 为数据寻径功能集,即互连网络中 PE 间所需的通信模式。阵列处理机操作模型的组织结构如图 7-16 所示。

2. 阵列处理机的体系结构

根据存储器的组织方式不同,阵列处理机有分布式存储器和共享式存储器两种体系结构。

1) 分布式存储器阵列处理机

分布式存储器阵列处理机主要由标量处理机、阵列控制部件、控制存储器、辅助存储器、主机、处理单元阵列和数据寻径网络等组成,其体系结构如图 7-17 所示,其中存储器

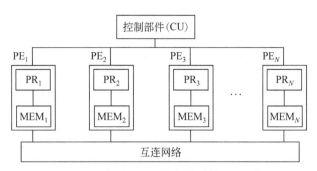

图 7-16　阵列处理机操作模型的组织结构

是由处理单元 PE 独享的本地存储器 LM 组成。由于阵列控制部件是单指令流,所以指令是串行处理的;不同的数据寻径网络适用于不同类型的算法,也是阵列处理机的主要差别。一定数量的处理单元 PE 通过数据寻径网络以一定模式互相连接,在阵列控制部件的统一控制下实现并行操作。

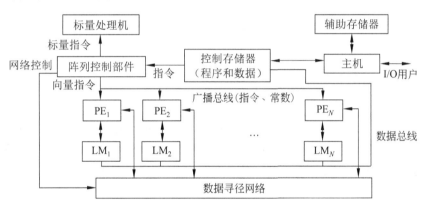

图 7-17　分布式存储器阵列处理机的体系结构

程序和数据通过主机装入控制存储器,并将指令送到阵列控制部件进行译码。如果是标量指令,则直接由标量处理机处理;如果是向量指令,则通过广播总线将它广播到所有 PE 并在同一个周期内同时处理,但可以利用屏蔽逻辑来决定任何 PE 在给定的指令周期是否处理。划分的数据集通过数据总线分布到 PE 本地存储器 LM,阵列控制部件通过运行程序来控制数据寻径网络,通过数据寻径网络实现 PE 之间通信。另外,PE 之间通信还可以由 PE 将数据从本地存储器 LM 读到阵列控制部件,而后通过公共数据总线"广播"到所有的 PE 中。所有 PE 在同一个周期执行同一条指令,但是可以采用屏蔽逻辑来决定任何一个 PE 在给定的指令周期是否执行指令,PE 之间的同步由控制部件控制的硬件实现。目前的阵列处理机几乎都是基于分布式存储器模型的。

2) 共享存储器阵列处理机

组成共享存储器阵列处理机的功能部件与分布式存储器阵列处理机基本相同,其差别仅在于处理单元互连的网络称为对准网络,它是 PE 之间通信的必由之路,其体系结构如图 7-18 所示,其中存储器是由 N 个存储体的多体多字并行存储器 SM 组成,且被所有的 PE 共享。多体存储器通过对准网络与处理单元 PE 相连,存储模块的数目等于或略大于处理单元数;为减少存储器访问的冲突,存储器模块之间必须合理分配数据。通过灵活高速的对准网络,使存储器与处理单元之间的数据传送在大多数向量运算中都可以以存储器的最高频率进行。共享存储器模型的阵列处理机在处理单元数目不太大的情况下是很理想的。

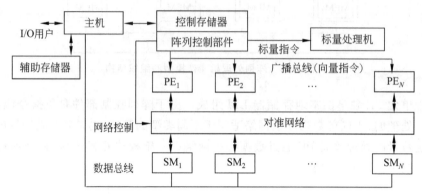

图 7-18　共享存储器阵列处理机的体系结构

7.2.2　阵列处理机的特点与 PE 结构

1. 阵列处理机的特点

向量处理机和阵列处理机都是在数据操作级实现并行的,且对向量与矩阵执行运算的效率比较高。通过认识阵列处理机的特点,就可以看出二者在结构原理上的区别。

(1) 阵列处理机是基于算法的专用处理机,体系结构与算法是一体的,不可分割。阵列处理机的专用算法主要由用于处理单元连接的互连网络来规定,处理单元通常简单、规整地进行排列和连接,具有较为固定的结构来与一定的向量处理算法相适应;而向量处理机与向量处理算法无关,适用于不同类型问题的求解算法。

(2) 阵列处理机是采用资源重复来开发并行性,以单指令流多数据流方式工作。阵列处理机利用重复设置的处理单元对向量元素同时进行运算,若要提高计算速度,可以通过增加处理单元数来实现;而向量处理机是采用时间重叠来开发并行性,以单指令流单数据流方式工作,若要提高计算速度,主要依靠时钟周期的缩短。

(3) 阵列处理机在处理标量运算指令和短向量运算指令时,与长向量运算指令相比,其处理速度变化不大,但处理效率会降低。向量处理机在处理标量运算指令和短向量运算指令时,由于可连续向量分量少,使得处理速度和效率均会降低。特别地,标量运算和短向量运算在程序中是不可缺少的,往往比例还很大,所以它们的处理速度和效率对程序的运行速度和效率影响很大。

(4) 阵列处理机是根据功能专用原则组建的异构型多处理机。从上述阵列处理机结构来看,它是由后端处理机、标量处理机和前端主机三部分构成的异构型多处理机,其中用于阵列处理的后端处理机包含处理单元阵列、互连网络和阵列控制部件等,前端主机用于 I/O 操作、向量化编译与操作系统管理等,标量处理机用于标量处理。向量处理机则是单处理机。

(5) 阵列处理机的效率由计算程序的向量化程度来决定。编译的时间开销与体系结构和机器语言水平高低相关联,为提高阵列处理机的通用性,必须利用具有向量化能力的高级语言编译程序。

2. 处理单元 PE 的结构

阵列处理机处理单元之间的连接一般比较简单和规整,其连接模式与一定类型的求解算法相适应,对处理机性能有着重要影响。目前,阵列处理机处理单元的结构主要有阵列结构与多维立方体结构两种。

1) 阵列结构

一定区域内电位与区域内电荷密度之间的迭代计算式为:

$$V_{i,j}^{(t+1)} = \frac{V_{i+1,j}^{(t)} + V_{i-1,j}^{(t)} + V_{i,j+1}^{(t)} + V_{i,j-1}^{(t)}}{4} + C_{i,j}$$

其中,$V_{i,j}^{(t+1)}$ 为 $(t+1)$ 次迭代点 (i,j) 的电位,$C_{i,j}$ 为点 (i,j) 的电量。这样,每点电位可以由其四邻点电位的平均值及其点电量的和来修正,当各点值不再变化时迭代终止,得到最后结果。

若利用二维网格网络,在每个格点上配置一个处理单元 PE,格点 PE 与其四邻格点 PE 直接相连。那么当格点 PE 执行上述同样的迭代计算时,仅需要采用一条指令就可以控制所有格点 PE,且计算速度相当高。而这种网格计算相当普遍,如图像处理、有限差分等计算。所以阵列结构是阵列处理机中处理单元 PE 组织的主要形式之一。Illiac IV 阵列是处理单元连接模式中最具代表性的阵列结构。

2) 多维立方体结构

多维立方体的"维"数反映的是节点之间的互连关系,它是仅从算法来考虑的,而与物理时空的维数没有关系。多维立方体网络中的节点相互独立,并不要求所有节点 PE 同时执行相同运算,相邻节点 PE 之间可以通过消息进行通信。所以多维立方体结构比阵列结构的适应性更强。

7.2.3 阵列处理机并行算法举例

阵列处理机是以有限差分、矩阵运算、信号变换和图像处理等计算为背景而发展起来的,其并行算法必须与处理单元结构结合在一起研究,以使并行算法与处理单元结构均具有更强的适应性。也就是说,在设计并行算法时,应尽可能地利用阵列处理机体系结构的潜力;设计阵列处理机体系结构时,应尽可能地对所需计算进行综合,以使其可以满足更多的计算需求。

1. 图像处理算法

红、绿、蓝是颜色体系中的三基色。不同比例的红(R)、绿(G)、蓝(B)三种颜色混合将形成一种新颜色,且对于给定的彩色 C,其配色方程为:

$$C = R[R] + G[G] + B[B]$$

$R[R]$、$G[G]$、$B[B]$ 为彩色 C 的三基色分量,R、G、B 为三色系数,其比例关系决定所配彩色的色度,其数值决定所配彩色的亮度。

在彩色图像中,三基色分量采用 8 位二进制数表示,每个像素则由 24 位二进制数表示。由于每种基色有 256 个等级,所以三基色混合可以形成 16M 种颜色,使用三基色形成颜色的过程是基于 RGB 颜色立方体的,如图 7-19 所示。

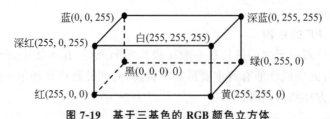

图 7-19 基于三基色的 RGB 颜色立方体

在平面图像处理中,二值图像的概念极其重要,二值图像的连通性是图像特征分析的基础。对于任意像素点(i,j),把包含该像素在内的一个集合称为像素点(i,j)邻域,它是像素点(i,j)附近的一些像素点形成的一个小区域,可以采用 4-邻域或 8-邻域表示,如图 7-20 所示。

	$(i,j-1)$	
$(i-1,j)$	(i,j)	$(i+1,j)$
	$(i,j+1)$	

(a) 像素点(i,j)的 4-邻域

$(i-1,j-1)$	$(i,j+1)$	$(i+1,j-1)$
$(i-1,j)$	(i,j)	$(i+1,j)$
$(i-1,j+1)$	$(i,j+1)$	$(i+1,j+1)$

(b) 像素点(i,j)的 8-邻域

图 7-20 二值图像像素点(i,j)的邻域表示

像素点(i,j)4-邻域表示形式为:
$$F(i,j)=\{(i+1,j),(i,j+1),(i-1,j),(i,j-1)\}$$
像素点(i,j)8-邻域表示形式为:
$$G(i,j)=F(i,j)\bigcup\{(i+1,j+1),(i-1,j+1),(i+1,j-1),(i-1,j-1)\}$$

在二值图像中,对于两个相同的像素点 $A1$ 和 $A2$,若所有具有相同值的像素点可以在 4-邻域或 8-邻域内构成一个 $A1$ 到 $A2$ 的连接的像素序列,则把像素点 $A1$ 和 $A2$ 叫作 4-邻域连接或 8-邻域连接。如果把这些互连的像素点按相同位值汇集为一组,则可以形成若干称为连接成分的"0"值像素组和"1"值像素组。若图像包含多个图形,当分析这些图形的各种性质时,可依据连接成分来识别和处理属性特征。可见,阵列处理机适用于进行高速图像数据处理。

2. 递归叠加求和算法

现以含 N 个运算单元的阵列处理机对 N 个数据求累加和为例,设计一个适合阵列处理机并行计算的算法。该算法一般采用递归折叠求和的思想,即将 N 个数的串行相加过程变换为并行相加过程。假定每个运算单元已事先分配了一个元素,且为了得到累加部分和与总和,需要用到处理单元中的活跃标志位。只有处于活跃状态的处理单元才能执行相应操作,否则不会对结果有什么影响。

以 $N=8$ 为例,在阵列处理机上采用递归折叠求和算法,仅需要 $\log_2 8=3$ 次加法(串行需要 8 次)的时间。设 8 个数据 $A(I)(0\leqslant I\leqslant 7)$ 存放在 8 个 PEM 的 m 单元中,则递归

折叠求累加和的过程如图 7-21 所示。

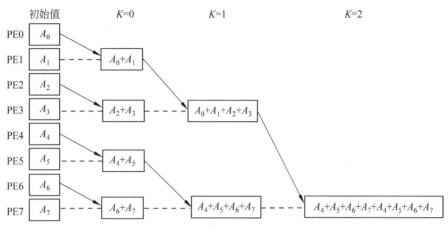

图 7-21　8 个 PE 的递归折叠求和算法过程

(1) 置全部 PE 为活跃状态,且令 $K=0$。

(2) 将全部 $A(I)(0 \leqslant I \leqslant 7)$ 从 PE 的 m 单元读到相应 PE 的累加器(RGA)中。

(3) 将全部 PE 的(RGA)传送到寄存器(RGR)中。

(4) 将全部 PE 的(RGR)经过互连网络传送到邻近的第 2^K 个 PE 的(RGA)中,且令 $j=2^K-1$。

(5) 置 PE0 至 PEj 为不活跃状态。

(6) 处于活跃状态的 PE 执行(RGA)=(RGA)+(RGR)操作。

(7) $K=K+1$,若 $K<3$,则转到第(3)步,否则继续。

(8) 置全部 PE 为活跃状态,并将全部 PE 的(RGA)存入相应 PEM 的 $m+1$ 单元中。

显然,在阵列处理机上实现累加和并行运算时,由于屏蔽了一部分处理单元,从而降低了处理单元的利用率,所以速度提高的倍数并不等于处理单元的个数 N,而只是 $N/\log_2 N$。

另外,从累加和的并行运算可以看到:一是看起来只能串行计算的问题可以用并行算法得到解决,并有较好的加速比;一般情况下,N 个向量元素在 N 个运算单元上求累加和只需要 $\log_2 N$ 次传送操作和加法操作,而在串行计算中则需要 $N-1$ 次加法操作。二是在求累加和的过程中,并非每个运算单元都始终参与操作,例如在第(1)步,只有 PE0 没有参与运算;在阵列处理机中,不参与运算的 PE 由控制器 CU 借助屏蔽方式来实现。三是连续模型算法采用邻近互连方式,这种互连方式每一步只能将信息传播固定有限的距离;假若采用通信范围成倍扩大的互连方式,那么在一系列迭代过程中处理单元可依次同与它相距 1、2、4…的处理单元进行通信,这种互连方式适合于递归折叠等并行算法。

7.2.4 阵列处理机实例

1. Illiac Ⅳ 阵列处理机

Illiac Ⅳ 阵列处理机是美国宝来公司和伊利诺伊大学合作研制生产的最早(1972 年)

问世的 SIMD 计算机,其体系结构如图 7-22 所示。Illiac Ⅳ 阵列处理机是三种不同处理机组成的异构型多处理机:一是专门用于数组运算的处理部件(PU)阵列;二是阵列控制器(CU),既用于控制处理单元阵列,还是一台相对独立的小型标量处理机;三是一台 B6700 计算机,用于 Illiac Ⅳ 输入输出和操作系统管理。

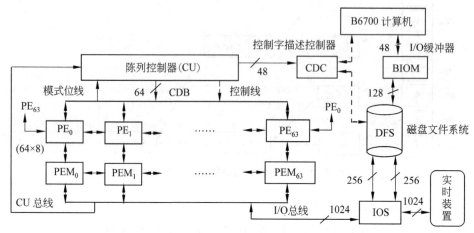

图 7-22　Illiac Ⅳ 阵列处理机的体系结构

1) Illiac Ⅳ 处理单元阵列

Illiac Ⅳ 处理部件阵列由 64 个处理单元(PE)、64 个局部存储器(PEM)和存储器逻辑部件(MLU)组成。64 个处理部件 $PU_0 \sim PU_{63}$ 排列为 8×8 方阵,每个 PU_i 仅与其上、下、左、右 4 个近邻 $PU_{i-8} (\mathrm{mod}\ 64)$、$PU_{i+8} (\mathrm{mod}\ 64)$、$PU_{i-1} (\mathrm{mod}\ 64)$ 和 $PU_{i+1} (\mathrm{mod}\ 64)$ 直接连接。按此规则,上下方向上同一列的 PU 两端相连为一个环;左右方向上每一行的右端 PU 与下一行的左端 PU 相连,最下面一行的右端 PU 与最上面一行的左端 PU 相连,从而构成一个闭合的螺线形状,所以 Illiac Ⅳ 阵列结构又称为闭合螺线阵列,如图 7-23 所示。处理部件之间的闭合螺线式连接既便于一维长向量(多至 64 个元素)的处理,又便于二维数组运算,以缩短处理单元之间的路径距离。步距不等于 $+/-1$ 与 $+/-8$ 的任意处理单元之间的通信都可以利用软件方法寻找最短路径来实现,且最短路径均不超过 7 步。推广到一般情况,在 $P \times P$ 个处理部件组成的阵列中,任意两个处理单元之间的最短距离不会超过 $(P-1)$ 步。

处理部件中的每个 PE 包含 4 个 64 位字长的寄存器(累加器、操作数寄存器、数据路由寄存器和通用寄存器)、1 个 16 位变址寄存器、1 个 8 位的方式寄存器(存放 PE 屏蔽信息)以及加/乘算术运算单元、逻辑运算单元和地址加法器等,操作数有 4 个来源:PE 本身的寄存器、PEM、CU 的公共数据总线和 PE 的 4 个近邻。PE 对数组进行运算处理时,可以对 64 位、32 位和 8 位操作数进行多种算术和逻辑操作。64 个处理单元可以当作 64 个(64 位)、128 个(32 位)或 512 个(8 位)处理单元来应用,并行加法的速度为每秒 10^{10} 次 8 位定点加或 1.5×10^8 次 64 位浮点加。

处理部件中的 64 个局部存储器 PEM 联合组成阵列存储器,用于存放数据和指令。阵列存储器可以接收控制器的访问,读出 8 个字的信息块并送到它的缓冲器中,也可以经

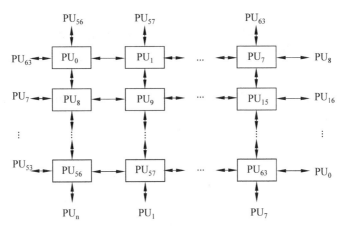

图 7-23　Illiac Ⅳ 处理部件阵列网络

过 1024 位的总线与 I/O 开关相连来进行数据交换。每个处理单元仅能访问自己的局部存储器 PEM，分布在各个 PEM 中的公共数据仅可以在读出到阵列控制器 CU 后，再经公共数据总线广播到 64 个处理单元。

PE 和 PEM 之间经过存储器逻辑部件 MLU 相连，它包含存储器信息寄存器和有关控制逻辑电路，以实现 PEM 分别到 PE、CU 以及 I/O 之间的信息传送。

2) 阵列控制器

阵列控制器 CU 是一台小型控制计算机，它除了对阵列的处理单元实行控制以外，利用本身的内部资源还可以处理一套指令，用于执行标量运算操作，且以重叠方式与处理单元 PE 的数组操作并行进行。阵列控制器的功能有：

(1) 对指令流进行控制和译码，并执行一套标量指令；

(2) 向处理单元发出执行数组操作指令所需要的控制信号；

(3) 生成并向所有处理单元广播公共的地址或数据；

(4) 接收和处理所有处理单元计算出错、系统 I/O 操作以及 B6700 产生的陷阱中断信号。

阵列控制器与处理单元阵列之间的信息交换有 4 条通路。

(1) CU 总线。局部存储器 PEM 经过 CU 总线把指令或数据送往阵列控制器，以 8 个 64 位字为一个信息块；而指令是指分布式存放在阵列存储器中的用户程序指令，数据是处理单元所需要的公共数据；指令或数据先传送到 CU，再利用 CU 的广播功能传送到处理单元。

(2) CDB 公共数据总线。64 位的 CDB 总线是用于向 64 个处理单元同时广播公共数据的通路，如处理单元所需要的常数不必在 64 个 PEM 中重复存放，可以将 CU 中的某个寄存器内容送到所有处理单元；另外，操作数和地址也需要经过 CDB 总线传送。

(3) 模式位线。每个处理单元均可以经过模式位线把"模式寄存器"状态传送到 CU 中，送来的信息包括该处理单元的"活动"状态位，只有处于"活动"状态的处理单元才执行 CU 所规定的公共操作；从 64 个处理单元送往 CU 的模式位在 CU 的累加寄存器中拼为一个模式字，以便在 CU 内部执行某测试指令，对模式字进行测试，并根据测试结果进行程序转移。

(4) 指令控制线。指令控制线约200位，包括处理单元微操作控制信号、处理单元存储器地址信号和读/写控制信号，由CU发送到阵列处理单元和存储器逻辑部件MLU。

3) 输入输出系统

Illiac IV 输入输出系统由磁盘文件系统DFS、I/O系统和B6700管理计算机等组成。B6700管理计算机的作用为：

(1) 管理所有资源；

(2) 对用户程序进行编译或汇编；

(3) 进行作业调度、存储分配、处理中断，还包括生成I/O控制描述字送至CDC，以及提供操作系统所具备的其他服务等。

磁盘文件系统DFS是两套大容量并行读写磁盘及其相应的控制器。每套有13台磁盘机，总容量为10^9位；每台磁盘机有128道，每道1个磁头，并行读写，数据宽度为256位，最大传输率为5.02×10^8位/s，平均等待时间为19.6ms。如果两个通道同时发送或接收数据，则数据宽度为512位，最大传输率为10^9位/s。

I/O系统包括输入/输出开关IOS、控制描述字控制器CDC和输入/输出缓冲存储器BIOM。IOS的功能有两个：一是作为转换开关，把DFS或可能连接的实时装置转接到阵列存储器，进行大批数据的I/O传送；二是作为DFS和PEM之间的缓冲，以平衡两边不同的数据宽度。CDC的功能是对阵列控制器的I/O请求进行管理；在CU提出I/O请求时，CDC使B6700计算机中断并响应I/O请求，通过CDC向CU传送相应的响应代码，在CU中设置好必需的控制状态字，之后CDC促使B6700启动PEM的加载过程，由DFS向PEM送入程序和数据；PEM加载结束后，又由CDC向CU传送控制信号，使它开始运行程序。BIOM处在DFS和B6700之间，其功能是使二者之间的信息传送频宽相匹配。

2. MasPar MP-1 阵列处理机

1991年问世的MP-1阵列处理机是中粒度的SIMD计算机，其体系结构如图7-24所示。MP-1阵列处理机包含PE阵列、阵列控制部件ACU、具有I/O标准的UNIX和高速I/O四部分，其中UNIX负责传统的串行处理，高速I/O与PE阵列协同实现大规模并行计算。MP-1系列阵列处理机的处理器有多种配置，如1024、4096的处理单元最多可达16384个。当配置为16384个PE时，32位RISC整数操作的峰值为26000MIPS，浮点运算的峰值为：单精度1.5GFLOPS，双精度650MFLOPS。

1) PE 阵列

PE阵列由一块或最多16块处理板组成，每块处理板包含1024个处理单元PE和局部存储器PMEM。16个PE组成一个PE群(PEC)，排列成由64个PE群组成的阵列，处理板上PEC之间的连接如图7-25所示。每个PEC芯片通过X-Net网格网络以及由S1、S2和S3组成的全局多级交叉开关网络与8个相邻的PEC芯片相连。

PE群上的16个PE排列成4×4的X-Net二维网格形互连阵列，群内的16个PE共享多级交叉开关寻径器的一个访问端口，如图7-26所示。处理单元之间可以利用三种机制通信：

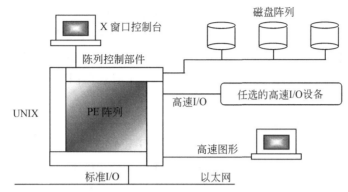

图 7-24　MasPar MP-1 阵列处理机的体系结构

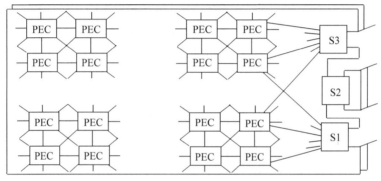

图 7-25　处理板上的 PE 群（PEC）的阵列结构

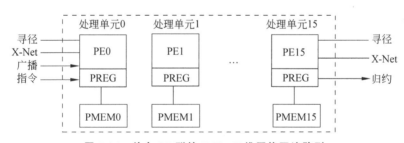

图 7-26　单个 PE 群的 X-Net 二维网络互连阵列

（1）ACU-PE 阵列通信。该机制支持阵列控制部件 ACU 把指令/数据同时广播到阵列中的所有 PE，并对并行数据进行全局归约以便从阵列中收回标量值（归约是一种并行迭代算法，每一步都能将信息传播的距离加倍，即在一系列迭代过程中处理单元可以依次同与它相距 1、2、4…的处理单元通信）。

（2）X-Net 近邻通信。X-Net 二维网格网络将每个 PE 与 8 个相邻的 PE 直接相连，其中 PE 对角线上的 4 个链接构成一个 X 形，使得每个 X 交叉点上的节点允许与 8 个相邻 PE 中的任何一个进行通信；PE 阵列各行、各列的首尾 PE 相连而形成二维环网，由此容易实现多种重要的矩阵算法。当 MP-1 配置最大时，X-Net 网络的总通信频宽为 18GB/s。

（3）全局交叉开关寻径器通信。1024×1024 多级交叉开关网络由三个寻径器 S1、S2

和 S3 控制实现,用于实现所有 PE 之间的全局通信,且还是 MP-1 计算机 I/O 的基础;每个 PE 群共享 1 个源端口和 1 个目的端口,其中源端口与 S1 级寻径器相连,目的端口与 S3 级寻径器相连,建立的连接是从源 PE 经过 S1、S2 和 S3 到达目的 PE。MP-1 全配置时有 1024 个 PE 群,每级有 1024 个寻径器端口,每个寻径器同时支持多达 1024 个连接,总频宽为 1.3GB/s。

2) 处理单元和局部存储器

处理单元 PE 主要由运算器、寄存器组 PREG 和数据通路等组成,如图 7-27 所示。处理单元的时钟频率不高,它是通过大规模并行来提高速度的。寄存器组包含 40 个 32 位供程序员使用的寄存器以及 8 个 32 位供系统使用的寄存器。运算器是按 RISC 结构设计的,包含一个 4 位的整数运算部件、一个 1 位的逻辑运算部件、一个 64 位的尾数部件、一个 16 位的指数部件和一个标志部件,可以同时执行整数、浮点数和布尔数等操作。数据通路主要由 NIBBLE 总线(4 位)和位总线(1 位)构成,处理单元的多数数据传送均是在 NIBBLE 总线和位总线上进行的,包括访问 PMEM 和通用寄存器组、广播和归约操作。

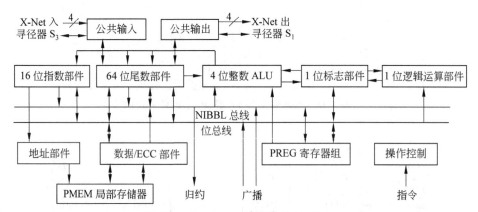

图 7-27 处理单元的组成结构

局部存储器 PMEM 可以直接或间接寻址,最大频宽为 12GB/s,通过存取指令,可以将数据在 PMEM 和通用寄存器组之间传送。

3) 阵列控制部件 ACU

ACU 是 14MIPS 的标量 RISC 处理机且集成在一块 PC 板上,使用请求调页的指令存储器。ACU 负责取指令与译码、计算地址和标量数据、发送控制信号到 PE 阵列和控制 PE 阵列的状态。ACU 采用微程序编码,对 PE 阵列实现水平控制。多数 ACU 标量指令的处理时间为 70ns。称为存储器机器的功能部件与 ACU 并行工作,存储器机器执行 PE 阵列的装入和存储操作,并将算术、逻辑和寻径指令广播到 PE 中并行执行。

4) 并行磁盘阵列

MP-1 计算机的一个显著特点是实现大规模并行 I/O。并行磁盘阵列是 PE 阵列的共享外部存储器,PE 阵列通过高速 I/O 与并行磁盘阵列进行通信,而高速 I/O 采用

1.3GB/s 的全局寻径网络来实现。设置大容量并行磁盘阵列是支持数据并行和提供透明文件的基础,磁盘格式化后的容量为 17.3GB,磁盘持续 I/O 速率为 9MB/s。

3. CM-2 阵列处理机

CM-2 阵列处理机是细粒度 SIMD 计算机,峰值处理速度超过 10GFLOPS,其体系结构如图 7-28 所示。程序由前端机运行,当需要并行数据操作时,发送微指令到后端处理单元阵列,定序器分解微指令并通过广播总线把它们广播到 PE 阵列。前端机和处理单元阵列之间有三条数据交换通路,即广播总线、全局组合总线和标量存储器总线。前端机通过全局组合总线对来自所有 PE 的数据进行求和、求最大值以及计算逻辑或等运算,并通过标量存储器总线从与 PE 相连的存储器中每次读写 32 位数据。

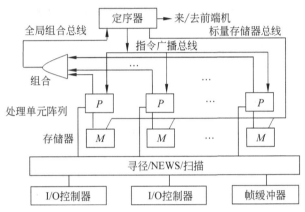

图 7-28　CM-2 阵列处理机的体系结构

1) 处理单元阵列

CM-2 的处理单元阵列包含 4K 到 64K 个位片数据 PE,它们均由定序器控制,并可以同时访问它们的存储器。定序器对来自前端机的微指令进行译码,然后把毫微指令广播到 PE 阵列,并以锁步方式执行。处理单元之间以及处理单元与 I/O 接口之间通过寻径、NEWS 网格(NEWS Gird)或扫描机制(Scanning Mechanism)相互交换数据。称为数据穹(Data Vault)的大容量存储器与输入/输出相连,容量可达 60GB。

处理单元阵列上的每个 PE 节点有一对运算器芯片,它们共享一组存储器芯片。每个运算器芯片包含 16 个运算器,PE 节点的结构如图 7-29 所示。运算器芯片包括 32 个位片数据运算器以及可选的浮点加速器与运算器之间的通信接口。运算器采用 3 个输入和 2 个输出的位片 ALU 和有关锁存器以及存储器接口实现,ALU 可以执行位串全加操作和布尔逻辑操作。称为 Pairs 的并行指令系统包括许多毫微指令,它们用于存储器读写、算术逻辑运算、寻径器控制、NEWS 网格控制、超立方体接口控制、浮点运算、输入/输出和诊断操作等。存储器数据路径的宽度为 22 位(16 位数和 6 位检错 ECC),18 位存储器地址允许 32 个运算器共享 $2^{18}=256K$ 个存储器字(512KB)。浮点运算字长度为 32 位,整数运算以位串方式执行。

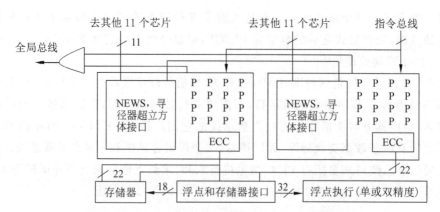

图 7-29　CM-2 阵列处理机的处理单元节点的逻辑结构

2) 寻径/NEWS/扫描机制

所有运算器芯片上的寻径器连接在一起则形成一个布尔 n-立方体网络,当 CM-2 采用最大配置时,共有 4096 个寻径器,从而可以连接成一个 12 维的超立方体网络。NEWS 网格可以选择部分超立方体的连线把 2^{12} 个节点连成一个形状各异的二维网格,实现动态重构网格形状,64×64 网格仅是其中一种,这种灵活的互连方式使数据可以有效地通过根据应用要求而建立的网格进行信息传输。所谓扫描是指沿 NEWS 网格的某维方向同时对每一行或阵列的所有元素进行扫描,求出该行的部分和、找出最大值或最小值,以及进行按位或位与位异或计算。传播可以将一个数据传送到其他网络节点,对于 NEWS 网格,一位二进制数仅需要 75 步便可以沿着超立方体连线从一个运算器芯片传送到所有其他运算器芯片。利用扫描机制来支持 NEWS 网格的扫描或传播,可以把通信与计算结合在一起,以实现数据组合与传播的并行操作。

3) 输入输出系统

CM-2 阵列处理机配有 2~16 条高速 I/O 通道,用于数据和图像的 I/O 操作。连接到 I/O 通道的外围设备包括数据穹、CM-HIPPI、CM-IOP 和 VME 总线接口控制器,由此使得 CM-2 阵列处理机具有强大的计算结果可视化功能。

7.3　脉动阵列处理机

【问题小贴士】　①为了提高计算效率,专用计算机一直都是计算机研究开发的重要方向,脉动阵列处理机与阵列处理机均是以此为背景而发展起来的。那么脉动阵列处理机与阵列处理机有哪些异同点?哪种处理机的通用性更强?为什么?②为了增强脉动阵列处理机的通用性,可以利用哪些技术途径?简述这些技术途径增强通用性的原理。

7.3.1　脉动阵列处理机及其特点

1. 脉动阵列处理机的计算策略

为了满足计算量很大的信号/图像处理等科学计算的需要,美籍华人 H.T.Kumg 于 1978 年提出脉动阵列(systolic array)处理机。脉动阵列处理机的计算策略为:阵列内所有处理单元(PE)的数据锁存器均受同一个时钟控制,运算时数据在阵列结构的各个 PE 之间沿各自的方向同步向前推进。由于其计算方式与过程犹如人体血液循环一样,故称为脉动阵列处理机。

在脉动阵列处理机中,数据按预先确定的"流水"方式在阵列的处理单元之间有节奏地"流动";在数据流动过程中,所有处理单元同时对流经它的数据进行处理,从而可以达到很高的处理速度。预先确定的数据流动模式使得数据在处理单元阵列从流入流出的过程中,实现所有对它的运算操作,而无须再重新输入这些数据,且仅阵列"边界"的处理单元可以与外界通信。所以,在输入与输出速率维持不变的条件下,增加数据流过的处理单元数就可以提高并行处理。

2. 脉动阵列处理机的结构模型

脉动阵列处理机的结构模型如图 7-30 所示,图 7-30(a)所示为单处理单元(PE)的传统阵列处理机的结构,其工作过程为:数据来自存储器,并将运算结束后的生成结果送回到存储器。若存储器的带宽为 10MB/s,PE 运算一次需要两个单字节的操作数,那么运算速度不可能超过每秒 5M 次。图 7-30(b)所示为简单的一维线性脉动阵列处理机,它是由 6 个处理单元构成的一条运算操作流水线,从存储器读出的数据依次流过各个处理单元,各处理单元同时对不同的数据进行运算操作,这样整体速度就可以达到单处理单元的 6 倍。

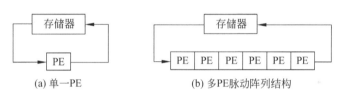

图 7-30 一维线性脉动阵列处理机的结构模型

在脉动阵列处理机中,处理单元之间的组织结构与算法紧密相关,它可以是矩形、三角形或六边形等不同的形式。处理单元的输入数据与结果数据可以在多个方向上同时流动。但每个处理单元仅接收前一组处理单元传送来的数据,也仅向后一组处理单元传送结果,且仅处于边缘的处理单元才能作为输入端口与输出端口,与存储器交换数据。现以二维矩阵运算为例,来说明脉动阵列处理机的结构原理。若对二维矩阵 A 和 B 进行乘法运算,其数学表达式如下:

$$A = \begin{bmatrix} a_{00} & a_{01} \\ a_{01} & a_{11} \end{bmatrix}, \quad B = \begin{bmatrix} b_{00} & b_{01} \\ b_{01} & b_{11} \end{bmatrix}$$

则

$$A \cdot B = \begin{bmatrix} a_{00}b_{00} + a_{01}b_{10} & a_{00}b_{01} + a_{01}b_{11} \\ a_{10}b_{00} + a_{11}b_{01} & a_{10}b_{01} + a_{11}b_{11} \end{bmatrix}$$

如果 PE 在每一步均执行 $z \leftarrow z + x_{in} \times y_{in}$、$x_{out} \leftarrow x_{in}$、$y_{out} \leftarrow y_{in}$ 操作,则可以构成针对 2×2 的二维矩形的脉动阵列处理机,其 PE 结构如图 7-31 所示。利用二维矩形的脉动阵列处理机对 2×2 的矩阵做乘法运算的过程如图 7-32 所示。

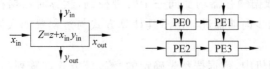

图 7-31 二维矩形的脉动阵列处理机的 PE 结构

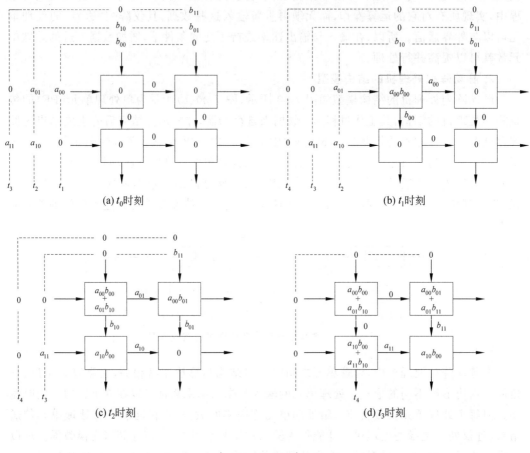

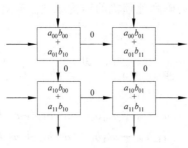

(e) t_4 时刻

图 7-32 在脉动阵列处理机上对二维矩阵做乘法运算的过程

由图 7-32 可以看出：在时钟 t_0 处，对各处理单元 PE 的累加器赋初值 0；在时钟 t_1 处，输入 a_{00} 和 b_{00} 且 PE_0 进行 $a_{00} \times b_{00}$ 运算，a_{00} 和 b_{00} 向前流动一步；在时钟 t_2 处，输入 a_{10}、b_{10}、a_{01} 和 b_{01}，PE_0 进行 $a_{01} \times b_{10} + z$ 运算，PE_1 进行 $a_{00} \times b_{10}$ 运算，PE_2 进行 $a_{10} \times b_{00}$ 运算，元素沿水平与垂直方向继续向前流动一步；以此类推。可见，每经过一个时钟周期，数据便向前流动一步，经过 4 个时钟周期，完成 2×2 的二维矩阵 A 和 B 的乘法运算。

3. 脉动阵列处理机的特点

脉动阵列处理机的优点在于：①非常适合于超大规模集成电路的设计和制造；处理单元及其阵列结构简单、规则一致、可扩充性好、模块化程度很高，这与大规模集成电路设计和制造的要求极其吻合。②信息流同步控制容易；处理单元之间数据通信距离短、规则一致，使得数据与控制信号流动简单规整。③并行性极高；处理单元同时操作运算，利用流水线可以获得很高的吞吐率。④对主存储器和 I/O 设备的频宽要求低；输入数据可以被多个处理单元重复使用，从而减少 PE 阵列与外界 I/O 的通信量。

脉动阵列处理机的根本缺点为：PE 阵列结构与特定问题及其算法密切相关，专用性强，应用范围极其有限。

7.3.2 特定脉动阵列处理机

1. 特定脉动阵列处理机的结构形式

由于脉动阵列处理机是针对某些特定算法而设计的，因而适用于特定领域。如在信号图像处理和模式识别等领域中，用于求解有限冲激响应(FIR)和无限冲激响应(IIR)滤波，进行一维和二维卷积以及离散傅里叶变换等；在矩阵运算中，用于矩阵-矢量乘法以及矩阵-矩阵乘法以及三角形线性方程组求解等；在非数值型领域中，用于堆栈、队列及类等数据结构的描述。根据求解问题的不同，脉动阵列处理机的 PE 结构形式主要有一维线性阵列、二维矩形阵列、二维六边形阵列、二叉树状阵列以及三角形阵列等，如图 7-33 所示。

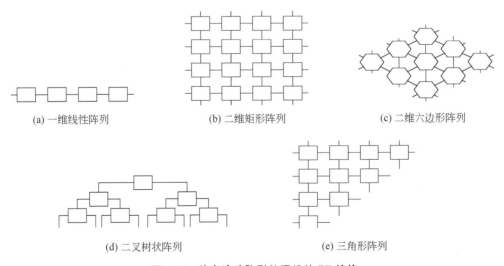

(a) 一维线性阵列　　(b) 二维矩形阵列　　(c) 二维六边形阵列

(d) 二叉树状阵列　　(e) 三角形阵列

图 7-33　特定脉动阵列处理机的 PE 结构

2. 特定脉动阵列处理机的 PE 结构实例

设有 3×3 的矩阵 A 和 B，若对 A 和 B 进行乘法运算，其数学表达式如下：

$$A = \begin{bmatrix} a_{00} & a_{01} & a_{02} \\ a_{10} & a_{11} & a_{12} \\ a_{20} & a_{21} & a_{22} \end{bmatrix}, \quad B = \begin{bmatrix} b_{00} & b_{01} & b_{02} \\ b_{10} & b_{11} & b_{12} \\ b_{20} & b_{21} & b_{22} \end{bmatrix}$$

则

$$C = A \cdot B \begin{bmatrix} c_{00} & c_{01} & c_{02} \\ c_{10} & c_{11} & c_{12} \\ c_{20} & c_{21} & c_{22} \end{bmatrix}$$

其中

$$c_{ij} = \sum_{k=0}^{2} a_{ik} b_{kj} \quad (0 \leqslant i \leqslant 2, 0 \leqslant j \leqslant 2)$$

为了可以对两个 3×3 的矩阵进行乘法运算，可以对图 7-31 所示的二维阵列结构进行改造，得到变形脉动阵列处理机的 PE 结构，如图 7-34 所示。特别地，每个 PE 应该包含一个乘法器和一个加法器，以实现内积和加法运算。在每个时钟周期，处理单元可以接收 3 个方向输入的数据，即水平方向由左向右、竖直方向由下向上、左下角沿 $45°$ 方向到右上角；同时可以将结果传送到 3 个对应的输出端，即 $m' \leftarrow m$、$n' \leftarrow n$ 和 $p \leftarrow m \times n + q$。

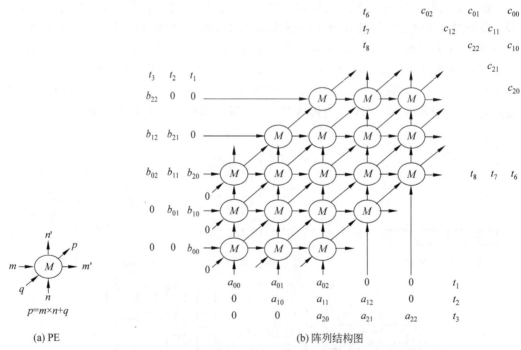

图 7-34 变形的脉动阵列处理机的 PE 结构及其 3×3 矩阵的乘法运算过程

由图 7-34 可以看出：在 $t_1 \sim t_3$ 时钟，参加运算的矩阵元素输入脉动阵列；在 t_6 时钟，开始输出运算结果，即在 $45°$ 方向上同时输出 c_{02}、c_{01}、c_{00}、c_{10}、c_{20}；在 t_7 时钟输出 c_{12}、

c_{11}、c_{21},在 t_8 时钟输出 c_{22}。可见,仅需要 8 个时钟就完成了 3×3 矩阵的乘法运算;而在单处理机上采用循环运算,则至少需要 27 个时钟,相比之下速度提高了近 2.4 倍。

通过对图 7-34 的 PE 结构进行分析,可以递推出:为了对 $n\times n$ 的矩阵进行乘法运算,则需要 $3n^2-3n+1$ 个处理单元构成 PE 阵列,且仅需要 $3n-1$ 个时钟周期就可以完成全部运算;运算所需要的时间以近似于 $3n$ 的线性关系增加,当 n 较大时,采用脉动阵列处理机进行运算的效果更明显。如果矩阵维数很高,可以通过软件拆分为若干小矩阵分别运算,然后求出整体结果。

7.3.3 通用脉动阵列处理机

为了克服脉动阵列处理机通用性差的缺点,充分发挥脉动并行计算的优势,人们提出了一些技术途径来改进脉动阵列结构,增强其通用性。目前主要有可编程脉动阵列结构、软件算法映像和无关规模脉动计算方法三条途径,其中无关规模脉动计算方法实质是研究适合解决一类问题的算法,这是提高专用计算机通用性的基本技术途径。

1. 可编程脉动阵列结构

可编程脉动阵列结构是利用可编程开关来改变阵列的拓扑结构和互连方式,通过程序来配置 PE 阵列,以适应不同的算法。动态重构脉动 PE 阵列是极其有效的方法,它采用现代 FPGA(现场可编程门阵列)技术,既可以实现处理单元 PE 重构,如将加法器重构为乘法器,还可以实现阵列拓扑和互连方式的重组,以实现不同算法的需求。目前,已经有可编程脉动阵列芯片,通过编程重新配置阵列结构。如美国普渡(Purdue)大学的 CHiP 阵列结构可以依据算法的不同来构造 PE 阵列。

CHiP 阵列结构如图 7-35 所示,它包含三个部分:一组功能相同的 PE、一个控制器和一个开关网络。图中方框为处理单元,圆圈为可编程开关,处理单元通过开关的转接实现互连。

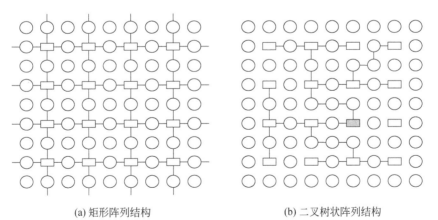

(a) 矩形阵列结构　　　　　　　　(b) 二叉树状阵列结构

图 7-35　可编程脉动阵列结构

每个编程开关含有一个局部存储器,称为开关存储器,用于存储构成不同阵列时的设置方式。每种设置方式可以使开关按一定的模式将相应的数据通路连接起来,以实现处理单元之间的不同拓扑结构。如把偶数列上的开关设置为上下连通,并把偶数行上的开关设置为左右连通,便可以构成如图 7-35(a)所示的矩形脉动阵列结构。按照特定的设置方式,也可以构成如图 7-35(b)所示的二叉树状阵列结构,其中灰色方框是根处理单元。

2. 软件算法映像

软件算法映像是采用软件方法把不同的算法映像到固定的阵列结构中。如卡内基·梅隆大学的 WARP 计算机的每个处理单元均有自己的程序存储器和微操作控制部件,其中程序存储器存放的是同一组微程序。这样可以根据需要,由软件把不同的算法映像到固定的 PE 阵列上。依赖于面向并行运算的程序设计语言、操作系统和编译程序等软件,WARP 计算机可以用于信号、图像和视觉处理,具有较好的通用性和灵活性。

WARP 是由 10 个以上的处理单元组成的一维线性脉动阵列处理机,如图 7-36 所示。各处理单元内部结构相同,均包含乘法器和浮点运算部件、程序存储器和微操作控制器、两个数据队列 x 和 y 以及一个地址队列。处理单元按一定模式连接,组成 PE 阵列,再通过接口部件与主机连接,且可以同时进行同种运算。主机负责脉动阵列处理机与外部进行的数据交换,利用接口部件向处理单元阵列传送地址和控制信号,数据经过数据队列通路传送,地址和控制信号则经过地址队列通路传送。

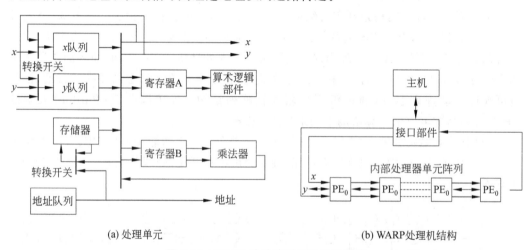

图 7-36 WARP 脉动阵列处理机的结构

WARP 计算机采用一维线性结构,易于实现和扩充。由于在处理单元的程序存储器中存放了特定的微程序来实现多种运算,从而保证了 WARP 的通用性和灵活性,但它需要专门的高级语言和优化编译器。

复 习 题

1. 什么是向量处理?向量处理方式有哪几种?各有什么特点?
2. 什么是向量化?向量处理与标量处理有哪些区别?
3. 什么是向量指令?向量指令有哪两种类型?各类指令一般包含哪些指令?
4. 什么是向量处理机?向量处理机有哪两种组织结构?其划分依据是什么?
5. 提高向量处理机性能的常用技术主要有哪些?

6. 什么是向量寄存器与加工部件冲突？多加工部件并行操作的限制有哪些？

7. 什么是向量指令链接技术？向量指令链接的限制有哪些？应该满足什么条件才能进行向量指令链接？

8. 什么是循环分段开采技术？循环分段开采对应用程序员是透明的吗？为什么？

9. 稀疏矩阵零元素避免技术主要有哪两种方法？它们的区别是什么？

10. 向量处理机的性能参数主要有哪些？写出各性能参数的计算表达式。

11. 什么是阵列处理机？其操作模型包含哪些元素？写出各元素的含义。

12. 阵列处理机有哪两种组织结构？划分的依据是什么？

13. 阵列处理机同向量处理机相比具有哪些特点？

14. 阵列处理机的处理单元 PE 有哪两种结构？哪种结构的通用性更强？

15. 简述在阵列处理机中实现递归叠加求和算法。

16. 简述脉动阵列处理机的计算策略，画出 2×2 的矩阵乘法运算的脉动阵列处理机 PE 结构的示意图。

17. 简述脉动阵列处理机的优缺点，用于增强脉动阵列处理机通用性的技术途径有哪些？

18. 脉动阵列处理机的 PE 结构主要有哪些？画出它们的示意图。

练 习 题

1. 在向量处理的三种方式中，哪种方式适合于流水线技术的应用？为什么？

2. 向量处理机的性能与软件编译器有关吗？为什么？

3. 对于寄存器-寄存器型的向量指令，为什么需要配置收集与散播指令？

4. 向量处理机的存储访问带宽最低为多少？可以采用哪些技术途径来实现？

5. 稀疏矩阵有哪两种表示方法？其零元素避免技术的目的是什么？

6. 向量寄存器递归技术的目的是什么？简述其实现的基础。

7. 计算机中配置向量协处理器的目的是什么？简述宿主计算机与向量协处理器之间的关系。

8. 在阵列处理机操作模型中，为什么包含屏蔽方案集？

9. 在共享存储器与分布式存储器的阵列处理机中，PE 之间各有哪些途径实现通信？

10. "阵列处理机是异构型多处理机"的说法正确吗？为什么？

11. 为什么阵列处理机与一定的算法相适应？它一般适合哪些计算？

12. 采用 C 语言描述递归叠加求和算法。

13. 为什么说 Illiac Ⅳ 的阵列结构特别适合于连续模型的计算？

14. 阵列处理机与脉动阵列处理机相比，哪种处理机的通用性更强？为什么？

15. 假设存储器可以支持所需要的指令和数据，指令部件在每个时钟周期可以流出一条分析好的指令，运算操作部件均采用流水线，乘法流水线部件的延迟时间为 4 个时钟周期，且忽略设置向量参数的时间。以计算 $a_i=b_i\times c_i (i=1,2,\cdots)$ 为例，请问采用向量方式比采用标量方式的计算速度可以提高多少？

16. 在 Cray-1 向量处理机上，按链接方式处理下列 4 条向量指令，所采用向量功能部件的执行时间分别为：向量加 3 个时钟周期、向量逻辑乘 2 个时钟周期、存储器读 7 个时钟周期、A_3 左移 4 个时钟周期、写入寄存器与启动加工部件（包含存储器）各 1 个时钟周期，画出向量链接图，求该链接流水线的流过时间为多少个时钟周期？若向量长度为 64，完成所有运算需要多少个时钟周期。

$V_0 \leftarrow$ 存储器
$V_2 \leftarrow V_0 + V_1$
$V_3 \leftarrow V_2 < A_3$
$V_4 \leftarrow V_3 \land V_4$

17. 在 Cray-1 向量处理机上，V 为向量寄存器，向量长度均为 32，S 为标量寄存器，所采用浮点加工部件的执行时间分别为：加法 6 个时钟周期、乘法 7 个时钟周期，存储器读 6 个时钟周期、求倒数近似值 14 个时钟周期、写入寄存器 1 个时钟周期、启动功能部件（包括存储器）1 个时钟周期。请问下列各指令组中的哪些指令可以链接？哪些指令可以并行执行？说明其原因并分别计算完成指令组的所有操作所需要的时钟周期数。

(1) $V_0 \leftarrow$ 存储器
  $V_1 \leftarrow V_2 + V_3$
  $V_4 \leftarrow V_5 \times V_6$

(2) $V_2 \leftarrow V_0 \times V_1$
  $V_3 \leftarrow$ 存储器
  $V_4 \leftarrow V_2 + V_3$

(3) $V_0 \leftarrow$ 存储器
  $V_3 \leftarrow V_1 + V_2$
  $V_4 \leftarrow V_0 \times V_3$
  $V_6 \leftarrow V_4 + V_5$

(4) $V_0 \leftarrow$ 存储器
  $V_1 \leftarrow 1/V_0$
  $V_3 \leftarrow V_1 + V_2$
  $V_5 \leftarrow V_3 \times V_4$

(5) $V_0 \leftarrow$ 存储器
  $V_1 \leftarrow V_2 + V_3$
  $V_4 \leftarrow V_5 \times V_6$
  $S_0 \leftarrow S_1 + S_2$

(6) $V_3 \leftarrow$ 存储器
  $V_2 \leftarrow V_0 + V_1$
  $S_0 \leftarrow S_2 + S_3$
  $V_3 \leftarrow V_1 \times V_4$

(7) $V_0 \leftarrow$ 存储器
  $V_2 \leftarrow V_0 + V_1$
  $V_4 \leftarrow V_2 \times V_3$
  存储器 $\leftarrow V_4$

(8) $V_0 \leftarrow$ 存储器
  $V_2 \leftarrow V_0 + V_1$
  $V_3 \leftarrow V_2 \times V_1$
  $V_5 \leftarrow V_3 \times V_4$

18. 在 Cray-1 向量处理机上计算 $Z = A(B+C)$，设 A、B、C 均为长度为 N 的向量，并已存放在相应的向量寄存器中，则该计算需要 3 条向量指令：$V_2 \leftarrow V_0 + V_1$、$V_4 \leftarrow V_2 \times V_3$、存储器 $\leftarrow V_4$，利用浮点加工部件，处理机时钟周期为 12.5ns，求在下列三种方式下完成该计算所需要的最短时间各为多少个时钟周期？其实际吞吐率为多少？

(1) 三条向量指令串行处理。
(2) 前两条指令并行处理后，再处理第三条指令。
(3) 采用链接技术使三条向量指令并行处理。

19. 某向量处理机有 6 个向量寄存器 $V_0 \sim V_5$，且分别存放向量 A、B、C、D、E、F，向量长度均为 8，向量各元素均为浮点数。处理部件采用两条单功能流水线，加法部件执行时间为 2 个时钟周期，乘法部件执行时间为 3 个时钟周期。可以采用链接技术，先计算 $(A+B)C$，在流水线不停顿的情况下，接着计算 $(D+E)F$。

(1) 链接流水线的执行时间为多少个时钟周期（设寄存器出、入各为 1 个时钟周期）？

（2）假设时钟周期为 50ns，完成计算并将结果存入寄存器，处理部件的实际吞吐率为多少 MFLOPS？

20. 计算 Cray Y-MP 816 和 NEC SX-X44 两种超级向量计算机的峰值性能（用 GFLOPS 表示），解释这两种机器为什么可以提供最大 64 路并行度的向量操作。

21. 对于 Illiac Ⅳ 的阵列处理机，下列处理单元之间的最短路径是多少步？
    （1）$PU_8 \rightarrow PU_{44}$　　　　　（2）$PU_{61} \rightarrow PU_7$　　　　　（3）$PU_5 \rightarrow PU_{43}$

22. 画出 16 台处理器仿 Illiac Ⅳ 模式进行互连的结构图，列出 PE_0 分别经过一步、两步和三步传送就可以将信息传送到的处理器号。

23. 在 Illiac Ⅳ 阵列处理机上实现两个 8×8 矩阵乘法运算 $C=A\times B$，要求 J、K 循环并行实现，数据在存储器中不准重复存放。考虑到各次数据传送时间，请设计可以使 64 个处理单元全并行操作运算的算法。

24. 设计在 Illiac Ⅳ 阵列处理机上实现对 8×8 三角矩阵 $A=(a_{ij})$ 求逆的算法，说明算法实现所需要的存储器分配和 CU 指令，列出每执行一步指令时有关 PE 寄存器和 PEM 的内容。设计要求是使所采用的指令步数和数据存储字最少。假设给定矩阵 A 是非奇异矩阵，可对 PE 采用屏蔽，使其处于活动或不活动状态。

25. 现有含一个 PE 的 SISD 计算机和含 M 个 PE 且连接成线性环的 SIMD 计算机各一台，试写出在这两台计算机上求内积 $S=\sum_{i=1}^{n} A_i * B_i$ 的表达式。假设 ADD 操作需要 2 个单元时间，MUL 操作需要 4 个单元时间，沿双向环在相邻 PE 间传送数据需要 1 个单元时间。

（1）在 SISD 计算机上计算 S 的时间是多少？

（2）在 SIMD 计算机上计算 S 的时间是多少？

（3）采用 SIMD 计算机计算 S 相对于采用 SISD 计算机执行计算的加速比是多少？

26. 在包含 16 个 PE 的阵列处理机上，对存放在 M 个模块的并行存储器中的 16×16 二维数组实现行、列、主对角线和次对角线上的各元素均无冲突访问，要求 M 至少为多少？此时数组在存储器中应该如何存放？写出一般规则，证明这样存放也同时可以无冲突访问该二维数组中任意 4×4 子阵列的各元素。

27. 假设错开距离为 $S=2^N$，则含 $P=2^{2N}$ 个 PE 的 SIMD 计算机可以从 $M=2^{2N}+1$ 个模块的并行存储器无冲突地对一个矩阵按行、列、对角线和反对角线进行访问。试证明在同样条件下，还可以在一个存取周期内对任何一个 2×2 子阵列进行无冲突访问。

28. 有两个 64×64 的矩阵 $A=(a_{ij})$ 和 $B=(b_{ij})$，有一台由 64 个带本地存储器 PE 组成的 SIMD 计算机，64 个 PE 互连成 8×8 的二维双向链路的环网。试设计一种矩阵乘法算法，使之在该计算机上的运行时间最短。

（1）列出矩阵元素 a_{ij} 和 b_{ij} 在 PE 存储器上的初始化分配情况。

（2）确定实现矩阵乘法所需要的 SIMD 指令。假设每个 PE 在每个时钟周期可以执行一次乘法、一次加法或一次移数（把数据传送给它的 4 个相邻 PE 之一）操作。在把数据传送给相邻 PE 之前，应该对本地数据进行乘法和加法运算，SIMD 移数操作可以在循环连接的环网上向上、向下、向左或向右进行。

(3) 估算矩阵乘法共需要多少个 SIMD 指令周期，包括所有的运算和数据寻径操作时间在内，最后将不会在各个 PE 的存储器中复制乘积 $C = A \times B = (c_{ij})$。

(4) 假设开始时允许数据复制，即同一数据元素装入多个 PE 的存储器。试设计一种新的算法，以进一步减少 SIMD 实现时间。这时必须把通过数据广播指令或数据寻径(移数)指令进行原始数据复制的时间考虑在内，而且每个结果元素 c_{ij} 仅存放在每个 PE 的存储器中。

参 考 文 献

[1] 刘超.计算机系统结构[M].2版.北京:中国水利水电出版社,2010.
[2] 王志英,张春元,沈立,等.计算机系统结构[M].北京:清华大学出版社,2012.
[3] 李静梅.现代计算机体系结构[M].北京:清华大学出版社,2009.
[4] 李文兵,等.计算机系统结构[M].北京:清华大学出版社,2008.
[5] 张晨曦,王志英,沈立,等.计算机系统结构[M].北京:清华大学出版社,2009.
[6] 蔡启先.计算机系统结构[M].北京:电子工业出版社,2009.
[7] 秦杰.计算机系统结构[M].北京:清华大学出版社,2009.
[8] 尹朝庆.计算机系统结构[M].武汉:华中科技大学出版社,2000.
[9] 郑纬民,汤志忠.计算机系统结构[M].北京:清华大学出版社,2001.
[10] 白中英.计算机系统结构[M].3版.北京:科学出版社,2010.
[11] 陈国良,吴俊敏,章峰,等.并行计算机体系结构[M].北京:高等教育出版社,2002.
[12] 陈国良,等.并行计算机——结构算法编程[M].北京:高等教育出版社,2003.
[13] 尹朝庆.计算机系统结构习题与解分析[M].北京:清华大学出版社,2004.
[14] 李学干.计算机系统结构自考应试指导[M].南京:南京大学出版社,2001.
[15] 唐朔非.计算机组成原理[M].北京:高等教育出版社,2001.
[16] 白中英.计算机组成原理[M].北京:科学出版社,2004.
[17] 刘超,等.计算机组成原理[M].北京:清华大学出版社,2019.
[18] 毛法绕.数字逻辑[M].北京:高等教育出版社,2000.
[19] 谢旭升,朱明华,张练兴,等.计算机操作系统[M].武汉:华中科技大学出版社,2005.
[20] Arnold S. Berger.计算机硬件及组成原理(英文版)[M].北京:机械工业出版社,2006.
[21] 许光辰,王铮,王茜,等.嵌入式计算[M].北京:电子工业出版社,2005.

图书资源支持

感谢您一直以来对清华版图书的支持和爱护。为了配合本书的使用,本书提供配套的资源,有需求的读者请扫描下方的"书圈"微信公众号二维码,在图书专区下载,也可以拨打电话或发送电子邮件咨询。

如果您在使用本书的过程中遇到了什么问题,或者有相关图书出版计划,也请您发邮件告诉我们,以便我们更好地为您服务。

我们的联系方式:

地　　址:北京市海淀区双清路学研大厦 A 座 714

邮　　编:100084

电　　话:010-83470236　010-83470237

客服邮箱:2301891038@qq.com

QQ:2301891038(请写明您的单位和姓名)

资源下载:关注公众号"书圈"下载配套资源。

书　圈

获取最新书目

观看课程直播